# 水电工程
## 施工招标和合同文件示范文本

### （下册）技术条款

### 2010年版

国家能源局 颁布

水电水利规划设计总院 编制

可再生能源定额站

中国电力出版社
CHINA ELECTRIC POWER PRESS

**图书在版编目（CIP）数据**

水电工程施工招标和合同文件示范文本. 下册／国家能源局
颁布. —北京：中国电力出版社，2010.9（2024.11 重印）
ISBN 978-7-5123-0868-8

Ⅰ. ①水…　Ⅱ. ①国…　Ⅲ. ①水力发电工程－工程施
工－招标－文件－中国　Ⅳ. ①TV512

中国版本图书馆 CIP 数据核字（2010）第 180024 号

中国电力出版社出版、发行

（北京市东城区北京站西街 19 号　100005　http://www.cepp.sgcc.com.cn）
中国电力出版社有限公司印刷
各地新华书店经售

\*

2010 年 9 月第一版　2024 年 11 月北京第二次印刷
880 毫米×1230 毫米　16 开本　19.25 印张　524 千字
印数 6001—6100 册　　定价 **190.00** 元（上、下册）

# 国家能源局关于颁布水电工程工程量清单计价
## 规范、施工合同示范文本和
## 工程量计算规定的通知

国能新能〔2010〕214号

各有关单位:

　　为统一和规范水电工程设计工程量计量、工程量清单计价方法以及招投标和合同管理行为,加强水电建设项目工程定额和造价管理,提高水电工程设计和建设管理水平,维护工程建设各方的合法权益,为国家有关部门对项目监督管理提供依据,根据《可再生能源发电工程定额和造价工作管理办法》(发改办能源〔2008〕649号),水电水利规划设计总院、可再生能源定额站组织编制了《水电工程工程量清单计价规范》《水电工程施工招标和合同文件示范文本》和《水电工程设计工程量计算规定》。现予颁布,请遵照执行。

国　家　能　源　局

二〇一〇年七月十四日

# 关于施行水电工程工程量清单计价规范、施工合同示范文本和工程量计算规定的通知

可再生定额〔2010〕26 号

各有关单位：

2010 年版《水电工程工程量清单计价规范》《水电工程施工招标和合同文件示范文本》和《水电工程设计工程量计算规定》（以下简称"本标准"）已经由国家能源局以《国家能源局关于颁布水电工程工程量清单计价规范、施工合同示范文本和工程量计算规定的通知》（国能新能〔2010〕214 号）颁布施行。为做好本标准的施行工作，现将有关要求通知如下：

1. 本标准是统一和规范水电工程设计工程量计量、工程量清单计价方法以及招投标和合同管理行为、维护工程建设各方合法权益的基础性标准，是国家有关部门对工程项目进行监督管理的重要依据。

2. 本标准适用于大中型水电工程设计工程量计量、工程量清单计价以及招投标和合同管理工作，其他水电工程可参照执行。

3. 工程量是水电工程设计成果的重要组成内容，也是各阶段工程造价编制与管理的基础，各单位在执行本标准中应充分重视工程量的计算与审查工作。

4. 自本标准颁布施行之日起，水电工程不再执行原《水利水电工程施工合同和招标文件示范文本（GF-2000-0208）》《水电水利工程工程量计算规定》（DL/T 5088—1999）和《水电建设工程工程量清单计价规范（试行本）》（水电规造价〔2005〕0004 号）。

5. 本标准由中国电力出版社出版、发行，配套软件由北京木联能软件技术有限公司开发，宣贯培训工作由可再生能源定额站负责组织。

6. 各单位在执行本标准过程中遇有问题，请函告可再生能源定额站，联系方式如下：

联系电话：010-62041369
传　　真：010-62352734
电子邮箱：dez@hydrochina.com.cn
网　　址：http://www.hydrocost.org.cn

附件：
1. 水电工程工程量清单计价规范（2010 年版）（另发）
2. 水电工程施工招标和合同文件示范文本（2010 年版）（另发）
3. 水电工程设计工程量计算规定（2010 年版）（另发）

水电水利规划设计总院
可再生能源定额站
二〇一〇年七月二十六日

# 水电工程技术条款使用说明

## 一、修订合同技术条款的目的

（1）2000 年颁发的《水利水电工程施工合同和招标文件示范文本（GF-2000-0208）下册"技术条款"》（以下简称原范本）实施 10 年来，已在水电工程建设领域广泛应用。它对水电工程的施工招标、工程合同管理，以及施工质量控制起到了良好的作用，不少建设、设计、监理、施工和科研试验单位在通过工程招投标、建设管理和施工实践过程中，对本技术条款的编制内容提出了不少改进意见。为此，需要对原范本的内容进行更新完善。

（2）随着我国建设管理体制的改革、科学技术的进步、施工装备水平的提高、国外先进技术的引进，以及我国很多大中型水电工程的建设和投入运行，积累了极其丰富的施工技术经验，提供了新的科学数据。再加上近几年来，原颁布的许多国家与行业标准及规程规范的修订再版，也更迫切需要更新原范本的技术条款内容，以适应当前水电工程建设发展的需要。

（3）新技术条款范本共分为 25 章，将原范本技术条款第 1 章分解为"一般规定""施工辅助设施""施工安全措施""环境保护和水土保持"四章；其第 1 章"一般规定"除具体划分发包人和承包人各自的工作责任外，还详细说明发包人进行合同管理的工作内容、工程验收程序和合同的计量支付规则；第 2 章"施工辅助设施"说明发包人与承包人对建设施工临时设施的分工，以及施工临时设施的工作内容；第 3 章"施工安全措施"提出承包人应承担的施工安全责任和应采取的安全措施；第 4 章"环境保护和水土保持"，强调承包人应遵守国家的法律、法规，以及要求承包人在工程施工中应采取的环境保护和水土保持措施；其后的第 5～25 章则按专业工程的施工顺序和不同的施工技术内容，以大型水利水电工程各类建筑物的施工为基本目标，并按各专业工程技术独立成章的方式，根据国家与行业新颁布的标准及规程规范，修编各章的施工技术内容。增加了第 6 章"料源开采和加工"，其目的是根据工程项目的混凝土工程、土石方填筑工程和砌体工程施工组织的需要，加强合同实施阶段的施工规划工作，从而有利于大中型水电工程施工初期的进度和质量管理。

（4）施工招标和合同范本商务文件的主要任务是根据国家法律法规确立的公开、公正、公平原则，制定招投标和合同管理的工作规则，以及约定履行合同双方的责任、权利和义务。而技术条款范本旨在指导工程项目编制好安全、经济的项目实物标准，通过合同约定的"按实支付"规则，以及按技术条款要求实施的施工监理，有效地按合同要求进行监督管理，以确保工程的质量和安全。

## 二、技术条款在施工合同中的功能

（1）技术条款示范文本不是技术标准，不能直接作为技术标准使用，其功能是提供施工招标文件编制者在编写项目技术条款时参考使用的编制范例。技术条款示范文本的主要作用是指导施工招标文件编制者根据国家的法律法规，以及国家和行业颁布的技术标准和规程规范，编写出符合工程项目施工安装要求的项目技术条款。

（2）编入施工合同的技术条款是构成施工合同的重要组成部分，施工合同条款划清发包人和承包人双方在合同中各自的责任、权利和义务，而技术条款则是双方责任、权利和义务在工程施工中的具体工作内容，也是合同责任、权利和义务在工程安全和施工质量管理等实物操作领域的具体延伸。技术条款是发包人委托监理人进行合同管理的技术性标准，也是发包人和监理人在工程施工过程中实施进度、质量和费用控制的操作程序和方法。

（3）技术条款是投标人进行投标报价和发包人进行合同支付的实物依据。投标人应按合同进度要求和技术条款规定的质量标准，根据自身的施工能力和水平，编制投标价进行投标；中标后，承包人应根据合同约定和技术条款的规定组织工程施工；在施工过程中，发包人和监理人则应根据技术条款规定的质量标准进行检查和验收，并按计量支付条款的约定执行支付。

（4）由于水电工程不同项目的建筑物差异较大，其特殊性远大于共性，建筑物结构的标准化程度不高，即使有了通用性的技术条款范本，也仍需针对具体工程项目的特点和要求进行修改和补充，才能满足项目的施工要求。编写用于项目施工的技术条款应是项目招标单位的工作。国家编制和颁布合同范本的主要目的是对项目招标和合同管理单位在遵守国家法律法规和执行技术标准、规程规范方面起好指导和监管作用。

### 三、技术条款的编制结构模式

（1）本范本技术条款是针对发包人将整个工程的施工安装作业交由一个承包人进行总承包的模式编写的。若发包人根据其建设管理和招投标工作安排的需要进行分标时，则应由招标文件编制单位针对各分标项目的承包内容，参照本技术条款范本的格式和内容，另行编制各分标项目的技术条款。由于各工程项目的发包人对项目分标及其工作内容的安排差异较大，本范本技术条款不对其分标方法及其合同界面的处理作专门叙述。

（2）本范本技术条款的内容是以大中型水电工程为施工对象，按土石方明挖和洞挖、土石方填筑、混凝土生产和施工、河道疏浚、基础处理和防渗、屋面和地面建筑工程、钢结构建筑物的制作和安装、金属结构和机电设备安装、建筑物安全监测等，以专业工程技术为构架编写成章的。招标文件编制单位在使用本范本技术条款时，应针对工程项目的特点和各项具体建筑物的施工工序和工艺要求进行增删、修改和补充。需要时可自行编列章节。

（3）本范本技术条款的内容，除已包含了全部土建工程的施工技术外，还编入了"压力钢管制造和安装""钢结构制作和安装""钢闸门及启闭机的安装"以及"机电设备安装"等水利水电工程金属结构的制作安装和机电设备安装的基本内容，以兼顾工程总承包文本技术条款编制框架的需要。若发包人根据工程的具体情况或为有利于招标工作计划的安排，欲将其中某项制造或安装工程进行单项招标时，则应由发包人自行修改和调整技术条款内容，划清土建承包人和制造安装承包人各自的承包责任，并在各承包合同中分别写明双方相互提供的条件和监理人的协调工作内容。

（4）在土建工程施工中需要多次交叉埋设与施工的永久观测仪器设备，以及某些布设在土建工程建筑物中的小型或零星的永久设备安装，为避免出现过多的合同接口，减少相互干扰，本合同将上述这些永久设备的采购和安装包括在本合同范围内。倘若发包人欲将其单独招标，则应由发包人自行修改和调整技术条款内容，并在两个合同中分别写明发包人和承包人各自的合同责任以及相互提供的条件。

（5）由于土建工程招标一般处于工程的初期施工阶段，当时土建工程建筑物的完工距离项目完工日期还有一些时日。此时，设计单位早期提出的建筑装修设计很难达到发包人（或运行单位）要求的装修效果。吸取以往工程经验，为避免事后业主对前期的装修不满意而重新返工，浪费资源，为此，本技术条款第18章"屋面和地面建筑工程"的装修工作仅为满足工程建筑物前期投运的需要，先做好设备安装时必不可少的装修。而发包人则应在本合同土建工程即将全部完工前，由发包人委托设计人按整体环境规划的要求，参考建筑行业的标准和规程规范，编制工程全面装修的招标文件，另行招标，以达到发包人要求的装修目标。

（6）编制工程项目的技术条款时，应针对每章的专业工程技术条款，对应工程量清单所列的各专业工程项目和合同图纸，补充编列各项建筑物的具体施工技术要求，列出工程量清单、技术条款和合同图纸相衔接对应的计量支付条目。

### 四、合同技术条款与引用标准的关系

（1）本技术条款所采用的工程等级、防洪标准、施工验收与安全鉴定标准、工程施工和设备安装技术要求，以及材料和工艺的质量标准等条款内容，均引自相关的国家或行业颁发的标准和规程规范，以及标准化协会颁发的以下规范系列：

1）GB：中华人民共和国国家标准，由建设部与国家质量监督检验检疫总局联合发布。

2）DL：中华人民共和国电力行业标准，由国家能源局、国家发展和改革委员会发布，或由原国家经济贸易委员会发布。

3）SL：中华人民共和国水利行业标准，由水利部发布。

4）SDJ：中华人民共和国水利电力行业标准，由原水利电力部发布。

5）CECS：中国工程建设标准化协会标准，由该协会发布。

6）JGJ：中华人民共和国建筑工业行业标准，由建设部发布。

7）JG：中华人民共和国建筑工业行业标准，由建设部发布。

8）HJ：中华人民共和国环境保护行业标准，由国家环境保护总局发布。

9）JC：中华人民共和国建材行业标准，由国家发展和改革委员会发布。

10）YD：中华人民共和国通信行业标准，由信息产业部发布。

（2）在合同技术条款中，只有引入本合同的技术标准内容才对合同双方具有约束力，亦即在履行合同中，合同双方执行技术标准和规程规范应以技术条款引用的内容为准。若合同双方对技术条款中引用标准的内容发生争议时，若属于必须执行的强制性条款，则合同双方必须按技术标准的强制性规定执行；若属于非强制性条款，则应由合同双方共同参照本技术条款引用的标准内容，根据工程实际情况，并按新颁发的技术标准修正原合同技术条款。此时应由发包人（或委托监理人）签发修改后的技术条款才有合同效力，涉及变更的应按本合同通用合同条款第 15 条的约定办理。

（3）编入本技术条款的各章内容，除第 1～4 章外，其他各章均参照国家和行业的标准和规程规范，汇集了水电工程施工中常用的施工方法、安装技术以及材料和工艺，编成具有普遍性和通用性的本技术条款，但其内容不可能涵盖各种不同工程和各种类型建筑物的特殊要求。为此，发包人在编制特定工程项目的技术条款时，不可照抄照搬本技术条款的各章内容，而应针对各工程的特点、规模大小以及对材料和工艺的不同要求，将本技术条款各章相应的内容进行修改补充和增删取舍，使之符合各特定工程项目的施工要求。

（4）技术条款采用的材料和工艺的质量标准、施工安装技术要求、工程等级、防洪和安全标准等条款内容均必须引自相关的国家或行业颁发的标准和规程规范。

若发包人需采用高于现行规程规范规定的标准要求时，或需要采用尚未编入规程规范，但已在其他类似工程应用的新技术、新材料和新工艺时，必须进行充分论证或通过生产性试验，拟定新技术、新材料和新工艺的施工技术要求和质量标准，经发包人组织专家鉴定后，方可编入技术条款。

（5）原水利水电行业的标准和规程规范，现已按水利和水电两个行业进行管理，虽然已颁布的 DL 与 SL 同名标准，其大部分内容大同小异，但也存在着某些数据、指标、试验检验、验收与施工程序上的差异，作为水利和水电两个行业的"技术条款"，在各自遵守本行业标准和互相引用另一方标准时，会出现一些矛盾。为此，本技术条款的做法是在安全、经济、先进、合理的原则下，根据水利、水电两个行业的要求，将"合同技术条款"分成适用于水利和水电的两套文本，各自引用 SL 与 DL 的标准和规程规范。但由于"水利""水电"两个行业均未形成各自完整的标准体系，为此，

水电范本的技术条款以引用 **DL** 标准为主，必要时，可根据施工需要引用 **SL** 和其他行业标准。

（6）根据施工合同的总体结构要求，技术条款的编制范围和内容应与招标设计图纸和《工程量清单》的编制内容相协调一致，并互相对应，编制施工招标文件应做到：

1）工程量清单的项目编序应与各章技术条款的项目相对应。

2）技术条款各专项施工章节的应用范围和条款内容应能适用于招标图纸所示全部工程建筑物的所有部位、部件及其结构细部的施工要求。

3）工程建筑物的任何部位和部件及其结构细部进行施工时，所采用的材料、工艺标准和技术要求，均应规定在相应的技术条款中。

4）工程量清单所列各项工程量，应按技术条款规定的计算规则和招标图纸所示工程建筑物的所有部位、部件及其结构细部进行分项计算，防止重复和遗漏。

5）工程量清单每个项目的支付，应在相对应的技术条款中说明具体支付范围和方法。

## 五、技术条款用语解释

（1）条款中提及的"施工图纸要求"和"施工图纸规定"等是指由监理人发出的包括勘测、设计、施工、试验等图纸和文件提出的要求，亦即是需要由发包人、监理人（或设计人）在编制招标文件和合同实施过程中予以确定和补充的条款内容。

（2）技术条款各章的表格中或有带下划线空格的部位，均需由编标单位填入数据；已有数据下加有下划线的，其数据亦仅为参考值，亦需在编制项目招标文件时，根据工程实际情况选定和合理修正。

（3）条款中提及的"提交监理人批准"的文件是指必须由承包人向监理人报审，并须经监理人批准后才能实施的文件；条款中提及的"提交监理人"的文件，则可由监理人决定是否需要监理人批准后执行，或仅作为监理人备案的文件。

# 目　　录

# 第1章 一 般 规 定

## 1.1 工程说明

### 1.1.1 工程概况

（简述本工程项目的地理位置、工程规模、主要特征参数和综合利用要求；工程枢纽布置以及各主要工程建筑物结构型式；机电设备布置，金属结构设备布置，监测项目以及施工规划等。）

### 1.1.2 水文气象和工程地质资料

（1）水文气象。

（简述与本工程有关的水文气象特性，包括坝址以上控制流域面积、流域洪水特性、各种代表性流量、库容特性以及降水量、气温、水温、地温、风速、湿度、泥沙、水质和冰凌等各项特征值等。）

（2）工程地质。

（简述与本工程有关的工程地质和水文地质特性，提供主要工程地质平面图、工程建筑物地质剖面图及其相关的勘探洞、勘探孔等的地质图纸和试验资料，以及建筑材料场的地质剖面图及其有关的勘探洞、勘探孔等的地质图纸和试验资料等。）

### 1.1.3 施工条件

（1）交通条件。

1）（说明工程区附近可资利用的交通运输条件，如公路、铁路、水运、航空的运输里程，道路、桥涵标准以及转运站（码头）的站址、储运和装卸能力，道路和桥涵标准等。）

2）（说明发包人修建的对外交通工程和工程施工区内的永久、临时主干线交通道路以及桥涵码头等设施的设计标准及其交付使用日期。）

3）（说明本合同工程超大件和超重件的状况和数据。）

（2）发包人提供的施工临时工程和施工辅助设施：

1）（说明发包人拟提供给承包人使用的施工临时工程项目的状况和移交使用日期。）

2）（说明发包人拟提供给承包人使用的施工辅助设施的状况和移交使用日期。）

（3）发包人提供的其他施工条件。

（说明发包人拟提供给承包人施工所需使用的其他施工条件。）

## 1.2 本合同工程项目及其工作内容

### 1.2.1 主体工程项目及其工作内容

（说明本合同承包人承担的主体工程项目及其相关工作内容。）

### 1.2.2 施工辅助设施项目及其工作内容

（说明由本合同承包人承担的施工辅助设施项目及其工作内容。包括按本技术条款第2章所列的现场试验室、施工交通、施工供电、施工供水、施工供风、施工照明、施工通信、砂石料加工系统、混凝土生产系统、综合加工及机械修配厂、仓库、施工临时生产管理和生活设施等。承包人应承担上述辅助设施的设计、建造、运行、维护以及完工后的拆除和清理等。）

### 1.2.3 辅助设施为其他承包人提供服务

（说明按合同要求应由本合同承包人为其他承包人提供辅助设施服务的内容。）

## 1.3 与本合同有关的其他承包人承担的工程项目及工作界面

### 1.3.1 与本合同有关的其他承包人承担的工程项目及其工作内容

（说明其他承包人承担的，与本合同承包人工程项目相关的主要工程项目及其工作内容。）

### 1.3.2 本合同承包人与其他相关承包人的工作界面

（说明本合同承包人的工程项目与本工程其他承包人相关工程项目的界面及其接口的主要工作内容。）

## 1.4 发包人提供的施工图纸和文件

### 1.4.1 发包人负责提供的施工图纸和文件

（1）监理人应按本章第 1.4.2 条签订的供图计划提供施工图纸给承包人。

（2）发包人在履行合同过程中，按合同约定向承包人提供的所有施工图纸和文件等，发包人不再另行收取费用。

### 1.4.2 发包人供图计划

（1）发包人应在发出开工通知后 <u>28 天</u>内，与承包人共同商签发包人年度供图计划，经合同双方签订的供图计划作为合同的补充文件。

（2）每年四季度末，监理人应根据合同双方签订的供图计划，提供详细的下年度供图计划给承包人。

（3）不论何种原因调整和修订了合同进度计划，监理人应及时与承包人共同修订供图计划，并作为执行合同进度计划的补充文件。

### 1.4.3 发包人提供施工图纸的份数

监理人应向承包人提供 <u>16 份</u>各类施工图纸（包括设计修改图）。承包人可根据施工需要，要求增加提供图纸份数，并为增供的图纸支付费用。

### 1.4.4 发包人提供施工图纸的期限

（1）用于承包人编制施工进度计划和施工总布置所需的工程枢纽总布置图和主要工程建筑物布置图应在签署合同协议书后 <u>28 天</u>内提供给承包人。

（2）用于本工程施工的工程建筑物结构布置图、体形图等施工图纸，应在该项目工程施工前 <u>14～28 天</u>提供给承包人。

（3）用于本工程施工的开挖支护图、配筋图、细部设计图和浇筑图等施工图纸，应在该部位施工前 <u>28～56 天</u>提供给承包人。

（4）用于机电设备安装的施工总图及其有关的图纸和技术文件（包括由设备供货商提交的图纸

和技术文件）应由监理人在机电设备安装开始前 <u>84 天</u>提供给承包人。

（5）用于金属结构的制作和安装（如压力钢管、钢结构的制作和安装以及闸门和启闭机的安装等）的施工总图、分件图、安装说明书等图纸和文件，应在开始制作和安装前 <u>84 天</u>提供给承包人。

（6）用于观测仪器安装和埋设的施工图纸和技术文件应根据施工进度计划的安排，在该项目开始安装和埋设前 <u>84 天</u>提供给承包人。

### 1.4.5 施工图纸的修改

（1）承包人收到发包人按本章第 1.4.4 条的规定提交的施工图纸后，应进行详细检查，若发现错误或表达不清楚时，应在收到图纸后的 <u>14 天</u>内书面通知监理人。若监理人确认需要作出修改或补充时，应在接件后 <u>14 天</u>内将修改和补充后的施工图纸重新提交给承包人。

（2）发包人发出施工图纸后，若发包人（或监理人）需要对某些工程设计进行修改和补充时，应在该部位开始施工前 <u>14 天</u>及时签发修改后的施工图。

（3）若承包人根据其施工的需要，要求对发包人提供的施工图纸作局部修改时，应向监理人提交书面报告，详细说明要求修改的目的和修改的具体建议。经监理人批准，并由监理人提出修改后的施工图纸发给承包人。承包人不得自行修改施工图纸。

（4）若因施工情况紧急，监理人无法在上述规定的时间内签发修改施工图，可以临时发出施工图修改通知单，但应在此后的合理时限内补发正式施工图。

## 1.5 承包人提交的文件

### 1.5.1 承包人负责设计的临时工程设计文件

由承包人负责设计的临时工程项目，应按监理人指示，在该项目开始施工前 <u>56 天</u>，提交该项目的总布置图、结构详图、设计依据、计算资料和试验成果，以及监理人认为需要提交的其他图纸和文件，提交监理人批准。

### 1.5.2 承包人文件提交计划

承包人应根据监理人按合同条款第 10.1 款约定批准的合同进度计划，编制一份由项目经理签署的承包人文件提交计划，提交监理人批准，监理人应在收到该提交计划后的 <u>28 天</u>内批复承包人。提交计划应说明文件的名称和提交时间，文件的项目内容应包括本章第 1.5.3~1.5.7 条规定的各项提交件，以及按本合同约定应由承包人提交的其他文件。

### 1.5.3 施工总进度计划

承包人应按合同条款第 10.1 款要求，在进点施工后 <u>56 天</u>内编制施工总进度计划，提交监理人批准，监理人应在收到施工总进度计划 <u>28 天</u>内批复承包人。施工总进度计划应满足本合同约定的各工程施工控制节点工期要求，并采用关键线路法编制网络图。网络图应包括以下各项数据和内容，表述全部工程施工作业间的逻辑关系：

（1）作业和相应节点编号；
（2）各项施工作业间的衔接逻辑和协调关系；
（3）持续时间；
（4）最早开工及最早完工日期；
（5）最迟开工及最迟完工日期；
（6）总时差和自由时差；

（7）关键路线项目的施工强度曲线；

（8）附需要资源和说明。

### 1.5.4　施工总布置

（1）承包人应在报送上述施工总进度计划的同时，将本合同工程的施工总布置设计文件，提交监理人批准。施工总布置设计文件的内容应包括施工总平面布置图、主要剖面图和设计说明书。监理人应在签收后 28 天内批复承包人。

（2）承包人应按本技术条款第 2 章所列的各项辅助设施设计和使用要求进行总平面布置，施工总布置的占地范围不得超过发包人划定的界线。

（3）承包人应按本技术条款第 3 章有关"安全文明施工"和第 4 章"环境保护和水土保持"的要求，采取必要措施保护好辅助设施周围开挖施工后的边坡、冲沟、河道、河岸的稳定和安全。

### 1.5.5　施工辅助设施

（1）承包人应按施工进度计划的安排，在施工辅助设施开始施工前 28 天，将各项施工辅助设施的设计文件提交监理人批准。监理人应在每项设计文件签收后 28 天内批复承包人。

（2）承包人提交的施工辅助设施设计文件应包括施工辅助设施的平面布置图、主要剖面图和设计说明书。上述各项设计应详细表述以下内容：

1）施工交通：场内施工交通工程的设计标准、运输量和运输强度，场内施工交通工程和停车场等的规划布置及定线，以及道路、桥涵、隧道和停车场等的布置图和工程量；

2）施工用电负荷、电压等级、输电线路、配电所和功率补偿装置以及应急备用电源等的布置图、工程量和全部输配电设备配置一览表；

3）各施工区和生活区的用水量，施工供水系统的蓄水池、泵站、供水管路和水处理设施的布置图、工程量和设备配置一览表；

4）各施工作业区和生活区的照明设计标准，以及照明线路和照明设施的布置图、工程量和设备配置一览表；

5）施工通信系统设计，以及通信设施布置图和设备配置一览表；

6）施工供风系统设计，以及施工供风系统布置图和设备配置一览表；

7）砂石料、土料开采加工系统开挖支护布置图，各种料的生产量以及开采加工系统布置图、工程量和设备、设施配置一览表；

8）混凝土生产系统的设计标准和生产量，混凝土拌和、制冷（热）、运输和浇筑的设备容量选择，以及混凝土生产系统和制冷（热）系统布置图、工程量和设备配置一览表；

9）各附属加工厂（包括混凝土预制件加工厂、钢筋加工厂、木材加工厂、钢管加工厂等）的设计功能，及其各加工厂的布置图、工程量和设备配置一览表；

10）各类仓库（包括由发包人指定的炸药、雷管和油料等特殊材料仓库）和堆料场的储存容量选择，以及仓库和堆料场的布置图、工程量和设备配置一览表；

11）现场试验室布置图、工程量和设备、设施配置一览表；

12）承包人设计的各项临时生产管理和生活设施的设计标准及其布置图、工程量和设备、设施配置一览表；

13）大型施工机械设备停放场布置图、工程量及其设备、设施配置一览表；

14）施工现场的废水、排污处理设施布置图、工程量及其设备、设施配置一览表。

### 1.5.6 主要施工方法和措施

（1）承包人应根据本合同技术条款各章节规定的内容和时间，将施工方法和措施（包括一份电子文档）提交监理人批准。

（2）监理人认为有必要时，承包人应按监理人指示，将单位工程的施工方法和措施提交监理人批准。

### 1.5.7 其他文件

承包人应根据本合同技术条款各章节规定的内容和时间，将包括质量保证措施、安全和文明施工措施等，以及监理人认为其他需要审批的文件，提交监理人批准。

### 1.5.8 承包人文件的审批

（1）承包人应按发包人提供的施工图纸绘制其施工需要的浇筑图、车间加工图和安装图等施工文件。上述承包人文件均应在每项工程开始施工或安装前 <u>28 天</u>内提交监理人批准，监理人应在收到施工文件后的 <u>14 天</u>内批复承包人。

（2）凡合同约定须经监理人审批的承包人文件，监理人应按规定的期限批复承包人，逾期不批复，则视为已经监理人批准。监理人的审批意见为以下中的其一：

1）同意按此执行；

2）按修改意见执行；

3）修改后重新提交；

4）不予批准。

（3）凡标有"按修改意见执行"或"修改后重新提交"的图纸和文件，应由承包人在收到批复件后 <u>14 天</u>内作出相应修改。所有修改都应由承包人在修改的承包人文件上标明编号、日期以及说明修改范围和内容，对审批意见为"修改后重新提交"的文件经修改后应由承包人项目经理签字后，重新提交监理人批准。

### 1.5.9 承包人提交资料

承包人按合同约定向监理人提交的资料、试验成果、施工样品，以及录像、照片、会议纪要等文件。

## 1.6 发包人提供的材料和设备

### 1.6.1 发包人提供的材料

（1）材料供应计划。

发包人提供的本合同工程材料品种、规格和交货地点见表 1.6.1。

表 1.6.1 发包人提供的材料计划表

| 序号 | 材 料 品 种 | 交 货 地 点 |
|------|------------|------------|
|      |            |            |
|      |            |            |
|      |            |            |

承包人应根据合同进度计划和表 1.6.1 的要求，编制材料供应申请计划，附分项明细表，提交监

理人批准。承包人应根据施工进度计划，在每年 11 月底前、每季度末的 <u>14 天前</u>和每月底的 <u>7 天前</u>，向监理人提交下一年度、季度和下一月的材料供应申请计划。经监理人审批确认后作为发包人分期供应材料的依据。

（2）材料交货验收。

发包人提供的材料应附有产品合格证、出厂检验报告等质量证明文件。承包人应按本合同约定，对发包人提供的材料质量、数量和品种进行检查、检验和验收，并及时将材料的检验结果提交监理人。若材料质量不合格，承包人有权拒绝使用，但必须向监理人提供能证明材料不合格的试验和检验资料。

### 1.6.2 发包人提供的工程设备和施工机械设备

（1）设备的交货计划。

发包人提供的工程设备的名称、规格、数量及交货地点和计划交货日期见表 1.6.2-1。

发包人提供的施工机械设备的名称、规格、数量及交货地点和计划交货日期见表 1.6.2-2。

表 1.6.2-1　　　　　　发包人提供的工程设备计划交货日期表

| 序号 | 工程设备名称 | 规格 | 数量 | 计划交货日期 | 交货地点 | 备注 |
|---|---|---|---|---|---|---|
|  |  |  |  |  |  |  |
|  |  |  |  |  |  |  |

表 1.6.2-2　　　　　　发包人提供的施工机械设备计划交货日期表

| 序号 | 施工机械设备名称 | 规格 | 数量 | 计划交货日期 | 交货地点 | 备注 |
|---|---|---|---|---|---|---|
|  |  |  |  |  |  |  |
|  |  |  |  |  |  |  |

承包人应按表 1.6.2-1 和表 1.6.2-2 的要求，编制一份满足工程设备安装进度和施工机械设备使用进度要求的交货日期计划，提交监理人批准。监理人应与发包人和承包人协商确定工程设备和施工机械设备的交货日期，并在收到承包人提交件后的 <u>14 天</u>内批复承包人。

（2）承包人允许提前交货的期限。

由发包人提供给承包人安装的工程设备、施工机械设备，应按照监理人批准的交货日期交货，承包人可允许发包人比商定计划提前 <u>28 天</u>内到货。提前超过 <u>28 天</u>，应由发包人支付提前到货的保管费用。

（3）监理人应提前 <u>14 天</u>，将工程设备预计到货日期通知承包人，并在设备到达卸货地点的 24h 前通知承包人，承包人应在设备到货后 24h 内卸货，否则，应由承包人支付卸货地点的逾期保管费用。

（4）交货日期变更。

由于施工安装进度延误，修订了合同进度计划，承包人可根据监理人批准的修订进度计划，要求变更工程设备的交货日期，但由于承包人原因造成进度计划延误而变更交货日期的，承包人应自费保管按原定交货日期到达的工程设备。由于发包人要求变更交货日期，影响承包人的安装工作进度时，承包人有权要求延长工期和（或）要求发包人支付增加的费用。

（5）工程设备的交货验收。

1）由发包人提供的工程设备，应由发包人、监理人与承包人共同进行交货验收。

2）若合同约定由承包人直接在制造厂提货，则应由发包人、监理人与承包人共同参加出厂检验后，由双方办理正式移交手续，并经承包人验点接收后自行发运至工地。承包人应对工程设备在运输中造成的损失和损坏，向发包人承担责任。

3）若合同约定由发包人（或供货商）发运至工地交货，则应由发包人、供货商代表、监理人与承包人共同进行现场开箱检验，并经承包人验点后办理正式移交手续。此时，应由发包人对工程设备在运输中造成的损失和损坏承担责任。

4）从设备开箱验收完毕起，承包人应承担工程设备的维护和保管责任。

## 1.7 承包人提供的材料和设备

### 1.7.1 承包人提供的材料

（1）材料采购计划。

承包人应按合同进度计划的要求，制订材料采购计划，提交监理人批准。承包人应在每年 10 月底前提交下一年度的材料采购计划。若施工过程中发生变更或调整合同进度的情况时，应及时调整材料采购计划，提交监理人批准。

（2）材料交货验收。

承包人提供的材料应按本合同约定进行检查和验收，其材料交货验收的内容包括：

1）查验证件：承包人应按供货合同的要求查验每批材料的发货单、计量单、装箱材料的合格证书、化验单以及其他有关图纸、文件和证件，并应将上述图纸、文件、证件的复印件提交监理人。

2）抽样检验：承包人应按本技术条款各章的有关规定进行材料抽样检验，并将检验结果提交监理人。

3）合格鉴定书：承包人应根据材料的试验检验结果，对每批材料是否合格作出鉴定，并将合格鉴定书提交监理人复查。

4）材料验收：经鉴定合格的材料方能验收，承包人应负责核对材料品名、规格、数量、包装和封记的完整性，并做好记录。由承包人会同监理人共同验点入库。

（3）不合格材料的处理。

严禁将不合格的材料运往现场，经监理人查库发现的不合格材料，应禁止使用，并清除出场。承包人违约使用了不合格材料，应按本合同约定予以清除或返工至合格为止。

（4）材料代用。

承包人申请代用材料，应将代用材料的技术标准、质量证明书和试验报告提交监理人批准，只有在证明其材料不降低建筑物结构安全性和工程质量、不增加工程造价、不影响施工进度的前提下，经监理人批准后，才能采用代用材料。

（5）材料贮存。

材料的贮存方式应不损害材料的性能指标；材料堆存前应清理好堆存场地，贮存的材料应置于方便取货的地点。

### 1.7.2 承包人提供的工程设备

（1）按合同约定由承包人负责采购和安装的工程设备，应根据本合同工程量清单所列的项目内容和本技术条款规定的技术要求，在发包人批准施工总进度计划后的 28 天 内，编制工程设备订货清单，提交监理人批准。监理人应在收到订货清单后的 28 天 内批复承包人。承包人提供的工程设备表见表 1.7.2。

表 1.7.2　　　　　　　　　　　　　承包人提供的工程设备表

| 序号 | 工程设备名称 | 规　格 | 数量 | 备　注 |
|------|------------|--------|------|--------|
|  |  |  |  |  |
|  |  |  |  |  |
|  |  |  |  |  |

（2）承包人应按监理人批准的工程设备订货清单办理订货，并应将订货协议副本提交监理人。承包人应承担工程设备的采购、验收、运输和保管的全部责任。

（3）承包人应在工程设备的交货验收和检验测试前通知监理人参加。

### 1.7.3　承包人提供的施工设备

（1）承包人应在签署协议书后 28 天内，将一份本合同各项工作所需的施工设备清单，提交监理人批准。该清单的设备投入应满足并不少于合同文件中承诺的"拟投入本合同工程的施工设备表"的设备投入。监理人应在收到施工设备清单后的 28 天内批复承包人。施工设备清单的内容应包括：

1）新购设备的生产厂家、品名、型号、规格、主要性能、数量和预计进场时间以及订货协议复印件；

2）旧施工设备的购置时间、残值、运行和检修记录以及维修保养证书等；

3）租赁设备的购置时间、租赁期限、租赁价格、运行检修记录以及维修保养证书等。

（2）承包人配置的旧施工设备（包括租赁的旧设备），应由监理人进行检查，并须进行试运行，确认其符合使用要求后方可投入使用。监理人有权要求承包人提交必要的租赁设备资料和有关图纸。

（3）不论承包人采用何种方式取得的施工设备，都应对施工设备使用过程中造成的损失和损坏负全部责任，监理人一旦发现承包人使用的施工设备影响工程进度和质量时，承包人应按监理人指示及时予以调整和更换。

（4）承包人施工设备进场后，监理人应按承包人提供的施工设备清单，仔细核查进场施工设备的数量、规格和性能是否符合施工进度计划和质量控制的要求。如发现进场的施工设备不能满足施工要求时，监理人有权责令撤换。

### 1.7.4　不合格的材料和工程设备的处理

（1）由于承包人使用了不合格材料和工程设备造成了工程损害，监理人可指示承包人立即采取措施进行补救，直至彻底清除工程的不合格部位以及不合格的材料或工程设备，由此增加的费用和工期延误责任由承包人承担。

（2）若承包人无故拖延或拒绝执行监理人的上述指示，则发包人有权委托其他承包人执行该项指示，由此增加的费用和利润以及工期延误责任，由承包人承担。

## 1.8　进度计划的实施

### 1.8.1　施工总进度计划的实施措施

承包人应按监理人批准施工总进度计划后的 28 天内，编制施工总进度实施措施，提交监理人。施工总进度实施措施应包括以下内容：

（1）各永久工程和临时工程项目按期完成的年、月工程量计划和各年度形象面貌；

（2）主要物资材料（如钢材、钢筋、木材、水泥、粉煤灰、砂石骨料、用水和用电等）使用计划及主要材料订货安排；

（3）施工现场各类人员配备和劳务安排计划；

（4）工程设备的订货、交货安排计划；

（5）工程资金流计划；

（6）其他说明。

### 1.8.2 年进度计划

承包人应在每年12月初向监理人提交下年度的进度计划，其内容和要求包括：

（1）按合同计划要求，列出计划完成的年工程量及其施工面貌、材料用量和劳动力安排；

（2）列出该年施工所需的机具、设备、材料的数量和需要补充采购的计划；

（3）提出需要发包人提供的施工图纸计划；

（4）提出发包人和其他承包人提供工程设备预埋件的计划要求；

（5）按合同计划要求，列出该年施工工作面移交计划，提出由其他承包人提供工作面的计划要求；

（6）列出该年施工的各工程项目的试验检验和验收计划，并说明工程试验和验收应完成的各项准备工作。

### 1.8.3 季、月进度计划

监理人认为有必要时，可要求承包人提交季、月进度计划，其内容包括：

（1）根据合同进度计划的安排，列出计划完成的季、月工程量及其施工面貌、材料用量和劳动力安排；

（2）列出该季、月所需施工设备数量及材料用量；

（3）提出该季、月发包人应提供的施工图纸目录等。

### 1.8.4 月、周进度报告

（1）承包人应在每月底按批准的格式，向监理人提交月进度实施报告，其内容包括：

1）月完成工程量和累计完成工程量（包括永久工程和临时工程）；

2）月完成的工程面貌图；

3）材料实际进货、消耗和库存量；

4）现场施工设备的投运数量和运行状况；

5）工程设备的到货情况；

6）劳动力数量（本月及预计未来三个月劳动力的数量）；

7）当前影响施工进度计划的因素和采取的改进措施；

8）进度计划调整及其说明；

9）质量事故和质量缺陷处理记录、质量状况评价；

10）安全施工措施计划实施情况；

11）安全事故以及人员伤亡和财产损失情况（如有）。

（2）月进度报告应附有一组充分显示工程施工面貌与实际进度相对应的定点摄影照片。

（3）承包人应在每周进度会议上按批准的格式，向监理人提交周进度报表，其内容包括：

1）上周之前合同进度计划要求和实际完成工程量、累计完成工程量统计；

2）上周实际完成工程量统计；

3）下周计划完成的工程量；

4）工程质量情况；

5）要求监理人协调解决的主要问题。

### 1.8.5　进度会议

（1）监理人应在每周的某一日和每月末定期召开周、月进度会议，检查承包人的合同进度计划执行情况和工程质量状况，协调解决工程施工中发生的工程变更、质量缺陷处理、支付结算等问题以及与其他承包人的相互干扰和矛盾。

（2）承包人应在每周、月进度会议上按规定的格式提交周、月进度报表。

### 1.8.6　进度计划的调整与修订

在工程实施过程中，不论何种原因引起的工期延误，承包人均应及时调整合同进度计划，并在月进度报告中提出调整后的进度计划及其说明。若进度计划的调整需要修改关键线路或改变关键工程的完工日期时，承包人应按合同条款第 10.2 款的约定，将修订的合同进度计划提交监理人批准。

## 1.9　承包人进场和退场

### 1.9.1　进场

承包人应按照本合同约定的开工要求安排并实施进场，包括承包人为进行施工准备所需的进场的人员和施工设备。承包人进场计划应提交监理人批准后方可实施。

### 1.9.2　退场

承包人应按照本合同约定的完工要求安排并实施退场，包括退场人员和施工设备，以及工程完工验收后承包人进行完工清场、杂物外运、场地平整和环境恢复等。承包人退场计划应提交监理人批准后方可实施。

## 1.10　工程质量的检查和检验

### 1.10.1　承包人的质量自检

（1）承包人应按本合同条款第 13.2 款要求，提交工程质量保证措施文件，其内容应包括：

1）质量检查机构的组织框图；

2）质量检查的岗位设置及检查人员名单；

3）各主要工程建筑物施工，以及各施工工种的质量检查程序；

4）隐蔽工程和工程隐蔽部位的质量检查程序；

5）质量检查记录及验收单格式；

6）监理人要求提交的其他质量文件。

（2）承包人应按监理人指示和批准的格式，编制工程质量报表，提交监理人。

（3）承包人应按本合同条款第 13.3 款及相关规程规范要求进行质量自检，详细作好质量检查记录，编写质量检查报告，并定期向监理人提交质量自检报告。

（4）工程发生质量事故时，承包人应按监理人指示对工程质量事故进行检查，并为查明事故原因进行必要的试验和抽样检验，承包人应将试验和检验成果提交监理人。

（5）承包人应在月进度报告中详细述明本月的工程质量状况，对发生的质量事故应如实作好同期记录。监理人认为必要时，承包人应向监理人提交质量事故处理的专题报告。

### 1.10.2 监理人的质量检查

（1）监理人有权对工程的所有部位及其任何一项工艺、材料和工程设备进行检查和检验。

（2）监理人为检查工程和工程设备质量的需要，可要求承包人提交材料质量和设备出厂合格证、材料试验和设备检测成果、施工和安装记录等工程和工程设备验收所需的文件。

（3）监理人有权要求承包人提供试验用的材料样品和在现场钻取试件，或使用承包人的测试设备进行试验检验，还可要求承包人进行补充的试验检验。

## 1.11 验收

### 1.11.1 监理人的检查验收

在施工过程中，监理人和其他有关部门，根据本技术条款的规定，对工程和工程隐蔽部位进行检查验收。检查合格后，监理人、承包人及有关各方均应在检查验收单上签字后，作为工程竣工验收资料。

### 1.11.2 单位工程验收

完成每个单位工程后，承包人应按本合同条款第18.2款的约定，向发包人提交单位工程的完工验收申请报告，并按工程竣工验收的要求和技术条款的规定提交验收资料。其内容包括：

（1）单位工程及其工程设备的施工安装竣工图及说明书；

（2）单位工程的地质测绘图及相关地质资料；

（3）单位工程的各项施工材料的试验检验成果；

（4）监理人对验收单位工程及其工程设备的质量检查记录；

（5）在施工过程中，该项单位工程和工程设备的变更文件及资料；

（6）质量事故记录，以及工程及其工程设备的缺陷处理报告；

（7）验收工程施工期的安全监测成果，以及工程和工程设备的试运行检测成果；

（8）监理人指示提交的其他竣工验收资料。

### 1.11.3 安全鉴定

承包人应按安全鉴定的要求编制相关报告、提供有关资料，并配合发包人和监理人共同做好安全鉴定工作。

### 1.11.4 阶段验收

阶段验收包括工程截流验收、蓄水验收、机组启动验收，枢纽工程专项验收等，承包人应按验收要求编制相关报告，并提供有关资料。

## 1.12 工程量计量方法

### 1.12.1 一般要求

（1）工程项目应按本合同条款第17条的规定进行计量。所有工程项目的计量方法均应符合本技术条款各章的有关规定。

（2）承包人应保证自供的一切计量设备和用具符合国家度量衡标准的精度要求。

（3）除合同另有约定外，凡超出施工图纸和本技术条款规定计量范围以外的工程量均不予计量。

（4）完成的实物工程量计量，应由承包人按施工图纸计算，或采用标准的计量设备进行称量，并经监理人签认后，列入承包人月工程量报表。

（5）一切工程量的测量计量工作均应在监理人在场的情况下，由承包人负责测量。当监理人对测量结果有疑问时，监理人有权指示承包人重新测量后，由监理人核查确认。

### 1.12.2 重量计量

（1）凡以重量计量的材料，应由承包人合格的计量人员使用经国家计量监督部门检验合格的称量器，在监理人指定的地点进行称量。

（2）钢材的计量应按施工图纸所示的净值计量。钢筋应按施工图纸所示的直径和长度进行计算，不计入钢筋下料损耗，以及焊接、搭接和架设定位的附加钢筋量；钢板和型钢材料按制成件的成型净尺寸和该项钢材的标准单位重量计算其工程量，不计其下料损耗量和施工安装等所需的附加钢材用量。施工附加量均应包括在有关钢筋、钢材和预应力钢材等各自的单价中，均不另行计量。

### 1.12.3 面积计量

结构物面积的计量，应按施工图纸所示结构物尺寸线，或按监理人指示在现场实际量测的结构物净尺寸线进行计算。

### 1.12.4 体积计量

结构物体积的计量，应按施工图纸所示轮廓线内的实际工程量或按监理人指示在现场量测的净尺寸线进行计算。大体积混凝土中设计体积小于 $0.3 \ \mathrm{m^3}$ 的孔洞、排水管、预埋管和凹槽等工程量不予扣除，按施工图纸和监理人指示要求对临时孔洞进行回填时亦不计算工程量。

### 1.12.5 长度计量

长度以米（m）为单位计量，所有以延米（m）计量的结构物，应按施工图纸所示结构物长度，或按监理人指示在现场实际量测的结构物净长度进行计算。

## 1.13 计量和支付

### 1.13.1 进场费

承包人为进行施工准备所需的人员和施工设备的调遣费和进场开办费，应由承包人按工程量清单所列的总价项目专项列报，发包人在开工通知发出后 <u>28 天</u>内予以支付。

### 1.13.2 退场费

工程完工验收后，承包人进行完工清场、撤退人员和设备、撤离临时工程、场地平整和环境恢复等所需的费用，应由承包人按合同规定的工作内容在工程量清单所列总价项目进行专项列报，发包人应在监理人检查确认承包人完成全部清场撤退工作后予以支付。

## 1.14 引用技术标准的规定

### 1.14.1 遵守国家和行业标准的规定

技术条款中有关工程等级、防洪标准和工程安全鉴定标准等涉及工程安全的施工安装技术要求及其验收标准，必须严格遵守国家和行业标准中的强制性规定。遇有矛盾时，应由监理人按国家和行业标准的强制性规定进行修正。

### 1.14.2　关于国外标准的应用

承包人施工所用的材料、设备、施工工艺和工程质量的检验和验收应符合本技术条款中引用的国家和行业颁布的技术标准和规程规范规定的技术要求。对于国际招标采购的机电设备，其安装、调试及验收还应满足相关国家设备供货商提供并正式列入合同文件的技术规范和标准的要求。

### 1.14.3　新技术和新工艺的采用

在施工过程中，监理人为保证工程质量和施工进度的要求，有权指示承包人或批准承包人采用新技术和新工艺，并增补和修改技术条款的内容。

### 1.14.4　引用标准和规程规范以最新版本为准

（1）本技术条款中引用的标准和规程规范，均标有出版年号。

（2）所有标准和规程规范都会被修订，故使用本合同技术条款时，应执行国家和各行业最新出版的版本中已被修改的相关数据和技术要求。

# 第2章 施工辅助设施

## 2.1 一般规定

### 2.1.1 应用范围

本章适用于本合同施工图纸所示的施工辅助设施的设计、施工及其附属设备的采购、配置、安装、运行、维护、管理和拆除等全部工作。其工作项目包括：施工测量、现场试验、施工交通、施工供电、施工供水、施工供风、施工照明、施工通信、砂石料加工系统、混凝土生产系统、综合加工及机械修配厂、仓库、存料场，以及施工现场办公和生活建筑设施等。

### 2.1.2 承包人责任

（1）承包人应按本章第 2.2 和 2.3 节的规定，负责本工程的施工测量和现场试验工作，并对其提供的测量和试验成果负全部责任。

（2）除合同另有约定外，承包人应负责修建完成本章第 2.4～2.15 节所列的各项施工辅助设施，并在各项主体工程建筑物施工前，完成相应施工辅助生产设施及其附属设备的安装和试运行。

（3）承包人应按发包人提供的施工交通规划及本章第 2.4 节的规定，负责场内施工临时道路及其交通设施设备的设计、施工、采购、配置、安装、运行和维护（包括场内的道路、桥涵、停车场，以及必要的场外临近交通设施等）。

（4）承包人应按本章第 2.5～2.9 节的规定，负责设计和配置施工供电、供水、供风、通信等施工辅助设施系统（包括其设备的采购、配置、安装、运行和维护）。

（5）承包人应按本章第 2.10～2.14 节的规定，负责设计、建造砂石料加工系统、混凝土生产系统、钢筋加工、机械修配加工、汽车修理保养、仓储设施、弃渣场等辅助生产设施（包括其设备的采购、配置、安装、运行和维护等）。

（6）承包人应按本章第 2.15 节的规定，负责现场办公和生活建筑等辅助设施的规划、布置、设计、施工和维护，并应对现场办公和生活建筑物的使用安全负责。

### 2.1.3 主要提交件

承包人应按本技术条款第 1.5.5 条的规定，编制施工辅助设施的设计文件，并应在每项施工辅助设施开工前 14～28 天，根据批准的施工总布置和本章相关规定，编制各项施工辅助设施的施工措施计划，提交监理人批准，施工措施计划内容主要包括：

（1）施工辅助设施施工布置图；

（2）施工工艺流程和（或）施工程序说明；

（3）施工设备和劳动力安排；

（4）施工期运行管理方式；

（5）施工进度计划等。

### 2.1.4 引用标准

（1）GB 5749—2006《生活饮用水卫生标准》；

（2）DL/T 5086—1999《水电水利工程混凝土生产系统设计导则》；

（3）DL/T 5098—1999《水电水利工程砂石料加工系统设计导则》；

（4）DL/T 5099—1999《水工建筑物地下开挖工程施工技术规范》；

（5）DL/T 5124—2001《水电水利工程施工压缩空气、供水、供电系统设计导则》；

（6）DL/T 5133—2001《水电水利工程施工机械选择设计导则》；

（7）DL/T 5134—2001《水电水利工程施工交通设计导则》；

（8）DL/T 5173—2003《水电水利工程施工测量规范》；

（9）DL/T 5179—2003《水电水利工程混凝土预热系统设计导则》；

（10）DL/T 5192—2004《水电水利工程施工总布置设计导则》；

（11）DL/T 5386—2007《水电水利工程混凝土预冷系统设计导则》；

（12）DL/T 5397—2007《水电工程施工组织设计规范》。

## 2.2 现场施工测量

### 2.2.1 测量基准和施工控制网

（1）承包人测设施工控制网。

1）若合同约定由承包人负责测设施工控制网，则监理人应在承包人进点后的 14 天内，向承包人提供测量基准点、基准线和水准点及其基本资料和数据。承包人接收监理人提供的测量基准后，应会同监理人共同校测上述测量基准资料的准确性。

2）承包人应以监理人提供的测量基准点、基准线和水准点，并按 DL/T5173—2003 中规定的施工精度要求测设施工控制网，在开工日后 <u>28 天</u> 内提交监理人批准。

3）监理人和其他承包人可以根据本工程施工的需要，免费使用承包人的施工控制网，承包人应予协助。

（2）发包人提供施工控制网。

1）若合同约定由发包人负责提供施工控制网，监理人应在承包人进点后的 14 天内，按工程施工进度的要求，向承包人提供施工期平面控制网坐标系统与高程控制网的基本资料。发包人应对其提供的施工控制网资料的准确性负责。

2）发包人可以委托承包人自行从国家测绘机构取得测量控制网的基本资料，并承担全部施工控制网的测设工作。此时，承包人应按本条（1）项的规定将施工控制网资料（包括从国家测绘网取得基本测绘资料）提交监理人批准。

（3）承包人保护施工控制网的责任。

承包人应负责保护好基本平面和高程施工控制网点及自行增设的控制点，承包人并对所有测量控制点的缺失和损坏负责，直至工程完工后完好地移交给发包人。

### 2.2.2 施工测量

（1）承包人应负责工程施工阶段的全部施工测量放样工作。

（2）承包人应按本技术条款的规定，将施工测量及计量资料提交监理人批准。监理人使用承包人施工控制网进行的检查测量，或监理人与承包人联合进行的复核测量，均不免除承包人对保证建筑物或工程设备位置和尺寸的准确性应负的责任。

（3）监理人与承包人联合进行的计量测量，并经双方核签的测量成果，可直接用于计量付款。

## 2.3 现场试验

（1）除合同另有约定外，承包人应根据发包人提供的施工总布置指定地点，自建材料试验室，配备本工程需要的试验设备，编制一份现场试验室的设置和材料试验计划，提交监理人批准。

（2）监理人根据工作需要进行材料的抽样试验时，承包人应免费向监理人提供各项试验材料的抽样复检试件，并将其自建的现场材料试验室免费提供给监理人使用。

## 2.4　施工交通

### 2.4.1　场内施工道路

（1）除合同约定由发包人提供的施工道路外，承包人应负责修建本合同施工区内自发包人提供的道路至各施工点的全部施工道路、桥涵、交通隧道和停车场，并在合同实施期间负责维护（包括本合同约定由发包人提供的施工道路），以及为满足超大件和超重件运输而必须采取的改、扩建和临时加固措施。

（2）承包人修建道路应做好路基和路面的排水设施，道路运行期应按规范规定进行洒水除尘，减少施工作业产生的扬尘公害。

（3）承包人修建道路不应危害邻近道路两侧的农田、民舍和其他建筑物，应维护好道路两侧的开挖和填筑边坡。

（4）承包人负责修建的施工道路、桥涵、交通隧道和停车场，应免费提供给发包人和监理人使用，并按本合同约定提供给其他承包人使用。

### 2.4.2　场外公共交通

（1）承包人使用本合同施工场地以外的公共交通设施，包括为使用公共交通需要承包人修建的临近设施，应服从当地交通部门的管理，并由承包人自行承担修建临近设施的费用及交通部门规定的各项费用。承包人应对其使用场外公共道路、桥梁、隧道和交通设施所造成的损坏负责。

（2）按合同约定由承包人承担的超大、超重件的场外运输，应由承包人自行负责向有关交通部门办理申请手续，并承担其所需的费用。

## 2.5　施工供电

（1）发包人将在＿＿＿＿＿（地点）配置＿＿＿kV、容量＿＿＿kVA 的施工电源接口向承包人提供施工和生活用电。发包人在施工电源输出端接口处设置计量电表，按本合同约定的价格向承包人收取电费。

（2）承包人应负责由发包人指定的施工电源输出端接口处至所有施工区和生活区的输电线路、配电所及其全部配电装置和功率补偿装置的设计、施工、采购、安装、调试、管理和维修。

（3）承包人应为其出现停电事故后急需恢复用电的重要工程部位（如地下工程照明和排水、基坑抽水、补救中断的混凝土浇筑、混凝土温控冷却水、办公和生活区的安全照明等）配备一定容量的事故备用电源。除因发包人电源接口和电网停电事故引起的施工供电中断外，承包人应自行负责其电源接口后承包人的电力设备（包括事故备用电源）出现故障所造成的损失。

（4）承包人应在每年末、每季开始前 14 天 向监理人提供下一年、各季度和各月的施工用电计划，并按监理人批准的用电计划执行。

（5）承包人应按监理人指示，为进入现场的其他承包人提供用电方便。

## 2.6　施工供水

（1）按合同约定，承包人应按发包人指定取水位置，负责提供本合同工程的施工和生活用水，其供水系统的供水能力应不小于＿＿＿＿m³/天，水质应遵守 GB5749—2006 的规定。

（2）承包人应按本合同施工总布置的要求，负责设计、施工、采购、安装、管理和维修由发包人指定取水位置至施工区和生活区的供水系统，包括修建为保证正常供水的提（引）水、储水和水处理设施等。

（3）承包人应按合同约定向发包人和监理人提供现场办公和生活用水，包括引向发包人和监理人办公地点和生活区的提（引）水、储水和水处理设施和设备的施工、安装和日常维修等工作。

（4）承包人应按监理人指示，为进入现场的其他承包人提供施工和生活用水方便，具体的提供措施和收费办法由监理人与合同双方协商确定。承包人应免费向发包人和监理人提供办公和生活用水。

## 2.7　施工供风

承包人应按监理人批准的施工组织设计，负责建设本合同各项工程所需的施工供风系统，其工作内容包括施工供风系统的设计、建造、运行管理、维护及拆除。

## 2.8　施工照明

（1）除合同另有约定外，承包人应负责设计、施工、采购、安装、管理和维护本合同所有施工作业区、办公区和生活区以及相关的道路、桥涵、交通隧道（包括施工支洞）在内的施工区照明线路和照明设施。各区的最低照明度应遵守本技术条款第3.2.3条的规定。

（2）承包人应按合同约定和监理人的指示，为进入现场工作的其他承包人架设施工和生活区的室外照明线路提供方便。

## 2.9　施工通信和邮政服务

### 2.9.1　施工通信

（1）除合同另有约定外，发包人将在施工现场设置一个供本工程建设者使用的有线通信网，并向本合同承包人提供上限不超过＿＿＿门的资源门机，承包人可在有线通信网总机处获得通信接口。其通信接口以外的一切通信设施均由承包人自行解决。

（2）承包人应自行负责设计、施工、采购、安装、管理和维修其施工现场内部的通信服务设施。承包人应为发包人、监理人和其他承包人使用其内部通信设施提供方便；其他承包人需要使用其内部通信设施时，应按合同条款第4.1.8项的要求另行商定。

### 2.9.2　邮政服务

除合同另有约定外，承包人应在工程开工前，自行与当地邮政部门协商解决施工现场的邮政服务设施和相关事宜。

## 2.10　地下工程施工通风

承包人应负责设计、施工、采购、安装、管理和维护、拆除本合同地下工程施工作业区施工通风。通风量应满足DL/T5099—1999第12章的规定。

## 2.11　砂石料加工系统

### 2.11.1　承包人自建砂石料系统

（1）除合同另有约定外，承包人应负责提供本合同工程施工所需的全部砂石料，并负责砂石料加工系统的设计和施工以及加工设备的采购、安装、调试、运行、管理、维护和拆除。

（2）承包人应根据批准的施工进度计划，按各种砂石料和土料的需用量确定各项加工设备的生产能力和规模，进行加工、储存和供料平衡，并应满足其高峰用量要求。

（3）承包人应按批准的施工总布置规划进行砂石料加工系统的布置和设计，并应做好其场地排水、防洪保护、弃渣处理及防止污染环境等措施。

（4）承包人提供的各种砂石料应满足本合同技术条款和施工图纸的要求，并符合各工程建筑物专项技术条款规定的质量标准。

### 2.11.2　发包人提供砂石料

（1）发包人按合同约定的质量标准提供砂石料。承包人应与监理人共同按技术条款的规定，对发包人提供的砂石料进行抽样检验，确认合格后才能使用。

（2）承包人应按施工进度计划，在每年底前 28 天和每月 1 日前 14 天向监理人提交下一年度和下月的砂石料需用计划。经监理人审批确认后，作为供应砂石料的依据。若承包人未按规定提交砂石料需用计划或未经批准变更需用计划，发包人将不保证按施工进度计划要求供应砂石料；若承包人需要变更年（或月）的需用计划时，应在该年底前 14 天（或该月 1 日前 7 天），报送修正的需用计划提交监理人。否则发包人将不保证按变更后的需用计划供应砂石料，并应由承包人自行承担影响施工的责任。

（3）若发包人延误供应砂石料，承包人有权根据对其工期的影响和工程损失情况向发包人提出索赔。

（4）在施工过程中，承包人应按本合同技术条款的有关规定，对发包人每次提供的砂石料质量和品种进行检查和验收，若发现材料质量不合格，承包人有权拒绝接受，但应向监理人提供材料不合格的证明资料。

## 2.12　混凝土生产系统

### 2.12.1　承包人自建混凝土生产系统

（1）若合同约定由承包人自建混凝土生产系统，则承包人应按批准的施工总布置规划要求，进行混凝土生产系统（包括混凝土骨料储存系统）的设计和施工（包括场地的开挖、回填与平整），混凝土生产设备与设施的采购、安装、调试、运行管理和维护，以及混凝土骨料储存和混凝土的拌和、运输等。承包人还应做好混凝土生产系统场地排水和弃渣处理，以及防止污染环境等措施。

（2）混凝土生产必须满足混凝土的质量、品种、出机口温度和浇筑强度等要求。

（3）承包人应按施工图纸和本技术条款第 15.5.3 条规定的温控要求，负责混凝土制冷（热）系统的设计和施工，并负责制冷（热）设备的采购、安装、调试、运行管理和维修。

### 2.12.2　发包人供应混凝土

（1）若合同约定由发包人向承包人供应本工程施工所需的各种混凝土时，发包人应对提供的混凝土质量和供货进度承担责任。

（2）承包人应会同监理人共同按本技术条款规定和施工图纸要求，对混凝土的水泥、砂石料、掺合料，以及混凝土的质量进行试验和抽样检验，确认合格后才能使用。

（3）承包人应按批准的施工进度计划，在每年年底前 28 天和每月月底前 14 天向监理人提交下一年度和下一月的各种混凝土需用计划。经监理人批准后，作为发包人提供混凝土的依据。若承包人需要变更年（或月）的需用计划时，应在该年 1 月 1 日前 14 天，（或该月 1 日前 7 天）将修正的需用计划提交监理人。若变更需用计划未获监理人批准，发包人将不保证按变更后的需用计划供应混凝土，并由承包人自行承担影响施工的责任。

（4）若发包人延误供应混凝土，应由发包人对承包人承担延误供货责任，承包人有权根据对其工期的影响和工程损失情况向发包人提出索赔。

（5）在施工过程中，承包人应按本技术条款的有关规定，对发包人提供的混凝土质量和品种进行检查和验收。若材料质量不合格，承包人有权拒绝接受，但应向监理人提供能证明材料不合格的资料。

## 2.13　综合加工及机械修配厂

（1）承包人应按批准的施工组织设计和进度计划的要求，负责修建以下综合加工及机械修配厂：

1）钢管加工厂；

2）大型设备和金属结构拼装厂；

3）钢筋加工厂；

4）木材加工厂；

5）混凝土构件预制厂；

6）机械修配厂；

7）汽车保养站等。

（2）承包人应在上述综合加工及机械修配厂开始施工前 56 天，将综合加工及机械修配厂设计图纸和文件提交监理人批准。监理人应在收到图纸和文件后的 28 天内批复承包人。

（3）承包人应负责上述综合加工及机械修配厂的设计和施工及其各项设备与设施的采购、安装、调试、运行管理和维修等全部工作。

## 2.14　仓库和堆、存料场

（1）承包人应按批准的施工组织设计和进度计划的要求，负责修建仓库和堆、存料场，并在开始施工前 56 天，将全部仓库和堆、存料场的设计图纸与文件提交监理人批准。监理人应在收到图纸和文件后的 28 天内批复承包人。

（2）承包人应负责本工程施工所需的各项材料和设备仓库的设计、修建、管理和维护。

（3）除合同另有约定外，储存炸药、雷管和油料等特殊材料仓库应严格按监理人批准的地点进行布置和修建，并应严格遵守国家有关安全规程的规定。

（4）各种露天堆放的砂石骨料、土料、可用渣料及其他材料应按施工总布置规划的场地进行布置，场地周围及场地内应设防洪、排水等保护措施。

（5）存料场各种可用料物的堆存应按监理人的指示进行分区、分层堆筑；严格控制分层高度，避免料物分离，保证取料的安全和便利。

## 2.15　施工管理及生活设施

### 2.15.1　承包人自建施工管理及生活设施

（1）除合同另有约定外，承包人应负责本合同工程施工需要的全部临时生产管理与生活建筑及其设施的设计、建造（包括场地平整），设备的采购、安装、管理和维护。

（2）承包人应在收到开工通知后的 28 天内，按发包人批准的施工规划总布置图，并根据其施工生产管理和全员职工生活的需要，编制一份施工临时生产管理和生活设施的布置设计图纸，提交监理人批准，监理人应在收到图纸和文件后的 14 天内批复承包人。

### 2.15.2　发包人提供施工管理及生活设施

发包人可将已建成的部分办公管理和生活房屋建筑及其设施提供给承包人使用，其具体使用和管理办法在合同条款中约定。不足部分由承包人自建。

## 2.16 计量和支付

### 2.16.1 现场施工测量

施工控制网测量的费用，按工程量清单所列项目总价支付，总价中包括其所需的人工、材料、测量设备使用以及设置控制网点的观测墩、标识桩位等费用。

工程施工期的施工放样，以及检查验收测量等费用均包括在各工程项目的施工费用内，发包人不另行支付。

### 2.16.2 现场试验

现场室内试验的计量和支付：

（1）承包人修建现场试验室的房屋建筑及配套设施，应按工程量清单所列项目总价支付。

（2）除合同另有规定外，进行工程现场试验的全部费用包括在各项目的施工费用内，发包人不另行支付。

大型工艺性试验按本章技术要求和工程量清单所列项目总价支付。

### 2.16.3 施工交通

（1）承包人修建场内施工交通设施的费用应按工程量清单所列项目总价支付。

（2）场内施工交通设施维护费按工程量清单所列项目总价支付。

（3）承包人场内外的交通运输费用，均应包括在相应项目的费用中，发包人不另行支付。

### 2.16.4 施工供电

承包人施工用电的建设费用应按工程量清单所列项目总价支付。总价中应包括从发包人指定的施工电源接口输出端至所有施工区和生活区的输电线路、配电所及其全部配电装置和功率补偿装置（包括事故备用电源）的设计和施工，以及设备和装置的安装、调试、运行维护及完工拆除等费用。

### 2.16.5 施工供水

承包人施工用水设施的建设和运行管理费用应按工程量清单所列项目总价支付。总价中包括承包人从发包人指定的取水位置提（引）水、储水和供水设施的设计、施工、安装及完工拆除等费用。

### 2.16.6 施工供风

承包人施工供风的费用，应按工程量清单所列项目总价支付，总价中包括施工供风系统的设计、施工、设备安装及拆除等费用。

### 2.16.7 施工照明

包括照明系统的设计、施工、设备配置、安装、运行、管理、维护及拆除等全部工作。其费用包括在相应项目的费用中，发包人不另行支付。

### 2.16.8 施工通信和邮政服务设施

承包人设置现场施工通信和邮政服务设施的费用应按工程量清单所列项目总价支付。总价中包括施工通信和邮政服务设施的设计、施工、设备配置、安装、运行、维护及拆除等费用。

**2.16.9 地下工程施工通风**

承包人地下工程施工通风的费用，应按工程量清单所列项目总价支付，总价中包括施工通风系统的设计、施工、采购、安装、管理和维护及拆除等费用。

**2.16.10 砂石料加工系统**

承包人自建砂石料系统时，应按工程量清单所列项目总价支付。总价中应包括砂石料系统的设计、施工、砂石料加工设备的安装和调试及拆除等费用。

砂石料系统生产运行与维护费用及设备费包括在相应项目的费用中，发包人不另行支付。

**2.16.11 混凝土生产系统**

承包人自建混凝土生产系统时，应按工程量清单所列项目总价支付。总价中应包括混凝土生产系统的设计、施工、混凝土生产系统设备的安装和调试及拆除等费用。

混凝土系统的生产运行费用及设备摊销费包括在相应项目的费用中，发包人不另行支付。

**2.16.12 综合加工及机械修配厂**

承包人修建各综合加工及机械修配厂的全部费用，应按工程量清单所列项目总价支付，总价中包括综合加工及机械修配厂的设计、施工、安装、拆除等费用。

**2.16.13 仓库和堆、存料场**

承包人修建仓库或存料场的全部费用，应按工程量清单所列项目总价支付，总价中包括各仓库或存料场的设计、施工、安装、拆除等费用。

**2.16.14 施工临时生产管理和生活设施**

（1）承包人修建临时生产管理和生活设施的全部费用，应按本章工程量清单所列项目总价支付，总价中包括生产和生活建筑设施的设计、施工、拆除等费用。

（2）承包人使用发包人提供的临时生产管理和生活设施，其所需的维护和管理费用包括在相应项目的费用中，发包人不另行支付。

（3）除工程量清单所列的总价项目外，未列入本章的其他辅助设施项目的建设费用及其相关费用均已包括在各永久工程项目的费用中，发包人不另行支付。

# 第3章 安全文明施工

## 3.1 一般规定

### 3.1.1 应用范围

本章适用于本合同施工图纸所示的施工现场的安全施工管理、安全技术及文明施工等，包括现场施工劳动保护、爆破作业、照明、场内交通、消防、地下洞室施工作业保护、洪水和气象灾害保护、安全监测、文明作业等的施工安全文明措施。

### 3.1.2 承包人责任

（1）承包人应按合同条款第9.2款的约定及DL/T 5371—2007的规定履行其安全施工职责。

（2）承包人应坚持"安全第一，预防为主"的方针，建立、健全安全生产责任制度，制定各项安全生产规章制度和操作规程。并完善安全生产条件，加强安全生产监督管理，杜绝生产安全事故，切实保障生命和财产安全，对本工程的安全生产全面负责。

（3）承包人应加强对职工进行施工安全教育，并按本章第3.2.11条规定的内容，编印安全防护手册发给全体职工。工人上岗前应进行安全操作的考试和考核，合格者才准上岗。

（4）承包人必须遵守国家颁布的有关安全规程。若承包人责任区内发生重大安全事故时，承包人应立即报告发包人，并在事故发生后 12~24h 内向发包人提交事故情况的书面报告。

（5）承包人必须遵守国家颁布的各项安全规定，按合同要求建立完善的施工安全生产设施，为施工作业人员配置必需的劳动保护用品，施工安全的专项费用必须专款专用。

（6）承包人应建立专门的安全监督检查机构，配备专职安检人员。定期进行施工作业的安全检查，及时作好安全记录。

### 3.1.3 主要提交件

（1）承包人应在本工程开工前 14 天，根据《中华人民共和国安全生产法》《职业健康安全管理体系规范》《中华人民共和国消防法》《中华人民共和国道路交通安全法》《中华人民共和国传染病防治法实施办法》等以及国家、行业和地方有关的法规，以及本章第3.2.1条规定的内容和要求，编制一份施工安全措施计划，提交监理人批准。监理人应在收到施工安全措施计划后的 7天 内批复承包人。

（2）承包人应在每年、每季和每月的进度报告中，按本章规定的各项安全工作内容，详细说明本工程各施工工作面的安全措施计划实施情况，以及按监理人指示的格式提交安全检查记录和安全事故处理记录。

### 3.1.4 引用标准

（1）法律法规。

1）《安全技术措施计划的项目总名称表》；

2）《中华人民共和国道路交通安全法》；

3）《中华人民共和国安全生产法》；

4）《中华人民共和国消防法》；

5）《中华人民共和国传染病防治法实施办法》；

6）《中华人民共和国食品卫生法》；

7）《中华人民共和国劳动法》。

（2）规程规范。

1）GB 2894—2008《安全标志及其使用导则》；

2）GB 5749—2006《生活饮用水卫生标准》；

3）GB 6722—2003《爆破安全规程》；

4）GB 50348—2004《安全防范工程技术规范》；

5）GB/T 28001—2001《职业健康安全管理体系规范》；

6）DL/T 5099—1999《水工建筑物地下开挖工程施工技术规范》；

7）DL/T 5162—2002《水电水利工程安全防护设施技术规范》；

8）DL/T 5333—2005《水电水利工程爆破安全监测规程》；

9）DL/T 5370—2007《水电水利工程施工通用安全技术规程》；

10）DL/T 5371—2007《水电水利工程土建施工安全技术规程》；

11）DL/T 5372—2007《水电水利工程金属结构与机电设备安装安全技术规程》；

12）DL/T 5373—2007《水电水利工程施工作业人员安全技术操作规程》；

13）JGJ 59—1999《建筑施工安全检查标准》；

14）JGJ 147—2004《建筑拆除工程安全技术规范》；

15）JTG/TD 81—2006《公路交通安全设施设计细则》。

## 3.2 施工安全措施

### 3.2.1 施工安全措施的内容和要求

承包人应按本章第 3.1.3 条的规定提交施工安全措施计划，其内容应包括施工安全机构的设置、专职安全人员的配备，以及防洪、防火、防毒、防噪声、防爆破烟尘、救护、警报、治安和炸药管理等。施工安全措施的项目和范围，还应遵守国家颁发的《安全技术措施计划的项目总名称表》及其附录 H、I、J 的规定，即应采取以改善劳动条件、防止工伤事故、预防职业病和职业中毒为目的的一切施工安全措施，以及修建必要的安全设施、置备安全技术开发试验所需的器材、设备和技术资料，并对现场的施工管理及作业人员做好相应的安全宣传教育。

### 3.2.2 劳动保护

承包人应按照国家劳动保护有关法律法规的规定，保障现场施工人员的劳动安全，包括：

（1）定期向所有现场施工人员发放劳动者必需的安全帽、水鞋、雨衣、手套、手灯、防护面具和安全带等劳动保护用品，以及特殊工种作业人员的劳动保护津贴和营养补助等。

（2）按劳动保护法的有关规定安排现场作业人员的劳动和休息时间，加班时间不得超过劳动保护法的规定，保障劳动者必须的休息时间。

### 3.2.3 照明安全

地下工程照明用电应遵守 DL/T 5099—1999 第 13.3.3 条的规定。隧洞开挖、支护工作面的工作灯应采用 36V 或 24V。不便于使用电器照明的工作面应采用特殊照明设施。

### 3.2.4 接地及避雷装置

凡可能漏电伤人或易受雷击的电器及建筑物均应设置接地或避雷装置。承包人应负责避雷装置的采购、安装、管理和维修，并建立定期检查制度。

### 3.2.5 有害气体的控制

（1）承包人应遵守 DL/T 5099—1999 第 12.1.1 条的空气控制标准，以及第 12.3 节防尘、防有害气体的控制规定。

（2）承包人应对可能发生有毒气体的施工工作面，配备有害气体的监测和报警装置。该工作面作业的工人应使用防护面具和防护工作服。

（3）一旦在施工工作面发现有毒气体，承包人应立即停止施工并疏散人员，查清毒源，作好监测记录，及时报告发包人和监理人。进入有毒工作面进行抢救的工作人员必须先自己佩戴好防护面具和防护工作服。

（4）承包人对有毒施工工作面的毒源进行安全处理后，经国家安全卫生部门检查确认不存在危险，已达到安全作业标准，并经监理人同意后，方可复工。

（5）严禁地下洞室施工中使用燃烧汽油或液化石油气（丙烷、丁烷、乙烯、丁烯）的内燃机。

### 3.2.6 爆破器材和油料的存放和运输

（1）承包人应按发包人指定的地点修建火工材料库，不得在其他任何地方设库存放火工材料。承包人使用的火工材料，其存放和运输应严格遵守国家和本工程有关安全规定。

（2）承包人在工地自建的油库，其布置、修建和运行应严格遵守国家和本工程的有关规定。

### 3.2.7 爆破作业安全

（1）承包人应按本章第 3.1.3 条批准的施工安全措施计划中有关爆破的安全作业措施进行施工，并应严格遵守 GB 6722—2003 和 DL/T 5371—2007 第 5.6 节有关爆破安全的管理规定。

（2）对实施电引爆的作业区，承包人应采用必要的特殊安全装置，以防止暴风雨时的大气或邻近电气设备放电的影响。特殊安全装置应经过试验证明其确保安全可靠时方可使用，试验报告应经监理人批准。

（3）当承包人的现场爆破作业对其他承包人的施工作业造成干扰，以及危及临近设施或人员的安全时，应由监理人召开安全施工协调会解决，现场爆破时，各方均应服从。承包人进行爆破作业时，应对临近的所有人员、工程本体和公私财产采取必要的保护性措施，并对爆破后果承担全部责任。

### 3.2.8 消防和森林防火

（1）承包人应遵守《中华人民共和国消防法》，并按本合同条款第 9.2 款的约定，负责其辖区内的消防工作。承包人应对其辖区内发生的火灾及其造成的人员伤亡和财产损失负责。

（2）承包人应按 DL/T 5371—2007 第 14.2.4～14.2.5 条的规定，建立现场消防组织，配置必要的消防专职人员和消防设备器材。消防设备的型号和功率应满足施工现场消防任务的需要。

（3）承包人应按 DL/T 5371—2007 第 14.2.6～14.2.7 条的规定，划分施工现场的防火责任区，在现场配备必要的灭火器材、设置防火警示标志，按有关防火规程的规定，设置和保持畅通的消防通道。

（4）承包人应对职工进行经常性的消防知识教育和消防安全训练，消防设备器材应经常检查和保养，使其处于良好的待命状态。

（5）承包人应制定经常性的消防检查制度。承包人的消防专职人员应定期检查各施工现场和办公与生活区的消防和用电安全。

（6）承包人必须遵守国家和地方有关森林防火的法律、法规和规章，当施工建设场地处于林区时，应当组织经常性的森林防火宣传活动，普及森林防火知识，做好森林火灾预防工作。

### 3.2.9　洪水和气象灾害的防护

（1）承包人应做好水情和气象预报工作。承包人应向发包人或地方主管水文、气象预报工作的部门获取工程所在区域短、中、长期水文、气象预报资料。一旦发现有可能危及工程和人身财产安全的洪水和气象灾害的预兆时，应立即采取有效的防洪、防灾措施。

（2）承包人实施季节性施工时，每年汛前应编制防洪度汛预案和措施，针对重点项目和危险区域制定切实可行的预防和减灾措施。承包人应按施工组织设计的要求或监理人指示，储备一定数量的抢险工具和物资。

### 3.2.10　安全标志

（1）承包人应在施工区内设置一切必需的标志，包括：

1）禁止标志；

2）警示标志；

3）指令标志；

4）提示标志；

5）文字辅助标志。

（2）承包人应负责维修和保护施工区内自设或发包人设置的所有标志，并按监理人指示，经常补充或更换失效的标志。

### 3.2.11　安全防护手册

（1）承包人应编制适合本合同工程需要的安全防护手册，其内容应遵守国家颁布的各种安全规程。承包人应在收到开工通知后<u>28 天</u>内将手册的复制清样提交监理人。

（2）安全防护手册除发给承包人全体职工外，还应发给发包人和监理人。安全防护手册的基本内容应包括：

1）防护衣、安全帽、防护鞋袜及防护用品的使用；

2）升降机和起重机的使用；

3）各种施工机械的使用；

4）火工材料的储存、运输和使用；

5）油料储存、运输和使用；

6）汽车驾驶安全；

7）重大件设备的吊装作业安全；

8）用电安全；

9）地下开挖作业的安全；

10）高边坡开挖作业的安全；

11）灌浆作业的安全；

12）模板、脚手架作业的安全；

13）皮带运输机使用的安全；

14）混凝土浇筑作业的安全；

15）压力钢管制造和安装作业的安全；

16）钢结构制造和安装作业的安全；

17）闸门和启闭机安装作业的安全；

18）机修作业的安全；

19）压缩空气作业的安全；

20）高空作业的安全；

21）焊接作业的安全和防护；

22）油漆作业的安全和防护；

23）意外事故和火灾的救护程序；

24）防洪和防气象灾害措施；

25）信号和告警知识；

26）其他安全规定。

### 3.2.12　施工安全监测

（1）承包人在永久与施工边坡、建筑物基础、地下洞室等的开挖过程中，应根据其施工安全的需要和（或）监理人指示，安装必要的施工安全监测仪器，及时进行必要的施工安全监测，并定期将安全监测成果提交监理人。

（2）在安全监测过程中，若发现监测数据异常，危及施工安全时，应立即停止开挖施工，并及时进行防护。完成安全防护后，根据监测成果证明已达到继续施工的安全要求并经监理人同意后，才能继续施工。

（3）承包人在大坝、挡墙、引水渠及河床建筑物等的施工过程中，应结合建筑物永久性安全监测，埋设必要的位移、沉陷与地下水情等的观测仪器设备，进行施工期的安全监测，并定期将安全监测成果提交监理人。

## 3.3　文明施工

### 3.3.1　建筑物施工场地

（1）承包人的施工场地必须干净整洁，做到无积水、无淤泥、无杂物，材料堆放整齐，施工辅助设施布置规整有序。

（2）严格遵守"工完、料尽、场地净"的原则，不留垃圾，不留剩余施工材料和施工机具，各种设备运转正常。

（3）承包人修建的施工临建设施应符合监理人批准的施工规划要求，并应满足本章第3.2.1条的各项施工安全措施的要求。

（4）监理人可要求承包人在施工场地设置工程平面布置的指示牌、各级承包人人员的安全施工责任牌等。

### 3.3.2　施工材料场地

（1）材料进入现场应按指定位置堆放整齐，不得影响现场施工和堵塞施工通道。材料堆放场地应有专职的管理人员。

（2）施工和安装用的各种扣件、紧固件、绳索具、小型配件、螺钉等的安全部件应在专设的仓库内装箱放置。

### 3.3.3 混凝土浇筑和灌浆施工场地

（1）检验不合格的废弃混凝土应运至专设的弃料场，不得在施工场地内任意弃置；混凝土浇筑面的冲洗、冲毛废水应由专设的沟道集中排放；灌浆工作面冲洗岩粉的污水和废弃浆液应排入排水沟内，严禁污水漫流。

（2）混凝土振捣器绝缘性能应良好，并应在配电盘上装设有漏电保护器，以保障混凝土振捣人员的人身安全。混凝土收仓后应禁止人员踩踏，混凝土面上不允许随便涂写，应设立标志，及时将各种浇筑器具清洗收回摆放整齐。

（3）高空作业应按标准挂设安全网。拆除模板和脚手架时，应严格按规定程序施工，其上、下方均需有人接应，严禁从高处向低处扔材料、工具和杂物的野蛮施工行为。

### 3.3.4 金属结构及机电设备安装场地

（1）金属结构和机电设备在安装前，应将埋设件按不同种类分别堆放整齐、标记明显、支垫合理，避免受潮、锈蚀及污染。

（2）严格按照规程及安装方案进行运输和吊装，设备和部件装车应固定、牢靠。

（3）吊装大件时，应编制科学合理的吊装作业程序报告，经监理人批准后，严格执行。现场安装部位应设有效防护，防止高空坠物伤害。

（4）安装压力钢管等重要焊接部位应有可靠的防风、防雨和防火设施，避免工作部位受流水或雨水浸湿。保护已安装的构件或设备免受损坏、损伤与变形。

### 3.3.5 风、水管线路布置

（1）现场风、水管的布置应安全、合理、规范、有序，做到整齐美观。不得随意架设。

（2）承包人应经常检查风、水管，防止发生"跑、冒、滴、漏"等现象，风、水管线路应设有防脱、防爆等措施。大流量排水管出口必须避开易受冲刷破坏的建筑物或岸坡等，必要时应设置可靠的防冲刷设施。

### 3.3.6 电缆管线布置

（1）承包人布置动力线与照明线应分开架设，不准随意爬地或绑扎成捆架设。

（2）施工供电电缆架空设置应满足供电电压等级的规定，运输大件通过供电线路的部位，其安全高度应按大件运输的规定执行。

（3）配电盘、开关箱应设有漏电保护器及防雨设施，电缆线路穿越道路或易受机械损伤的场所时，必须设有套管防护，管内无接头，管口应封闭。

### 3.3.7 施工场地环境治理

（1）承包人应在施工现场设置足够的"保洁环保箱"，及时将垃圾清理到指定地点；承包人应设有统一就餐的餐厅，施工现场不得乱扔生活垃圾。

（2）承包人在洞内施工的液压钻、潜孔钻等应设有收尘装置，钻进不起尘。地下洞室的钻进工作面应设置有效的通风排烟设施，保证洞内空气流通。

（3）隧洞内应有良好的照明和交通指示设施，在隧洞平交处或与竖井交叉处应设置警示牌及安全防护栏。洞内应设移动厕所，保持洞内清洁卫生。

（4）施工现场应基本上达到无淤泥、杂物、无积水，抽排水设施良好。

（5）施工现场防止乱弃渣、乱搭建现象。

## 3.4 应急救援措施

### 3.4.1 事故应急救援预案

（1）承包人应制定生产安全事故的应急救援预案，并将组织应急救援预案的报告提交监理人批准。应急救援预案应定期组织演练，并能随时组织应急救援人员投入救援。

（2）承包人应成立应急救援小组，并按应急救援预案的要求，配备必要的应急救援器材和设备。

### 3.4.2 伤亡事故处理

（1）工程施工过程中，若发生施工生产人员或第三者人员的伤亡事故时，承包人应按合同条款第 9.5 款的约定，及时进行处理，并立即报告监理人。

（2）若发生重大伤亡或特大事故时，承包人必须保护事故现场，除及时报告发包人和监理人外，还应立即报告当地人民政府相关管理部门，并在当地政府主管部门的支持和协助下，按国家的有关规定，妥善处理好事故。

（3）事故处理结束后，承包人应向公众张榜告示处理事故的结果。

### 3.4.3 预防自然灾害措施

施工期间一旦发生洪水或出现可能危及人身财产安全事故的预兆时，承包人应立即采取有效的防灾措施，以确保工程施工人员、财产的安全。一旦发生设备损坏、人员伤亡或死亡事故，承包人应按以下处置程序办理：

（1）承包人的安全负责人与各相关人员在接警后应立即奔赴现场，按其安全职责分工立即开展工作，并服从安全负责人的统一指挥。

（2）承包人应积极组织人员、设备或物资尽快制止事故发展，及时消除隐患，并在最短时间内划定警戒范围，组织好人员、车辆和设备的疏散，避免再次发生人员伤亡和财产损失。

（3）承包人应保护好现场，为事故调查、分析提供直接证据；做好现场标志、绘制现场简图、书面记录和见证人员签字；妥善保存现场重要痕迹、物证；必要时应对事故现场和伤亡情况进行录像和照相，待事故调查有明确指令后，再行清理事故现场。

## 3.5 计量和支付

### 3.5.1 施工安全措施

（1）专项施工安全措施项目按工程量清单所列项目总价支付。

（2）本合同的劳动保护、照明安全、接地及避雷装置、爆破器材和油料的存放与运输、爆破作业安全、洪水和气象灾害的防护、安全防护手册、有害气体控制等其他施工安全措施项目费用，包含在各相关项目的费用中，发包人不单独支付。

### 3.5.2 文明施工

文明施工费用不单独计量支付，应包含在各相关项目的费用中。

# 第4章 环境保护和水土保持

## 4.1 一般规定

### 4.1.1 应用范围

本章适用于本合同工程施工期的生产和生活区的环境保护和水土保持工作，主要工作范围和内容包括施工污水和废水处理、大气环境和声环境保护、固体废弃物处理、施工期人群健康保护、水土保持、弃渣场防护和弃渣处理，以及工程完工后的场地清理与整治等。

### 4.1.2 承包人责任

（1）承包人必须遵守国家和地方有关环境保护和水土保持的法律、法规和规章，并按照本合同技术条款的要求，做好施工区及生活区的环境保护与水土保持工作。

（2）对本合同划定的施工场地界线以外的树木和植被必须尽力加以保护。承包人不得让有害物质（如燃料、油料、化学品、酸等，以及超过剂量的有害气体和尘埃、污水、泥土或弃渣等）污染施工场地以外的土地和河川。

（3）承包人应按合同约定和监理人指示，接受国家和地方环境保护与水行政主管部门的监督、监测和检查。

（4）承包人应对其违反上述法律、法规、规章以及本合同规定所造成的环境污染、水土流失、人员伤害和财产损失等承担全部责任。

### 4.1.3 主要提交件

（1）承包人在报送施工总布置设计文件时，应编制本合同施工期的环境保护和水土保持措施计划，提交监理人批准，其内容包括：

1）承包人生活区的生活用水和生活污水处理措施；

2）施工生产废水处理措施，如基坑废水、混凝土生产系统废水、砂石料加工系统废水、机修废水等；

3）施工区粉尘、废气处理措施；

4）施工区噪声控制措施；

5）固体废弃物处理措施；

6）人群健康保护措施；

7）本合同工程存料场、弃渣场的挡护工程、坡面保护工程和排水工程；

8）施工辅助生产区（如混凝土系统、砂石加工系统的生产区及加工场等）、工程枢纽施工区、施工生活营地等所有场地周边的截、排水措施，开挖边坡支护措施、挡护建筑物的排水措施等；

9）施工区边坡工程的水土流失保护措施；

10）完工后场地清理及其植被恢复的规划和措施。

（2）承包人应按监理人指示，在工程开工后 <u>14 天</u>内，将废水处理系统的设计方案、施工计划、设备类型以及维护系统的运行措施等的生产废水处理专项报告提交监理人批准。

（3）验收报告和资料。

1）环境保护措施质量检查及验收报告；

2）水土保持措施的质量检查及验收报告；

3）监理人要求提供的其他资料。

### 4.1.4　引用标准

（1）法律法规。

1）《中华人民共和国水法》；

2）《中华人民共和国水污染防治法实施细则》；

3）《中华人民共和国大气污染防治法》；

4）《建设项目环境保护管理条例》；

5）《中华人民共和国环境噪声污染防治法》；

6）《中华人民共和国水污染防治法》；

7）《中华人民共和国固体废弃物污染环境防治法》；

8）《中华人民共和国水土保持法》；

9）《中华人民共和国环境保护法》。

（2）规程规范。

1）GB 3095—1996《环境空气质量标准》；

2）GB 3838—2002《地表水环境质量标准》；

3）GB 5749—2006《生活饮用水卫生标准》；

4）GB 8978—1996《污水综合排放标准》；

5）GB 12523—1990《建筑施工场界噪声限值》；

6）GB 16297—1996《大气污染物综合排放标准》；

7）GB 16889—2008《生活垃圾填埋场污染控制标准》；

8）GB /T 15773—2008《水土保持综合治理验收规范》；

9）DL/T 5402—2007《水电水利工程环境保护设计规范》；

10）SL 219—1998《水环境监测规范》；

11）SL 277—2002《水土保持监测技术规程》；

12）CJJ 17—2004《生活垃圾卫生填埋技术规范》；

13）JGJ 146—2004《建筑施工现场环境与卫生标准》；

14）HJ/T 88—2003《环境影响评价技术导则　水利水电工程》。

## 4.2　环境保护

### 4.2.1　生活污、废水处理

除合同另有约定外，承包人应负责建设、运行和维护其营地的生活污水收集系统、污水处理系统（包括排污口接入），处理后的废水水质必须符合受纳水体环境功能区规划规定的排放要求，或应遵守 GB 8978—1996 的规定，不得将未处理的生活污水直接或间接排入河流水体中，或造成生活供水系统的污染。

### 4.2.2　生产废水处理

（1）一般技术要求。

1）承包人应按施工图纸要求或监理人指示，在本合同工程施工区内建造和维护生产废水排水系统。

2）承包人应会同监理人对生产废水的处理设备、防污措施等进行检查和检测。检测记录应提交监理人。

（2）基坑废水处理。

1）河床基坑的排水，应将排放口位置尽可能设置在靠近河流中的流速较大处，以尽量满足水质保护要求。

2）基坑的经常性排水，应在基坑排水末端设沉淀池，排水量视沉淀池水的浑浊程度而定，做到蓄浑排清。尽量控制水体 pH 值接近中性时排放。

（3）辅助生产系统的废水处理。

1）承包人应负责砂石料加工、混凝土生产等废水处理系统的设计、施工、运行和维护。包括维护废水处理系统的正常运行。

2）实行雨污分流，建立完善的废水处理系统，将各生产系统经常性排放的废水统一收集处理。

3）承包人应设置排水沉淀池，同时采取分离或其他有效措施，防止污染环境。并应防止污水或含有悬浮质的水流污染施工现场和排入河流。

4）废水处理系统排出的污泥需进行必要的脱水（或沉淀）处理后，运至指定的弃渣场堆存。一旦发现污泥处理不当，承包人必须采取监理人认为必要的措施，将已进入排水系统或排入河道的污泥清除。

5）系统污泥不得任意堆存，应进行脱水处理后运至指定弃渣场处理。

（4）机修及汽修系统废水处理。

1）设置机修及汽修系统的废水收集处理系统，不得任意设置未经处理的废水排污口。

2）实行雨污分流，建立专用的废水收集管道，对含油较高的机修废水选用成套油水分离设备进行油水分离。

### 4.2.3　施工区粉尘和空气污染控制

（1）工程开工前，承包人应根据施工设备类型和施工方法制定除尘实施细则，提交监理人批准。

（2）在施工过程中，监理人可根据批准的除尘实施细则，要求承包人随时进行除尘措施的检查和检测。检查和检测记录应提交监理人。必要时，监理人可进行抽样检测。

（3）施工期间，承包人应根据工程所在区域环境空气功能区划要求，保证施工场界及敏感受体附近总悬浮颗粒物（TSP）的浓度限值控制在日平均 0.3 mg/m³ 的标准（二级标准）状态内（见 GB 3095—1996 中有关规定）。

（4）承包人在制定施工方法、除尘措施以及进行施工时，应确保下列措施的实施：

1）施工期间，除尘设备应与生产设备同时运行，并保持良好运行状态。

2）选用低尘工艺，钻孔要安装除尘装置。

3）混凝土系统配置除尘装置，定期检查除尘装置的运行情况，及时修理或更换无法运行的除尘设备。

4）承包人应尽量避免将易产生粉尘的物料储存或堆放在敏感受体附近。

5）承包人不得任意安装和使用对空气可能产生污染的锅炉、炉具等，以及使用易产生烟尘或其他空气污染物的燃料。

6）承包人应经常清扫施工场地和道路，保持场地和所有道路的清洁，并向多尘工地和路面充分洒水，尽可能避免施工场地及机动车在运行过程中产生扬尘。

7）散装水泥、粉煤灰、磷矿渣粉应由封闭系统从罐车卸载到水泥储存罐，所有出口应配有袋式过滤器。

8）用以运输可能产生粉尘物料的敞篷运输车，其车厢两侧及尾部均应配备挡板，可能产生粉尘物料的堆放高度不得高于挡板，并用干净的雨布加以遮盖。

（5）施工期间，各施工作业点空气污染物排放应遵守 GB 16297—1996 的规定；

（6）为保证施工场界和敏感受体附近的 $NO_2$、$SO_2$、铅化物浓度能达到控制标准，承包人应确保下列措施的实施：

1）排气量大的车辆及燃油机械设备需配置尾气净化装置；

2）做好本合同场内道路的洒水降尘工作；

3）执行汽车报废标准，推行强制更新报废制度。

### 4.2.4 噪声污染控制

（1）降低噪声措施报告。

工程开工前，承包人应针对其用于工程的施工和运输的机械设备，以及施工工艺和方法，编制降低噪声措施报告，提交监理人批准。

（2）噪声的检查和监测。

在施工过程中，监理人可随时对承包人的施工运行场地进行噪声检查和监测，承包人应予协助。

（3）噪声限值。

施工期间，承包人应按相关规程规范要求，对影响附近居民区的噪声进行控制，其控制标准为：昼间___dB（A）、夜间___dB（A）。

（4）限制高强噪声。

施工期间，应限制高强噪声的操作。

（5）保护敏感受体。

1）承包人在制定施工方法及降噪措施时，应充分考虑噪声对周边环境敏感点的影响。发包人可委派环保专职人员监督实施，使施工场界和敏感受体的噪声水平能达到国家规定的噪声控制标准，并且确保下列措施的实施。

2）施工期间，承包人应在施工场地与其敏感受体以及在周边地区之间合理安装声障设施，以有效阻隔噪声传播。采用的声障设施要因地制宜，声障效果良好。

3）加强设备的维护和保养。各种动力机械设备暂时不用时应关机。

4）各施工工地的空气压缩机应设置消声器。振动大的机械设备使用减振机座降低噪声。

5）严禁在施工场地内使用气喇叭。

6）承包人应采取必要的预防措施保障职工的听力健康。对施工人员应采取可靠的防护措施：配戴耳塞或耳罩、耳棉。承包人应注意施工人员的合理作息，增强身体对环境污染的抵抗力。加强对施工人员的操作培训，减少突发噪声的发生。

### 4.2.5 固体废弃物处理

（1）固体废弃物处理措施。

施工产生的生产废料、生活垃圾和建筑垃圾，应由承包人采取以下措施进行处理：

1）承包人应按监理人批准的施工组织设计，负责对其施工场地以及生活区范围内的生产和生活垃圾进行清运填埋。承包人还应设置必要的生活卫生设施（垃圾箱、筒等），及时清扫生活垃圾，统一运至指定地点。

2）机械修理及汽修等的生产垃圾中的金属类废品，应由承包人负责回收利用。其他生产垃圾均应按监理人指示统一处理。

3）承包人应按批准的施工组织设计和监理人指示，处理好施工弃渣，按指定的渣场弃渣，并采取碾压、挡护或绿化等措施对渣场进行处理。严禁向河道乱弃渣。

4）对难以避免滑入河道的渣土，以及由于施工造成的场地塌滑、泥沙漫流、毁坏林草等问题，承包人应接受监理人和地方有关部门的监督检查，并采取合理措施进行处理。

（2）有毒有害物质和危险品的管理。

承包人应遵照国家法律和法规的规定，严格管理有毒、有害的危险品，防止污染事故的发生，由于承包人的原因引发的污染事故和安全事故，其造成的损失由承包人承担。

## 4.3 生态环境保护

### 4.3.1 动植物及资源保护

（1）承包人因工程施工需要在施工场地范围内进行砍树、清除表土和草皮时，必须严格按环保部门批准的环境规划和监理人批准的施工总布置设计执行。

（2）承包人在施工场地内发现国家保护级的鸟巢、受保护动物及其巢穴，应按国家规定妥善保护，并立即报告监理人。

（3）承包人在施工区内及附近的水域，严禁滥捕库鱼，发现受保护的鱼类应按国家有关规定处理。

### 4.3.2 景观保护

施工期间，承包人应负责施工场地附近的风景区、自然保护区等景观免受工程施工的影响，并做好生活营地周围的绿化和美化工作，保护生态，改善生活环境。

## 4.4 水土保持

### 4.4.1 水土保持措施计划

承包人应按监理人批准的水土保持措施计划，负责实施本合同责任范围内（包括施工开挖的场地、生活区、施工道路和渣场等）的水土保持工程措施，并在工程结束后按合同要求进行场地清理和整治。

### 4.4.2 周边水土保持

承包人应在施工中保护好施工场地周边的林草和水土保持设施（包括水库、渠、塘坝、梯田和拦渣坝等），避免或减少由于施工造成的水土流失。

### 4.4.3 场内水土保持措施

（1）承包人应做好本合同防治责任范围内各项开挖支护、截水、灌浆、衬砌、挡护结构及排水等工程防护措施。

（2）承包人应对场内道路的上、下边坡采取有效的水土流失防治措施，并应负责维护其场内道路及其他交通设施的水土保持设施。

（3）弃渣场防护和弃渣处理。

1）承包人应按监理人批准的水土保持措施计划，做好弃渣场挡护、排水等工程措施，并负责弃渣场施工期的维护管理工作。

2）承包人应选择不易受径流冲刷侵蚀的场地堆放开挖料，并在其堆放场地周边修建临时排水沟引排周边汇水。

3）承包人应做好弃料场堆渣起坡点的坡脚防护设施，保证堆渣边坡的安全和稳定。

4）弃料场一般不需要专门碾压，但必须分层堆放，以保证最终堆积体边坡的稳定。

（4）施工场地排水。

承包人应按水土保持措施规划的要求，设置完善的排水系统，保持施工场地和渣场始终处于良好的排水状态，防止降雨径流对施工场地和渣场的冲刷。

## 4.5 场地清理与整治

### 4.5.1 场地清理与整治施工措施计划

承包人应按发包人对场地清理与整治的要求和监理人指示，在工程基本完工后，制订一份场地清理与整治的施工措施计划，提交监理人批准。其内容应包括：

（1）场地清理与整治范围（本工程范围内的施工场地，包括施工场地以外遭受施工损坏的地区）。

（2）场地清理与整治的进度计划、清理整治措施。

### 4.5.2 清理与整治

（1）每一施工作业区施工结束后，承包人应及时拆除地面以上部分的各种临时建筑结构，以及各种辅助设施（如已废弃的沉淀池和临时挡洪设施等），并及时清理出场。

（2）承包人的所有材料和设备应按计划撤离现场，工地范围内废弃的材料、设备及其他生产垃圾应统一按环境规划的要求和（或）监理人指示的方式处理。

（3）对防治范围内的排水沟道、挡护措施等永久性水土保持设施，应在撤离前按要求进行疏通和修整。

（4）施工占用耕地的料场，应在开采前将剥离的耕植土妥善堆存保管，完工后按本合同约定，将其返还摊铺和（或）还田复耕。

## 4.6 计量和支付

### 4.6.1 环境保护

生活污水、废水处理，生产废水处理，施工区粉尘和空气污染控制，噪声污染控制，固体废弃物处理，景观保护等环境保护项目应按工程量清单所列环境保护措施项目总价支付。动植物及资源保护费用不单独计量支付，应包含在各相关项目的费用中。

### 4.6.2 水土保持

（1）弃渣场防护、大型的施工场地排水等专项水土保持项目，按工程量清单所列水土保持措施项目总价（或单价）支付。

（2）除合同另有约定外，一般施工场地排水、场地清理与整治及临时防护措施等项目不单独计量，其所需费用包括在相应项目的费用中。

# 第 5 章　施工导流工程

## 5.1　一般规定

### 5.1.1　应用范围

本章规定适用于本合同施工图纸所示的所有主体工程的施工导流工程，包括施工导流挡水建筑物、泄水建筑物、截流、度汛、基坑排水、排冰、下闸及封堵和施工期向下游供水等工程项目和工作内容。

### 5.1.2　承包人责任

（1）承包人应按本工程确定的施工导流设计方案、导流洪水标准与本合同所确定的施工控制性进度，编制本工程施工导流的措施计划。

（2）承包人应按批准的施工导流措施计划和本技术条款的规定，负责完成以下各项工作：

1）完成本合同导流工程的全部施工作业，包括导流挡水和泄水建筑物的施工、截流方案设计、截流试验及截流施工；

2）负责排干基坑内建筑物部位的渗水和积水，保证永久建筑物在干地中施工；

3）按合同约定，负责导流工程材料和设备的供应和试验检验、设备的安全运行和维护、临时建筑物设施和设备的拆除，以及导流工程的质量检查和验收。

（3）对具有通航和下游供水的河流，承包人应在施工期间协助发包人安排好建筑物施工通航和施工期下游供水等工作。

（4）施工导流期间，当河道的天然来水流量小于或等于本合同规定的导流工程设计洪水标准时，承包人应对其导流工程建筑物的安全，以及永久建筑物的施工安全承担全部责任。

（5）当施工期内，遭遇不可抗力的自然灾害或发生超标准洪水时，承包人应按监理人的指示，采取应急措施，进行防洪防灾的抢救工作。由于自然灾害和超标准洪水造成永久建筑物或临时建筑物损失或损坏，应按合同条款有关约定处理。

### 5.1.3　主要提交件

（1）导流工程施工措施计划。

承包人应在施工导流建筑物开工前 28～56 天，按本章第 5.1.1 条规定的导流工程项目和工作内容，编制一份导流工程施工措施计划，提交监理人批准，其内容包括：

1）导流工程施工措施；

2）截流试验报告和截流施工措施计划；

3）基坑排水措施；

4）防洪和安全度汛措施；

5）导流建筑物下闸及封堵措施；

6）导流工程施工进度计划。

（2）安全度汛措施计划。

在合同实施期间，承包人应在每年汛期前 56 天，编制该年度的安全度汛措施计划（包括分阶段的度汛工程形象面貌图），提交监理人批准，其内容应包括：

  1）截止汛前工程应达到的施工度汛面貌；

  2）施工期度汛措施；

  3）临时和永久工程建筑物的汛期防护措施；

  4）防汛器材设备和劳动力配备；

  5）施工区和生活区的度汛防护措施；

  6）临时通航的安全度汛措施；

  7）遭遇超标准洪水时的应急度汛措施；

  8）监理人要求提交的其他施工度汛资料。

  （3）施工期临时通航设施施工计划。

承包人应在施工期临时通航开始前 <u>56 天</u>，编制一份施工期临时通航措施计划，提交监理人批准。

  （4）截流和下闸封堵措施计划。

承包人应在截流前或闸门试运行前 <u>56 天</u>，编制一份截流和下闸封堵措施计划，提交监理人批准。

  1）截流措施计划的主要内容：

  ① 截流的施工进度计划；

  ② 截流时段、截流方式（如立堵、平堵或两者兼有）、截流落差、截流戗堤轴线位置、水力参数；

  ③ 供料的料源、备料场地储量，各种截流抛投材料的品种、数量和备料情况；

  ④ 截流材料抛投的主要施工运输设备配置情况和运输道路等；

  ⑤ 截流过程水力参数的测试安排；

  ⑥ 监理人要求提交的其他截流资料。

  2）下闸封堵措施计划内容应包括：

  ① 下闸封堵前主体工程应完成的工程形象面貌；

  ② 下闸封堵闸门和启闭机的试运行计划；

  ③ 下闸封堵前的库区施工场地清理和验收计划；

  ④ 下闸封堵前，观测设备的观测初始值；

  ⑤ 下闸封堵后，后续工程计划和度汛形象面貌；

  ⑥ 下闸封堵的施工措施（包括导流隧洞、导流底孔等封堵措施）；

  ⑦ 下闸封堵后的下游供水措施。

### 5.1.4 引用标准

  （1）GB 50201—1994《防洪标准》；

  （2）DL/T 5113.1—2005《水电水利基本建设工程单元工程质量等级评定标准　第 1 部分：土建工程》；

  （3）DL/T 5114—2000《水电水利工程施工导流设计导则》；

  （4）DL/T 5123—2000《水电站基本建设工程验收规程》；

  （5）DL/T 5144—2001《水工混凝土施工规范》；

  （6）DL/T 5148—2001《水工建筑物水泥灌浆施工技术规范》；

  （7）DL/T 5199—2004《水电水利工程混凝土防渗墙施工规范》；

  （8）DL/T 5200—2004《水电水利工程高压喷射灌浆技术规范》；

  （9）DL/T 5361—2006《水电水利工程施工导流截流模型试验规程》；

  （10）DL/T 5397—2007《水电工程施工组织设计规范》。

## 5.2 施工期导流控制标准

### 5.2.1 施工导流及度汛标准

（1）列表说明本工程采用的导流方式、各阶段导流标准及导流程序。

（2）承包人应按施工图纸所示，并根据确定的施工导流标准、度汛标准和度汛方式，完成工程挡水建筑物的施工形象面貌。

### 5.2.2 临时通航、下游供水和排冰凌

（简述本合同工程对施工期临时通航、下游供水，以及排冰凌等的要求。）

## 5.3 导流建筑物施工

### 5.3.1 一般要求

承包人应按施工图纸要求和监理人指示进行导流建筑物的施工。各种导流建筑物的开挖、支护、填筑、混凝土以及防渗工程等施工技术要求应执行本技术条款各有关章节的规定。

### 5.3.2 围堰

（1）围堰施工的上升速度应满足安全度汛标准，以及各施工时段的挡水要求，并应在各种设计运行水位工况下保证已施工堰体的稳定和安全。

（2）围堰拆除时，承包人应按施工图纸指定的拆除范围和监理人指示及时拆除，并须经监理人验收合格。

### 5.3.3 导流建筑物封堵

（1）承包人应按施工图纸和监理人指示，编制导流建筑物封堵施工措施计划，并于封堵施工前 56 天，提交监理人批准。导流建筑物的封堵应按批准的施工图纸施工。

（2）施工导流期结束后，承包人应尽早封堵与永久性水工隧洞相连接的导流隧洞部位，并应在导流隧洞结合段的上游侧进行封堵，其封堵段的混凝土宜采用低热微膨胀水泥，并应进行膨胀性混凝土的施工工艺试验，试验成果应提交监理人。

### 5.3.4 导流底孔及未完坝段或其过水缺口

导流底孔、未完建永久建筑物过水的坝段或其缺口等，其施工技术要求应按 DL/T5114—2000 第7章的有关规定执行。

## 5.4 截流

### 5.4.1 截流规划及施工措施计划

承包人应根据施工图纸的要求及水文气象资料，结合模型试验成果以及现场施工条件制定详细的截流规划及施工措施计划。其主要内容应包括：截流时段、截流方式（包括龙口位置选择、断面形式及进占方式）、截流落差、截流戗堤轴线位置、水力参数、截流抛投材料的品种和数量、料源、备料场地、主要施工运输设备和运输道路等。

### 5.4.2 模型试验

对大型或重要工程，承包人应编制截流水工模型试验措施计划，提交监理人批准，其试验项目

包括：截流流量选择、龙口尺寸和截流戗堤位置、落差和流速、护底方式、抛投强度、各品种投料数量和顺序、龙口合龙时间，以及配备的测试仪器设备等。

### 5.4.3 临时断航

对具有通航要求的河段，截流期间承包人应协助发包人和地方交通部门妥善安排好短期断航等事项，承包人应尽量缩短临时断航的时间。

## 5.5 基坑排水

### 5.5.1 基坑初期排水

承包人应负责围堰截流闭气后的基坑初期排水，排水量可根据围堰闭气后的基坑积水、抽水过程中围堰和基础渗水量、堰身和基坑覆盖层含水量及可能的降雨量进行估算，初期排水时间应按基坑水位允许下降速度控制。

### 5.5.2 基坑经常性排水

承包人应负责排除基坑内施工期的围堰渗水、基础渗水、降水和施工废水，以及不能从施工场地地表排水系统排除而进入基坑的地表汇水。承包人应将经常性排水措施计划提交监理人批准。

### 5.5.3 基坑排水设备

承包人应负责提供基坑初期排水和经常性排水所需的全部排水设备和设施，并负责设备和设施的安装、运行和维修。承包人应保证基坑排水设备不间断持续运行，配置应急的备用设备和设施（包括备用电源），避免造成基坑积水而延误工期。

## 5.6 安全度汛和排冰

### 5.6.1 安全度汛

（1）承包人应按施工图纸及监理人指示，完成汛前应达到的工程施工形象面貌要求。

（2）每年汛前，承包人应按监理人指示，根据批准的安全度汛措施，备足防汛所需的材料设备，并做好应急的防汛措施安排。发包人亦应在每年汛前，对承包人的安全度汛措施进行全面检查。

### 5.6.2 排冰

承包人应按监理人指示，对可能发生冰凌凌汛的河流采取有效的排冰凌措施，在每年凌汛前备足必要的排冰材料和设备，必要时通过水工模型试验确定破冰的各项参数。

## 5.7 下闸封堵和向下游供水

### 5.7.1 下闸封堵

承包人应按监理人批准的下闸封堵措施，在规定期限进行下闸和封堵。

### 5.7.2 下游供水

在导流泄水建筑物进口闸门下闸后（或封堵完毕后），承包人应按监理人批准的向下游供水措施向下游供水。

## 5.8 施工期临时通航

除合同另有约定外，承包人应按本技术条款的规定和监理人指示，承担各施工导流期的航运过坝工作，并采取措施保证施工期通航安全。

在下列条件情况下允许短暂断航：

（1）主河床截流期：经监理人批准，允许主河床在截流过程中短暂断航___h；

（2）下闸封堵期：当临时通航设施已被封堵，而永久通航设施因库水位尚未达到航运水位，可允许短暂断航___h。

（3）上述断航期限内的费用补偿由发包人另行安排。

## 5.9 质量检查和验收

### 5.9.1 导流建筑物的质量检查和验收

本工程的围堰、导流隧洞或导流明渠、导流底孔建筑物以及临时通航和下游供水建筑物等的土石方开挖、支护工程、土石方填筑工程、地基防渗工程、砌体工程、混凝土工程及钻孔灌浆工程等，应按本技术条款各相关章节的规定进行质量检查和验收。

### 5.9.2 闸门和启闭机的检查和验收

闸门和启闭机投运前，承包人应会同监理人对导流建筑物的闸门、门槽、启闭机等进行全面检查，并将检查记录提交监理人，发现有不合格的部件应及时进行修复或更换，并应按监理人的指示，在规定期限内进行闸门和启闭机的试运行，试运行记录应提交监理人。

## 5.10 计量和支付

（1）导流挡水（含堰体拆除）及泄水建筑物工程按照工程量清单相关项目的单价支付。

（2）工程截流按工程量清单所列项目总价支付，总价中包括截流规划、模型试验、水情观测、预进占、合龙、闭气、截流（含特殊截流材料备料及截流流失量）及加高等所需的全部人工、材料及使用设备等的费用。

（3）施工期的基坑排水费用（含基坑初期排水和经常性排水）按工程量清单所列项目总价支付。其他场地施工排水包含在相应工程项目费用中，发包人不另行支付。

（4）施工期安全度汛和排冰费用按工程量清单所列项目总价支付。

（5）导流挡水建筑物的运行、维护费用包含在施工期安全防洪度汛项目的费用中，发包人不另行支付。

（6）向下游供水设施按工程量清单所列项目的单价支付。

（7）导流泄水建筑物的封堵按工程量清单相关项目和本技术条款有关章节中相应规定的单价支付。

（8）导流泄水建筑物的闸门及其启闭机按工程量清单相关项目和本技术条款有关章节中相应规定的单价支付。

# 第6章 料源开采和加工

## 6.1 一般规定

### 6.1.1 应用范围

本章规定适用于本合同施工图纸所示的土料场、砂砾料场、混凝土骨料场、堆石料场、块石料场的复查、规划、开采和整治以及按本技术条款、施工图纸所要求的土料、砂石（骨）料、大坝填筑料、抛投石料等的加工等工作。

### 6.1.2 承包人责任

（1）承包人应对本工程土、石料场进行复核并进行开采规划。

（2）承包人应按本技术条款、施工图纸的要求和监理人指示，组织并实施工程的全部料场、加工厂（场）的施工管理工作。

（3）承包人在施工前应详细了解料场的地质结构、地形地貌和水文地质情况，对不良地质地段采取有效的预防性保护措施。若承包人根据施工需要和实际地质情况要求修改开采规划时，须经监理人批准。

（4）承包人应根据本合同的施工用地范围进行料源开采和加工，并按施工图纸所示和监理人指定的地点堆放可利用料和废弃料。

（5）承包人进行料场开采时，应根据施工图纸或监理人指示及时进行边坡支护或防护，以保持开采部位边坡的稳定。

（6）承包人应根据物料质量要求和需用计划安排生产加工，并承担由于自身原因造成供料不满足要求的责任。

### 6.1.3 主要提交件

（1）料场复查措施计划。

在工程开工前 28 天，承包人应按施工图纸要求和监理人指示，编制一份料场复查的措施计划，提交监理人批准。

（2）料场复查报告。

承包人应在料场复查完成后，编制一份料场复查报告提交监理人批准。

（3）料场开采规划及施工措施计划。

承包人应在料场开工前 28 天，按本章第 6.3 节规定的内容，编制一份料场开采规划及施工措施计划，提交监理人批准。

### 6.1.4 引用标准

（1）GB 6722—2003《爆破安全规程》；

（2）DL/T 5135—2001《水电水利工程爆破施工技术规范》；

（3）DL/T 5333—2005《水电水利工程爆破安全监测规程》；

（4）DL/T 5388—2007《水电水利工程天然建筑材料勘察规程》。

## 6.2 料场复查

### 6.2.1 一般要求

（1）承包人应根据本工程所需各种料的使用要求，对发包人提供的料源资料进行核查，并辅以适量的坑探和钻孔取样对合同文件中选定的各种料源的储量和质量进行复查。复查的内容主要为：

1）覆盖层或剥离层厚度，料场的地质变化及夹层的分布情况；

2）料源的分布、开采及运输条件；

3）料源与汛期水位的关系；

4）根据料场的施工场面、地下水位、地质情况、施工方法及施工机械可能开采的深度等因素复查料场的开采范围、占地面积、弃料数量以及可用料层厚度和有效储量；

5）进行必要的室内和现场试验，核实坝料的主要物理力学性质及压实特性。

（2）料场复查结束后，承包人应提交料场复查报告提交监理人批准。料场复查报告内容主要应包括料场地形图、试坑与钻孔平面图、地质剖面图（当地质情况简单时可省略）、含水率、地下水位、试验分析成果、有效开采面积、实际可开采量、开采和运输条件等。

### 6.2.2 复查后的料场变更

若承包人的复查成果与本合同文件中提供的资料和数据不一致，或施工过程中由于地质勘探或设计原因需要改变料场开采区，或必须另选、增选新料场时，须经监理人核查同意，并应由承包人编制料场变更计划，提交监理人批准。

## 6.3 料源的开采

### 6.3.1 料源开采规划

承包人应根据本合同提供和（或）承包人在料场复查中获得的料场地形、地质、水文气象、交通道路、开采条件和料场特性等各项资料，并根据不同阶段料源开采和加工强度要求，在做好料物供求平衡计划的基础上，对本工程开挖料利用、料场开采和料源加工进行统一规划，提出料源开采规划报告提交监理人批准。料源开采规划报告的主要内容包括：

（1）开采布置图；

（2）石料开采钻孔爆破程序和方法；

（3）开采料的加工要求和措施；

（4）施工设备配置和劳动力安排；

（5）料场边坡保护及加固措施；

（6）质量保证与安全保护措施等。

### 6.3.2 开采范围的调整

监理人有权根据物料的质量和使用情况，对料场各采区的开采范围及深度做出局部调整。料源开采过程中开采范围发生重大变更时，承包人应提出料源开采规划调整报告，提交监理人批准。

### 6.3.3 土料及天然砂砾料开采

（1）开采前的清理。

料场开挖前，承包人应按本技术条款第 7 章的相关规定，进行料场的植被清理和表土清挖。覆植土和弃渣应按监理人的指示运至指定地点堆放，并应防止有用料中混入弃渣和有机物。

（2）防洪和排水措施。

料场周围及开采区内，应按本技术条款第7章的相关规定设置有效的排水系统和采取必要的防洪措施，以保证开采料的质量及开挖工作的顺利进行。

（3）开采和堆存。

1）承包人必须按监理人批准的料场开采范围和开采方法进行开采。

2）选择开采方式时应考虑料的性质、料场地形、开采机具、料层分布、料层厚度、黏性土（砾质土）天然含水率大小及水文地质等因素，确定采用立面开采或平面开采（包括斜面开采）。具体施工技术要求可参照本技术条款第7章相关条款。

3）风化料开采过程中，应使表层的坡积残积土与其下层的土状和碎块状全风化岩石均匀混合，并使风化岩块通过开采过程得到初步破碎。

4）除专用于坝体心墙或斜墙的基础接触带开采的纯黏土（料区专门规定）外，在风化土料开采过程中，不应将土料和风化岩石分别堆存。

5）受河水影响（含水下开挖）的砂砾料开采，承包人在安排其开采规划时，应详细分析河水位变化和水流流速等有关资料，选择合适的开挖设备，合理安排有效开采时间、开挖深度及毛料堆存场容量，以保证按施工进度计划供料。

6）应根据开采运输条件和天气等因素经常观测料场含水率的变化并按用料要求作适当调整。

### 6.3.4　石料开采

（1）料场开采前的清理。

料场开挖前，承包人应按本技术条款第8章的规定进行料场的植被、表土、覆盖层和不可用岩层的清理。剥离的腐殖土和弃渣应按监理人的指示运至指定地点堆放，并应防止采料中混入弃渣和有机物。

（2）防洪和排水措施。

料场周围及开采区内，应按本技术条款第8章的规定设置有效的排水系统和采取必要的防洪措施，以保证开采料的质量及开挖工作的顺利进行。

（3）开采和堆存。

1）石料开采采用台阶钻孔爆破分层开采的施工方法。台阶高度、钻孔布置和单位炸药量，应通过试验确定，试验成果应提交监理人。石料场的开采爆破必须采取控制爆破措施，承包人应通过爆破试验优选石料开采的爆破参数，开采的石料应符合本工程的各项用途。爆破试验的成果应提交监理人。具体施工技术要求可参照本技术条款第8章相关条款。

2）为提高料物利用率，岩性和风化程度不同的岩体应分区开采，以满足不同品质料源使用要求。

3）料场开采过程中，遇有比较集中的软弱带时，应按监理人指示予以清除，严禁在可利用料内混杂废渣料，可利用料和废渣料均应分别装运至指定的存料场和弃渣场堆存。

4）料场开采应逐层下挖，不得采用切断顺坡岩层层面的掏脚式开采方法。料场开采过程中，承包人应根据开挖边坡的实际地质情况，按施工图纸要求和监理人指示确定开挖边坡，并对边坡进行支护和施工期监测。具体支护施工技术要求可参照本技术条款第10章相关条款。

5）当利用主体工程开挖料时，其开采方法应同时满足主体工程开挖要求。

### 6.3.5　料场整治

在施工过程中，承包人应对取料区域的边坡及时进行必要的整治，不稳定的边坡应按监理人指示进行处理，防止发生坍塌或形成泥石流，危及下游安全。承包人应按本技术条款第4章规定的环境保护和水土保持要求，对料场开挖后的场地进行整治。

## 6.4 料源加工

### 6.4.1 土料

（1）当料场土料的天然含水量大于或小于设计要求的施工填筑含水量时，应根据土料开挖方式、装运卸流程以及气象等条件对料场土料含水量进行调整，调整方式以翻晒或加水为主。料场土料加工后的含水量要求应通过现场试验确定。

（2）砾质土（包括冰积、坡积、洪积和构造残积土）的含砾量、含砾级配、含水量等特性控制要求应符合施工图纸的规定。加工工艺流程应由试验确定。

（3）人工掺砾（石）土所用黏土和砾石（或碎石）料的特性应符合施工图纸的要求，配合比和加工工艺流程应由试验确定。一般将土料和砾石（或碎石）料水平互层铺填成堆料，然后以挖掘机立采方式使土料和砾石（碎石）料得到混合。加工好的人工掺砾（石）料应均匀，不得有砾石（或碎石）料集中现象。含水量应符合施工图纸要求。

### 6.4.2 砂石（骨）料

（1）承包人应根据本工程砂石（骨）料各级使用数量、质量和供应强度要求确定加工工艺、加工系统规模和布置，其内容包括混凝土骨料、需加工的反滤料、垫层料等。

（2）承包人应做好砂石加工系统的施工和管理工作，其主要内容包括砂石加工、厂内运输的工艺流程设计、设备选型和工艺布置、给排水和废水处理、环境保护措施，以及土建结构施工和系统的运行管理等。

（3）砂石加工系统应采用湿法加工工艺，并配置石粉回收设备。若采用干法加工工艺时，应有解决粗骨料裹粉、细骨料石粉控制和细度模数调整、加工粉尘污染等技术措施。

（4）砂石骨料的含泥量超过标准时应进行冲洗，含有黏性泥团时应配置专用洗石设备。

（5）当天然砂石级配与需用砂石级配差异较大时，应采用合适的工艺流程进行级配调整；当原料中粗骨料含量偏少，可补充部分人工粗骨料或将部分细骨料作弃料处理，两者进行比较后确定。

（6）当天然砂石含砂率偏低时，可利用多余的粗骨料制砂补充或将部分粗骨料作弃料处理；当天然砂细度模数偏小时，可利用部分粗骨料制粗砂；当天然砂细度模数偏大时，可经棒磨机加工，改善其细度模数；若天然砂细度模数不稳定，可将砂筛分分级为 0～3mm、3～5mm 两级，分别堆存，按一定比例混合后使用。

（7）粗骨料生产宜采用分段闭路流程或全闭路流程生产，生产规模较小时也可采用开路流程生产。

（8）人工砂生产宜采用立轴冲击式破碎机与棒磨机制砂相结合，并辅以石粉回收（或脱除）工艺；生产规模较小时也可单独采用立轴冲击式破碎机生产，但应有调整成品砂细度模数和石粉含量的方法以及防止粉尘污染的措施。

（9）天然砂砾石料场及工程开挖利用料作为料源，宜以堆存毛料为主；人工石料场作为料源，宜以堆存半成品料为主；低温季节不具备砂石生产条件时，宜以堆存成品料为主。成品堆场容量应满足砂石自然脱水时间要求。

（10）成品骨料堆存应符合下列要求：

1）湿法制砂，成品砂堆场隔仓不宜少于 3 个；

2）碾压混凝土用砂和常态混凝土用砂宜分开堆存；

3）堆场应有良好的排水系统，料堆之间应设置隔墙，隔墙高度可按骨料动摩擦角 34°～37° 加超高值 0.5m 确定；

4）大型砂石加工系统堆场宜采用带式输送机廊道取料；

5）粒径大于 40mm 的骨料抛料落差大于 3m，应设缓降设备。

（11）砂石加工、运输及堆存过程中，产生的石渣和石粉，应收集、转运、堆存并综合利用。

### 6.4.3　反滤料和垫层料

（1）土石坝防渗体的反滤料利用天然开采或经加工的砂砾石料，或用致密坚硬石料轧制，或用天然砂砾石料与轧制料的掺合料，其质量要求和级配应符合施工图纸的要求。

（2）混凝土面板堆石坝的垫层料可用天然砂砾石料加工或致密坚硬石料轧制，或用天然砂砾石料与轧制石料的掺合料，其质量要求和级配应满足施工图纸要求。

（3）土工合成材料防渗体两侧的垫层料可用天然砂砾石筛分制备，其质量要求和级配应满足施工图纸要求。

（4）沥青混凝土坝的垫层料一般用致密坚硬石料轧制，其质量要求和级配应满足施工图纸要求。

（5）经加工的反滤料和垫层料应分类堆放，不得混杂，并应防止分离。否则，监理人有权指示承包人舍弃不合格的料物或进行处理后使用，承包人不得因此要求增加费用。

### 6.4.4　过渡料

过渡料（包括混凝土面板堆石坝的细堆石料）应满足反滤料或垫层料对反滤的要求。采用硬岩料时，其级配应满足施工图纸的要求。

### 6.4.5　堆石料

土石坝、混凝土和沥青混凝土面板堆石坝的各种堆石料的质量应满足施工图纸要求。料场爆破石料的级配控制要求应根据坝体现场碾压试验确定。

### 6.4.6　砌体石料

承包人用于各项石砌体工程的石料应按施工图纸要求和遵守本技术条款第 17.2.1 条的有关规定。

### 6.4.7　特殊石料

为防止岸坡崩塌和冲蚀，承包人在施工期应根据施工图纸和监理人的指示，按对抛投石料的材质要求、尺寸要求等加工制备特殊石料。

## 6.5　质量检查和验收

### 6.5.1　料场开采前的质量检查和验收

料场开采前，承包人应会同监理人进行以下各项的质量检查和验收：

（1）用于开采工程量计量的原地形（含开采剖面）及开采范围的复核测量，经监理人复核签认后，其测量成果可作为工程量计量的依据。

（2）按施工图纸所示进行开采区周围排水和防洪保护设施的质量检查和验收。

### 6.5.2　料场开采过程中的质量检查

在料场开采过程中，承包人应定期测量工程量，以及按施工图纸要求检查料场边坡的坡度。并将测量资料提交监理人，监理人根据需要进行复测。

### 6.5.3 料场开采完成后的质量检查和验收

料场开采完成后，承包人应会同监理人进行以下各项质量检查和验收：

（1）按施工图纸要求测量料场开采后地形（含剖面图），并进行联合收方，经监理人复核签认后，其测量成果可作为工程量计量的依据；

（2）永久边坡的坡度和平整度的复测检查；

（3）边坡永久性排水沟道的坡度和尺寸的复测检查；

（4）料场整治的质量检查和验收。

### 6.5.4 料源加工后的质量检查

承包人应在施工过程中根据本合同及相关规程规范的要求对加工后的料源进行质量检测，并向监理人提交检测成果。

### 6.5.5 完工验收

承包人应按本合同约定，向监理人申请对料源开采和加工项目进行完工验收，并应按以下规定的内容提交完工验收资料：

（1）料场竣工平面和剖面图；

（2）监理人要求提供的其他资料。

## 6.6 计量和支付

（1）除合同另有约定外，承包人对料场（含土料、砂砾料、块石料）进行复查的费用以及取样试验的费用，按工程量清单所列项目总价支付。

（2）剥离层按工程量清单所列项目单价支付。

（3）除合同另有约定外，料场开挖边坡的支护按工程量清单所列项目的单价进行计量支付。

（4）除合同另有约定外，料场开挖边坡的施工期监测费用包括在相应项目的费用中，发包人不另行支付。

（5）除剥离层及合同另有约定外，料源开采的全部费用（包括取料、运输、堆放等费用），均应包含在相应项目的费用中，发包人不另行支付。

（6）除合同另有约定外，在料场开采结束后对取料区域的边坡、地面进行的开采区清理、整治的费用，应按本技术条款第 4 章的项目计量支付。

（7）除合同另有约定外，料源加工的所有费用均包括在相应项目的费用中，发包人不另行支付。

# 第7章 土 方 明 挖

## 7.1 一般规定

### 7.1.1 应用范围

（1）本章规定适用于本合同施工图纸所示的土方明挖工程，包括各项永久工程和临时工程的基础与边坡、土料场及砂砾料场等的土方明挖工程。其开挖工作内容包括：准备工作、场地清理、土方开挖、施工期排水、边坡稳定监测、完工验收前的维护，以及将开挖可利用或废弃的土方运至合同指定的堆放区，并按环境保护要求对开挖边坡进行保护、治理等工作。

（2）本章不包括膨胀性土、多年冻土等特殊地质特性的土方工程。

### 7.1.2 承包人的责任

（1）承包人应根据本技术条款和施工图纸要求，以及监理人指示，按土方明挖工程的开挖线进行施工，若在开挖过程中偏离了指定开挖线，应重新修整到监理人认为合格为止。因承包人自身施工失误所增加的工程量，以及由此增加的额外费用均由承包人承担。

（2）承包人为其施工需要，在本合同施工图纸开挖线以外进行的开挖，应在该开挖工作开始前，提交书面报告报监理人批准，并应注意保持永久边坡的稳定，其所增加的开挖费用由承包人计入报价，发包人不另行支付。

（3）在施工前，承包人应详细了解工程地质结构、地形地貌和水文地质情况。对可能引起的滑坡和崩塌体，及时采取有效的预防性保护措施；在高边坡下施工，应仔细检查边坡的稳定性，如遇有孤石、崩塌体等，应事先做好妥善清理和支护。

（4）在已有建筑物附近进行开挖时，承包人必须采取可靠的施工措施保证其原有建筑物的稳定和安全，并尽可能做到不影响其正常使用。

（5）承包人应妥善制定施工安全措施，在危险地带设置明显的安全警示标志。夜间施工时，应设置足够的照明和安全防护设施。

### 7.1.3 主要提交件

（1）施工措施计划。

承包人应在本工程或每项单位工程开工前 28 天，按施工图纸要求和监理人指示，编制一份包括下列内容的施工措施计划，提交监理人批准：

1）开挖施工平面布置图（含施工交通线路布置图）；

2）开挖程序与开挖方法；

3）施工设备的配置和劳动力安排；

4）开挖边坡的排水和边坡保护措施；

5）土料利用和弃渣措施；

6）质量与安全保证措施；

7）施工进度计划等。

（2）开挖放样资料。

每项单位工程开工前 <u>14</u> 天，承包人应将开挖前实测地形和开挖放样剖面图提交监理人，经监理人批准后，方可进行开挖。监理人的批准，不减轻承包人对其开挖放线准确性应负的责任。

### 7.1.4 引用标准

（1）GB 50202—2002《建筑地基基础工程施工质量验收规范》；

（2）GB 50300—2001《建筑工程施工质量验收统一标准》；

（3）DL/T 5113.1—2005《水电水利基本建设工程单元工程质量等级评定标准 第一部分：土建工程》；

（4）DL/T 5128—2001《混凝土面板堆石坝施工规范》；

（5）DL/T 5129—2001《碾压式土石坝施工技术规范》。

## 7.2 开挖场地清理

### 7.2.1 植被清理

（1）承包人应负责清理开挖工程区域内的树根、杂草、垃圾、废渣及监理人指示的其他有碍物。

（2）除监理人另有指示外，主体工程施工场地地表的植被清理，必须延伸至离施工图纸所示最大开挖边线或建筑物基础边线（或填筑坡脚线）外侧至少 <u>5m</u> 距离。

（3）主体工程植被清理的挖除树根范围应延伸到离施工图纸所示最大开挖边线、填筑线或建筑物基础外侧 <u>3m</u> 距离。

（4）承包人应注意保护清理区域附近的天然植被，避免因施工不当造成清理区域附近林业和天然植被资源的毁坏，对环境保护造成不良后果。

（5）开挖场地清理范围内，承包人砍伐的成材或清理获得的具有商业价值的材料应归发包人所有，承包人应按监理人指示将其运到指定地点交给发包人。对无价值的材料，承包人应根据监理人指示进行处理。

（6）场地清理中发现文物古迹，承包人应按合同条款第1.10款的规定办理。

### 7.2.2 表土的清挖、堆放

表土系指含细根须、草本植物及覆盖草等植物的表层有机土壤，承包人应按监理人指示的表土开挖深度进行开挖，防止土壤被冲刷流失污染河川。承包人应将开挖后用于植被恢复的有机土壤运到监理人指定地点堆放保存。

## 7.3 土方开挖

### 7.3.1 土方定义

（1）本章所指土方系指所有表层土的剥离及无须采用爆破技术，可直接用手工工具或开挖机械进行施工开挖的，包括人工填土、表土、覆盖层、黄土、黏土、砂土（淤沙、粉砂、河砂等）、淤泥、砾质土、砂砾石、松散坍塌体、石渣混合料、软弱的全风化岩体（风化砂）、不需要爆破的强风化岩石。

（2）土方明挖分为：

1）一般土方开挖：指在一般工作条件下不需设临时支撑，而能进行的上述土方工程的大断面地面开挖，其开挖厚度在 <u>30cm</u> 以上的。

2）沟槽开挖：指施工图纸标明的并需运用小型土方开挖器具或人工进行的小断面局部开挖，其底宽在 3m 以内，且沟槽长度大于沟槽宽度 3 倍以上的。

3）柱坑开挖：指施工图纸标明的并需运用小型土方开挖器具或人工进行的小断面局部开挖，坑底面积在 20m² 以内的。

### 7.3.2 开挖区域的临时道路

承包人应按监理人批准的施工总布置进行开挖区内的临时道路布置，并结合施工开挖区的开挖方法、开挖运输机械的运行路线规划好开挖区域的施工道路。

### 7.3.3 干地施工

除监理人另有指示外，所有主体工程建筑物的基础开挖均应在干地进行施工。

### 7.3.4 雨季施工

在雨季施工中，承包人应采取保证基础工程质量和安全施工的技术措施，有效地防止雨水冲刷边坡和侵蚀地基土壤。

### 7.3.5 校核测量

开挖过程中，承包人应经常校核测量开挖区域的平面位置、水平标高、控制桩号、水准点和边坡坡度等是否均符合施工图纸要求。监理人有权随时抽验承包人的校核测量成果，有必要时监理人可与承包人联合进行核测。

### 7.3.6 临时边坡的稳定

主体工程的临时开挖边坡，应按施工图纸所示或监理人指示进行开挖。对于承包人自行确定的开挖边坡，或时间保留较长的临时边坡，经监理人检查认为存在不安全因素时，承包人应及时进行补充开挖和采取保护措施。

### 7.3.7 基础和边坡开挖

（1）土方明挖应从上至下分层分段依次进行，严禁自下而上或采取倒悬的开挖方法，施工中应随时设定排水坡度，以避免在边坡面范围内形成积水。

（2）基础和边坡容易风化崩解的土层，开挖后应及时进行保护。

（3）边坡的风化岩块、坡积物、残积物和滑坡体应按施工图纸要求，进行开挖清理，并应在支护、填筑或浇筑混凝土前完成。禁止边开挖边做其他作业。清除出的废料，应全部运出，并堆放在监理人指定的场地。

（4）基础开挖面上无永久排水设施时，应根据本章第 7.4 节的规定，采取临时截、排水措施，以保证开挖面上无积水。

### 7.3.8 弃土的堆置

弃土必须运至弃渣场或监理人指定的位置堆置。

### 7.3.9 机械开挖的边坡修整

使用机械开挖土方时，实际施工的边坡坡度应适当留有修坡余量，再用人工修整，边坡修整应满足施工图纸要求的坡度和平整度。

**7.3.10 边坡面渗水排除**

开挖边坡遇有地下水渗流时，承包人应在边坡修整和加固前，采取有效的引流、疏导和保护措施。

**7.3.11 边坡的护面和加固**

为防止修整后的开挖边坡遭受雨水冲刷，边坡的护面和加固工作应在雨季前完成。冬季施工的开挖边坡修整及其护面和加固工作，应在解冻后进行。

**7.3.12 开挖线的变更**

（1）在工程实施过程中，根据土方明挖及基础准备所揭示的地质特性，需要对施工图纸所示的开挖线作必要修改时，应由监理人签发修改施工图，承包人应按修改后的施工图施工。

（2）承包人因施工需要变更施工图纸所示的开挖线，应经监理人批准，其增加的开挖费用由承包人承担。

**7.3.13 边坡安全的应急措施**

若在土方明挖中出现裂缝和滑动迹象时，承包人应立即暂停施工或采取应急抢救措施，并通知监理人。必要时，承包人应按监理人指示设置观测点，及时观测边坡变化情况，并做好记录。

## 7.4 施工期临时排水

**7.4.1 排水措施**

（1）承包人应在每项开挖工程开始前，尽可能结合永久性排水设施的布置，规划好开挖区域内外的临时性排水措施，并在施工措施计划中详细说明临时性排水措施的内容，并提交相应的图纸和资料。

（2）沿山坡开挖的工程，为保护其开挖边坡免受雨水冲刷，承包人应在边坡开挖前，先按施工图纸的要求完成边坡上部永久性山坡截水沟的开挖和衬护。对其上部未设置永久性山坡截水沟的边坡面，应由承包人自行加设临时性山坡截水沟，经监理人批准后，在边坡开挖前予以实施。

**7.4.2 地面积水的排除**

在场地开挖过程中，承包人应做好临时性地面排水设施，包括保持必要的地面排水坡度、设置临时排水坑槽、使用机械排除积水，以及开挖排水沟道排走雨水和地面积水。

**7.4.3 永久建筑物和永久边坡周边排水**

承包人采取的排水措施，应注意保护已开挖的永久边坡面及附近建筑物及其基础免受冲刷和侵蚀破坏。

**7.4.4 平凹地区开挖的排水**

在平地或凹地进行开挖作业时，承包人应在开挖区周围设置挡水堤和开挖周边排水沟，以及采取集水坑抽水等措施，阻止场外水流进入场地，并采取有效措施排除积水。

**7.4.5 降低地下水位的排水措施**

（1）对位于地下水位以下的基坑需要进行干地开挖时，可根据基坑的工程地质条件采用降低地下水位的措施。承包人应按施工图纸的要求和有关技术规范的规定，编制降低基坑地下水位的施工技术措施，提交监理人批准后实施。其施工技术措施的内容包括排水孔、井（槽）或排水洞布置、抽排水设备配置，以及基坑开挖措施等。

（2）采用挖掘机、铲运机、推土机等机械进行基坑开挖时，应保证地下水位降低至最低开挖面 <u>0.5m</u> 以下。

（3）在基坑开挖期间，监理人认为有必要时，承包人应对基坑及其周围受降低水位影响的地区进行地下水位和地面沉降观测。承包人应按监理人的指示将观测点布置、观测仪器设置和定期观测记录提交监理人。

## 7.5 开挖渣料利用和弃渣处理

### 7.5.1 可利用渣料专用于本工程

承包人按本章第 7.1.3 条提交的土方明挖工程措施计划中，应对开挖获得的可利用渣料进行统一规划，可利用渣料应专用于本工程永久和临时工程的填筑及场地平整等。

### 7.5.2 可利用渣料和弃置废渣应分类堆存

承包人进行工程开挖时，应将可利用渣料和弃置废渣分别运至指定地点分类堆存。承包人应按监理人批准的堆渣地点、范围和堆渣方式进行堆存，堆存的渣料堆体应保持边坡稳定，并应设置良好的自由排水措施。

### 7.5.3 可利用渣料的保质措施

对监理人已确认的可用料，承包人在开挖、装运、堆存和其他作业时，应采取监理人同意的保质措施，保护可利用渣料免受污染和侵蚀。

## 7.6 质量检查和验收

### 7.6.1 土方开挖前的质量检查和验收

土方开挖前，承包人应会同监理人进行以下各项的质量检查和验收：

（1）用于开挖工程量计量的原地形测量剖面的复核检查。

（2）按施工图纸所示的工程建筑物开挖尺寸进行开挖剖面测量放样成果的检查。承包人的开挖剖面放样成果，经监理人复核签认后，可作为工程量计量的依据。

（3）按施工图纸所示进行开挖区周围排水和防洪保护设施的质量检查和验收。

### 7.6.2 土方开挖过程中的质量检查

在土方开挖过程中，承包人应定期测量校正开挖平面的尺寸和标高，以及按施工图纸要求检查开挖边坡的坡度和平整度，并将测量资料提交监理人。

### 7.6.3 土方明挖工程完成后的质量检查和验收

土方基础明挖工程完成后，承包人应会同监理人进行以下各项质量检查和验收：

（1）按施工图纸要求检查工程基础开挖面的平面尺寸、标高和场地平整度；取样检测基础土的物理力学性质指标。

（2）基础面覆盖前的质量检验和验收。

1）基础面覆盖前，应复核检查基础面是否已满足本章的有关规定，并应保证基础面无积水或流水，保证检查和验收后的基础面土壤未受扰动，经监理人检查合格后才能进行覆盖。

2）对永久建筑物土基的基础开挖面，在坝体（或砌体）填筑前，应清除表面的松软土层或按监理人批准的施工方法进行压实，受积水侵蚀软化的土壤应予清除，并经监理人检查合格后才能进行覆盖。

3）本条第（1）项规定的基础面开挖完成后的检查验收，与第（2）项规定的在基础面覆盖前进行基础清理作业后的检验验收是检查和检验目的与性质不同的两次作业，未经监理人同意，承包人不得将这两次作业合并为一次完成。

（3）永久边坡的检查和验收。

1）永久边坡的坡度和平整度的复测检查；

2）边坡永久性排水沟道的坡度和尺寸的复测检查。

### 7.6.4 完工验收

每项土方明挖工程完工后，承包人应按本合同约定，向监理人申请对该项土方明挖工程进行完工验收，并应按以下内容提交完工验收资料：

（1）土方明挖工程竣工平面和剖面图；

（2）质量检查和验收记录；

（3）监理人要求提供的其他资料。

## 7.7 计量和支付

（1）平整场地按施工图纸所示的各场地平整区域以每平方米（$m^2$）为单位计量，并按工程量清单所列项目单价支付。单价中包括土方的开挖、找平、运输、堆存、检测试验、质量检查、验收等费用。

（2）土方开挖按不同工程项目以及施工图纸所示的不同区域，以每立方米（$m^3$）为单位计量，并按工程量清单所列项目单价支付。单价中包括准备工作、场地清理、土方的挖装运卸，边坡整治、施工期临时排水（不包括基坑排水）、基础和边坡面的检查和验收，以及将开挖可利用或废弃的土方运至监理人指定的堆放区并加以保护、处理等费用。

（3）经监理人确认的不可预见地质原因和气象原因引起的土方超挖，包括由此增加的支护和回填量，均应按监理人签认的工程量，并按工程量清单中相应项目的单价进行支付。

（4）本章第 7.2.1 条植被清理工作所需的费用包括在工程量清单相应的土方明挖项目的每立方米（$m^3$）单价中，发包人不另行支付。

（5）为施工安全临时设置的监测工程费用应包括在第 25 章所列的施工安全监测项目总价中。

（6）土方明挖开始前，承包人应按监理人指示，测量开挖区的地形和计量剖面作为计量支付的原始资料，报监理人复核。承包人应按施工图纸或监理人批准的开挖线进行工程量的计量，所有计量测量成果都必须经监理人签认。超出设计开挖线的任何超挖工程量均不另行支付，其所需费用包括在工程量清单各土方开挖项目的费用中。

# 第8章 石 方 明 挖

## 8.1 一般规定

### 8.1.1 应用范围

（1）本章规定适用于本合同施工图纸所示的石方明挖工程，包括坝（堰）基、溢洪道、进水口、隧洞（含施工支洞）进出口、引水（导流）明渠、地面厂房、地面变电站、施工临时道路、施工辅助设施等的石方明挖工程。其开挖工作内容包括：准备工作、场地清理、施工期排水、钻孔爆破、石渣运输和堆存、边坡施工期监测、完工验收前的维护以及对废弃的料场进行清理等工作。

（2）本工程石方明挖的类型包括：干地石方明挖（一般石方明挖及沟、槽、坑石方开挖）和水下石方开挖（水下表层石方开挖、水下钻爆石方开挖）。

### 8.1.2 承包人的责任

（1）承包人应按本技术条款、施工图纸的要求和监理人指示，组织并实施工程的全部石方明挖工作，若在开挖过程中偏离指定开挖线，应重新修整至监理人认可为止。因承包人自身失误所增加的工程量，以及由此增加的额外费用均由承包人承担。

（2）承包人在施工前应详细了解工程地质结构、地形地貌和水文地质情况，对不良地质地段采取有效的预防性保护措施。若承包人根据施工需要和实际地质情况，要求修改开挖参数时，须经监理人批准。

（3）承包人因施工需要在施工图纸所示开挖线以外进行石方明挖时，应保持开挖部位的山坡或山体的稳定，并应经监理人批准。

（4）承包人应按监理人指定的格式和要求做好施工地质编录，并应提供必要的工作条件协助现场设计人员和监理人进行地质编录，其工作内容还应包括地质编录前必要的局部清理和暂停开挖工作。

（5）承包人应根据本合同的施工用地范围，按指定地点堆放可利用石渣和废弃渣。

### 8.1.3 主要提交件

（1）施工措施计划。

承包人应在本工程或每项单位工程开工前 14 天内，按施工图纸和本技术条款的要求编制施工措施计划提交监理人批准。其内容主要包括：

1）施工开挖布置图；

2）钻孔和爆破的程序和方法；

3）施工设备配置和劳动力安排；

4）出渣、弃渣和石料的利用措施；

5）边坡保护及加固措施；

6）质量保证与安全保护措施；

7）排水措施；

8）施工进度计划。

（2）开挖放样剖面资料。

每项单位工程开工前，承包人应将石方开挖前的实测地形和开挖放样剖面，提交监理人复核，经批准后方可进行开挖。监理人的复核不免除或减轻承包人对其放线准确性应负的责任。

（3）钻爆作业措施计划。

在每项单位工程（或开挖区）的开挖作业开始前 14 天内，承包人应编制一份钻爆作业措施计划，提交监理人批准。其内容应包括：

1）爆破孔的孔径、孔排距、深度和倾角；

2）所采用炸药的类型、单位耗药量和装药结构，单响药量和总装药量；

3）延时顺序、雷管型号和起爆方式；

4）承包人拟采用的任何特殊钻孔和爆破作业方法的说明；

5）爆破参数试验成果。

监理人应在收到爆破作业措施计划 7 天内批复承包人。爆破方案的批准并不减轻承包人对爆破作业应负的责任。

（4）梯段爆破作业措施。

每一梯段爆破钻孔之前，承包人应编制本梯段钻孔爆破的详细作业图及措施，包括预裂爆破和梯段爆破的孔距、孔深、孔方位角及倾角、装药方式、装药量、起爆网络等，提交监理人批准。

## 8.1.4 引用标准

（1）GB 50202—2002《建筑地基基础工程施工质量验收规范》；

（2）GB 6722—2003《爆破安全规程》；

（3）DL/T 5113.1—2005《水电水利基本建设工程单元工程质量等级评定标准 第 1 部分 土建工程》；

（4）DL/T 5123—2000《水电站基本建设工程验收规程》；

（5）DL/T 5135—2001《水电水利工程爆破施工技术规范》；

（6）DL/T 5173—2003《水电水利工程施工测量规范》；

（7）DL/T 5333—2005《水电水利工程爆破安全监测规程》；

（8）DL/T 5371—2007《水电水利工程土建施工安全技术规程》；

（9）DL/T 5389—2007《水工建筑物岩石基础开挖工程施工技术规范》。

## 8.2 钻孔和爆破

### 8.2.1 爆破作业安全

（1）爆破作业的安全应遵守 GB 6722—2003 的有关规定。

（2）承包人应按本技术条款第 3 章的规定，加强对爆破作业的安全管理。承包人应制定严格的安全检查制度，设立专职的安全检查人员，一切爆破作业必须经专职安检员检查同意后才能进行爆破。

（3）参加爆破作业的人员，均应按国家和行业的有关规定进行考试和现场操作考核，合格者才准上岗。

（4）承包人应加强对爆破材料使用的监管。爆破材料的采购、验点入库、提领发放、现场使用，以及每次爆破后的剩余爆破材料的回库等进行全面监管和清点登记，严格防止爆破材料丢失。

（5）监理人认为有必要时，承包人应在指定的地段设置防护栏或防护墙，以尽量减少爆破飞石或滚石影响其他工程部位的施工。

（6）建筑物岩石基础部位的开挖不应采用集中药包进行爆破。

### 8.2.2  爆破材料的试验和选用

承包人应根据本工程的实际使用条件和监理人批准的钻爆措施选用爆破材料，每批爆破材料使用前应进行材料性能试验，证明其符合技术要求时才能使用。试验报告应提交监理人。

### 8.2.3  控制爆破

（1）为保持开挖后基岩的完整性和开挖面的平整度，对岩质基础、边坡、马道的所有轮廓线上的垂直、斜坡面必须采用控制爆破。

（2）钻孔爆破的梯段高度应根据地质条件，以及设计要求的开挖深度与宽度、钻具设备等因素确定。紧邻设计建基面、边坡面、建筑物和防护目标，不应采用大孔径爆破方法，其开挖爆破应采用毫秒延时起爆网络。

（3）钻孔应符合下列要求：

1）钻孔孔径：台阶爆破不大于 150mm；紧邻保护层的台阶爆破及预裂爆破、光面爆破不宜大于 110mm；保护层爆破不大于 50mm。

2）台阶爆破钻孔不应钻入预留的保护层内。

3）无论采用何种开挖爆破方式，钻孔均不得钻入建基面。

（4）在新浇混凝土、新灌浆区、新喷锚支护区和已建建筑物附近进行爆破，以及有特殊要求部位进行爆破作业时，必须制定专门的爆破措施方案，并提交监理人批准。

（5）对廊道、齿槽和其他特殊沟槽等开挖必须进行控制爆破试验选定爆破参数。

（6）台阶爆破的最大一段起爆药量，应不大于 300kg；邻近设计建基面和设计边坡的台阶爆破以及缓冲孔爆破的最大一段起爆药量，应不大于 100kg。

（7）预裂爆破、梯段爆破和特殊部位的爆破，其参数和装药量应遵守 DL/T 5389—2007 第 8 章规定的要求，并由承包人通过专项爆破试验，提交监理人批准。

（8）对爆破空气冲击波和飞石应做好控制防护措施，以免危及机械设备和人身安全。

## 8.3  石方明挖

### 8.3.1  石方明挖分级

石方明挖岩石分级应遵守 DL/T 5389—2007 的规定。

### 8.3.2  边坡开挖

（1）边坡石方开挖应遵守 DL/T 5389—2007 第 7 章和第 8 章的规定。

（2）开挖技术要求。

1）边坡开挖前，承包人应详细调查边坡岩石的稳定性，包括设计开挖范围以外对施工安全有影响的坡面和岸坡等。对边坡开挖范围内以及开挖边坡上部和临近两侧存在的不安全因素，必须采取相应的处理措施，山坡上所有危石及不稳定岩体均应撬挖排除，如少量岩块撬挖确有困难，可用浅孔微量炸药爆破。坡顶截水沟系统应在边坡开挖之前完成。

2）开挖应自上而下进行，高度较大的边坡，应采用分层台阶爆破的方法；河床部位开挖深度较大时，也应采用分层开挖方法，台阶或分层高度应根据爆破方式、施工机械性能及开挖区布置等因素选定开挖边坡的台阶高度。严禁采取自下而上的开挖方式。

3）在开挖边坡的施工台阶逐渐下降过程中，应及时对坡面进行测量检查以防止偏离设计开挖线，避免在形成高边坡后再进行处理。

4）对边坡开挖出露的软弱岩层和构造破碎带区域，必须按施工图纸和监理人指示进行处理，并采取有效的排水或堵水等措施。

5）开挖边坡的支护应在分层开挖过程中逐层进行，上层的支护应保证以下各层的开挖安全。施工期安全支护的随机锚杆与开挖工作面的高差不应大于 10m，永久支护中的系统锚杆和喷混凝土与开挖工作面的高差不应大于 20m；永久支护中的预应力锚索与开挖工作面的高差不应大于 40m，并应满足边坡稳定和限制卸荷松弛的要求。具体支护要求应遵守本技术条款第 10 章有关规定。

6）在施工期间直至工程验收，若沿开挖边坡发生滑坡或塌方时，承包人应及时通知监理人，并按监理人批准的措施进行边坡处理。

（3）边坡开挖偏差控制（对Ⅱ、Ⅲ类坚硬的岩体）。

1）建筑物以外的边坡：超挖≤50cm，欠挖≤30cm；

2）建筑物范围内的边坡：超挖≤20cm，欠挖≤10cm；不平整度≤15cm；

3）永久平台开挖面：超挖≤20cm，欠挖≤10cm；不平整度≤15cm。

4）设计边坡轮廓面的开挖偏差：在一次钻孔条件下开挖时，不应大于其开挖高度的±2%，在分台阶开挖时，其最下部一个台阶坡脚位置的偏差，以及整体边坡的平均坡度，均应符合施工图纸要求。

（4）边坡开挖预裂孔残留孔率控制。

1）在开挖轮廓面上，残留孔痕迹应均匀分布。残留孔痕迹保存率：对完整的岩体，应达到85%以上；对较完整和较破碎的岩体，应达到60%以上；对破碎的岩体，应达到20%以上。

2）相邻两残留孔间岩面的不平整度不大于15cm。残留孔壁不应有明显的爆破裂隙。

（5）地质缺陷开挖。

开挖坡面出露的断层、软弱夹层、卸荷松动不稳定块体的开挖应按监理人指示和施工图纸的要求进行。

（6）边坡稳定的临时安全监测。

1）在施工期间直至工程验收，承包人应按本技术条款第 25 章的规定，对开挖边坡的稳定进行安全监测，并应按监理人指示，定期将安全监测记录提交监理人。

2）施工过程中，若发现边坡出现不稳定迹象时，或边坡监测出现异常时，承包人应及时通知监理人，并采取有效措施保护边坡稳定。

3）一旦边坡发生塌方或山体滑坡等情况，危及人员和工程安全时，应立即通报发包人和监理人。承包人并应立即按本技术条款第 3 章的规定，采取有效措施进行抢险和抢救。

### 8.3.3 基础开挖

（1）开挖要求及质量标准。

承包人应按本技术条款的要求和监理人指示，采取有效措施确保基础开挖的施工质量。除按本章第 8.2.3 条做好控制爆破外，还应满足以下标准和要求：

1）基础开挖均应在干地中施工。

2）承包人必须采取措施避免基础岩石面出现爆破裂隙，或使原有构造裂隙和岩体的自然状态产生不应有的恶化。

3）水平建基面高程的开挖允许超挖 20cm、欠挖 10cm。

4）基础面预裂孔的残留孔痕迹应均匀分布，残留孔痕迹保存率不小于85%～90%；相邻两炮孔间岩面的不平整度不应大于 <u>15cm</u>；炮孔壁不应有明显的爆破裂隙。

5）开挖到位的基础面应符合施工图纸要求的岩体质量标准。

6）基础开挖后，如基岩表面发现原设计未勘查到的地质缺陷，则承包人应按监理人指示进行处理，包括增加开挖、回填混凝土塞或埋设灌浆管等。监理人认为有必要时，可要求承包人进行补充勘探。

7）开挖到位的基础表面因钻孔设备限制留下的小台阶应小心清除；因爆破震松（裂）的岩石、裂隙发育或具有水平裂隙的岩石、反坡、倒悬坡、陡坎尖角等均应清除；结构面上的泥土、锈斑、钙膜等应清洗干净；断层、裂隙、软弱夹层应清除到监理人同意的深度。

（2）基础保护。

裂隙较发育部位的基础面，应在清除裂隙松动岩石后进行喷混凝土保护。

## 8.4　施工期临时排水

### 8.4.1　施工期临时排水措施

承包人应在需要排水的开挖区和堆渣、弃渣区设置临时性的地面排水设施，以排除流水和积水，特别应做好基坑和边坡的排水。承包人应在提交的施工措施计划中，提出详细的施工期临时排水措施，施工区排水应遵循"高水高排"的原则，高处水不应排入基坑内。

### 8.4.2　永久性山坡截水沟排水

在建筑物永久边坡开挖前，承包人应按施工图纸和监理人指示，在永久边坡大规模开挖前先开挖好永久边坡上部的山坡截水沟，以防止雨水漫流冲刷边坡。

### 8.4.3　坡面、坡脚排水

永久边坡面的坡脚以及施工场地周边及道路的坡脚，均应开挖排水沟槽和设置必要的排水设施，及时排除坡底积水，保护边坡的稳定。

### 8.4.4　集水坑（槽）排水

对可能影响施工及危害永久建筑物安全的渗漏水、地下水或泉水，应就近开挖集水坑和排水沟槽，并设置足够的排水设备，将水排至不会回流到原处的适当地点。不应将施工水池设置在开挖边坡上部，以防由于渗漏水引起边坡滑动或坍塌。

### 8.4.5　防止施工排水污染河流

施工污水应严禁向河流排泄，承包人应按监理人指示做好污水处理，并遵守本技术条款第4章环境保护和水土保持的有关规定。

## 8.5　渣料利用和堆渣场地

### 8.5.1　开挖渣料的利用

（1）按合同约定凡可利用的开挖渣料应属发包人所有。承包人需要使用本工程渣料时，应经监理人批准。

（2）用作堆存可利用渣料的场地，应按监理人要求进行场地清理和平整，渣料堆存应按施工措施计划要求分层进行，并应保证能顺利取用渣料。

（3）承包人应充分利用渣料，并采取合理的爆破、装运和堆渣措施，提高渣料的利用率。

### 8.5.2 堆渣场地

（1）除安排直接运往使用地点的渣料外，其余开挖出的渣料（包括弃渣料）均应按本技术条款要求分类堆放在指定的存、弃渣场并进行弃渣的平整。

（2）严禁将可利用渣料与弃渣混杂装运和堆存，由此造成的损失将由承包人负责。堆渣位置、范围和高程必须严格按施工图纸和监理人指示实施。

（3）承包人应保持渣料堆体周边的边坡稳定，并做好堆渣体的边坡保护和排水工作。

## 8.6 质量检查和验收

### 8.6.1 边坡开挖的质量检查和验收

（1）边坡开挖前，承包人应会同监理人为边坡开挖的质量检查和验收进行以下工作：

1）按施工图纸所示检查边坡开挖剖面和测量放样成果，经监理人复核后作为工程量计量的依据。

2）按监理人指示对边坡开挖区上部的危岩清理进行检查，经监理人复查确认达到安全标准后，才能开始边坡开挖。

3）按施工图纸所示和监理人指示，对边坡开挖区周围排水设施进行检查，经监理人确认合格后才能开始边坡开挖。

（2）在边坡工程开挖过程中，承包人应按本章第 8.3.2 条的规定，定期检查开挖面规格及边坡软弱带和不稳定岩体的处理质量，经监理人复查确认安全后，才能继续向下开挖。

（3）边坡开挖工程的验收。

边坡开挖全部完成后，监理人应会同承包人共同进行边坡开挖工程的验收，承包人应为边坡开挖工程的验收提交以下资料：

1）边坡开挖的完工平面和剖面图；

2）承包人的质量检查记录；

3）监理人的质量验收签证。

### 8.6.2 岩石基础的质量检查和验收

（1）基础开挖过程中，监理人应会同承包人对岩石基础的开挖爆破方法和措施进行检查。

开挖至临近建基面时，监理人应对基础开挖进行严格的监控，以确保建基面的开挖质量达到施工图纸和本章第 8.3.3 条的要求。

（2）基础开挖完成后，监理人应会同承包人对基础开挖面进行检查和验收，承包人应为岩基面开挖工程的验收提交以下资料：

1）建筑物基础轮廓尺寸、控制点高程和超欠挖情况；

2）建基面地质状况、基础地质缺陷的处理情况及其质量检查资料；

3）开挖爆破方法（包括爆破孔的位置、深度、装药量、起爆方式等）及其开挖质量的检查资料；

4）开挖竣工后实测平面和剖面图；

5）建基面岩体检测成果（超声波测试）；

6）承包人的质量检查记录；

7）监理人的质量验收签证；

8）监理人要求提交的其他质量验收资料。

（3）岩基面基础覆盖前，监理人应会同承包人对岩基面基础进行检查和验收，经监理人验收合格后，才能进行覆盖。

本款规定的建基面检查验收与建筑物浇筑（或砌筑）前的基础验收是性质和目的都不同的两次验收，未经监理人同意，承包人不得将这两次验收合并为一次完成。

### 8.6.3 完工验收资料

每项石方明挖工程完成后，承包人应按本合同约定，向监理人申请对该项石方明挖工程进行完工验收，并提交以下完工验收资料：

（1）石方明挖工程竣工平面和剖面图；

（2）质量检查记录；

（3）弹性纵波波速检测成果；

（4）监理人要求提供的其他资料。

## 8.7  计量和支付

（1）石方明挖和（或）槽挖应以监理人确认的现场实测的地形、土石分界线和断面测量成果，以及施工图纸所示建筑物轮廓尺寸或监理人批准的开挖线为准，并按工程量清单所列项目的石方明挖和（或）槽挖的每立方米（$m^3$）单价进行计量和支付。单价中包括准备工作、场地清理、钻孔、爆破、装车、运输、卸车、堆存、检测、爆破试验、施工期临时排水（不含基坑排水）、地基清理及平整、基础和边坡面的检查和验收，以及将开挖可利用或废弃的石方运至监理人指定的堆放区等费用。

（2）经监理人确认的不可预见的地质原因引起的石方超挖，包括由此增加的支护和回填量，均应按监理人签认的工程量，并按工程量清单中相应项目的单价进行支付。

（3）为施工安全临时设置的监测工程的费用包括在工程量清单所列的施工安全监测总价项目中。

（4）利用开挖料作为人工砂石料料源时，运距计算至砂石料毛料指定存料场或加工车间。当利用开挖料作为填筑料时，能直接用于填筑的，运距计算至填筑部位；不能直接进行填筑而需要进行转料的，运距计算至转料场。

（5）基础清理不单独计量，所需费用包含在工程量清单的相应石方开挖项目中。

# 第9章 地下洞室开挖

## 9.1 一般规定

### 9.1.1 应用范围

（1）本章规定适用于本合同施工图纸所示各种类型的地下洞室（平洞、斜井、竖井、大跨度洞室等）开挖。工作内容包括准备工作、洞线测量、施工期排水、照明和通风、钻孔爆破、围岩监测、塌方处理、完工验收前的维护，以及将开挖石渣运至指定地区堆存和废渣处理等工作。

（2）本章规定适用于钻爆法开挖，采用掘进机开挖的隧洞，其施工技术要求应另行制定。

### 9.1.2 承包人责任

（1）承包人应按施工图纸与监理人指示，以及本技术条款规定进行地下洞室的开挖施工。承包人应根据本技术条款要求在地下工程开挖过程中及时做好洞室围岩的支护工作，具体支护要求应遵守本技术条款第10章有关规定。

（2）承包人应做好地下工程施工现场的粉尘、噪声和有害气体的安全防护工作。承包人应定时定点进行相应的监测，并及时向监理人报告监测数据。

（3）承包人应对地下洞室开挖的施工安全负责。全部地下洞室的开挖均及时做好围岩稳定的安全保护工作，防止洞（井）口及洞室发生塌方、掉块危及人员安全。开挖过程中，由于施工措施不当而发生山坡、洞口或洞室内塌方，引起工程量增加或工期延误，以及造成人员伤亡和财产损失，均应由承包人负责。

（4）承包人应按监理人指定的地点堆放可利用的石渣和废弃渣。

（5）承包人应按监理人指定的格式和要求做好施工地质编录，并应提供必要的工作条件协助现场设计人员和监理人进行地质编录，其工作内容还应包括地质编录前必要的局部清理和暂停开挖工作。

（6）承包人应负责保护好已埋设的安全监测仪器设备等，施工中因保护措施不当，造成监测仪器设备破坏或失效，应由承包人负责重置。

### 9.1.3 主要提交件

（1）地下工程开挖措施计划。

承包人应在地下工程开挖前 <u>28天</u>，按施工图纸要求和本技术条款的规定，编制包括下述内容的施工措施计划，提交监理人批准。

1）地下工程开挖施工布置图；

2）施工支洞布置、开挖、支护及封堵施工方案；

3）开挖设备和辅助设施的配置；

4）钻孔爆破方法与控制超挖措施，以及关键项目（如岩壁梁部位、洞与洞或洞与井交叉部位、高边墙等）的控制爆破措施；

5）爆破试验计划；

6）地质缺陷部位处理施工措施；

7）出渣、弃渣以及渣料利用措施；

8）洞口保护和围岩稳定的支护措施以及塌方处理措施；

9）通风和散烟、除尘及空气监测安全措施；

10）照明设施；

11）排水措施；

12）通信、信号和报警设施；

13）施工进度计划、材料供应计划及劳动力安排；

14）安全保证措施；

15）施工期围岩稳定监测计划和措施。

（2）钻孔和爆破作业措施。

在每项地下建筑物开挖前，承包人应编制一份该项目的钻孔和爆破作业措施，提交监理人批准，其内容应包括：

1）钻孔布置图及钻孔参数（图中应标明孔径、孔深、孔距、排距及钻孔方向等）；

2）起爆网络图及装药参数表，应说明分段延时设计、不同类型孔的装药量、装药结构、炸药类型与起爆方式等；

3）爆破参数试验方案和爆破监测方法，对于特殊及关键部位（如岩锚吊车梁、洞与洞或洞与井交叉部位、高边墙的开挖等）应予以重点说明；

4）本工程各类洞室不同围岩的开挖作业循环；

5）钻爆作业的施工准备情况；

6）材料消耗和劳动力组合；

7）钻爆作业的安全监测措施。

（3）施工记录报表。

在每项地下工程开挖过程中，承包人应按监理人指示，每月提交每项地下工程开挖的施工记录报表，其内容应包括：

1）各开挖工作面进尺及实际作业循环情况；

2）实测开挖断面测量成果以及本期和累计完成开挖工程量；

3）塌方和特殊事故处理；

4）地下工作场地定点的空气监测资料；

5）设备运行和检修记录；

6）钻爆器材及材料消耗记录；

7）质量检查和验收记录。

### 9.1.4　引用标准

（1）GB 3095—1996《环境空气质量标准》；

（2）GB 6722—2003《爆破安全规程》；

（3）GB 50086—2001《锚杆喷射混凝土支护技术规范》；

（4）DL/T 5099—1999《水工建筑物地下开挖工程施工技术规范》；

（5）DL/T 5109—1999《水电水利工程施工地质规程》；

（6）DL/T 5113.1—2005《水电水利基本建设工程单元工程质量等级评定标准》第 1 部分 土建工程；

（7）DL/T 5123—2000《水电站基本建设工程验收规程》；

（8）DL/T 5135—2001《水电水利工程爆破施工技术规范》；

（9）DL/T 5181—2003《水电水利工程锚喷支护施工规范》；

（10）DL/T 5198—2004《水电水利工程岩壁梁施工规程》；

（11）DL/T 5389—2007《水工建筑物岩石基础开挖工程施工技术规范》。

## 9.2　施工期补充勘探

### 9.2.1　超前勘探

（1）承包人应按监理人指示或批准的掌子面钻设勘探孔和（或）开挖勘探洞，以查清地下洞室中尚未开挖岩体的地质情况，及时调整掌子面后的开挖断面尺寸和支护措施。经监理人批准的超前勘探，其勘探费用由发包人承担。

（2）超前勘探孔、洞的各项参数应由监理人与承包人共同商定；勘探孔、洞的位置、方向、长度、数量等施工参数应由承包人报监理人批准。

（3）承包人完成超前勘探后，应及时通知监理人查看超前勘探孔的钻孔岩芯及钻进记录，以及勘探洞的地质测绘资料，并及时将超前勘探资料提交监理人。

（4）承包人为获取地下开挖爆破参数需要在开挖前进行必要的超前勘探时，应将超前勘探的计划提交监理人批准。

### 9.2.2　不良地质洞段的补充勘探

（1）地下工程开挖过程中遇有岩爆及岩溶发育、岩性软弱、地质构造复杂、地下水丰富，或上覆岩层厚度小于 3 倍洞径等不良地质洞段时，承包人应按监理人指示，进行补充勘探，认真查明情况，进行详细的地质测绘，并将补充的地质测绘资料提交监理人。

（2）监理人认为需要承包人进行补充勘探以查明不良地质洞段的围岩状况时，其所需的勘探费用由发包人支付。

## 9.3　地下洞室的开挖程序

### 9.3.1　开挖程序

承包人应按施工图纸和本技术条款的要求，以及监理人批准的施工措施计划，结合地下洞室的支护要求和支护程序，制定详细的地下洞室开挖程序（可结合编制为开挖支护程序），并编制地下洞室的开挖程序的施工设计文件提交监理人。施工设计文件的内容包括：

（1）地下洞室的开挖（和支护）程序；

（2）地下洞群各洞室分区、分部开挖（和支护）程序；

（3）开挖（和支护）过程的围岩变形和稳定监测计划及监测设施；

（4）质量和安全保证措施。

### 9.3.2　施工期监测和开挖程序调整

（1）开挖过程中，承包人应按监理人批准的围岩变形和稳定监测计划埋设监测仪器，及时进行监测和作好监测记录，并应将监测记录和分析资料及时提交监理人。

（2）承包人应根据开挖洞段的岩石情况及围岩变形和稳定的监测成果，及时调整或变更开挖（和支护）程序。监理人认为必要时，承包人应编制专项技术文件，提交监理人批准。

## 9.4 钻孔和爆破

### 9.4.1 钻孔和爆破作业措施

（1）承包人进行任何洞室的钻孔爆破作业，必须按本章第9.1.3条的规定，向监理人提交钻孔和爆破作业措施，经监理人批准后方可进行施工。

（2）在开挖过程中，承包人应根据地质情况的变化及时调整钻孔和爆破参数，以保证爆破后的开挖面达到设计要求。调整的钻孔爆破作业参数，应经监理人批准。

### 9.4.2 钻孔爆破的试验和设计

（1）承包人在正式开始洞室开挖作业前，应按监理人批准的开挖和爆破措施，进行必要的现场爆破试验，爆破试验记录应提交监理人。

（2）地下洞室爆破前，承包人应进行专门的钻孔爆破设计，其内容包括：

1）循环进尺；

2）掏槽方式；

3）炮眼布置及炮孔深度和角度；

4）装药量和装药结构以及炮孔堵塞方式；

5）起爆方法和顺序；

6）绘制爆破图。

（3）地下洞室的开挖应选用岩类相似的试验洞段进行光面爆破和预裂爆破试验技术，试验参数可参照DL/T 5099—1999有关规定选用。试验成果应提交监理人。爆破试验内容应包括：

1）火工材料性能试验；

2）爆破参数选择试验；

3）爆破效果检测（包括保留岩体质量检测、爆破震动规律测量）；

4）爆破对已建邻近建筑物及喷锚区影响试验；

5）爆破对邻近建筑物的洞、高边墙、岩锚梁等的震动影响测试。

### 9.4.3 钻孔和爆破施工

（1）钻孔和爆破作业应由经考核合格的炮工负责。

（2）钻孔的测定和开孔质量应符合下列要求：

1）钻孔孔位应依据测量定出的中线、腰线及开挖轮廓线确定；

2）周边孔应在断面轮廓线上开孔，按DL/T 5099—1999第7.2.2条的规定，沿轮廓线的调整范围和掏槽孔的孔位偏差不应大于50mm，其他炮孔孔位的偏差不得大于100mm；

3）炮孔的孔径、孔斜、孔深应符合监理人批准的钻爆设计要求；

4）炮孔的孔底应落在爆破图规定的平面上；

5）炮孔经检查合格后，方可装药爆破。

（3）炮孔的装药、堵塞和引爆线路的连接，应符合监理人批准的钻爆设计的要求。

（4）光面爆破和预裂爆破效果应达到以下要求：

1）残留炮孔痕迹应在开挖轮廓面上均匀分布；

2）炮孔痕迹保存率：光面爆破，微风化和新鲜完整岩体应大于50%，弱风化岩体不小于30%；预裂爆破，微风化和新鲜完整岩体应不小于80%，弱风化岩体不小于40%；

3）孔壁完整程度：相邻两孔间的岩面平整，光面爆破无明显的爆破裂隙；预裂爆破肉眼不易发现爆破裂隙；

　　4）相邻两茬炮之间的台阶或预裂爆破孔的最大外斜值，应小于 <u>15cm</u>；

　　5）所有地下洞室爆破必须采用非电雷管；

　　6）预裂爆破后，应形成贯穿连续性的裂缝。

　　（5）承包人在开挖过程中进行的钻孔、爆破和支护作业完成后，需经监理人检查和检验合格后，方可进行下道工序的作业。

　　（6）特大断面的中下部开挖，采用深孔台阶爆破法时，应满足下列要求：

　　1）周边轮廓先打预裂孔或预留保护层；

　　2）采用非电毫秒雷管分段起爆；

　　3）按围岩和建筑物的抗震要求控制最大一段的起爆药量；

　　4）台阶高度由围岩稳定情况而定，一般取 <u>6～8m</u>，最大不超过 <u>10m</u>，其单孔装药量不超过允许值，应采用孔间微差顺序起爆新技术。

### 9.4.4　爆破振动控制

　　地下洞室施工中，承包人应保护好已完成混凝土衬砌、压力灌浆和支护结构等部位不受损坏。必要时，爆破参数应进行专门试验选定，并经监理人批准。无试验成果时，可参照 DL/T 5009—1999 附录内的质点安全振动速度要求进行。

## 9.5　开挖面规格

### 9.5.1　超挖和欠挖

　　（1）除施工图纸另有规定外，所有地下洞井的开挖均应严格按照施工图纸所标明的设计开挖线进行放线，不允许有任何型式的欠挖。

　　（2）承包人应按严格控制超挖。除合同另有规定外，全部地下洞井设计开挖线以外的超挖均摊入有效开挖断面的工程量单价内，不再另行计量支付。

　　（3）进行混凝土衬砌的地下洞井不允许有欠挖，伸入设计开挖线以内的欠挖，均应由承包人按监理人的指示负责清除，其费用由承包人承担。

　　（4）局部伸入开挖线的处理：对不衬砌或喷混凝土衬砌的地下洞室，在设计开挖线以内的岩石尖角、局部喷混凝土面和锚杆头等，均需按监理人的指示进行处理。在混凝土衬砌断面中可允许钢支撑局部伸入到开挖线以内，其允许伸入范围应经监理人批准。

### 9.5.2　监理人修改设计开挖线

　　监理人有权根据超前勘探获得的地质资料修改设计开挖断面。

### 9.5.3　施工措施不当引起的超挖

　　在开挖过程中，由于承包人施工措施不当造成的超挖，均应由承包人承担超挖增加的费用，包括为超挖需要回填的费用。

### 9.5.4　地质原因引起的超挖

　　（1）可预见地质原因引起的超挖是指在施工图纸中已标示了明确的地质特征，但承包人在施工中未采取有效的控制爆破措施，或未按施工图纸的要求或监理人的指示进行及时处理而发生的超挖。其费用由承包人自行承担。

（2）不可预见地质原因引起的超挖是指在施工图纸中未标示明确的地质特征，或承包人已按施工图纸要求或监理人的指示施工，但仍产生的超挖，经监理人的检查核准后，其费用由发包人承担。

### 9.5.5 施工需要增加的开挖

承包人为了施工需要（如布置施工设备、水泵、卷扬机、避车洞、回车盘等需要扩大开挖断面）增加的开挖量，以及由此增加回填的费用，均应包括在工程量清单该项目的单价中，发包人不另行支付。

## 9.6 开挖面清理

### 9.6.1 开挖面的清撬

爆破后和出渣前，承包人应清撬所有开挖面上残留的危石碎块，确保进入洞内的人员和设备安全。在施工过程中，承包人应经常检查已开挖洞段的围岩稳定情况，及时清撬可能塌落的松动岩块。

### 9.6.2 开挖面的冲洗

对爆破后的岩石开挖面，承包人应在进行支护或混凝土衬砌前用高压水或高压风冲洗干净，并清除岩石碎片、尘埃、碎屑和爆破泥粉，以便查清围岩中的软弱结构面，供地质编录及采取支护措施。冲洗作业应紧随开挖进度进行。

## 9.7 地下洞室的二次扩挖

### 9.7.1 二次扩挖的定义

根据施工图纸要求和监理人指示，对已完成开挖的地下洞室进行第二次扩大开挖，称为二次扩挖。

### 9.7.2 二次扩挖的计量原则

二次扩挖工程量按照设计开挖线与二次扩挖线之间的体积进行计算，设计要求扩挖尺寸小于15cm 者，按 15cm 计算。

## 9.8 特殊部位的开挖

### 9.8.1 地下洞室群的开挖

（1）承包人应根据批准的地下洞群的开挖和支护程序及施工进度计划，制定各洞室开挖的施工组织措施，包括各洞室交叉掘进、分层开挖、控制爆破、安全监测等措施。地下洞室群的专项施工措施计划应提交监理人批准。

（2）在洞室群开挖过程中，承包人应随时检查各洞室围岩的变形和应力监测数据，发现数据异常，危及洞室群围岩的稳定和安全时，应及时采取临时性加固措施，并立即通知监理人。若研究分析结果，需要调整和修改地下洞室群的支护程序和支护方案时，应由承包人编制地下洞群开挖和支护调整措施，提交监理人批准后执行。

（3）承包人应监测和记录开挖爆破振动对地下洞室群围岩体的影响，安全监测记录应及时提交监理人。施工过程中发现监测数据异常或出现危险情况时，应立即采取有效措施进行安全保护，并及时报告监理人。

（4）不同高程的地下洞室群，应尽早完成高洞的开挖和支护，以利于改善地下洞室群的自然通风条件，加速地下洞室群的施工。

（5）与特大断面交叉的洞口，应在特大洞室开挖前完成并做好支护，如在已开挖的高墙上开挖洞口时，应制定专门的钻爆措施，报监理人批准后实施。

（6）相邻两洞室的开挖程序，宜采取间隔开挖，并及时支护、加强监测。

（7）地下洞室群浇筑混凝土时，30m 范围内的周边相邻洞室应暂停开挖。

### 9.8.2 地下洞室软弱围岩段开挖

（1）对大型洞室围岩岩石破碎软弱地段（特别是断层破碎带的顶拱、井筒部位），承包人应按监理人指示，采用短进尺和超前支护等措施进行施工，施工中加强围岩变形监测，发现问题及时报告监理人并根据监理人指示组织应急处理。

（2）在地下洞室软弱围岩和破碎洞段开挖期间，承包人应及时支护，并在现场配备可供随时投入使用的钢支撑及附件。备用数量应经监理人批准，即使这些备用钢支撑和附件最终未投入使用，发包人亦应支付全部钢支撑及其附件的费用，但这些未使用的钢支撑及其附件应属发包人的财产。

### 9.8.3 洞（井）口开挖和处理

（1）各地下开挖工程的洞（井）口掘进前，承包人应仔细勘察洞（井）口山坡岩石的稳定性，并对危险部位进行处理和支护，将地质测绘资料提交监理人。

（2）洞（井）口削坡开挖应自上而下进行，严禁上下垂直作业。洞（井）口边坡面的危石清理、支护加固、马道开挖及排水等工作，应在洞脸和洞（井）口段的开挖前完成。

（3）洞（井）口的边坡开挖和支护完成后，再进行洞脸和洞（井）口起始洞段的开挖和支护。洞脸岩石和起始洞段的开挖，应注意防止爆破震动造成洞顶山坡和洞口岩石发生震裂、松动和塌方。

（4）经勘察查明，洞（井）口起始洞段的围岩软弱破碎时，承包人应制订边开挖和边支护的施工措施，并提交监理人批准后实施。

### 9.8.4 洞室交叉部位及高边墙开挖

（1）洞与洞、洞与井等交叉部位在掘进前应按施工图纸和监理人指示做好锁口和超前支护以确保安全。必要时，应按监理人指示进行洞室交叉部位围岩的安全监测。

（2）高边墙部位的开挖，其最大允许质点振动速度应不超过 7cm/s；其余洞段应满足 DL/T 5099—1999 的要求。

（3）相邻两洞室间的岩墙或岩柱，应按施工图纸和监理人的指示及时做好支护措施。

### 9.8.5 岩壁梁部位开挖

（1）岩壁梁部位岩石的开挖应在其上部支护完成以后且洞室围岩稳定的条件下进行，开挖后围岩的支护应跟进完成。

（2）岩壁梁部位的开挖应采用控制爆破技术，承包人应根据洞室围岩的岩性和构造特性，通过爆破试验进行合理分块，选定岩壁梁的开挖程序和预留保护层的开挖方法。

（3）岩壁不宜欠挖，超挖不应大于 20cm，斜面与水平面夹角的实际值与设计值相比不宜超过 3°。若岩壁梁部位倾斜岩石面的削坡偏离施工图所示的开挖尺寸和高程，承包人应按监理人指示进行开挖，使之成型。

（4）岩壁梁混凝土达到设计强度后，才能进行下一层岩石开挖。

（5）在岩壁梁层开挖过程中，应进行爆破质点振动速度的测试。岩壁梁最大允许质点振动速度应满足本章第 9.4 节的有关规定。

### 9.8.6 混凝土衬砌和支护结构的保护

（1）在开挖过程中，承包人应注意保护地下混凝土衬砌、灌浆和支护结构不受损坏。在已完成的衬砌、灌浆和支护结构附近进行爆破时，应按本章第9.4.4条的规定，控制爆破参数及安全爆破距离。

（2）由于爆破或其他任何操作原因造成衬砌、灌浆和支护结构的损坏或变形，都应由承包人按监理人指示进行修复。

（3）在岩壁梁和洞室锁口衬砌段等重要部位附近进行爆破施工时，其衬砌结构的底面及侧面模板应在开挖作业全部完成后拆除。必要时，还应按监理人指示加设保护措施。

## 9.9 地下照明和通风

### 9.9.1 地下照明

承包人应按 DL/T 5099—1999 的规定，提供全部地下开挖工作面的照明。

### 9.9.2 通风与防尘

（1）地下开挖作业的卫生标准以及通风、防尘和防止有害气体的要求，应遵守 DL/T 5099—1999 第12章的有关规定。

（2）在地下开挖期间，承包人应根据批准的通风系统及其布置，设置足够的通风设备和设施，并负责全部通风设备、设施的采购、运输、安装和维护。

（3）若承包人通风系统的能力不能满足洞内规定的空气质量标准时，承包人有责任增装通风设备。

（4）除合同约定或监理人指示应予保留的设备和设施外，承包人应在地下开挖完工后，拆除通风系统的所有设备和设施。

## 9.10 地下水的控制和排除

### 9.10.1 一般技术要求

（1）承包人应采取有效的防护措施，防止地表水倒灌进入地下洞室。

（2）承包人应根据发包人提供的地下水资料，估计排水量及其排水范围，负责设计、采购、安装和维护全部地下施工排水系统。承包人应在地下开挖施工前 <u>14天</u>，编制一份地下排水系统设计和地下水控制措施，提交监理人批准。

（3）若施工过程中出现地下涌水等异常情况时，承包人应立即采取紧急措施控制涌水，并同时通知监理人。

（4）地下水应排至不会重新流入地下工作面的地区，还应防止排出的水流导致地表冲刷。

### 9.10.2 排水设备

（1）在地下开挖期间，承包人应根据批准的排水系统及其布置，负责设置足够的排水设备和设施（包括量测仪表），并负责全部排水设备、设施的采购、运输、安装和维护。

（2）若地下排水量超出预定的数量和范围，导致承包人排水系统的抽水设备能力不足时，承包人有责任增装排水设备，由此增加的费用，经监理人签认后，由发包人支付。

（3）除合同约定或监理人指示应予保留的设备和设施外，承包人应在地下开挖完工后，拆除排水系统的所有设备和设施（包括工作平台、管线、量测仪表和电缆等）。

## 9.11  地下开挖石渣的利用和弃置

（1）凡在地下工程中开挖出的可用料（弱风化、微新岩体），应根据施工总布置规划和本技术条款的规定，并按本工程混凝土浇筑和土石方填筑对石料利用的不同技术要求分区有序堆放。由于承包人施工措施不当造成可用开挖料的报废，应由承包人承担责任。

（2）地下工程开挖的石渣，经监理人认定不能用于工程时，应按废渣处理，并按本技术条款的有关规定弃置至指定地点。

## 9.12  质量检查和验收

### 9.12.1  地下洞室开挖前检查

地下洞室开挖前，承包人应会同监理人进行地下洞室测量放样成果的检查，并对地下洞室洞口边坡的安全清理质量进行检查，确认其洞口边坡安全后，才能进洞施工。

### 9.12.2  地下洞室开挖质量的检查和验收

（1）隧洞开挖过程中，承包人应会同监理人定期检测隧洞中心线的定线误差。各项地下建筑物开挖的贯通误差应遵守 DL/T 5099—1999 中有关条款的规定。

（2）地下洞室开挖完成后，承包人应会同监理人按施工图纸和本技术条款的规定，对地下洞室开挖断面的规格和开挖质量进行检查、校测和验收，并对其顶壁开挖面的清理质量进行严格检查，以确保施工安全。

### 9.12.3  地下洞室开挖隐蔽工程的验收

地下洞室开挖工程完工后，承包人应按合同约定，向监理人申请对地下洞室开挖的隐蔽部位进行验收，提交地下洞室开挖隐蔽工程的验收资料，经监理人验收合格并签认后作为工程的完工验收资料。

### 9.12.4  地下洞室开挖的完工验收

每项地下洞室开挖完成后，承包人应向监理人申请对该项地下洞室开挖进行完工验收，并向监理人提交以下完工验收资料：

（1）地下洞室开挖竣工图。

（2）地下洞室开挖实测纵、横剖面图。

（3）地下洞室围岩地质测绘资料、水文地质监测资料。

（4）地下洞室开挖事故处理记录。

（5）施工缺陷处理记录。

（6）施工支洞开挖、支护及封堵竣工图。

（7）监理人要求提供的其他完工资料。

## 9.13  计量和支付

（1）地下洞室（不含施工支洞）应按照施工图纸所示的开挖线内的自然方计量，按工程量清单所列项目单价支付。单价中包括准备工作、洞线测量、施工期临时排水、施工照明、钻孔爆破、装卸、运输、堆存、开挖面清撬冲洗、质量检查、验收前的维护以及设计允许超挖范围以内的超挖等费用。

（2）施工支洞（含封堵）应按工程量清单所列项目的单价或总价进行支付。

（3）超出设计允许超挖范围以外的开挖，及其在该超挖空间内回填混凝土或其他回填物所发生的费用由承包人承担，发包人不另行支付。

（4）经监理人确认的不可预见地质原因引起的超挖，包括由此而增加的支护和回填量，均应按监理人签认的工程量并按工程量清单中相应项目的单价进行支付。

（5）承包人因自身施工需要开挖的施工排水集水井、临时排水沟、避车洞、交通道和施工设备安装间扩挖等的附加开挖、支护及回填量不单独计量，所需费用包括在工程量清单相应项目中，发包人不另行支付。

（6）由于非承包人原因而修改设计开挖线，并需要进行二次扩挖时，应按本章第 9.7 节所述的方法计量，并按工程量清单所列项目单价支付。

（7）施工期内需要建设的地下工程施工通风设施、运行与维护管理（包括配置的气体监测仪器）应按工程量清单所列项目总价支付。

（8）监理人指示或批准进行的地下洞室超前勘探孔、洞，应按工程量清单所列各地下工程项目相同的勘探孔、洞的每米（m）单价支付。

# 第 10 章  支 护 工 程

## 10.1  一般规定

### 10.1.1  应用范围

本章规定适用于本合同施工图纸所示的各类边坡工程和地下洞室开挖后的围岩永久支护及施工期的初期支护。其主要支护种类包括:

(1)锚杆(注浆锚杆和非注浆锚杆;非预应力锚杆和预应力锚杆;自钻式锚杆和锚筋桩);

(2)喷射混凝土(包括喷射素混凝土、喷射微纤维混凝土、喷射钢纤维混凝土、钢筋网或钢丝网喷射混凝土);

(3)预应力锚索(包括黏结预应力锚索、无黏结预应力锚索、拉力分散型锚索、压力分散型锚索);

(4)支护结构(抗滑桩、锚固洞、挡墙、护壁、混凝土衬砌与护坡结构及其组合);

(5)锚杆和各种喷射混凝土的组合,锚索与各种支挡结构的组合;

(6)钢支撑(型钢钢架、格栅钢筋架);

(7)其他。

### 10.1.2  承包人责任

(1)承包人应根据施工图纸和监理人指示,对开挖后的边坡和地下洞室围岩进行及时支护。若承包人未按本合同规定及时支护,由此引起边坡或地下洞室发生坍塌,承包人应承担安全责任。

(2)在地下开挖和支护过程中,承包人应按监理人批准的围岩稳定监测措施,对洞室围岩进行变形监测,并及时将监测资料提交监理人。承包人还应根据监测资料,随时分析洞室围岩的稳定性,遇有可能发生坍塌的危险情况时,应采取紧急措施,及时进行支护。

(3)承包人应按监理人指示,在邻近开挖工程现场储备一定数量的锚杆、钢支撑、喷射混凝土的材料以及有关设备,以应急需。

(4)在边坡和地下工程开挖过程中,承包人应根据监测成果,及时调整开挖方法和支护措施,以保证施工安全。

### 10.1.3  主要提交件

(1)施工措施计划。

承包人在提交土石方明挖和地下洞室开挖工程施工措施计划的同时,应根据施工图纸和监理人指示,编制支护工程的施工措施计划,提交监理人批准,其内容包括:

1)支护工程范围及其支护方案;

2)工程地质资料和数据;

3)支护结构型式和细部设计;

4)支护用的施工设备清单;

5)各项支护材料试验成果;

6)边坡和地下洞室的围岩稳定监测方法;

7）支护工程的质量和安全保证措施。

（2）施工记录和质量报表。

承包人应为监理人进行质量检查提交各项工程的施工记录报表，其内容包括：

1）岩石锚杆、预应力岩锚和喷射混凝土的支护时间和完成工程量；

2）材料试验成果；

3）质量检查和检测记录；

4）质量事故处理记录。

### 10.1.4 引用标准

（1）GB 1499.2—2007《钢筋混凝土用热轧带肋钢筋》；

（2）GB 50086—2001《锚杆喷射混凝土支护技术规范》；

（3）GB/T 5223—2002《预应力混凝土用钢丝》；

（4）GB/T 5224—2003《预应力混凝土用钢绞线》；

（5）GB/T 13013—1991《钢筋混凝土用热扎光圆钢筋》；

（6）DL 5162—2002《水电水利工程施工安全防护设施技术规范》；

（7）DL/T 5010—2005《水电水利工程物探规程》；

（8）DL/T 5083—2004《水电水利工程预应力锚索施工规范》；

（9）DL/T 5100—1999《水工混凝土外加剂技术规程》；

（10）DL/T 5113.1—2005《水电水利基本建设工程单元工程质量等级评定标准 第1部分：土建工程》；

（11）DL/T 5125—2001《水电水利岩土工程施工及岩体测试造孔规程》；

（12）DL/T 5144—2001《水工混凝土施工规范》；

（13）DL/T 5148—2001《水工建筑物水泥灌浆施工技术规范》；

（14）DL/T 5176—2003《水电工程预应力锚固设计规范》；

（15）DL/T 5181—2003《水电水利工程锚喷支护施工规范》；

（16）DL/T 5198—2004《水电水利工程岩壁梁施工规程》；

（17）GB/T 14370—2000《预应力筋用锚具、夹具和连接器》；

（18）JG 161—2004《无黏结预应力钢绞线》。

## 10.2 锚杆

### 10.2.1 锚杆类型

（1）注浆锚杆：采用全长注浆的锚杆。

（2）非注浆锚杆：采用模块或胀壳、树脂等进行端头锚固的锚杆。

（3）普通预应力锚杆：采用普通钢材，施加的张拉力小于300kN的预应力锚杆。

（4）高强预应力锚杆：采用高强预应力钢丝作为锚杆材料的，其力学性质必须遵守GB/T 5223—2002的规定。

（5）自钻式注浆锚杆：具有造孔功能，将钻孔、注浆和锚固结合为一体的锚杆。

（6）锚筋桩：由若干钢筋组成的钢筋束插入钻孔对岩体进行锚固支护的锚筋桩。

### 10.2.2 材料

（1）锚杆：包括普通砂浆锚杆、普通预应力锚杆和自钻式注浆锚杆等。

1）普通砂浆锚杆一般选用热轧Ⅱ级钢筋；当承受力较大或需要适应较大变形时，应采用Ⅲ级钢筋；

2）自钻式中空注浆锚杆应选用厂家定型产品；

3）普通预应力锚杆根据设计预应力值大小选用Ⅱ级以上热轧螺纹钢筋；

4）高强预应力锚杆应选用精轧螺纹钢。

（2）水泥：采用强度等级不低于 42.5 的普通硅酸盐水泥或硅酸盐水泥。

（3）水：拌制砂浆的用水质量应满足 DL/T 5144—2001 有关条款的规定。

（4）砂：采用最大粒径小于 2.5mm 的中细砂。

（5）外加剂：速凝剂和其他外加剂的品质，应遵守 DL/T 5100—1999 的规定。

（6）树脂或水泥卷：应按施工图纸要求选购合格厂家生产的产品。

### 10.2.3　锚杆孔的钻孔

（1）锚杆孔的开孔应按施工图纸布置的钻孔位置进行，其孔位偏差应不大于 100mm。

（2）各种锚杆的角度偏差应符合施工图纸的要求。施工图纸未作规定时，其系统锚杆的孔轴方向应垂直于开挖面；局部加固锚杆的孔轴方向一般与可能滑动方向相反，并与可能滑动面的倾向成约 45° 的交角。

（3）若采用"先注浆后安装锚杆"的施工方法，其钻头直径应大于锚杆直径 15mm 以上；若采用"先安装锚杆后注浆"的施工方法，其钻头直径应比锚杆直径大 25mm 以上；若采用孔底注浆，其钻头直径应比锚杆直径大 40mm 以上。

（4）锚筋桩应以钢筋束外接圆直径作为锚杆直径，并按 "先安装锚杆后注浆"的需要选择钻孔直径。

（5）锚杆钻孔的深度应符合下列规定：

1）水泥砂浆锚杆孔深允许偏差为±50mm；

2）胀壳式锚杆和倒楔式锚杆孔深应比锚杆体有效长度（不包括杆体尾端丝扣部分）大 50～100mm；

3）楔缝式锚杆、树脂锚杆和水泥卷锚杆的孔深不应小于杆体有效长度，且不应大于杆体有效长度 30mm；

4）摩擦型锚杆孔深应至少比杆体长度大 50mm。

（6）岩壁梁锚杆孔的钻孔偏差应参照 DL/T 5198—2004 第 5.0.4 条的规定。

### 10.2.4　锚杆的安装和锚固

（1）砂浆锚杆的安装锚固。

1）锚杆安装前，应进行调直、除锈和除油污处理，孔内的积水和岩粉应吹洗干净；

2）使用注浆器注浆前，应用水或高水灰比的砂浆滑润管路；

3）采用"先注浆后插杆"的程序安装砂浆锚杆，应先将注浆管插到孔底，然后退出 50～100mm，开始注浆，注浆管随砂浆的注入缓慢匀速拔出，锚杆安装后孔内应填满砂浆；

4）下倾锚杆应先注浆后插锚杆；长度小于 6m 的上仰锚杆采用先注浆后插锚杆方式，长度大于 6m 者，应先插锚杆和灌浆系统后注浆，其灌浆系统必须满足施工图纸要求。

（2）锚筋桩。

1）锚筋桩应采用先插钢筋束、后注浆的施工工艺；

2）注浆管或排气管应牢固固定在钢筋束上并保持畅通，随钢筋束一起插入孔内；

3）钢筋束应焊接牢固，并焊接对中环，对中环的外径可比孔径小 10mm 左右，一个钢筋束在孔内至少应有 2 个对中环。

（3）自钻式锚杆。

1）自钻式锚杆安装前，应保持锚杆中孔和钻头的水路畅通。

2）锚杆钻进至设计深度后，应用水和高压风洗孔，直至孔口返水或返气，方可将钻机和连接套卸下。

3）杆体注浆宜采用纯水泥浆或 1:1 的水泥砂浆，砂浆的砂子粒径不应大于 1.0mm。

4）胀壳式锚杆安装前，应将锚杆的各项组件临时加以固定，组装后应保证楔子在胀壳内顺利滑行。锚杆送入孔内要求的深度后，应立即拧紧杆体。

5）楔缝式锚杆安装前，应将楔子和杯体组装后送至孔底，楔子不得偏斜，送入后应立即上好托板，拧紧螺帽。

（4）摩擦型缝管锚杆。

摩擦型锚杆包括缝管锚杆、楔管锚杆和水胀锚杆；在钻进前，应检查锚杆钻头的规格和孔径是否符合施工图纸要求，其各项摩擦型锚杆的安装应遵守以下规定：

1）向钻孔内推入锚杆体，可使用风动凿岩机和专用连接器；

2）凿岩机的工作风压不应小于 0.4MPa；

3）锚杆杆体应全部推入钻孔，当托板抵紧壁面时，应立即停止推压；

4）锚杆杆体被推进过程中，应使凿岩机、锚杆杆体和钻孔中心线在同一轴线上。

（5）摩擦型楔管锚杆：

1）安装顶锚下楔块时，伸入圆管内之钢钎直径不应大于 26mm；

2）楔块应推至要求部位，并与上楔块完全楔紧。

（6）摩擦型水胀锚杆：

1）锚杆应轻拿轻放，注意防止损伤锚杆末端的注液嘴；

2）高压泵试运转，压力应在 15～30MPa 范围内；

3）锚杆进入钻孔中应使托板与岩面紧贴。

## 10.2.5 锚杆的注浆

（1）锚杆注浆的水泥砂浆配合比，应在以下规定的范围内通过试验选定：

1）水泥:砂=1:1～1:2（重量比）；

2）水泥:水=1:0.38～1:0.45。

（2）砂浆强度等级应满足施工图纸要求。

（3）先注浆的永久支护锚杆应在钻孔内注满浆后立即插杆；后注浆的永久支护锚杆和预应力锚杆，应在锚杆安装后立即进行注浆。

（4）锚杆注浆后，在砂浆凝固前，不得敲击、碰撞和拉拔锚杆。

## 10.2.6 质量检查和验收

（1）质量检查。

1）锚杆材质检验：每批锚杆材料均应附有生产厂家的质量证明书，承包人应按施工图纸规定的材质标准以及监理人指示的抽检数量检验锚杆性能。

2）注浆密实度检验：选取与现场锚杆的锚杆直径和长度、锚孔孔径和倾斜度相同的锚杆和塑料管（或钢管），并采用与现场注浆相同的材料和配比拌制砂浆，按现场施工相同的注浆工艺进行注浆，养护 7 天后剖管检查其密实度。不同类型和不同长度的锚杆均需进行试验，试验成果应提交监理人。

3）钻孔规格抽验：承包人应按监理人指示的抽验范围和数量，对锚杆孔的钻孔规格（孔径、深度和倾斜度以及砂浆密实度）进行抽查并做好记录。

4）现场锚杆长度和注浆密实度检测：砂浆锚杆可采用物探方法检查锚杆长度和砂浆密实度；边坡和地下洞室的支护锚杆，按作业分区由监理人根据现场实际情况指定抽查其砂浆密实度。

（2）验收。

1）监理人应参加承包人按本条第（1）项的规定进行的锚杆试验和检验。

2）承包人应将每批锚杆材质的抽验记录、每项注浆密实度试验记录和成果、锚杆孔钻孔记录、各作业分区的锚杆长度和砂浆密度检测记录等提交监理人。

## 10.3 预应力锚索

### 10.3.1 预应力锚索类型

本款规定的预应力锚索分为以下几种型式：

（1）全长黏结预应力锚索；

（2）无黏结预应力锚索；

（3）拉力分散型锚索；

（4）压力分散型锚索；

（5）双重保护无黏结锚索。

### 10.3.2 材料及试验

（1）全长黏结预应力锚索使用的钢绞线应遵守 GB 5224—2003 和 GB 5223—2003 的有关规定及施工图纸的要求。

（2）无黏结预应力锚索使用的钢绞线应遵守 JG 161—2004 或 DL/T 5083—2004 的有关规定。

（3）预应力锚孔灌浆使用的水、水泥、砂和外加剂等均应符合本技术条款第 11 章的有关规定。

（4）预应力锚索使用的锚具应遵守 GB/T 14370—2000 的有关规定。

（5）预应力锚索施工前，承包人应按监理人指示先进行锚索张拉试验，张拉次序应严格按施工图纸进行，试验锚索的数量和位置由监理人确定。

（6）进行锚索试验时，应认真记录压力传感器和千斤顶的读数，以及试验锚索在不同张拉吨位的伸长值，记录成果应提交监理人。进行试验性张拉时，应有监理人在场。

### 10.3.3 预应力锚索的造孔和保护

（1）预应力锚索钻孔的位置、方向、孔径及孔深，应符合施工图纸要求。钻孔的开孔偏差不得超过 100～200mm，端头锚固孔的孔斜度不得大于孔深的 2%，方位角允许偏差为 3°，钻孔孔径不应小于施工图纸和厂家产品说明书规定的要求，终孔有效孔深不得欠深，且不大于设计深度 40cm，终孔孔径不得小于设计孔径 10mm。

（2）钻孔机具应经监理人批准，所选钻机应适合打各种角度的孔，钻孔深度应满足施工图纸的要求，钻头应选用硬质合金钢钻头或金刚石钻头。

（3）预应力锚索的锚固端应位于稳定的基岩中，若孔深已达到预定施工图纸所示的深度，而仍处于破碎带或断层等软弱岩层时，应延长孔深，继续钻进，直至监理人认可为止。

（4）对于破碎带或渗水量较大的围岩，在安装锚索前，应按 DL/T 5083—2004 第 7.1.1 条的规定对锚孔采取固结灌浆处理，若岩性软弱孔壁易坍塌，应采用跟管法钻进成孔（堆积体、崩积层除外）。

（5）承包人应记录每一钻孔的尺寸、回水颜色、钻进速度和岩芯记录等数据。

（6）钻孔完毕时，应连续不断地用水和高压风（堆积体、崩积层中钻孔只用高压风）彻底冲洗钻孔，钻孔冲洗干净后才准安装锚索。在安装锚索前，应将钻孔孔口堵塞保护。

（7）混凝土结构预应力锚索孔道，应按 DL/T 5083—2004 第 7.1.3 条规定，采用埋管法成孔，其管材可根据混凝土结构的特征、浇筑方法和锚索体结构型式选定。

（8）在堆积体、崩积层边坡的松散体中钻孔应采取套管跟进保护钻孔。待堆积体、崩积层边坡的松散体中套管保护钻孔钻到设计孔深并用高压风彻底冲洗钻孔后，在套管内放入保护管，才能将套管拔出。保护管接头外表面涂刷防腐蚀涂料，涂刷前将铁锈、氧化皮、油污、灰尘、水分等污物清除干净。

### 10.3.4 预应力锚索的制作与安装

（1）全长黏结锚索制作与安装。

1）钢绞线应按施工图纸所示的尺寸或实际钻孔深度下料，下料前应检查钢绞线的表面，有损伤的钢绞线不得使用。

2）沿锚索的轴线方向每隔 1～2m 设置对中隔离支架或内芯管。锚固段不大于 1m。

3）锚索的钢丝或钢绞线应按规律编排并绑扎成束，不得使用镀锌铁丝作捆绑材料。

4）钢丝或钢绞线与内、外锚头嵌固端范围内，每根钢丝或钢绞线长度应一致。

5）锚索捆扎完毕后，应采取保护措施防止钢绞线锈蚀，运输过程中应防止锚索发生弯曲、扭转和损伤。对组装好的锚索进行编号，并妥善放置。

6）对钻孔进行通孔检查，孔中的塌孔、掉块应进行清理干净，不得欠深。

7）安装前应对锚索体进行详细检查，检查止浆环和限浆环位置是否准确，排气管位置是否准确和畅通；核对锚束编号与钻孔号，并对损坏的配件进行修复和更换。

8）防止在推送锚索过程中损坏锚索配件，不得使锚索转动，在将锚索体推送至预定深度后，检查排气管和注浆管是否畅通，否则应拔出锚索体，排除故障后重新安放。

（2）无黏结锚索制作与安装。

除执行上述黏结式锚索的制作安装工艺外，无黏结锚索还应满足如下要求：

1）除去内锚固段范围内钢绞线外的 PE 塑料保护管和清洗油脂。

2）将钢绞线和灌浆管（上仰锚索为排气管）捆扎成一束。钢绞线和塑料管之间用硬质塑料支架分离，支架间距在内锚固段为 0.75m，自由段内为 3.0m。在内锚固段与自由张拉段相连部位，钢绞线 PE 套管用胶带缠封，以免灌浆时浆液浸入。

（3）拉力分散型锚索制作与安装。

拉力分散型锚索的内锚固段应根据需要按不同长度（即锚索张拉段长度不同）将钢绞线防腐层剥除清洗干净，其余与无黏结锚索制作工艺相同。

（4）压力分散型锚索制作与安装。

其内锚固段应按厂家要求安装专门制作的锚板、托板等配件。

（5）双重保护无黏结锚索制作与安装。

1）将组装好的无黏结钢绞线束装入保护管（如波纹管）内，波纹管靠近内锚固段顶端部位用 PE 塑料端帽封口。其中一根塑料灌浆管伸出端帽外，作为波纹管外部灌浆管；另一根塑料管在端帽内，距端帽 0.1m 的间隙，作为波纹管内部灌浆管。

2）波纹管外侧安置外部定心器，以保证锚索体安装在钻孔中心，周围应有均匀间隙，便于锚索安装就位，并使波纹管周围有均匀厚度的灌浆胶结体。定心器间距在内锚固段为 1.5m，自由段为 3.0m。

### 10.3.5 锚固段的灌浆

（1）钻孔结束后，用压力风水将孔道内的钻孔岩屑和泥沙冲洗干净，直到回水变清。

（2）锚固段灌浆工作开始前，应通过灌浆管送入压缩空气，将钻孔孔道的积水排干。

（3）锚固段采用水泥砂浆和纯水泥浆进行灌注，浆液的配比应经试验确定，试验成果应提交监理人。若采用纯水泥浆灌注锚固段，其水灰比应取 0.4～0.45，浆液中应掺入一定数量的膨胀剂和早强剂，其 28 天的结石强度应不低于施工图纸的规定值。

（4）锚固段灌浆长度应符合施工图纸要求，阻塞器位置应准确，在有压注浆时，不得产生滑移和串浆现象。灌浆可自下而上一次施灌，进浆必须连续。

（5）对于无黏结锚索，在下索后、外锚墩混凝土浇筑之前在孔口封闭进行全孔一次注浆，锚索张拉检查合格后再进行封孔回填注浆。

（6）承包人应按监理人指示检验浆体水泥结石强度，以确定锚索张拉时间。单孔灌浆时，每孔应取一组浆液试件；群孔灌浆时，每天应至少取 2 组浆液试件。

### 10.3.6 锚索的张拉

（1）锚索张拉的设备和仪器均应进行标定，不合格的张拉设备和仪器不得使用，标定间隔期不得超过 6 个月。超过标定间隔期的设备和仪器或遭强烈碰撞的仪表，必须重新标定后才准使用。张拉设备发生下列情况之一时，应对张拉设备系统（包括千斤顶、油管、压力表）进行"油压值—张拉力"的标定：

1）千斤顶经过拆卸、修理；

2）压力表受到碰撞或出现失灵现象；

3）更换压力表；

4）张拉过程中钢绞线发生多根破断事故或张拉伸长值误差较大；

5）标定值与理论计算值误差大于±3%。

（2）锚固段的固结灌浆浆液、承压垫座混凝土、混凝土柱状锚头等未达到施工图纸规定的承载强度时，不得进行张拉。

（3）千斤顶的选用必须与锚索级别相匹配，出力应满足超张拉的要求，一般宜大于设计超张拉力 500～1000kN。

（4）锚索张拉尽可能采用整体张拉，当千斤顶不能满足整体张拉要求时，通过试验后，可采用分组或单股张拉。单束预紧按照先中间、后周边、对称均衡张拉的原则。

（5）拉力分散型锚索张拉时，应保证每股钢绞线的受力均匀，不同张拉段长度的钢绞线应采用不同的预紧值。

（6）张拉过程中，每张拉级稳定时间为 5min，达到安装吨位后持续稳压 20min 即可锁定。锁定后的 48h 内，若锚索应力下降到设计值以下 10% 时应进行补偿张拉。

（7）张拉过程中应测量锚索伸长值，其误差控制在−5%～+10%内，伸长值大于+10%，应分析原因，确定无误后方可继续张拉。误差低于−5%，应立即停止张拉，并采取措施纠正。

（8）加荷、卸荷速率应平稳。张拉时，升荷速率每分钟不宜超过设计永存荷载的10%；卸荷速率每分钟不宜超过设计永存荷载的20%。

### 10.3.7 封孔回填灌浆和锚头保护

（1）封孔回填灌浆在补偿张拉工作结束后_____天进行，封孔回填灌浆前应由监理人检查确认锚索应力已达到稳定的设计值。封孔回填灌浆材料与锚固段灌浆相同。锚索内锚固段和张拉段的灌浆必须使用灌浆自动记录仪。

（2）封孔回填灌浆应采用锚索中的灌浆管施灌，灌浆管应伸至锚固端顶面，灌浆必须自下而上连续进行，灌浆压力和闭浆压力应满足施工图纸要求。

（3）在浆液初凝前应进行不少于 2 次补灌，并在浆液凝固到不自孔中回流、压力不小于 0.4MPa 时并浆。

（4）灌浆完成后，锚具外的钢绞索除需按施工图纸要求留存外，其余部分应切除。外锚具或钢绞索端头，应按施工图纸要求用混凝土封闭保护。

（5）灌浆浆液温度应保持在 5～40℃之间，当冬季日平均气温低于 5℃时，须对制浆系统、灌浆机械和输浆管线进行保温。

### 10.3.8　质量检查和验收

（1）质量检查。

预应力锚索施工过程中，承包人应会同监理人进行以下项目的质量检查和检验：

1）每批钢丝和钢绞线到货后的材质检验。

2）预应力锚索安装入孔前，每个锚索孔应进行钻孔规格的检测和清孔质量的检查，并进行每根锚索的制作质量检查。

3）锚固段灌浆前，抽样检验浆液试验成果，并对现场灌浆工艺进行逐项检查。

4）预应力锚索张拉工作结束后，应对每根锚索的张拉应力和补偿张拉效果进行检查。上述每项质量检验和检查，均应由承包人做好记录，由监理人签认。

（2）验收。

1）验收试验。

预应力锚索施工中，应按施工图纸和监理人指示随机抽样进行验收试验，抽样数量不应小于 3 束，对高边坡预应力锚索的验收试验必须在张拉后及时进行。

2）抽样检查。

抽样检查的合格标准以应力控制为准，其应力实测值不得大于施工图纸规定值的 5%，并不得小于规定值的 3%。 验收试验与抽样检查合并进行时，试验数量为锚索总数的 5%。每根锚索制作质量抽样检查的锚索中有一束不合格时，应加倍扩检，扩检不合格，必须按监理人指示进行处理至监理人认为合格为止。

## 10.4　喷射混凝土

### 10.4.1　一般技术要求

（1）本节规定适用于本合同施工图纸所示的素喷射混凝土、锚杆喷射混凝土、钢纤维（或微纤维）喷射混凝土、钢筋网（或钢丝网）等喷射混凝土施工作业。

（2）承包人应按施工图纸所示进行各项喷射混凝土施工。除施工图纸规定外，经监理人批准，承包人可根据开挖中揭示的地质状况，选用上述各项喷射混凝土施工方案，监理人亦有权指示承包人选用或调整上述施工方案，承包人应遵照执行。

（3）承包人应制定上述各项喷射混凝土作业的施工操作规程，提交监理人批准。

### 10.4.2　材料

（1）水泥：优先选用符合国家标准的硅酸盐水泥和普通硅酸盐水泥，当有防腐或特殊要求时，经监理人批准，可采用特种水泥。水泥强度等级应不低于 42.5。进场水泥应有生产厂家的质量证明书。

（2）骨料：细骨料应采用坚硬耐久的粗、中砂，砂的细度模数应大于 2.5～3.0；粗骨料应采用耐久的卵石或碎石，其中砂的含水率一般以 5%～7% 为宜，石子的含水率以 2%～3% 为宜；喷射混凝土的骨料级配，应满足 DL/T 5181—2003 第 7.1 节的有关规定。回弹的骨料不能重复使用。

（3）水：应遵守 DL/T 5144—2001 第 5.5 节的规定。

（4）外加剂：施工中可使用速凝、早强剂、减水等外加剂，其质量应遵守 DL/T 5100—1999 和施工图纸要求，并有生产厂家的质量证明书，但速凝剂不得含氯。喷射混凝土的外加剂，应进行与水泥的相容性试验及水泥净浆凝结试验。掺速凝剂的喷射混凝土初凝时间应不大于 5min，终凝时间应不大于 10min。

（5）钢筋（丝）网：应采用屈服强度不低于 240MPa 的光面钢筋、其质量应遵守 GB/T 13013—1991 的有关规定。

（6）钢纤维：抗拉强度应大于或等于 1000MPa；钢纤维的直径为 0.3～0.6mm；纤维长度为 20～30mm；钢纤维掺量为混合料重量的 3.0%～6.0%。

（7）聚丙烯微纤维：抗拉强度应大于或等于 450MPa，纤维杨氏弹性模量应大于或等于 3500MPa，纤维断裂伸长率应小于或等于 25%。

### 10.4.3　配合比

（1）喷射混凝土配合比，应按施工图纸要求，通过室内试验和现场试验选定，试验成果应提交监理人批准。

（2）速凝剂的掺量应通过现场试验确定，喷射混凝土的初凝和终凝时间，应满足施工图纸和现场喷射工艺的要求。

### 10.4.4　配料、拌和及运输

（1）称量允许偏差。

拌制混合料的称量允许偏差应符合下列规定：

水泥和速凝剂 ±2%；

砂、石 ±3%。

（2）搅拌时间。

混合料搅拌时间应遵守下列规定：

1）采用容量小于 400L 的强制式搅拌机拌料时，搅拌时间不得少于 60s；

2）采用自落式或滚筒式搅拌机拌料时，搅拌时间不得少于 120s；

3）采用人工拌料时，拌料次数不少于三次，且混合料的颜色应均一；

4）混合料掺有外加剂时，搅拌时间应适当延长。

（3）运输和存放。

1）运输存放混合料，应严防雨淋、滴水及混入大块石等杂物，装入喷射机前应过筛。

2）干混合料应随拌随用。无速凝剂掺入的混合料，存放时间不应超过 2h；干混合料掺入速凝剂后，存放时间不应超过 20min。

### 10.4.5　喷射混凝土准备工作

（1）在喷射混凝土前，承包人应对喷射面进行检查，并做好以下准备工作：

1）安设工作平台，保证作业区具有良好的通风和充足的照明设施；

2）清除开挖面的浮石，清除墙脚的石渣和堆积物；

3）处理光滑岩面；

4）用高压风水枪冲洗喷面，对遇水易潮解的泥化岩层，应采用高压风清扫岩面；

5）埋设控制喷射混凝土厚度的标志。

（2）喷射作业前，应对施工机械设备，风、水管路和输电线路等进行全面检查和试运行。

（3）承包人应对受喷面漏水或渗水严重的喷射作业面前进行治水工作。

### 10.4.6　喷射混凝土施工

（1）喷射混凝土作业应分段分片依次进行，喷射顺序自下而上，素喷混凝土一次喷射厚度按 DL/T5181—2003 表 7.5.3 的规定数据选用。

（2）分层喷射时，后一层应在前一层混凝土终凝后进行，若终凝 1h 后再行喷射，应先用风水清洗喷层面。

（3）喷射机作业应严格执行喷射机的操作规程，应连续向喷射机供料，保持喷射机工作风压稳定。完成或因故中断喷射作业时，应清除喷射机和输料管内的积料，并冲洗干净。

（4）地下洞室喷射混凝土均采用湿喷法。

（5）地下洞室的喷射混凝土作业应紧跟开挖工作面，承包人应在全部锚杆钻设完成后，立即进行喷射混凝土。若安全监测中发现数据异常，监理人认为需要在锚杆钻设前喷射混凝土时，承包人应遵照执行。混凝土终凝至下一循环放炮时间不应少于 4h。

（6）地下洞室拱部喷射混凝土的回弹率不应大于 25%，边墙不应大于 15%。

（7）喷射混凝土养护：喷射混凝土终凝 2h 后，应喷水养护；养护时间不得少于 7天，重要工程不得少于 14天；气温低于 +5℃ 时，不得喷水养护。

（8）冬季施工喷射作业区的气温不应低于 +5℃；混合料进入喷射机的温度不应低于 +5℃。普通硅酸盐水泥或矿渣水泥配制的喷射混凝土分别低于设计强度 30% 和 40% 时，不得受冻。

（9）喷射混凝土的养护，应按 DL/T 5181—2003 第 7.5.7 条的规定执行。当喷射混凝土周围的空气湿度达到或超过 85% 时，经监理人同意，可准予自然养护。

### 10.4.7　钢纤维喷射混凝土施工

（1）承包人应按施工图纸或监理人指示，使用钢纤维喷射混凝土，其掺量应根据试验确定，并提交监理人批准。

（2）钢纤维喷射混凝土的材料，除按本章第 10.4.2 条的有关规定外，施工时还应遵守下列规定：

1）钢纤维长度偏差不应超过长度值的 ±5%；

2）钢纤维不得有明显的锈蚀和油渍及其他妨碍钢纤维与水泥黏结的杂质；

3）水泥强度等级不低于 42.5，骨料粒径不大于 10mm。

（3）钢纤维喷射混凝土的施工除应遵守 DL/T 5181—2003 的规定外，还应符合下列规定：

1）搅拌混合料时应采用钢纤维播料机往混合料中加钢纤维，搅拌时间不小于 180s；

2）钢纤维在混合料中应分布均匀，不得成团；

3）在钢纤维喷射混凝土的表面应再喷一层厚度为 10mm 的水泥砂浆，其强度等级不应低于钢纤维喷射混凝土的强度等级。

### 10.4.8　钢筋网喷射混凝土施工

（1）钢筋网的钢筋规格和质量、网格尺寸均应满足施工图纸的要求。钢筋使用前应除锈、除污处理。钢筋网应沿开挖面铺设，并应与锚杆（或钢筋）连接牢固。

（2）采用双层钢筋时，第二层钢筋网应在第一层钢筋网被混凝土覆盖后铺设。

（3）喷射混凝土作业应遵守 DL/T 5181—2003 第 7.5 节的规定。

（4）喷射混凝土必须填满钢筋与岩面之间的空隙，并与钢筋黏结良好，钢筋网混凝土保护层厚度应符合施工图纸要求。

### 10.4.9　不良地质条件下的锚喷联合支护

（1）锚喷支护应紧跟开挖工作面，喷射混凝土应添加早强剂，并应经过试验。

（2）必要时，应采取喷射混凝土封闭开挖面、超前锚固、底拱锚固或封闭仰拱等措施。

（3）确定爆破、喷射混凝土、监测仪器埋设、钢支撑安装等循环作业时间。

### 10.4.10　质量检查和验收

（1）材料质量检查：承包人应按本章有关规定，进行喷射混凝土材料、配合比，以及抗压强度的抽样检验，并将检验成果提交监理人。应达到下列要求：

1）水泥和速凝剂等外加剂应符合国家或行业标准的规定，并应有出厂合格证书；砂石料的质量应符合施工图纸的要求。每批原材料进厂后均应进行抽样检查。

2）喷射混凝土的材料配合比，每班作业应至少抽检两次，抽检记录应提交监理人。

3）喷射混凝土的强度抽检试件必须在喷射作业过程中抽样，或在喷射混凝土达到一定强度后，在指定部位钻取芯样。喷射混凝土抗压强度应遵守 DL/T 5181—2003 第 10.2.4 条的规定。对重要工程，还应测定其抗拉强度、围岩黏结强度和抗渗性能等。

（2）喷层厚度检查：应按 DL/T 5181—2003 第 10.2.6 条中的规定进行喷层厚度检查。检查记录应提交监理人。经检查，喷层厚度未达到施工图纸要求时，应按监理人指示进行补喷，所有喷射混凝土都必须经监理人检查确认合格后才能进行验收。

（3）黏结力检查：喷射混凝土与岩石间的黏结力以及喷层之间的黏结力，应按监理人的指示钻取直径 100mm 的芯样做抗拉试验，试验成果应提交监理人。所有钻取试件的钻孔，应由承包人用干硬性水泥砂浆填实。

（4）喷射外观质量检查：经监理人检查，发现喷射混凝土的鼓皮、剥落、强度偏低或有其他缺陷的部位，承包人应及时予以清理和修补，经监理人检查合格后，方能进行验收。

（5）喷射混凝土验收。

承包人应为喷射混凝土工程的验收，提供以下验收资料：

1）材料出厂合格证、现场材料试验报告、代用材料试验报告；

2）喷射混凝土施工记录，包括喷射混凝土配合比、速凝剂和外加剂掺量、水灰比，以及各工序施工作业时间表；

3）喷射混凝土强度、厚度、黏结力、外观质量等检查报告和检验验收记录；

4）隐蔽工程检查验收记录。

## 10.5　钢支撑施工

### 10.5.1　一般技术要求

（1）本节规定适用于本合同施工图纸所示的钢支撑施工作业。

（2）承包人应按施工图纸所示进行钢支撑施工。除施工图纸规定外，经监理人批准，承包人可根据开挖中揭示的地质状况，选用上述各项喷射混凝土施工方案，监理人亦有权指示承包人选用或调整上述施工方案，承包人应遵照执行。

（3）承包人应制定上述各项钢支撑施工作业的操作规程，提交监理人批准。

### 10.5.2　材料

（1）型钢钢架屈服强度不得低于 235MPa。

（2）格栅钢筋架采用屈服强度为 335MPa 的 II 级钢筋。

### 10.5.3　钢支撑施工

（1）钢支撑采用型钢制作，也可采用钢筋制作成格构式拱架，其制作应遵守本技术条款第 21 章的有关规定。

（2）钢支撑架设前，应测量开挖后的洞室轮廓尺寸，按洞室轮廓尺寸调整钢支撑的形状和尺寸。钢支撑的施工安装方法及其安装偏差应参照 DL/T 5181—2003 第 8.2.2 条的规定。

（3）钢支撑不应隔断钢筋网。采用双层钢筋网时，第二层钢筋网应焊固在钢支撑上。

### 10.5.4　质量检查和验收

（1）承包人应按施工图纸规定的材质标准以及监理人指示的抽检数量检验钢支撑材料性能。

（2）承包人应将材料性能的抽验记录、施工记录以及施工质量检查记录等提交监理人。

## 10.6　抗滑桩和锚固洞（井）的施工

### 10.6.1　一般技术要求

（1）本节规定适用于本合同施工图纸所示的抗滑桩和锚固洞（井）施工作业；

（2）承包人应制定抗滑桩和锚固洞（井）施工作业的操作规程，提交监理人批准。

### 10.6.2　材料

抗滑桩和锚固洞（井）施工所用材料性能、指标等均应符合设计图纸要求。

### 10.6.3　抗滑桩和锚固洞（井）施工

（1）抗滑桩和锚固洞（井）口应设防护栅栏，做好可靠的锁口；提升设备和洞口安全设施应有专门设计，并须经监理人批准。

（2）边坡抗滑洞桩应沿高程方向，自下而上逐个施工。若抗滑桩的开挖深度已达到预定高程，而未能穿透潜在滑面或破碎软弱岩层时应继续下挖，直至满足设计嵌固要求为止。

（3）在同一平面上，抗滑桩的施工应按分序进行，根据施工安全要求，宜采取间隔跳桩或由两侧向中部推进的施工顺序。各间隔桩的混凝土浇筑完毕满足强度要求后，方能进行邻桩开挖；邻近同序桩井开挖施工的高差控制应按监理人指示执行。

（4）每个洞、桩均应连续一次浇筑完成，若分段浇筑，其分缝位置及缝面处理应经监理人批准。

### 10.6.4　质量检查和验收

（1）承包人应按施工图纸规定的材质标准以及监理人指示的抽检数量检验抗滑桩和锚固洞（井）各种材料性能；

（2）承包人应将材料性能的抽验记录、施工记录以及施工质量检查记录等提交监理人。

## 10.7 混凝土衬砌边坡的施工

### 10.7.1 一般技术要求

（1）本节规定适用于本合同施工图纸所示的高边坡混凝土衬砌施工作业。

（2）承包人应制定高边坡混凝土衬砌施工作业的操作规程，提交监理人批准。

### 10.7.2 材料

混凝土衬砌边坡施工所用材料性能、指标等均应符合设计图纸要求。

### 10.7.3 混凝土衬砌边坡的施工

（1）边坡混凝土衬砌的材料选用、浇筑工艺和方法，以及质量检查和验收，应按本技术条款第15章的有关规定执行。

（2）边坡衬砌前，应对其边坡上部与两侧的稳定性进行全面检查，做好危石清理及坡面加固和排水等工作，必要时在工作面上方加设防护栏栅。

（3）高陡边坡上部衬砌混凝土，应与一次支护锚杆和加设的插筋可靠连接；已支护的破碎地带增设随机永久性加强锚杆和（或）加设钢筋网。做好详细记录提交监理人。

### 10.7.4 质量检查和验收

（1）承包人应按施工图纸规定的材质标准以及监理人指示的抽检数量检验边坡混凝土衬砌的各种材料性能；

（2）承包人应将材料性能的抽验记录、施工记录以及施工质量检查记录等提交监理人。

## 10.8 护坡网格和锚固框架结构的施工

### 10.8.1 一般技术要求

（1）本节规定适用于本合同施工图纸所示的护坡网格和锚固框架结构施工作业。

（2）承包人应制定护坡网格和锚固框架结构施工作业的操作规程，提交监理人批准。

### 10.8.2 材料

护坡网格和锚固框架结构施工所用材料性能、指标等均应符合设计图纸要求。

### 10.8.3 护坡网格和锚固框架结构的施工

（1）护坡网格混凝土或护坡砌体网格均应嵌入坡面 1/3 以上，其厚度应大于 5cm；

（2）护坡网格的节点部位应设置锚杆，施工缝应设在节点之间的跨中位置；

（3）边坡锚固框架的节点部位应设置锚杆，陡坡段应根据施工需要，加设非节点锚杆；

（4）预应力锚固框架混凝土应尽量与外锚墩结构同时浇筑，施工缝应设在跨中位置。

### 10.8.4 质量检查和验收

（1）承包人应按施工图纸规定的材质标准以及监理人指示的抽检数量检验护坡网格和锚固框架结构的各种材料性能；

（2）承包人应将材料性能的抽检记录、施工记录以及施工质量检查记录等提交监理人。

## 10.9 完工验收

各项支护工程完工后，承包人应按合同约定，向监理人申请完工验收，并提交以下完工验收资料。

（1）支护工程竣工图；

（2）锚杆、喷射混凝土、预应力锚索、钢支撑、抗滑桩和锚固洞（井）、护坡网格和锚固框架结构等支护材料的原材料试验成果报告，以及支护结构的现场监测及试验记录；

（3）预应力锚杆和锚索的施加预应力记录；

（4）质量检查和质量事故处理报告；

（5）监理人要求提交的其他完工资料。

## 10.10 计量和支付

### 10.10.1 锚杆

根据施工图纸所列不同类型的锚杆项目，以监理人验收合格的锚杆安装数量（根数）进行计量，按工程量清单所列项目中相应的每根单价支付，单价中包括锚杆的供货和加工、钻孔和安装、注浆以及试验和质量检查验收等费用。

### 10.10.2 预应力锚索

（1）施工图纸所示和监理人批准使用的各类预应力锚索，按其锚索长度和预应力吨位计量。按工程量清单中所列项目，以每一种锚索的每千牛·米（kN·m）单价支付。单价中包括锚索孔钻孔、锚索制作（或供货）、安装、锚固、张拉、注浆（不含堆积体、崩积层及覆盖层风化破碎岩体内的超注浆）、试验检验、施工期监测和质量检查验收，以及混凝土锚墩的施工和各种附件的供货加工、安装等费用。

（2）堆积体、崩积层及覆盖层风化破碎岩体内的超注浆量，以实际灌入水泥干灰重量吨（t），按工程量清单所列项目计量支付。

（3）由于承包人原因造成报废的预应力锚索孔及张拉报废的预应力锚索不予支付。

### 10.10.3 喷射混凝土

（1）喷射素混凝土及钢筋网喷射混凝土，根据施工图纸所示或监理人指示的范围，以施喷在开挖面上不同厚度的喷射混凝土，按立方米（m³）为单位计量，并按工程量清单所列项目单价支付。单价中包括骨料生产、水泥供应、运输、准备、贮存、配料、外加剂的供应、喷射混凝土拌料、喷射前的岩石表面清洗、施工回弹料清除、施工损耗、试验、厚度检测和钻孔取样以及质量检验等费用。

（2）按施工图纸所示和（或）监理人指示，或经监理人批准安放的钢筋网（钢肋拱或钢丝网），以吨（t）为单位计量。钢筋网重量中不包括为固定钢筋网（钢肋拱或钢丝网）所需用的附加钢筋的重量。钢筋网的支付应按工程量清单中所列项目的每吨（t）单价进行支付，单价中应包括钢筋网的全部人工、材料和制作安装费用。

（3）纤维（包括钢纤维、微纤维）应按施工图纸或监理人指示的范围，根据喷射面积、设计喷射厚度及试验确定的掺量计算，以千克（kg）为单位计量，并按工程量清单中所列项目单价支付。单价中应包括采购、储存、检验及施工损耗、回弹损耗等费用。

### 10.10.4 钢支撑

（1）按施工图纸所示和（或）监理人指示，或经监理人批准安放的钢支撑，以吨（t）为单位计量，并按工程量清单中所列项目单价支付。单价中包括钢支撑制作安装和拆除（需要时）等费用。

（2）按本章第10.5.3条规定，由监理人确定，最终未用于工程的备用钢支撑及其附件，应将其制作费用支付给承包人。

**10.10.5　抗滑桩、锚固洞（井）、护坡网格和锚固框架结构**

抗滑桩、锚固洞（井）、护坡网格和锚固框架结构的土石方、混凝土、钢筋等按施工图纸所示和（或）监理人指示的工程量进行计量，并按工程量清单各章节中所列项目单价支付。

**10.10.6　边坡柔性防护网**

边坡柔性防护网根据施工图纸或监理人指示，按实际使用的面积以每平方米（$m^2$）为单位计量，按工程量清单所列项目的每平方米（$m^2$）单价支付。

# 第11章 钻孔和灌浆工程

## 11.1 一般规定

### 11.1.1 应用范围

本章规定适用于本合同施工图纸所示各工程建筑物施工的钻孔和灌浆，其内容包括：

（1）钻孔：包括勘探孔、灌浆孔、检查孔和排水孔的钻孔，以及为钻孔和灌浆工程所需进行的钻取岩芯和试验、钻孔冲洗、压水试验、灌浆前孔口加塞保护等全部钻孔作业。

（2）灌浆：包括水泥灌浆、化学灌浆。

1）水泥灌浆应用范围包括帷幕灌浆、固结灌浆、回填灌浆、接缝灌浆和接触灌浆；

2）化学灌浆应用范围为水工建筑物工程部位的防渗、堵漏、补强和加固等。

### 11.1.2 承包人责任

（1）承包人应按本技术条款的规定，以及施工图纸和监理人指示，完成本工程的全部钻孔和灌浆作业，包括提供其所需的人工、材料、设备及其他辅助设施。

（2）承包人应根据施工图纸和本技术条款的规定，编制灌浆试验大纲，进行灌浆试验，并通过试验择优选定灌浆施工参数。

（3）承包人应在施工前详细了解工程地质和水文地质情况。在不良地质段进行钻孔和灌浆时，应采取有效的安全保护措施。承包人根据实际情况，需要修改钻孔布置、钻灌参数和钻灌程序时，应将修改的钻灌措施计划提交监理人批准。

（4）在已浇筑的混凝土建筑物部位进行钻孔灌浆作业时，承包人应按监理人指示保护好建筑物体内的预埋设施。

### 11.1.3 主要提交件

（1）施工措施计划。

在灌浆作业开始前 <u>28 天</u>，承包人应按监理人的指示，根据施工图纸及本技术条款的规定，编制一份钻孔和灌浆施工措施计划提交监理人批准，其内容包括：

1）钻孔和灌浆工程的施工平面布置图；

2）钻孔和灌浆的材料和设备；

3）钻孔和灌浆的程序和工艺；

4）质量保证措施；

5）灌浆试验大纲；

6）施工人员配备；

7）施工进度计划及安全措施等。

（2）施工记录和质量报表。

施工过程中，承包人应提交钻孔和灌浆工程的各项施工记录和质量报表，其内容包括：

1）灌浆工程原材料试验和质量检验成果；

2）钻孔施工记录；

3）灌浆压水试验记录；

4）灌浆试验成果；

5）钻孔岩芯取样试验成果；

6）质量事故处理记录；

7）监理人要求提供的其他资料。

### 11.1.4 引用标准

（1）GB 175—2007《通用硅酸盐水泥》；

（2）DL/T 5010—2005《水电水利工程物探规程》；

（3）DL/T 5100—1999《水工混凝土外加剂技术规程》；

（4）DL/T 5125—2001《水电水利岩土工程施工及岩体测试造孔规程》；

（5）DL/T 5144—2001《水工混凝土施工规范》；

（6）DL/T 5148—2001《水工建筑物水泥灌浆施工技术规范》；

（7）DL/T 5150—2001《水工混凝土试验规程》；

（8）DL/T 5331—2005《水电水利工程钻孔压水试验规程》；

（9）DL/T 5368—2007《水电水利工程岩石试验规程》。

## 11.2 材料

### 11.2.1 一般技术要求

除合同另有约定外，承包人应负责采购（统供材料除外）、运输、储存、保管钻孔和灌浆所需的全部材料。每批到达现场的水泥、外加剂、掺合料和化学灌浆材料均应符合本技术条款规定的材料质量标准，并附有生产厂家的质量证明书，每批材料入库前均应由承包人按规定进行检验验收，承包人应及时将检验成果提交监理人。

### 11.2.2 水泥

（1）用于回填灌浆、固结灌浆、帷幕灌浆、坝体接缝灌浆的水泥强度等级，以及钢衬接触灌浆、岸坡接触灌浆的水泥的强度等级和细度应遵守 DL/T 5148—2001 第 5.1.2 条的规定；帷幕灌浆和坝体接缝灌浆的水泥细度要求通过 80μm 方孔筛，其筛余量不大于 5%。

（2）在灌浆施工过程中，承包人应对水泥的强度、细度、凝结时间等进行抽样检查。

（3）用于微细裂隙岩石和张开度小于 0.5mm 的坝体接缝灌浆，对水泥的细度要求为通过 71μm 方孔筛，其筛余量不大于 2%。

（4）灌浆用的所有水泥必须符合本技术条款规定的质量标准，不得使用出厂期超过 3 个月或受潮结块的水泥。

### 11.2.3 水

灌浆用水应遵守 DL/T 5144—2001 的规定，拌浆水的温度不得高于 40℃，其中接缝及接触灌浆拌浆水的温度不得高于 20℃。

### 11.2.4 掺合料

经监理人批准，承包人可在水泥浆液中掺入砂、黏性土、粉煤灰和水玻璃等掺合料。各种掺合料质量应遵守 DL/T 5148—2001 第 5.1.6 条的有关规定，其掺入量应通过试验确定，试验成果应提交监理人。

### 11.2.5 外加剂

（1）经监理人批准，承包人可在水泥浆液中掺入速凝剂、减水剂、稳定剂，以及监理人批准的其他外加剂。各种外加剂的质量应遵守 DL/T 5148—2001 第 5.1.7 和 5.1.8 条的规定。

（2）外加剂的最优掺加量应通过室内试验和现场灌浆试验确定，试验成果应提交监理人。所有能溶于水的外加剂均应以水溶液状态加入。

### 11.2.6 化学灌浆材料

（1）化学灌浆材料应符合本章第 11.11 节的有关规定。

（2）帷幕灌浆中的化学灌浆可采用丙烯酸盐类、聚氨酯类和环氧树脂类等化学材料，材料性能应通过室内试验和现场实际情况选定。

（3）固结灌浆中的化学灌浆可采用改性环氧树脂类化学材料，其性能见表 11.2.6。

**表 11.2.6**　　　　　　　　改性环氧树脂类化学材料性能

| 起始黏度<br>（mPa·s） | 抗压强度<br>（MPa） | 抗拉强度<br>（MPa） | 抗剪强度<br>（MPa） |
|---|---|---|---|
| 5.4～12.5 | 60～80 | 15～20 | 20～30 |

## 11.3 设备

### 11.3.1 钻孔设备

（1）在地下洞室及其他封闭区域中使用气动钻孔设备时，应带有消音器和除尘装置，不得使用内燃机驱动的钻孔设备。

（2）钻机和钻头应根据工程的地质条件选用。帷幕灌浆孔、先导孔、检查孔、抬动变形观测孔以及波速测试孔等的钻孔应采用回转式钻机金刚钻头或硬质合金钻头钻孔。固结灌浆可采用适宜的钻机和钻头。

（3）钻孔冲洗和压水试验设备应保证在所有压力下都有足够的供水量，保证压力稳定、出水均匀、工作可靠。

（4）承包人应准备足够的流量计、压力表、压力软管、供水管及阀门等备品。

### 11.3.2 灌浆设备

（1）灌浆泵性能应与灌浆浆液的类型和浓度相适应，其额定容许工作压力应大于最大灌浆压力的 1.5 倍，应有足够的排浆量和稳定的工作性能；灌注纯水泥浆液应采用多缸柱塞式灌浆泵。

（2）承包人应根据灌浆需要配置高速和低速浆液搅拌机，搅拌机的转速和拌和能力应分别与所搅拌的浆液类型及灌浆泵排浆量相适应，并应保证均匀、连续地拌制浆液。

（3）灌浆管路应保证浆液流动畅通，并能承受 1.5 倍的最大灌浆压力。灌浆泵和灌浆孔口处均应安装压力表。压力表在使用前应进行率定。

（4）灌浆塞应与采用的灌浆方法、灌浆压力相适应，胶塞应具有良好的膨胀性和耐压性能，在最大灌浆压力下能可靠地封闭灌浆孔段，并易于安装和卸除。

（5）灌浆压力大于 3MPa 时，应配置下列灌浆设备和机具：

1）高压灌浆泵，其压力摆动范围不大于灌浆压力的 20%；

2）耐蚀灌浆阀门；

3）钢丝编织胶管；

4）大量程压力表，其最大标值应为最大灌浆压力的 2～2.5 倍；

5）孔口封闭器或专用高压灌浆塞。

（6）集中制浆站的制浆能力应满足灌浆进度高峰期所有机组用浆需要，制浆站应配备除尘设备，当浆液需掺加掺合剂或外加剂时，应增设相应的设备。

（7）化学灌浆应采用监理人批准的化灌专用制浆机和灌浆设备。

（8）电力驱动的设备，应在接地良好并经确认能保证施工安全时，方可使用。

（9）钻孔灌浆应配备测斜仪、压力表、流量计、密度计、自动记录仪等计量器具，计量器具应定期进行校验，保持量值准确。

## 11.4 灌浆孔的钻孔

### 11.4.1 灌浆孔的钻孔

（1）灌浆孔的开孔孔位应符合施工图纸要求，帷幕灌浆孔的孔位偏差不得大于 10cm。因故变更孔位应征得监理人同意，并记录实际孔位。

（2）钻机安装应平整稳固，钻孔方向应按施工图纸要求确定。

（3）灌浆孔的施钻应按灌浆程序，分序分段进行。

（4）固结灌浆孔的孔底偏差应不大于 1/40～1/20 孔深。

（5）所有帷幕灌浆孔均应全孔测斜。承包人应采取可靠的防斜措施，如发现钻孔偏斜超过规定时，应及时纠偏。或采用由监理人批准的其他补救措施。垂直的或顶角小于 5° 的帷幕灌浆孔，其孔底偏差不得大于表 11.4.1 的规定。

表 11.4.1　　　　　　　　　　帷幕灌浆孔孔底允许偏差表

| 孔　深　（m） | | 20 | 30 | 40 | 50 | 60 | ＞60 |
|---|---|---|---|---|---|---|---|
| 允许偏差（m） | 单排孔 | 0.25 | 0.45 | 0.70 | 1.00 | 1.30 | 1.50 |
| | 多排孔 | 0.25 | 0.50 | 0.80 | 1.15 | 1.50 | 1.50 |

（6）钻孔遇有洞穴、塌孔或掉块难以钻进时，可取得监理人批准后，先进行灌浆处理后再钻孔；如发现集中漏水或涌水，应查明情况，报告监理人分析原因，及时处理后再行钻进。

（7）先导孔应比帷幕灌浆孔深 1～2 段的深度。

### 11.4.2 排水孔的钻孔

（1）排水孔的孔底偏差应不大于 1/40～1/20 孔深或根据施工图纸确定。在岩基内钻设的排水孔，其允许偏差应符合下列规定：

1）钻孔平面位置与设计位置的偏差不得大于 10cm；

2）钻孔的深度误差不得大于或小于孔深的 2%。

（2）遇有断层、蚀变带和风化岩体时，应在这些部位安置塑料盲沟排水管。

（3）岩基排水孔钻孔完毕后，应仔细冲洗干净，加以保护。若钻进中排水孔遭堵塞，则应按监理人指示重钻。

（4）排水孔钻进过程中，如遇有松散体、断层破碎带或软弱岩体等特殊情况，承包人应按监理人的指示进行处理。

（5）除非经监理人批准，在排水孔周边 30m 范围内的灌浆孔尚未灌浆前不得钻进排水孔。

### 11.4.3  钻孔取芯和芯样试验

（1）勘探孔、灌浆先导孔、观测孔、检查孔以及监理人指示的其他钻孔，钻孔时应予提取岩芯，并按取芯次序统一编号、填牌装箱、绘制钻孔柱状图和进行岩芯描述。

（2）钻进循环的最大长度应限制在 3m 以内，一旦发生取芯受阻，应立即取出钻头。对于 1m 或大于 1m 的钻进循环，若其芯样获得率小于 80%，则下一次应减少循环深度 50%，以后依次减少 50%，直至 50cm 为止。若芯样回收率很低，应更换钻孔机具或改进钻进方法。

（3）在钻孔过程中，承包人应对钻孔的芯样长度等指标进行记录，所有芯样应拍摄数码照片，必要时应对钻取的岩芯进行试验，试验记录及芯样照片应提交监理人。

（4）监理人指示应予保存的岩芯，应做好永久性标记，按监理人指定的地点存放。

### 11.4.4  钻孔保护

施工图纸所示的所有钻孔，承包人应妥善保护，防止流进污水和落入异物，直到验收合格为止。任何因承包人过失造成扫孔或重钻的费用由承包人承担。

## 11.5  钻孔冲洗和压水试验

### 11.5.1  冲洗

（1）灌浆钻孔结束后，承包人应进行钻孔冲洗，孔内残存的沉积物厚度不得超过 20cm。

（2）承包人应在灌浆前，对灌浆孔（段）进行裂隙冲洗。裂隙冲洗方法应根据不同的地质条件，通过现场灌浆试验确定。

（3）裂隙冲洗水压采用 80% 的灌浆压力，压力超过 1MPa 时，采用 1MPa；如采用风水联合冲洗时，冲洗风压采用 50% 灌浆压力，并不超过 0.5MPa。

（4）裂隙冲洗应冲至回水澄清后 10min 结束；其总的时间要求为：单孔不少于 30min，串通孔不少于 2h。对回水达不到澄清要求的孔段，应继续进行冲洗。

### 11.5.2  压水试验

（1）对帷幕灌浆，无论采用自上而下分段灌浆法，或采用自下而上分段灌浆法，先导孔应自上而下分段卡塞进行压水试验，并按施工图纸要求采用五点法或单点法。

（2）简易压水应在裂隙冲洗后或结合裂隙冲洗进行。压力为灌浆压力的 80%，该值若大于 1MPa 时，采用 1MPa；压水时间为 20min，每 5min 测读一次压水流量，取最后的流量值作为计算流量，其成果以透水率表示。

（3）帷幕灌浆和固结灌浆的检查孔采用"五点法"或"单点法"进行压水试验检查。

（4）"五点法""单点法"压水试验技术要求详见 DL/T 5148—2001 附录 A。

## 11.6  灌浆试验

### 11.6.1  灌浆试验大纲

灌浆试验前，承包人应编制详细的灌浆试验大纲，提交监理人批准。其内容应包括浆液试验和现场灌浆试验的内容和要求。

### 11.6.2  浆液试验

（1）应根据施工图纸的要求和监理人指示，进行浆液试验，并将以下试验成果提交监理人：

1）浆液密度测定；

2）浆液流变参数；

3）浆液的沉淀稳定性；

4）浆液的凝结时间，包括初凝或终凝时间；

5）浆液结石的密度、强度、弹性模量和渗透性；

6）监理人指示的其他试验内容。

（2）浆液试验完成后，承包人应按监理人指示，将上述浆液试验选择的浆液水灰比，以及包括掺合料、外加剂等的品种及其掺量的试验成果报告，提交监理人批准。

### 11.6.3 现场灌浆试验

（1）承包人应按监理人指示，根据工程的建筑物布置和地质条件，选择地质条件中等偏差的地段作为灌浆试验区。

（2）承包人应根据施工图纸的要求和监理人指示，选定试验孔布置方式、孔深、灌浆分段、灌浆压力等试验参数。

（3）在每一灌浆试验区内，按批准的灌浆试验大纲拟定的施工程序和方法进行灌浆试验，检查灌浆的效果。

（4）现场灌浆试验结束后，承包人应对试验成果进行分析，并将试验的详细记录和试验分析成果提交监理人。

## 11.7 水泥制浆

### 11.7.1 制浆材料

应按试验选定的浆液配比计量，计量误差应小于 5%。水泥等固相材料采用重量称量法计量。

### 11.7.2 浆液搅拌

（1）各类浆液必须搅拌均匀，测定浆液密度和黏度等参数，并做好记录。

（2）纯水泥浆液的搅拌时间：使用高速搅拌机时，应不少于 30s；使用普通搅拌机时，应不少于 3min。浆液在使用前应过筛，从开始制备至用完的时间应小于 4h。

（3）拌制细水泥浆液和稳定浆液，应加入减水剂和采用高速搅拌机。高速搅拌机搅拌转速应大于 1200r/min，搅拌时间应通过试验确定。细水泥浆液从制备至用完的时间应小于 2h。

### 11.7.3 集中制浆

（1）集中制浆站宜制备水灰比为 0.5:1 的纯水泥浆液，输送浆液流速应为 1.4～2.0m/s，各灌浆地点应测定来浆密度，并根据各灌浆点的不同需要调剂使用。

（2）浆液温度应保持在 5～40℃，超此标准视为废浆，并弃置在监理人指定的地点。

## 11.8 坝基岩体灌浆

### 11.8.1 一般技术要求

（1）同一地段的基岩灌浆，应先完成固结灌浆，并经检查合格后才能进行帷幕灌浆。

（2）平洞内的帷幕灌浆应在平洞的支护（锚杆、混凝土衬砌等）作业完成后进行。

（3）地下洞室的固结灌浆应在该部位的回填灌浆结束 7 天后进行。

（4）固结灌浆和帷幕灌浆应采用自动记录仪进行数据采集和分析。

（5）岩基固结灌浆宜在有混凝土盖重情况下进行，其钻孔和灌浆均需在相应部位混凝土达到50%设计强度后，方可开始灌浆。需采用无盖重灌浆时，应经监理人批准，并采取相应的措施。

（6）采用自上而下分段灌浆法和孔口封闭法进行灌浆时，同一排相邻的两个次序孔之间，以及后序排的第一次孔与其相邻部位前序排的最后次序孔之间，其岩石钻孔灌浆的高差不得小于15m。

（7）采用有盖重灌浆方式施工的固结灌浆孔，为避免打孔时损坏钢筋、止水片、冷却水管或监测仪器，应采取局部预埋管等的相应施工措施，以保证预埋管孔向准确。

（8）灌浆过程中，发现建筑物结构分缝与抬动观测孔、物探测试孔、预埋冷却水管等串通时，应立即停灌，并按监理人指示采取相应的处理措施。

（9）对设有抬动观测设备的灌区，必须在抬动观测仪器装置完毕并完成灌浆前测试工作后，方可进行灌浆作业。在施工过程中均应进行抬动监测，观测成果应提交监理人。当抬动变形值超过设计值时应立即停止施工并报告监理人。

（10）正在灌浆的地区，其附近30m以内不得进行爆破作业。

### 11.8.2 灌浆方法

（1）帷幕灌浆应按分序加密的原则进行，由三排孔组成的帷幕，应先灌注下游排孔，再灌注上游排孔，然后灌注中间排孔，每排孔可分为二序；由两排孔组成的帷幕，应先灌注下游排孔，然后灌注上游排孔，每排可分为二序或三序；单排孔帷幕应分为三序灌浆。

（2）帷幕灌浆的混凝土与基岩接触段必须先行单独灌注并待凝24h后，再进行下一段的钻灌作业。接触段在岩石中的长度不得大于2m。

（3）帷幕灌浆先导孔采用自上而下分段钻孔、分段五点法压水、分段灌浆的方式进行。

（4）灌浆孔的基岩段长小于6m时，可采用全孔一次灌浆法；大于6m时，选用自上而下分段灌浆法、自下而上分段灌浆法、综合灌浆法或孔口封闭灌浆法。

（5）帷幕灌浆段长采用5～6m，特殊情况下可适当缩减或加长，但不得大于10m。

（6）采用自上而下分段灌浆法时，灌浆塞应塞在已灌段段底以上0.5m处，以防漏灌；孔口无涌水的孔段，灌浆结束后可不待凝。但在断层、破碎带等复杂地区则应待凝，待凝时间应根据地质条件和设计要求确定。

### 11.8.3 灌浆压力

（1）灌浆压力应按施工图或监理人指示确定。灌浆压力应尽快达到设计值，接触段和注入率大的孔段应采用分级升压方式逐级升压至设计压力。

（2）无盖重灌浆压力需根据试验成果确定，并满足施工图纸规定的设计压力或监理人的指示的要求。

### 11.8.4 浆液水灰比和变浆标准

（1）应按灌浆试验确定的或监理人批准的水灰比施灌，灌浆浆液应由稀到浓逐级变换。当灌浆压力保持不变，注入率持续减少时，或当注入率保持不变而灌浆压力持续升高时，不得改变水灰比。

（2）当某一比级浆液注入量已达300L以上，或灌注时间已达30min，而灌浆压力和注入率均无显著改变时，应换浓一级水灰比浆液灌注。

（3）当注入率大于30L/min时，根据施工具体情况，可越级变浓。

（4）灌浆过程中，灌浆压力或注入率突然改变较大时，应立即查明原因，并及时通报监理人，采取相应的处理措施。

### 11.8.5 特殊情况处理

（1）灌浆过程中如发生地表冒（漏）浆现象，可根据冒（漏）浆量的大小，采用下述方法处理：

1）如冒浆量较小，可不作专门处理按正常灌浆方式灌注至灌浆结束标准。

2）如冒浆量较大，一般可采用低压、浓浆、限流、限量、间歇灌注等方法处理，必要时应采取嵌缝、地表封堵方法处理。

（2）钻孔穿过断裂构造发育带，发生塌孔、掉块或集中渗漏时，应立即停钻，查明原因，一般情况下，可采取压缩段长进行灌浆处理后再进行下一段的钻灌作业。

（3）钻灌过程中如发现灌浆孔串通时，应查明串通量和串通孔数及范围，并采取相应的技术措施进行处理。

（4）孔口有涌水的孔段，灌前应测计涌水压力和涌水量，可根据涌水情况按 DL/T5148—2001 第 6.8.5 条的规定，采取综合处理措施。

（5）灌浆工作应连续进行，因故中断应尽快恢复灌浆，恢复灌浆时使用开灌水灰比的浆液灌注，如注入率与中断前相近时，可仍用中断前水灰比浆液灌注；如恢复灌浆后注入较中断前锐减，且在短时间内停止吸浆，应及时报告监理人研究相应的处理措施。

（6）如遇注入率大、灌浆难以正常结束的孔段时，应暂停灌浆作业。对灌浆影响范围内的地下洞井、岸坡、结构分缝、冷却水管等应进行彻底检查，如有串通，应采取措施后再恢复灌浆，灌浆时可采用低压、浓浆、限流、限量、间歇灌浆法灌注，必要时亦可掺加适量速凝剂灌注，经处理后应待凝，再重新扫孔、补灌。灌浆资料应及时提交监理人，以便根据灌浆情况及该部位的地质条件，分析、研究是否需进行补充钻灌处理。

### 11.8.6 灌浆结束标准

（1）帷幕灌浆各灌浆段的结束标准为：

1）采用自上而下分段灌浆时：灌浆段在最大设计压力下，当注入率不大于 1L/min 时，继续灌注 60min，可结束灌浆。

2）采用自下而上分段灌浆时：灌浆段在最大设计压力下，当注入率不大于 1L/min 时，继续灌注 30min，可结束灌浆。

3）采用孔口封闭法分段灌浆时：灌浆段在最大设计压力下，当注入率不大于 1L/min 时，继续灌注 60～90min。

（2）固结灌浆各灌浆段的结束条件为：

灌浆段在最大设计压力下，注入率不大于 1L/min，继续灌注 30min，可结束灌浆。

（3）灌浆过程中，如发现回浆变浓，应改用回浓前的水灰比新浆进行灌注，若继续回浓，延续灌注 30min 后可结束灌浆作业。其回浓情况应予以记录，并提交监理人。

### 11.8.7 灌浆孔封孔

（1）每个帷幕灌浆孔全孔灌浆结束后，承包人应会同监理人及时进行验收，验收合格的灌浆孔才能进行封孔。

（2）帷幕灌浆采用自上而下分段灌浆法时，灌浆孔封孔应采用"分段灌浆封孔法"或"全孔灌浆封孔法"；固结灌浆孔封孔应采用"导管注浆封孔法"或"全孔灌浆封孔法"。

（3）对采用引（埋）管法施工的固结灌浆孔，在灌浆达到设计结束标准后，应采用 0.5:1 的浓浆替换孔内稀浆，待回浆管排出 0.5:1 的浓浆后封闭孔口，作闭浆封孔。

（4）单元工程灌浆结束后，抬动观测孔、物探测试孔等亦应进行封孔处理，其封孔方法及要求同固结灌浆孔。

## 11.8.8　物探测试

（1）应根据施工图纸和监理人的指示的要求进行灌前、灌后的物探测试工作，测试内容包括单孔声波测试和跨孔声波测试，并另选部分孔进行地震波测试。测试密度应满足 DL/T 5010—2005 的要求。

（2）物探测试工作应在灌浆前和灌浆结束 14 天后应分别进行，并将测试安排计划提前 3 天通知监理人。

（3）在灌浆前物探测试工作完毕后，应由承包人对测试钻孔进行临时封填并予以保护。

（4）物探测试孔应按钻孔取芯要求采集岩芯，自上而下分段钻进、分段压水。

（5）物探测试钻孔深度应达到设计深度要求。

（6）灌浆后物探测试钻孔应在原孔进行扫孔、冲洗，并自上而下分段进行压水试验后再进行物探测试。

（7）灌后物探测试孔工作完毕后，承包人应按灌浆孔封孔要求进行封孔，并报监理人检查批准。

## 11.8.9　抬动观测

（1）抬动变形观测的工作内容包括相应的钻孔、抬动变形观测设备的埋设安装，以及观测和封孔等作业。

（2）设有抬动变形观测的部位，其观测孔邻近的灌浆孔段在裂隙冲洗、压水试验及灌浆过程中均应进行观测，并将观测成果报监理人审查。

（3）抬动变形允许值为 200μm，或满足设计要求。

（4）抬动变形观测应委派专人进行观测记录，在裂隙冲洗、压水试验及灌浆等作业过程中，当变形值接近变形允许值或变形值上升较快时，应及时报告各工序操作人员采取降低压力措施，防止发生抬动破坏。如施工中发现变形超过规定的允许值，应立即停止施工，报告监理人，并按监理人指示采取处理措施。

（5）抬动变形观测的千分表应经常检查，确保其灵敏性和准确性。

（6）抬动变形观测过程中，应严格防止碰撞，保证能在正常工作状态下进行观测，确保观测精度。

（7）灌浆工作结束后，抬动观测孔应按监理人的指示进行封孔处理。

## 11.8.10　灌浆质量检查

（1）帷幕灌浆质量检查。

1）帷幕灌浆质量检查应以检查孔五点法压水试验成果为主，结合对施工记录、成果资料和检验测试资料的分析，综合评定帷幕灌浆质量。

2）按监理人指示布置检查孔，其钻孔位置应选在：

① 帷幕中心线上；

② 岩石破碎、断层、大孔隙等地质条件复杂的部位；

③ 末序孔注入量大的孔段附近；

④ 钻孔偏斜过大、灌浆过程不正常等经分析资料认为可能对帷幕质量有影响的部位；

⑤ 灌浆情况不正常以及分析认为帷幕灌浆质量有问题的部位；

3）帷幕灌浆检查孔的数量应为灌浆孔总数的 10%左右，一个坝段或一个单元工程内至少应布置一个检查孔。

4）帷幕灌浆检查孔压水试验应在该部位灌浆结束 14 天后进行。承包人应在灌浆结束后 7 天或监理人指示的时间内，将有关资料提交监理人，以便确定检查孔位置。

5）帷幕灌浆检查孔应按监理人指示和本技术条款的规定钻取岩芯，绘制钻孔柱状图。

6）帷幕灌浆孔的封孔质量应逐孔进行检查。

7）帷幕灌浆压水试验合格标准：坝体混凝土与基岩接触段及其下一段的透水率合格率应为 100%；再以下其余各段的合格率应不小于 90%；当设计防渗标准小于 2Lu 时，不合格试段的透水率不超过设计规定的 200%；当设计防渗标准大于或等于 2Lu 时，不合格试段的透水率不超过设计规定值的 150%；且不合格的分布不集中，灌浆质量可认为合格。否则，应按监理人指示或批准的措施进行处理。

8）帷幕灌浆检查孔在压水试验结束后按自下而上分段法进行灌浆和封孔。

（2）固结灌浆质量检查。

1）固结灌浆工程质量的检查宜采用测量岩体波速和（或）岩体静弹性模量的方法，检测时间分别在灌浆结束 14 天和 28 天后。测试仪器、方法以及岩体波速和（或）静弹性模量的改善程度应符合设计要求。并结合分析灌浆孔钻孔、检查孔取芯和灌浆试验成果等综合评定固结灌浆质量。

2）固结灌浆工程质量的检查也可采用钻孔压水试验的方法。单点压水试验检查孔的数量不应少于灌浆孔总数的 5%，检查结束后应进行灌浆和封孔。

3）压水试验在灌浆结束 7 天后进行。岩体波速在灌浆结束 14 天后进行。静弹性模量检查应在该部位灌浆结束 28 天后进行。

4）固结灌浆质量的压水试验检查，其孔段合格率应在 85% 以上；不合格孔段的透水率不超过设计规定值的 150% 且不集中，灌浆质量可认为合格。若达不到上述合格标准的，应按监理人指示或批准的措施进行处理。

## 11.9 地下洞室灌浆

### 11.9.1 一般技术要求

（1）本节规定适用于地下洞室的洞顶回填灌浆和围岩固结灌浆。

（2）地下洞室的回填灌浆应在衬砌混凝土达到 70% 设计强度后进行，固结灌浆应在该部位的回填灌浆结束 7 天后进行。

（3）灌浆结束后，应对往外流浆或往上返浆的灌浆孔进行闭浆待凝，待凝时间按监理人指示的时间控制。

（4）灌浆时应密切监视衬砌混凝土的变形，监理人认为有必要时，应安设变形监测装置，定时进行监测并做好记录。

### 11.9.2 回填灌浆

（1）在素混凝土衬砌中的回填灌浆孔，可采用直接钻孔的方法；在钢筋混凝土衬砌中的回填灌浆孔应采用在预埋管中钻孔的方法，孔深应深入岩石 10cm，并测记混凝土厚度和空腔尺寸。

（2）遇有围岩塌陷、溶洞、超挖较大等情况时，应由承包人制定特殊灌浆措施，并提交监理人批准。

（3）回填灌浆应按划分的灌浆区段分序加密进行，分序方法应根据地质情况和工程要求确定，并经监理人批准。

（4）回填灌浆的压力和浆液水灰比应按施工图纸的要求或监理人的指示确定。一序孔可灌注水灰比 0.6（或 0.5）:1 的水泥浆，二序孔可灌注 1:1 和 0.6（或 0.5）:1 两个比级的水泥浆。空隙大的部位应灌注水泥砂浆，但掺砂量不应大于水泥重量的 200%。

（5）回填灌浆在规定的压力下，灌浆孔停止吸浆，并继续灌注 10min 后即可结束。

（6）回填灌浆因故中断时，承包人应及早恢复灌浆，中断时间大于 30min，应设法清洗至原孔深后恢复灌浆。此时若灌浆孔仍不吸浆，则应重新就近钻孔进行灌浆。

（7）灌浆结束后，应排除钻孔内积水和污物，采用干硬性水泥砂浆将钻孔封堵密实和抹平，露出衬砌混凝土表面的埋管应割除。

### 11.9.3　固结灌浆

（1）固结灌浆的钻孔应按施工图纸指定的孔位采用风钻或其他型式的钻孔机械进行钻进，孔深和孔向均应满足施工图纸要求。

（2）地下洞室的固结灌浆应按施工图纸要求或监理人指示划分灌浆单元，按分序加密的原则进行施工。对隧洞的固结灌浆应按环间分序、环内加密的原则进行，遇有地质条件不良地段，可增为三序。

（3）灌浆压力应按施工图纸所示和监理人指示选用。灌浆方法、浆液变换标准、灌浆结束标准和封孔等应参照本章第 11.8.2～11.8.7 条中的有关规定执行。

### 11.9.4　灌浆质量检查

承包人应会同监理人进行地下洞室灌浆质量的检查，其检查内容和方法如下：

（1）回填灌浆质量检查。

1）回填灌浆质量检查采用注浆试验法，应在该部位灌浆结束 7 天或 28 天后进行。灌浆结束后，承包人应将灌浆记录和有关资料提交监理人，以供监理人与承包人共同确定检查孔孔位。检查孔应布置在顶拱中心线上脱空较大及灌浆情况异常的部位。每 10～15m 隧洞长度至少布置一个检查孔，并应深入围岩 10cm。

2）钻孔注浆法检查方法为：应向孔内注入水灰比 2:1 的浆液，在规定压力下，初始 10min 内注入量不超过 10L，即为合格。否则，应按监理人指示或批准的措施进行处理。

3）回填灌浆工程质量检查也可以采用双孔联通试验和检查孔取芯的方法，按 DL/T 5148 中第 7.5.3 条的规定进行。

4）回填灌浆孔灌浆和检查孔注浆试验结束后，均应采用水泥砂浆将钻孔封填密实，并将孔口压抹平整。

（2）固结灌浆质量检查。

1）固结灌浆质量应进行压水试验检查，试验采用单点法；或按监理人要求进行岩体波速或静弹性模量测试，并将测试成果提交监理人。

2）固结灌浆压水试验检查应在该部位灌浆结束 3～7 天后进行。灌浆结束后，承包人应将灌浆记录和有关资料提交给监理人，以便拟定检查孔的孔位。检查孔的数量不应少于灌浆孔总数的 5%，孔段合格率应在 85% 以上，不合格孔段的透水率值不超过设计规定值的 150%，且不集中，灌浆质量可认为合格。否则，应按监理人批准的措施进行处理。岩体波速和静弹性模量测试，应分别在该部位灌浆结束 14 天或 28 天后进行，其孔位的布置、测试仪器的确定、测试方法、合格标准等，均应按施工图纸的规定和监理人的指示执行。

（3）地下洞室灌浆质量检查工作结束后，承包人应编制地下洞室固结灌浆质量检查报告，并和所有质量检查孔的各项检查记录一起提交监理人。

## 11.10  混凝土坝接缝灌浆及岸坡接触灌浆

### 11.10.1  一般技术要求

（1）混凝土坝接缝灌浆应由坝基础开始，按高程自下而上分层进行。拱坝横缝灌浆应从大坝中部向两岸推进；重力坝的纵缝灌浆应从下游向上游推进；当兼有横缝和纵缝时，灌浆施工顺序应按施工图纸规定或监理人指示执行；陡坡基岩上的坝段，其灌浆施工顺序应根据现场具体情况，由承包人确定，但需经监理人批准。

（2）各灌区具备下列条件时，方可进行灌浆：

1）灌区两侧坝块混凝土的温度必须达到施工图纸规定值；

2）灌区两侧坝块混凝土龄期不得少于 6 个月，若在采取冷却有效措施下，也不得少于 4 个月；

3）除顶层外，灌区上部应不少于 6m 厚混凝土压重，其温度已达到施工图纸规定的混凝土灌浆温度；

4）接缝的张开度不应小于 0.5mm；灌区密封，管路和缝面畅通。

（3）同一高程的纵缝（或横缝）灌区，需待一个灌区灌浆结束并间歇 3 天后，方可开始其相邻的纵缝（或横缝）灌区的灌浆；若相邻的灌区已具备灌浆条件，可同时进行灌浆，或逐区连续灌浆。连续灌浆应在前一灌区灌浆结束后 8h 内，再开始后一灌区的灌浆，否则，仍应间歇 3 天后，方可进行灌浆。

（4）同一坝缝需待下一层灌区灌浆结束并间歇 10 天后，方可开始上一层灌区的灌浆；若上、下层灌区均已具备灌浆条件，可连续进行灌浆，但上、下层灌区灌浆间歇时间应不大于 4h，否则，仍应间歇 10 天后，方可进行灌浆。

（5）在混凝土坝体内应按施工图纸要求埋设测缝计和测温计，并进行定期观测，观测成果应提交监理人。

（6）岸坡接触灌浆必须等待坝体混凝土的温度达到设计规定值方可进行。

### 11.10.2  灌浆管路和部件的加工和安装

（1）灌浆管路和部件的加工和安装应按施工图纸或监理人指示进行，加工完成后，应逐件清点检查，合格后方可运送至现场安装。

（2）无论采用塑料拔管方式、预埋塑料管方式或预埋铁管方式，其灌浆管路和部件的加工和安装，均应按 DL/T 5148—2001 第 8.3.3～8.3.5 条的规定执行。

（3）进回浆管、排气管采用塑料管时，应使用高密度聚乙烯（HDPE）硬管，外露管口段宜换成钢管。塑料管之间可采用焊接、套接和粘接，连接后要进行受力和漏水检查。进浆管、排气管与支管连接均应使用三通。管上开口应使用电钻法，钻后应将管内渣屑清除干净。

（4）进回浆管、排气管采用预埋钢管时，管路转弯处应使用弯管机加工或用弯管接头连接。钢管之间可采用焊接、套接。进浆管、排气管与支管连接均应使用三通，不得焊接。

（5）止浆片、出浆盒及其盖板、排气槽及其盖板的材质、规格及加工、安装均应符合施工图纸的要求。

（6）承包人应保证各灌区的止浆片，特别是基础灌区底层止浆片的埋设质量，止浆片的安装不得错位，发现已埋设的止浆片有缺陷时，应及时按监理人指示进行修补。

（7）灌浆系统的管路应根据需要选择不同的管径，外露的管口段的长度不小于 15cm，离底板的高度应适当，应分别标记管路名称。

### 11.10.3 灌浆系统的安装

（1）先浇块浇筑前，应安装好进、回浆管、底部出浆槽、顶部排气槽、排气管以及四周止浆片。出浆槽和排气槽应与模板紧贴，安装牢固。灌浆系统预埋管道在埋入混凝土之前应清洁，无污染物、油脂、灰浆等。管道及附件的铺设应有一定的倾斜度，使其具有自流排水效果，同时防止在浇筑过程中管路移位、变形或损坏。

（2）出浆槽和排气槽的盖板应在后浇块浇筑前安装。在盖板安装前，应彻底清除槽内渣、尘、异物。盖板端部应有 10cm 的搭接部分，搭接部位应用沥青或焦油涂抹，以形成一连续完整的隔离面，盖板应安全牢固锚在混凝土上，并无凹凸疵点。盖板贴合的混凝土面应按图纸要求涂上稠水泥浆或其他批准材料。材料要保证能将盖板与混凝土之间的周围缝隙密封，不漏水、不漏浆。

（3）若灌浆管及灌浆槽在接缝灌浆完成以前被堵塞，应采取钻孔或在混凝土中凿槽的措施排除堵塞物，或按监理人的指示安装其他灌浆管及其附件，使其能完全代替灌浆系统中被堵塞的部分。

（4）塑料拔管应采用软管，充气 24h 后检查无漏气现象时，方可使用。

（5）先浇块缝面上预埋的竖直向半圆木条，应在上、下浇筑层之间保持平直和连续，并按每 50cm 预埋 20 号铅丝。

（6）后浇块安装的塑料软管应顺直，用预埋铅丝稳固在先浇块的半圆槽内，充气后应与进浆槽保持紧密，以保持灌浆系统畅通。

（7）拔管时机应根据塑料软管的材质、混凝土状态以及气温等条件，通过现场试验确定。

（8）塑料拔管拔出后，要使用木塞将已成孔孔口封闭，以防杂物堵塞升浆孔。

（9）全部灌浆系统安装完成后，承包人应会同监理人对上述预埋灌浆管、槽进行全面检查，承包人应作好检查记录提交监理人。

### 11.10.4 灌浆系统的检查和维护

（1）承包人应会同监理人在每层混凝土浇筑前和浇筑后，对灌浆系统进行认真检查，并做好各项灌浆设施的维护工作。

（2）采用塑料拔管方式时，在每层后浇块混凝土浇筑完成并拔管后，应对升浆管路进行通水检查和冲洗；采用预埋管方式时，在先浇块浇筑前后及后浇块浇筑后，均应对预埋灌浆系统进行通水检查。

（3）整个灌区形成后，承包人应再次对灌浆系统通水复查，不合格者，应及时处理，并将通水复查记录提交监理人。

（4）灌浆系统的外露管口和拔管孔口均应严密封堵，妥善保护；在浇筑前应将先浇块的缝面用清水冲洗干净，并应防止污水流入接缝内。

（5）灌浆系统的通水检查、冲洗和复查过程均应由承包人作好检查和复查记录，并应将检查和复查记录提交监理人。

### 11.10.5 灌浆前的准备工作

（1）承包人应负责测定灌区缝面两侧坝块和压重块混凝土的温度，可采用充水闷管测温法或按监理规定的方法进行。

（2）对灌区的灌浆系统应进行通水检查，通水压力一般应为设计灌浆压力的 80%，检查的内容如下：

1）查明灌浆管路通畅情况，灌区至少应有一套灌浆管路畅通，其通水流量应大于 30L/min；

2）查明缝面通畅情况，采用"单开通水检查"方法，两个排气管的单开出水量均应大于 <u>25L/min</u>；

3）查明灌区密封情况，缝面漏水量应小于 <u>15L/min</u>；发现外漏，必须进行处理。

（3）当灌浆管路发生堵塞时，应用压力水或风水联合冲洗，力求贯通。若无效，应采用打孔、掏洞和重新接管等方法恢复管路畅通。

（4）灌浆前必须先进行预灌性压水检查，压水压力等于灌浆压力，检查情况应作记录；灌浆前应对缝面充水浸泡 <u>24h</u> 并将水放净或用风吹净缝内积水后，方可开始灌浆。

（5）承包人应根据灌浆需要，按施工图纸要求或监理人指示在缝面上安设变形观测装置。并应在灌浆开始前和灌浆过程中作好监测记录，监测记录应提交监理人。

### 11.10.6 灌浆作业

（1）灌浆过程中，承包人必须严格按施工图纸要求控制灌浆压力和缝面增开度。

（2）在纵缝（或横缝）灌区灌浆过程中，可观测同一高程未灌浆的相邻纵缝（或横缝）灌区的变形，如需要通水平压，应按监理人指示执行。

（3）浆液水灰比以及灌浆的变浆标准应按施工图纸要求和监理人指示选定。

（4）当排气管出浆达到或接近最浓比级浆液，管口压力和缝面增开度达到设计规定值，注入率不大于 <u>0.4L/min</u>，持续 <u>20min</u>，灌浆即可结束。

（5）当排气管出浆不畅或被堵塞时，应在缝面增开度限值内提高进浆压力至达到限值，力争达到正常结束条件。若无效，则在顺灌结束后，立即从两个排气管中进行倒灌。倒灌应使用最浓比级的浆液，在施工图纸规定的压力下，缝面停止吸浆，持续 <u>10min</u> 灌浆即可结束。

（6）灌浆结束时，应先关闭各管口阀门后再停机，闭浆时间不宜少于 <u>8h</u>。

（7）同一高程的灌区，同一坝缝的上、下层灌区相互串通时，应采用 DL/T 5148—2001 第8.6.9～8.6.10 条规定的灌浆方式进行灌浆。

（8）进行岸坡接触灌浆时，应按施工图纸和 DL/T 5148—2001 第 9 章规定执行。

### 11.10.7 灌浆质量检查

承包人应会同监理人进行混凝土坝接缝灌浆的质量检查，其检查内容和方法如下：

（1）接缝灌浆质量检查应在灌区灌浆结束 <u>28 天</u>后进行。灌浆结束后、承包人应按要求将灌浆记录和有关资料提交监理人，以便确定检查部位。

（2）各灌区的接缝灌浆质量检查，应以分析灌浆记录为主，结合钻孔取芯和槽检等的质检成果，按下列各项内容进行质量检查，并做好记录。

1）灌浆时坝块混凝土的温度；

2）灌浆管路通畅、缝面通畅以及灌区密封情况；

3）灌浆作业操作过程记录；

4）灌浆结束时排气管的出浆密度和压力；

5）灌浆过程中有无中断、串浆、漏浆和管路堵塞等情况；

6）灌浆前、后接缝张开度的大小及变化；

7）灌浆材料的性能；

8）缝面注入的水泥量；

9）钻取岩芯、缝面槽检和压水检查成果以及孔内探缝、孔内电视等测试成果；

10）钻孔芯样抗拉、抗剪试验成果。

（3）灌区灌浆质量合格的条件：

1）灌区两侧坝块混凝土和温度达到施工图纸的规定值；

2）两个排气管均排出浆液且有压力；

3）排浆密度达到 <u>1.5g/cm³</u> 以上；

4）有一个排气管处压力达施工图纸要求压力的 <u>50%</u> 以上。

（4）钻孔取芯、压水试验和槽检工作，应选择被评定为较差的灌区进行，若该区各项检查均满足要求，即可认为灌浆质量合格。孔检、槽检结束后应回填密实。

（5）接缝灌浆灌区的合格率应达 <u>80%</u> 以上，不合格灌区不得集中，且每一坝段内纵缝灌浆灌区的合格率不应低于 <u>75%</u>，每一条横缝内灌浆灌区的合格率不应低于 <u>75%</u>，即可认为接缝灌浆质量合格。否则，应按监理人批准的措施进行处理。

（6）岸坡接触灌浆的质量检查，应按施工图纸和 DL/T 5148—2001 第 9.0.8 条执行。

（7）混凝土坝接缝灌浆和岸坡接触灌浆的质量检查工作结束后，承包人应编制接缝灌浆质量检查报告提交监理人，质量检查报告应包括所有质量检查记录和分析资料，并作为混凝土坝完工验收资料的附件。

## 11.11 化学灌浆

### 11.11.1 一般要求

（1）本节规定适用于本施工图纸所示和监理人指示应用化学灌浆（简称化灌）的工程部位，包括：

1）灌浆地层的裂隙与孔隙较小，悬浊液型材料不能灌入的区域；

2）灌浆地层的防渗或加固要求较高，悬浊液型材料不能满足工程要求的部位；

3）渗透水量较大，其他悬浊液型材料不能封堵的部位；

4）混凝土建筑物内部缺陷修复，悬浊液型材料灌浆不能满足工程要求的部位；

5）监理人指示的其他部位。

（2）承包人应按施工图纸所示和监理人指示，根据选定的化灌材料进行现场化灌试验选择化学灌浆工艺。试验报告应提交监理人批准。

（3）承包人应负责提供化学灌浆的材料和设备，其中包括制浆所需的主剂、固化剂、催化剂、活性剂、缓凝剂和中和剂等。

（4）承包人应按现场化灌试验的成果，编制本工程化学灌浆的施工程序和方法提交监理人批准。

### 11.11.2 化灌材料

除按本章第 11.2.6 条的规定外，承包人采购的化灌材料应附有生产厂家的质量证明书和产品使用说明书。所有化灌材料应按供货单位或制造厂家推荐的方法装运、储存和使用；化灌材料应放置在低温、干燥、避光和通风良好的仓库内，设专人保管；对易燃、易爆、有毒和有腐蚀作用的材料应采取安全防护措施。

### 11.11.3 化灌设备

（1）化学灌浆的钻孔设备与水泥灌浆钻孔设备相同，其钻孔设备的钻孔孔径和孔深应满足化学灌浆的技术要求。为了减少孔内占浆，应采用小孔径钻具进行钻孔。

（2）化灌制浆应使用不受化浆液侵蚀的专门制浆设备，并易于拆卸和检修。

（3）化灌泵应满足耐腐蚀要求，能灌注施工图纸规定压力和浓度的化学浆液；灌浆泵性能应与浆液类型和浓度相适应。

（4）化灌泵的允许工作压力应大于最大灌浆压力的 1.5 倍，并应有足够的排浆量和稳定的工作性能；要求灌浆泵的压力平稳、控制灵活、操作简单、拆洗和检修方便。

### 11.11.4　化灌试验

承包人应按施工图纸的要求和监理人指示进行下列各项试验：

（1）配合比试验：承包人应按化灌材料生产厂家推荐的配合比进行试验，测定各种材料配合比浆液的有关技术参数和性能，选择满足施工图纸要求的化灌浆液配合比，试验成果应提交监理人。

（2）现场化灌试验：承包人应根据工程布置和地质条件选择与实际灌浆区地质条件相似的地段进行现场化灌试验，试验的布孔方式、孔深、灌浆分段、灌浆压力均应提交监理人批准。试验过程中承包人应详细记录现场化灌试验的各项参数。试验完成后，应按监理人指示布设检查孔对灌浆效果进行检查，并向监理人提交现场化灌试验成果报告，内容应包括现场化灌试验参数、各序孔的单位透水率、单位注入量以及检查孔试验资料等。

（3）其他试验：承包人应进行化灌材料的物理力学性能试验、毒性试验及废浆回收试验，以及化灌材料生产厂家或监理人要求进行的其他特殊试验项目等，试验成果应提交监理人。

### 11.11.5　化灌施工

（1）承包人应按现场化灌试验成果选择化灌施工的程序和方法，编制化灌施工措施计划提交监理人批准，承包人应做到：

1）施工措施计划应严格按照化学灌浆的施工技术要求编制；

2）制定化学灌浆的专项安全操作规程，以及采取确保劳动者健康安全的保护措施；在廊道和地下井洞内作业应有良好的通风设施，应能将有毒气体彻底排除施工现场，引进新鲜空气；

3）编制和制定从事化学灌浆施工人员的技术培训和考核大纲，考核不合格者不得上岗。

（2）灌浆压力和灌浆结束标准应按化灌材料的供货说明书的要求和监理人的指示，通过现场化灌试验选定。试验成果应提交监理人批准。

### 11.11.6　化灌质量检查

每项建筑物基础防渗或建筑物补强等的化灌工作结束后，承包人应按施工图纸要求或监理人的指示，采用钻孔压水试验、物探测试或其他方法进行化灌质量检查，质量检查结果应提交监理人。监理人确认检查合格后，承包人应编制化灌质量检查报告（包括施工记录和试验成果），作为建筑物基础防渗或建筑物补强等的化灌工程完工验收资料。

## 11.12　灌浆工程验收

### 11.12.1　灌浆工程施灌过程验收

监理人应在钻孔和灌浆作业过程中，按照本技术条款规定的各项施灌工艺标准，以及各类灌浆工程的质量检查项目和内容，进行灌浆工程的逐项验收。承包人应将质量检查和验收记录提交监理人。

### 11.12.2　灌浆工程完工验收

各类灌浆工程完工后，承包人应按合同约定申请完工验收并提交完工验收资料，其内容包括：

（1）灌浆工程的综合剖面图；

（2）钻孔和灌浆的各项成果表和曲线图；

（3）检查孔岩芯柱状图和摄影资料、岩芯试验资料；

（4）质量检查成果资料；

（5）质量事故处理报告；

（6）监理人要求提供的其他完工验收资料。

## 11.13 计量和支付

### 11.13.1 钻孔

（1）各种灌浆钻孔：包括帷幕灌浆、固结灌浆、化学灌浆和排水孔等钻孔，均应按施工图纸和监理人确认的钻孔进尺，以每延米（m）为单位计量，并按工程量清单所列项目单价支付。

（2）检查孔、压水检查孔、物探测试孔、抬动变形观测孔按施工图纸和监理人签认的实际钻孔进尺，以每延米（m）为单位计量，并按工程量清单所列项目支付。

（3）钻孔单价中包含取岩芯、冲洗、压水试验、孔斜检测等费用。

（4）因承包人施工失误而报废的钻孔，不予以计量和支付。

### 11.13.2 灌浆

（1）水泥灌浆。

1）帷幕灌浆、固结灌浆应按施工图纸所示，并经监理人验收确认的灌入岩体的干水泥重量以吨（t）（或以延米）为单位计量，按工程量清单中灌浆项目单价支付。单价中包括水泥、掺合料、外加剂等材料的供应，灌浆作业以及各种试验、观测、质量检查和验收等费用。

2）回填灌浆、接缝灌浆和接触灌浆均按施工图纸所示，并经监理人确认的灌浆面积，以每平方米（m²）为单位计量，按工程量清单所列项目单价支付。单价中包括水泥、掺合料、外加剂等材料的供应，灌浆作业以及各种试验、观测、质量检查和验收等费用。

3）灌浆过程中正常发生的浆液损耗应包括在相应的灌浆作业单价中。

（2）化学灌浆。

帷幕化学灌浆（丙烯酸盐类、聚氨酯类）和固结化学灌浆（改性环氧树脂类），分别按施工图纸并经监理人确认的灌入岩体的化学灌浆的材料重量，以吨（t）为单位计量，并按工程量清单中所列项目单价支付。单价中包括材料的供应、灌浆作业以及各种试验、观测、质量检查和验收等费用。灌浆过程中正常发生的浆液损耗应包括在相应的灌浆作业单价中，发包人不另行支付。

（3）压水试验。

1）按监理人确认的压水操作的试段数计量，并按工程量清单中"压水试验"项目的试段单价支付。单价包括钻孔冲洗和压水试验等费用。

2）简易压水试验不予计量，其费用包括在相关钻孔与灌浆单价中。

### 11.13.3 管道和金属埋件

灌浆埋管、止浆片、止水条、塑料拔管、灌浆槽、排气回浆槽、封闭镀锌铁皮等不单独计量，其费用包括在相应灌浆项目单价中。

# 第12章 基础防渗墙工程

## 12.1 一般规定

### 12.1.1 应用范围

（1）本章规定适用于本合同施工图纸所示的永久和临时工程建筑物的松散透水地基的防渗处理工程。

（2）列入本章的基础防渗工程结构型式有混凝土防渗墙工程（如普通混凝土、钢筋混凝土和塑性混凝土）和高压喷射灌浆防渗墙工程。

### 12.1.2 承包人责任

（1）承包人应根据发包人提供的地质资料进行防渗工程的场地布置与制定施工措施，并确定槽孔或高喷孔的施工顺序。若地质资料不能满足上述工作的要求时，应按监理人指示进行补充勘探工作，并向监理人提交补充地质资料；若勘探成果与发包人提供的地质资料差异较大时，可要求及时调整施工方案。

（2）承包人应负责混凝土防渗墙的施工准备、墙体材料供应及其配合比试验、槽段造（钻）孔、浆液配制、泥浆置换、墙体浇筑、钢筋笼沉放以及试验检验或高压喷射灌浆防渗墙的钻孔、制浆、喷射灌浆以及试验、检验等全部施工作业。

（3）承包人应负责提供防渗墙施工作业所需的全部人工、材料、设备和辅助设施，并提供本合同施工图纸规定的专用控制设备（如钻孔测斜仪、槽孔测斜仪等）。

（4）承包人应按本合同施工图纸规定及监理人指示，负责购置、安装及埋设防渗墙观测仪器。

（5）承包人应对地基基础处理防渗墙工程的质量负全部责任。承包人应会同监理人根据本章技术条款的规定，对工程使用的材料、关键施工工艺以及完工后的防渗墙工程，按隐蔽工程的要求进行质量检验和验收。

（6）承包人应按本合同规定负责施工现场的环境保护，各类施工废弃物必须弃置于本合同规定或监理人指定的场地，避免污染环境。

### 12.1.3 主要提交件

（1）混凝土防渗墙施工措施计划。

防渗墙工程开工前 <u>21 天</u>，承包人应根据施工图纸和本章第 12.2.1～12.2.9 条的规定，编制一份包括下列内容的施工措施计划，提交监理人批准：

1）防渗墙槽段划分和合拢段布置；

2）挖槽（造孔）设备和辅助设施布置；

3）槽孔建造施工工艺；

4）泥浆试验、泥浆置换和清孔方法；

5）钢筋笼制作和沉放；

6）防渗墙观测仪器布置及预埋方法；

7）混凝土配合比试验及混凝土性能；

8）墙体浇筑工艺；

9）墙段连接措施；

10）废浆及沉渣排放措施；

11）施工进度计划。

（2）混凝土防渗墙质量检查记录和报表。

施工过程中，承包人应向监理人提供以下混凝土防渗墙的质量检查记录和报表：

1）防渗墙轴线及槽段测量放样资料；

2）墙体材料试验和配合比试验成果；

3）槽孔造孔、泥浆置换、清孔、钢筋笼制作及沉放、墙体浇筑等施工记录；

4）质量检查记录和质量事故处理记录等。

（3）高压喷射灌浆防渗墙施工措施计划。

高压喷射灌浆防渗墙工程开工前 14 天，承包人应根据本章第 12.3.1～12.3.4 条的要求，编制一份包括下列内容的施工措施计划，提交监理人批准：

1）高压喷射灌浆钻孔布置图；

2）钻喷设备和辅助设施布置；

3）钻孔及喷射灌浆技术和方法；

4）墙体喷射灌浆质量控制及检查方法；

5）废浆回收和处理；

6）施工进度计划。

（4）高压喷射灌浆防渗墙质量检查记录和报表。

施工过程中，承包人应向监理人提供以下高压喷射灌浆防渗墙的质量检查记录和报表：

1）高压喷射防渗墙轴线、钻孔孔位测量放样成果；

2）灌浆材料试验成果；

3）现场高压喷射灌浆工艺试验报告；

4）成孔、插管、喷射灌浆等施工记录；

5）质量检查记录和质量事故处理记录等。

### 12.1.4 引用标准

（1）GB 175—2007《通用硅酸盐水泥》；

（2）DL/T 5055—2007《水工混凝土掺用粉煤灰技术规范》；

（3）DL/T 5100—1999《水工混凝土外加剂技术规程》；

（4）DL/T 5125—2009《水电水利岩土工程施工及岩体测试造孔规程》；

（5）DL/T 5144—2001《水工混凝土施工规范》；

（6）DL/T 5169—2002《水工混凝土钢筋施工规范》；

（7）DL/T 5199—2004《水电水利工程混凝土防渗墙施工规范》；

（8）DL/T 5200—2004《水电水利工程高压喷射灌浆技术规范》；

（9）SY/T 5060—1993《钻井液用膨润土》。

## 12.2 混凝土防渗墙

### 12.2.1 一般技术要求

（1）混凝土防渗墙施工场地应平整坚实，建造槽孔前应修筑施工平台与导墙，导墙应采用现浇混凝土，以适用于重型设备和运输车辆行走。

（2）对重要或有特殊要求的工程，承包人应根据监理人的指示，在工程地质条件相类似的地段或在防渗墙中心线部位进行生产性试验，以验证设定的造孔、固壁泥浆、墙体浇筑等施工工艺和参数的适宜性，并将试验成果提交监理人。

（3）承包人应做好槽孔施工废浆排放，防止污染环境。应设置地表水排放系统，防止地表水渗入槽孔内影响泥浆性能和破坏孔壁稳定。

### 12.2.2 墙体材料与配合比

（1）普通混凝土防渗墙的材料（包括钢筋混凝土）。

1）水泥：水泥的强度等级应按 DL/T 5144—2001 相关规定选择，应优先选择硅酸盐水泥；

2）粗骨料：应优先选用天然卵石、砾石，其最大粒径应不大于 40mm，且不超过钢筋净间距的 1/4；

3）细骨料：应选用细度模数 2.4～3.0 范围的中细砂；

4）钢筋：应符合本技术条款第 15.4 节的有关规定；

5）外加剂：减水剂、防水剂和加气剂等的质量和掺量应经试验，并参照 DL/T 5100—1999 第 6 章的有关规定执行；

6）水：应遵守 DL/T 5144—2001 第 5.5 节的有关规定。

（2）普通混凝土防渗墙的材料配合比及混凝土性能指标。

承包人应按施工图纸的要求进行室内和现场的混凝土配合比试验，并将试验成果提交监理人批准。配合比试验和现场抽样检验的混凝土性能指标应满足下列要求：

1）入槽坍落度 180～220mm；

2）扩散度 340～400mm；

3）坍落度保持 150mm 以上，时间应不小于 1h；

4）初凝时间不小于 6h；

5）终凝时间不大于 24h；

6）混凝土密度不小于 2100 kg/m$^3$；

7）普通混凝土的胶凝材料用量不低于 350 kg/m$^3$；

8）水胶比不大于 0.6，应遵守 DL/T 5199—2004 第 8.2.4 条的有关规定；

9）砂率不应小于 40%。

（3）塑性混凝土防渗墙的材料。

1）水泥：应通过试验选定水泥品种；

2）骨料：粗骨料最大粒径不大于 20mm，应使用一级配配比；砂子的细度模数为 2.68～3.00；

3）黏土：黏粒含量不应小于 45%，塑性指数不小于 20；

4）膨润土：符合 SY 5060—1993 规定的一级或二级膨润土；

5）粉煤灰：遵守 DL/T 5055—2007 规定的各级粉煤灰；

6）外加剂：各种外加剂的掺量应通过试验确定，并应遵守 DL/T 5100—1999 第 6 章的有关规定；

7）水：应遵守 DL/T 5144—2001 第 5.5 节的有关规定。

（4）塑性混凝土防渗墙的材料配合比及混凝土性能指标。

承包人进行的塑性混凝土室内和现场混凝土配合比试验，应将试验成果提交监理人批准。其塑性混凝土性能指标应满足下列要求：

1）出机口坍落度 200～240mm；

2）扩散度 340~400mm；

3）拌和析水率应小于 3%；

4）初凝时间不小于 8h；

5）终凝时间不大于 48h；

6）密度不小于 2000 kg/m³；

7）水泥用量不应少于 80 kg/m³；

8）膨润土用量不应少于 40 kg/m³；

9）水泥和膨润土的合计用量不应少于 160 kg/m³；

10）胶凝材料的总量不应少于 240 kg/m³；

11）砂率不应小于 45%。

（5）黏土混凝土及固化灰浆。

黏土混凝土及固化灰浆作墙体材料及其配合比，应分别遵守 DL/T 5199—2004 第 8.2.5 条和第 8.4 节的规定。

### 12.2.3 造孔

（1）造孔施工平台高程应设置在高于槽孔施工期设计标准洪水位以上。

（2）导墙应修筑在稳固的地基上。导墙下的松散地基土应进行加密处理，深度不小于 5m；导墙修筑的技术指标应满足下列规定：

1）导墙应平行于防渗墙中心线，其允许偏差为 ±1.5cm；

2）导墙顶面高程允许偏差 ±2.0cm；

3）对于需要吊放钢筋笼的防渗墙，导墙质量要求另行规定。

（3）承包人应保证槽孔壁平整垂直，孔位中心允许偏差不大于 30mm、孔斜率不大于 0.4%；遇有含孤石、漂石的地层及基岩面倾斜度较大等特殊情况时，其孔斜率应控制在 0.6% 以内；对于一、二期槽孔接头套接孔的两次孔位中心任一深度的偏差值，应不大于施工图纸规定墙厚的 1/3，并应采取措施保证设计厚度。

（4）遇有大孤石或大量漏浆的特殊地段，承包人应在确保安全的条件下，制定有效的处理措施报送监理人批准，并应将处理记录提交监理人。

（5）在造孔过程中，孔内泥浆面应始终保持在导墙顶面以下 300~500mm。

（6）槽孔进入基岩面的嵌入深度应符合施工图纸规定。可采用采取岩样或岩芯的方法确定岩面分布高度，岩样或岩芯应妥善保存，基岩面应经监理人检查确认。

（7）造孔结束后，应由承包人会同监理人按本条第（3）项规定进行槽孔质量检验，经监理人签认后，方可进行清孔换浆。

（8）槽孔清孔换浆结束后 1h，应达到下列标准：

1）槽孔底淤积厚度不大于 100mm；

2）使用膨润土泥浆时，槽孔内泥浆密度不大于 1.15g/cm³，马氏漏斗黏度 32~50s，含砂量不大于 6%；

3）使用黏土泥浆时，槽内泥浆密度不大于 1.30g/cm³，500/700mL 漏斗黏度不大于 30s，含砂量不大于 10%。清孔换浆合格后，经监理人检验确认，方可进行下道工序。

（9）二期槽孔清孔换浆结束前，应分段刷洗槽段接头混凝土孔壁上的泥皮，以达到刷子钻头上不再带有泥屑及槽底淤积层厚不再增加为准。

（10）承包人应在清孔验收合格后 4h 内浇筑混凝土，若因需要下设钢筋笼或埋设件而不能按时浇筑时，应重新按本条第（8）项的规定进行检验，必要时监理人可要求承包人再次进行清孔换浆。

### 12.2.4 泥浆

（1）承包人提供的泥浆材料应符合下列要求：

1）黏土料的品质应遵守 DL/T 5199—2004 第 6.0.4 条的规定；

2）膨润土成品料的品质应遵守 DL/T 5199—2004 第 6.0.3 条的规定。

（2）应按试验选定的配合比配制泥浆，膨润土或黏土和水的加料量均应称量计量，加料量误差应小于 5%，拌制泥浆所采用的外加剂及其掺量应通过试验确定。新制膨润土泥浆性能指标，应遵守 DL/T 5199—2004 第 6.0.7 条的规定。新制黏土泥浆性能指标，应遵守 DL/T 5199—2004 第 6.0.8 条的规定。

（3）配制泥浆的水质应遵守 DL/T 5144—2009 第 5.5 节的规定。

### 12.2.5 混凝土拌和与运输

（1）承包人应严格按监理人批准的配合比，对普通混凝土、塑性混凝土进行配料和拌和，监理人有权随时进行现场抽检。

（2）普通混凝土及塑性混凝土的拌和与运输应按照 DL/T 5144—2001 第 7.1～7.2 节的有关规定执行。

（3）塑性混凝土拌和工艺应通过试验确定，并将拌和试验的配合比、整体拌和时间、拌和速度等指标，提交监理人批准。

### 12.2.6 钢筋笼制作与沉放

（1）制作。

1）钢筋笼的外形尺寸应根据相应槽段长度、深度、接头型式及具备的起吊能力等因素确定；

2）钢筋笼的结构设计应遵守 DL/T 5199—2004 第 10.1.1 条的规定。与墙段接缝之间的最小距离为 100mm，同一槽孔中的两个钢筋笼之间的最小净距为 200mm。

（2）钢筋笼制作最大允许误差应遵守 DL/T 5199—2004 第 10.1.7 条的规定。

（3）沉放。

钢筋笼入槽时若遇阻碍，应进行槽孔处理，不得强行下沉；钢筋笼入槽后其顶底高程位置应符合施工图纸规定，并应采取措施防止混凝土浇筑时钢筋笼上浮。

（4）钢筋笼入槽后的定位最大允许偏差应遵守 DL/T 5199—2004 第 10.1.8 条的规定。

（5）钢筋笼接头焊接的技术要求和质量控制应遵守 DL/T 5169—2002 第 6.2 节的有关规定执行。

### 12.2.7 观测仪器的安装与埋设

（1）承包人按施工图纸规定及监理人指示，在防渗墙内埋设观测仪器（包括应变计、应力计、钢筋计、土压力盒、墙体变形测斜仪等）均应符合本技术条款第 25 章的有关规定。

（2）仪器埋设断面应在相邻混凝土导管的中心位置上；仪器埋设断面处的造孔质量必须符合仪器安装与埋设的要求。

（3）仪器埋设前承包人应完成仪器的力学率定、温度率定、绝缘气密性率定，并进行电缆绝缘气密性检查以及芯线电阻、接头强度和绝缘情况的检查，做好记录提交监理人。

（4）观测仪器埋设完毕，承包人应检查确认仪器已能正常工作，并报请监理人检验合格后，方可进行墙体的浇筑。

### 12.2.8　墙体浇筑

（1）泥浆下墙体混凝土浇筑前，槽孔应进行清孔换浆，并由监理人检验合格后，方可进行浇筑。

（2）采用直升式导管法进行泥浆下的混凝土或塑性混凝土浇筑，应符合下列要求：

1）导管埋入混凝土深度应不小于 1.0m，不大于 6.0m；

2）槽孔内有两套以上导管时，导管中心距不应大于 4.0m；

3）导管中心距槽孔端部或接头管壁面的距离为 1.0～1.5m；

4）当槽底高差大于 0.25m 时，应将导管置于控制范围的最低处；

5）开浇时，导管底口距槽底距离应控制在 15～25cm 范围内。

（3）混凝土浇筑完毕后的顶面，应高出施工图纸规定的顶面高程 50cm 或以上。

### 12.2.9　墙段连接

（1）防渗墙墙段连接缝的设置应提交监理人批准。

（2）墙段连接采用接头管法施工时，应符合下列规定：

1）接头管应能承受最大混凝土压力和起拔力；管壁应平整光滑，节间应连接可靠；

2）开始起拔时间应通过试验确定，起拔时应防止引起孔口坍塌。

（3）墙段连接采用钻凿法施工时，应符合下列规定：

1）在浇筑混凝土终凝后，方可开始钻凿接头孔；

2）尽量减少接头套接孔两次孔位中心的偏差值；

3）二期槽孔混凝土浇筑前，接头孔端面的刷洗质量应达到 DL/T 5199—2004 第 7.0.17 条的规定。

### 12.2.10　质量检查和验收

承包人应会同监理人按本技术条款第 12.2.2～12.2.9 条的规定，进行以下内容的质量检查和验收。

（1）普通混凝土或塑性混凝土防渗墙质量检查。

1）槽孔终孔质量检查，包括孔位、孔深、孔斜与槽宽、槽孔嵌入基岩深度，以及一、二期槽孔间接头孔的套接厚度。

2）填筑前槽孔清孔质量检查，包括孔内泥浆性能指标、孔内淤积厚度，以及接头孔壁刷洗质量。

3）钢筋笼制造与沉放质量检查，包括钢筋笼尺寸、吊放位置和节间连接质量。

4）普通混凝土或塑性混凝土浇筑质量检查，包括普通混凝土或塑性混凝土原材料质量的抽样检验、普通混凝土的终浇高程、普通混凝土或塑性混凝土防渗墙体的均匀性及防渗性能检验，以及普通混凝土出机口和现场取样的物理力学性能检验。

（2）固化灰浆的质量检查应遵守 DL/T 5199—2004 第 12.0.8 条的规定。

## 12.3　高压喷射灌浆防渗墙

### 12.3.1　一般技术要求

（1）高压喷射灌浆的施工场地应平整、稳固，凡遇有低洼、表土松散、紧临边坡的区域，应采用回填、夯实、加固和边坡坡脚保护措施。

（2）施工场地布置应进行全面规划，开挖排浆沟和集浆池，做好冒浆排放措施和环境保护措施。

（3）高压喷射灌浆的方法应根据施工图纸需要和地质条件选用三管法、双管法或单管法；根据高压喷射灌浆防渗墙的结构型式选用旋喷、旋摆结合、摆喷或定喷方式。确定采用的施工方法、方式及其施工参数后，应提交监理人批准。

（4）高压喷射灌浆设备的额定压力和排浆量应符合施工图纸要求。

### 12.3.2 材料和浆液

（1）水泥。

高压喷射浆液应采用普通硅酸盐水泥拌制，水泥的品质等级应遵守 GB 175—2007 第 6.2 节的规定，不得使用过期或受潮结块的水泥。

（2）水。

高压喷射浆液拌和用的水质应遵守 DL/T 5144—2001 第 5.5 节的规定。

（3）掺合料和外加剂。

为改善水泥浆液质量，可在硅酸盐水泥中添加适量的膨润土和碳酸钠，或者其他掺合料。各种掺合料和外加剂的质量应符合有关规范的要求，其掺量应通过室内试验和现场试验确定。

（4）浆液的配合比、搅拌制浆、存放和回浆利用应遵守 DL/T 5200—2004 第 6 章的有关规定。

### 12.3.3 现场高压喷射灌浆试验

（1）在现场高压喷射灌浆作业开始前，承包人应按施工图纸的要求和监理人指示，选择地质条件具有代表性的地段，进行高压喷射灌浆的现场工艺试验，以验证布孔方式、孔距、排距和孔深以及浆液配合比、喷射流量、压力、旋转和提升速度等工艺参数。

（2）试验结束后，应根据监理人指示开挖检查或钻取芯样进行固结体的均匀性、整体性、强度和渗透性等试验，并将试验成果提交监理人。

### 12.3.4 高压喷射灌浆施工

（1）承包人应根据施工图纸规定的桩位进行放样定位，其中心允许误差不得大于 5cm。

（2）钻机或喷射机组就位后，应保证立轴或转盘与孔位中心对正，孔深小于 30m（含 30m）时，钻孔偏斜率不应超过 1%；孔深大于 30m 时，成孔偏斜率不应超过 1.5%。

（3）采用钻机成孔时，应将钻孔钻至施工图纸规定的深度后，再插入喷管到预定深度，经监理人检验合格后，方可进行高压喷射灌浆。

（4）高压喷射灌浆应自下而上进行，灌浆过程中应达到：风、水、浆均应保持稳定压力和流量连续输送，不得停喷或中断，并确保管路系统的畅通和密封。

（5）水泥浆液应进行严格过滤，防止喷嘴在喷射作业时堵塞。

（6）应按监理人指示定期测试水泥浆液密度，当施工中浆液密度达不到要求指标时，应立即停止喷灌，并调整至上述正常范围后，方可继续喷射。

（7）因故停喷后重新恢复施工前，应将喷头下放 50cm，采取重叠搭接喷射处理后，方可继续向上提升及喷射灌浆，并应记录中断深度和时间。

（8）施工过程中，应经常检查泥浆（水）泵的压力、浆液流量、空气压缩机的风压和风量、钻机转速、提升速度及耗浆量。当回浆不正常时，应遵守 DL/T 5200—2004 第 9.0.9 条及时进行处理。

（9）喷射作业完成后，应利用返浆回灌至孔内，直到浆液面稳定为止。在黏土层或淤泥层内进行喷射时，不得将返浆进行回灌。

### 12.3.5 质量检查和验收

承包人应会同监理人按本章第 12.3.2～12.3.4 条规定，进行以下内容的质量检查。

（1）高压喷射灌浆作业前的质量检查。高压喷射灌浆作业前，应进行以下项目的质量检查：

1）孔位的现场放样成果；

2）材料试验成果；

3）浆液配合比试验成果；

4）现场喷射作业的工艺检验；

5）现场高压喷射灌浆试验成果。

（2）高压喷射灌浆作业过程中的质量检查。高压喷射灌浆作业过程中，应进行以下项目的质量检查：

1）钻孔偏斜率；

2）喷射管插入深度；

3）喷射灌浆各项参数；

4）回浆试件的试验成果。

（3）高压喷射灌浆作业结束后的质量检查。高压喷射灌浆施工结束后，承包人应按施工图纸规定及监理人指示进行以下项目的质量检查：

1）高压喷射灌浆桩（孔）的平面位置；

2）高压喷射灌浆防渗墙的墙体厚度、垂直度、连续性、均匀性和搭接程度；

3）高压喷射灌浆固结体的强度和透水性。高压喷射灌浆固结体的质量检验，应按施工图纸的要求选用开挖检查、钻孔取芯和压水试验等方法。固结体的渗透性能和抗压强度，应遵守 DL/T 5200—2004 第 5.0.3 条的规定。

## 12.4  完工验收

### 12.4.1  混凝土防渗墙工程

混凝土防渗墙工程全部完工后，承包人应向发包人（或监理人）申请完工验收，并提交以下完工验收资料：

（1）防渗墙竣工图及说明书；

（2）墙体材料试验成果；

（3）墙体质量检验（钻孔取芯、注水试验、沉渣厚度等）记录和现场抽样检验成果；

（4）质量事故处理报告；

（5）监理人要求提供的其他完工资料。

### 12.4.2  高压喷射灌浆防渗墙工程

高压喷射灌浆防渗墙工程全部完工后，承包人应向发包人（或监理人）提交完工验收申请报告，并为监理人验收提交以下完工验收资料：

（1）高压喷射灌浆防渗墙竣工图及说明书；

（2）高压喷射浆液材料试验成果；

（3）高压喷射钻孔、高压喷射浆液、高压喷射过程质量检查记录和现场抽样检验成果；

（4）现场喷射灌浆试验报告；

（5）质量事故处理报告；

（6）监理人要求提供的其他完工资料。

## 12.5  计量和支付

### 12.5.1  混凝土防渗墙

（1）普通混凝土、塑性混凝土防渗墙的计量和支付，应按施工图纸和监理人签认的防渗墙成墙面积，以每平方米（m²）为单位进行计量，并按工程量清单所列项目单价支付。单价中包括地质复勘、施工准备、材料采购、配合比试验、导墙与槽孔施工、墙体浇筑、试验与检验，以及质量检查与验收等费用。

（2）钢筋混凝土防渗墙的钢筋应按本技术条款第 15.11.2 规定计量和支付。

（3）钢筋混凝土防渗墙的钢材应按施工图纸和监理人签认的钢材用量以每吨（t）为单位计量，并按工程量清单所列项目单价支付。单价中包括钢材供应和钢筋笼制作及沉放等费用。

### 12.5.2 高压喷射灌浆防渗墙

（1）高压喷射灌浆防渗墙的钻孔，应按施工图纸所示和监理人签认的钻孔长度以米（m）为单位计量，并按工程量清单所列项目单价支付。单价中包括孔位固定、固壁、钻孔、孔斜检测等费用。

（2）高压喷射灌浆防渗墙的灌浆，应按施工图纸所示和监理人签认的灌浆长度以米（m）为单位计量，并按工程量清单所列项目单价支付。单价中包括浆液材料的供应、拌制，高压喷射灌浆防渗墙钻孔、插管、喷射灌浆、固结体的现场开挖和试验以及质量检查与验收等费用。

# 第13章 地基加固工程

## 13.1 一般规定

### 13.1.1 应用范围

本章规定适用于本合同施工图纸所示的永久和临时工程建筑物的地基加固工程，包括振冲法地基加固、混凝土灌注桩和沉井等基础工程。

### 13.1.2 承包人责任

（1）承包人应根据发包人提供的地质资料进行施工场地布置，制定地基加固工程的施工措施。但若地质资料不能满足上述工作的要求时，承包人应按监理人指示进行补充复勘工作，当复勘成果与发包人提供的地质资料差异较大时，应及时报告监理人，并可要求及时调整施工方案。

（2）承包人应负责本合同地基加固工程的施工准备、材料供应、提供专用的施工机械设备以及地基处理和基础工程施工、试验、检验等的全部施工作业。

（3）承包人应对地基加固工程的质量负全部责任。承包人应会同监理人根据本章技术条款的规定，对工程使用的材料、关键施工工艺以及完工后的地基加固工程，按隐蔽工程的要求进行全面质量检查和验收。

（4）承包人应按本合同规定负责施工现场的环境保护。各类施工废弃物必须弃置于本合同规定或监理人指定的地点。

### 13.1.3 主要提交件

地基及基础工程开工前 7~14 天，承包人应根据本合同施工图纸提供的地基加固工程施工方案和本章第 13.2~13.4 节的规定，分别提供包括下列内容的施工措施计划，提交监理人批准。

（1）振冲地基措施计划及施工记录报表：

1）振冲桩位及施工场地布置图；

2）冲填材料级配试验和试桩措施；

3）主要机械设备选择；

4）振冲施工工艺及制桩参数；

5）施工质量、安全和环境保护措施；

6）施工进度计划。

在施工过程中，应及时向监理人提交测量放样成果、施工记录、材料试验和配合比试验成果、施工质量检查记录和重大质量事故处理报告等。

（2）混凝土灌注桩基础措施计划及施工记录报表：

1）灌注桩基础施工场地布置图；

2）成桩机械及其配套设备选择；

3）制桩材料成品备件的配置；

4）桩基施工方案及工艺；

5）成孔、成桩试验和措施；

6）施工质量、安全和环境保护措施；

7）施工进度计划。

（3）沉井措施计划及施工记录报表：

1）沉井制作和井位施工布置图；

2）沉井浮运、定位和下沉措施；

3）沉井基底处理和封底措施；

4）质量检验和安全保证措施；

5）施工进度计划。

### 13.1.4　引用标准

（1）GB 50202—2002《建筑地基基础工程施工质量验收规范》；

（2）GB 50204—2002《混凝土结构工程施工质量验收规范》；

（3）GB 50208—2002《地下防水工程质量验收规范》；

（4）DL/T 5169—2002《水工混凝土钢筋施工规范》；

（5）DL/T 5199—2004《水电水利工程混凝土防渗墙施工规范》；

（6）DL/T 5214—2005《水电水利工程振冲法地基处理技术规范》；

（7）JGJ 94—2008《建筑桩基技术规范》；

（8）JGJ 106—2003《建筑基桩检测技术规范》。

## 13.2　振冲地基

### 13.2.1　一般技术要求

（1）本节所述振冲置换法和振冲密实法，适用于施工图纸所示的永久和临时水工建筑物及相关工程的地基振冲加固处理。

（2）振冲置换法适用于处理不排水抗剪强度不小于 0.02MPa 及黏粒含量大于 15% 的黏性土、粉土和人工填土地基。

（3）振冲密实法适用于处理砂土和粉土地基；不加填料的振冲密实法仅适用于处理黏粒含量小于 10% 的粗砂、中砂地基。

（4）大型、重要的或地基复杂的工程，在施工前，承包人应选择有代表性地段进行振冲试验，以验证振冲加固处理的效果。

### 13.2.2　材料

（1）振冲置换法桩体的填料，应采用含泥量不大的碎石、卵石、角砾等硬质材料，禁止使用已风化及易腐蚀、软化的石料，材料最大粒径应不大于 80mm，常用的碎石粒径为 20～50mm。

（2）振冲密实法每一振冲点所需的填料量应根据地基土要求达到的密实程度和振冲点间距，通过现场试验确定，填料应采用碎石、卵石、角砾、粗（中）砂等性能稳定的硬质材料。

（3）抗液化加固的排水桩应采用粒径 5～50mm 级配的硬质粒径材料。

（4）填料级配应经现场试验确定，禁止使用单级配填料，试验成果应提交监理人。

### 13.2.3　振冲机具设备

（1）振冲器的性能指标，必须满足施工图纸规定的功率、振动频率等参数以及制桩的孔径、深度、密实度和最小桩距的要求。

（2）起重机械的起重能力和提升高度应符合施工图纸的规定，满足施工的要求。

（3）振冲置换法和振冲密实法启动水泵和振冲器，水压力可用 0.3～0.8MPa，水量为 200～400L/min。

（4）施工中加密电流和留振时间，应采用电气自动控制系统进行记录和调整。

（5）施工前应对振冲施工机具进行试运行，试运行的详细记录应提交监理人。

### 13.2.4　造孔和清孔

（1）振冲桩的桩位应按施工图纸要求测定，造孔应遵守 DL/T 5214—2005 第 6.3.2 条、第 6.3.3 条、第 6.3.8 条的规定；

（2）完孔后应清孔 1～2 遍，直到孔口返出泥浆变稀为止。

### 13.2.5　填料和振密

（1）承包人应按监理人批准的填料方法进行填料：

1）采用连续填料时，应将振冲器留在孔内连续向孔内填料；

2）采用间断填料时，应将振冲器提出孔口，填料倒入孔内高 1m 时，再将振冲器振冲贯入填料；

3）采用强迫填料时，应利用振冲器的自重和振动力将孔上部填料送到孔下部。

（2）填料的加密位置应达到基础设置高程以上 1.0～1.5m；桩头部位加密效果不稳定段应铺设一层 20～50cm 厚的碎石层，以保证桩顶密实度。加密电流的方式，应采用自升式或冲击式。加密控制标准应遵守 DL/T 5214—2005 第 6.3.6 条和第 6.3.7 条的规定。

### 13.2.6　质量检查和验收

（1）振冲地基施工的质量检查。

1）振冲施工开始前，承包人应会同监理人复核振冲孔位的现场放样成果，经监理人签认后，方可开始振冲造孔。

2）振冲造孔和清孔结束后，承包人应会同监理人对每个振冲孔进行孔位、孔深、孔斜和清孔检验。

3）振冲填料和加密施工过程中，承包人应会同监理人按试验选定的施工参数，定时进行以下项目的检查：

① 桩位偏移值；

② 检查记录各加密段长度及其加密电流值和留振时间；

③ 分段抽检填料的级配和质量；

④ 检查记录各加密段的填料量。

4）振冲填料和加密施工结束后 28 天，承包人应会同监理人按本章第 13.2.2～13.2.5 条的规定进行以下项目的成桩质量检验：

① 桩体密实度检验；

② 桩体承载力检验；

③ 桩间土处理效果检验（包括土样物理力学性质试验）；

④ 复合地基承载力试验。

（2）振冲成桩检验。

1）振冲法施工结束后，应按场地土的不同类别，在完工后按下列时间进行成桩检验：

① 砂土类：7 天后；

② 粉土类：15 天后；

③ 黏土类：30 天后。

2）桩体密实度检验：

① 采用现场桩体的重力密度试验确定桩体振密程度；

② 采用重型动力测探仪跟踪检测桩体密实度，密实桩标准为动力触探平均贯入 10cm 的锤击数大于 7～10 击；小于标准值为不密实桩；

③ 随机抽验率为 1%～3%，每项试验的桩数应不少于 3 根。

3）桩体抗剪强度、承载力及压缩模量检测，应通过现场原位试验确定：

① 现场原位试验的试验组数按 200～400 根桩为一组，每组抽验不少于 3 根；

② 桩体剪力试验、静载荷试验的剪力盒、承压板的直径应与桩体直径一致。

4）桩间土处理效果检测：

① 应进行现场原位测试。选用标准贯入试验、静力触探、动力触探、十字板剪力试验测定振冲后的标贯击数、静探的地层端阻力、侧阻力、动探击数以及十字板不排水剪强度的变化；

② 采用钻探取土器取样进行振冲后土的室内物理力学性质试验；

③ 检测试验方法应选择 1～2 种进行对比试验，土层单项检测组数：大中型工程大于 10 组，小型工程大于 5 组。

5）桩、土复合地基处理效果检测：

① 主要采用桩土复合地基静载荷试验，测定其复合土体承载力及沉降量；

② 采用工程桩作试桩，应经监理人批准，最大加载应不超过施工图纸规定荷载的 2 倍；

③ 抽样试验组数同本条第（2）项振冲成桩检验的规定。

## 13.3 混凝土灌注桩基础

### 13.3.1 一般技术要求

（1）本节述及的混凝土灌注桩为泥浆护壁钻孔灌注桩和沉管灌注桩，其应用范围为注浆护壁正、反循环钻孔灌注桩，锤击沉管灌注桩和振动沉管灌注桩基础的施工。

（2）承包人应根据施工图纸规定的桩位、桩型、桩径、桩长，复勘场地地质条件和持力层埋藏深度，选择成孔和成桩施工机具设备（包括打桩、锤击和压桩等的压力机械）。

（3）成孔和成桩设备安装就位应平整、稳固，确保施工中不发生倾斜、移动；在桩架或桩管上，应设置用于施工中观测深度和斜度的装置。

（4）桩基工程施工前，应按施工图纸的规定和监理人的指示，进行成孔或成桩试验，以检验施工参数和工艺，并应将试验成果提交监理人。

### 13.3.2 混凝土灌注桩施工

（1）材料。

1）泥浆材料使用的膨润土和黏土质量应遵守 DL/T 5199—2004 第 6.0.3～6.0.4 条的规定。

2）混凝土使用的水泥、骨料和外加剂应符合本技术条款第 15.2.1 条的规定。

3）灌注桩钢筋笼使用的钢筋材料质量应符合本技术条款第 15.4.1 条的规定。

4）沉管灌注桩桩头应选用钢筋混凝土预制桩头，其混凝土强度等级应不低于 C30，钢号应选用 I 级钢，在硬土层中施工，尚应采用环形钢板加强。

（2）泥浆制备和处理。

1）护壁泥浆选用膨润土或高塑性黏土制备的泥浆性能指标应遵守 DL/T 5199—2004 第 6.0.7～

6.0.8 条的规定。

若采用黏土料制泥浆，应遵守 DL/T 5199—2004 第 6.0.4 条规定进行土质的物理试验、化学分析及矿物成分鉴定，并应进行造浆试验。上述试验成果均应提交监理人。

2）泥浆护壁钻孔钻进期间，护筒内泥浆面应高出地下水面 1.0m 以上；在受水位涨落影响时，应加高护筒至最高水位 1.5m 以上。

3）钻进过程应不断置换泥浆，应保持浆液面稳定。

4）浇筑灌注桩混凝土前，应进行清孔，并检测泥浆性能，检测内容包括密度、含砂率和黏度等。

5）应设置泥浆循环净化系统，其废弃的泥浆、沉渣应按监理人指定地点排放。

（3）钻孔与沉管施工：

1）泥浆护壁正、反循环钻孔灌注桩钻进成孔施工应按 JGJ 94—2008 的有关规定执行。

2）锤击沉管灌注桩沉管施工应遵守 JGJ 94—2008 的有关规定。

3）振动沉管灌注桩沉管施工应遵守 JGJ 94—2008 第 6 章的规定。

（4）终孔与清孔。

1）定时检查泥浆护壁钻孔的孔位、孔径、孔深、孔斜和沉渣；钻至施工图纸规定的孔深后，应遵守 JGJ 94—2008 的有关规定，进行终孔和沉渣的检查。

2）沉管到达规定深度后，应检测其终孔的贯入度。贯入度的控制标准，应符合下列规定：

① 振动沉管灌注桩在最后一次抬空持续 20h 的贯入度应小于 20mm；

② 锤击沉管灌注桩最后两阵 10 击的贯入度，应根据试桩和当地长期的施工经验确定。

3）钻孔的孔径经检验合格后，应立即进行清孔，清孔应分别选用真空吸泥法、泥浆循环法或射水冲渣法进行，其清孔标准应符合下列规定：

① 孔内排出或抽出的泥浆密度应在 1.3g/cm³ 以下，含砂率不大于 4%，用手触摸无粗粒感觉；

② 钻孔灌注桩清孔的沉渣厚度应遵守 JGJ 94—2008 的有关规定，沉管桩孔不得有沉渣。

4）对底部嵌入基岩的大直径灌注桩应采用泵吸法或捞渣筒法清渣，并应保持护壁泥浆液面高度和泥浆性能，其清孔标准应符合本章的规定。

（5）钢筋笼制作与吊放。

1）钢筋笼的制作应遵守 JGJ 94—2008 第 6.2.5 条的有关规定。

2）分段制作的钢筋笼连接方式应符合设计图纸或有关规范规定。

3）钢筋笼主筋保护层的允许偏差应符合下列规定：

① 水下浇筑混凝土桩 ±2.0cm；

② 非水下浇筑混凝土桩 ±1.0cm。

4）应根据施工图纸的规定在钢筋笼内周边设置声波测试预埋管。

5）吊放钢筋笼应符合下列要求：

① 钢筋笼吊放时应进行垂直校正；

② 就位后钢筋笼顶底高程应符合施工图纸规定，误差不得大于 5cm；

③ 灌注桩桩顶应设有固定装置，就位后立即进行固定，防止上浮和下沉。

（6）水下混凝土制备和灌注。

1）水下混凝土制备必须符合下列规定：

① 混凝土的强度等级应不低于施工图纸的规定；

② 水下混凝土坍落度为 18～22cm，水泥用量不少于 360kg/m³，含砂率 40%～45%，并应选用中粗砂；

③ 混凝土粗骨料应选用砾、卵石或碎石，其最大粒径：钢筋混凝土灌注桩应不大于 40mm，且

不得大于钢筋间最小净距的 1/3；素混凝土灌注桩不得大于 80mm。

2）灌注混凝土应符合下列规定：

① 桩顶混凝土灌注高程应高出施工图纸规定的桩顶高程 0.5m；

② 采用人工灌注混凝土桩，在桩顶高程以下 4m 时，应采用棒式振捣器捣实；

③ 灌注时的混凝土温度应不低于 3℃，桩顶混凝土未达到设计强度 50%前不得受冻，当环境温度高于 30℃时，应采取缓凝措施。

3）桩孔内水下混凝土灌注应采用导管法或混凝土泵施工，其要求如下：

① 导管直径不得小于 20cm，其通过能力不小于 10m³/h；大直径灌注桩导管应不小于 30cm，其通过能力不小于 25m³/h。导管内壁光滑圆顺；

② 导管应安置在钻孔中心，下端口应高出沉渣面 30～50cm；

③ 灌注混凝土时，应保证导管埋入混凝土面以下 1.0m，入孔前混凝土应连续搅拌均匀，保证入孔坍落度，防止混凝土出现离析和压入空气；

④ 采用混凝土泵灌注孔内混凝土时，应保证连续供料和连续灌注。

4）灌注桩的实际灌注混凝土量的充盈系数不得小于 1.0。

（7）沉管起拔。

1）配有钢筋笼的沉管，在放置钢筋笼前，混凝土应先灌到笼底高程，放置钢筋笼后再灌注混凝土至桩顶；

2）分段起拔沉管时，前一段拔管高度应能容纳下一段灌入的混凝土量；

3）采用倒打拔管法时，在管底未拔到桩顶高程前，倒打和轻击不得中断。

### 13.3.3 质量检查和验收

（1）混凝土灌注桩的质量检查。

承包人应会同监理人进行以下项目的质量检查，其检查记录应提交监理人。

1）灌注桩混凝土浇筑前的检查，包括下列内容：

① 桩位现场放样成果检查；

② 终孔和清孔质量检查；

③ 钢筋笼加工尺寸和焊接质量检查及钢筋笼吊放定位尺寸和保护层厚度检查；

④ 导管和预埋管埋设位置和埋设深度的检查。

2）灌注桩混凝土浇筑质量检查，包括下列内容：

① 混凝土原材料抽样检查；

② 混凝土现场取样试验成果检验；

③ 混凝土浇筑过程中，对灌注桩水下混凝土浇筑工艺进行逐项检查。

3）灌注桩成桩质量检查，包括下列内容：

① 灌注桩桩位检查；

② 灌注桩的有效桩径检查；

③ 灌注桩的顶底高程和有效长度检查；

④ 灌注桩的贯入度标准检验。

4）灌注桩承载检验成果检查。

（2）灌注桩的成桩检验。

1）灌注桩施工结束后 28 天，承包人应遵守 JGJ 94—2008 的有关规定，对桩体进行以下项目的检验和检测，并应将检验和检测的成果提交监理人。

2）灌注桩混凝土的每一种配合比均应进行取样制模，每台班至少取一组样，每组 3 块；钻孔灌注桩应每根取一组样，每组 3 块。

3）现场灌注的水下混凝土灌注桩应取样检测其强度和密度，每台班至少取一组样，每组 3 块；大直径钻孔灌注桩应每根取一组样，每组 3 块。

4）采用低应变动力法检测基桩桩身的完整性，抽测数不少于该批桩总数的 20%，且不得少于 10 根；当抽测不合格桩数超过抽测数的 30%时，应加倍重新抽测；加倍抽测后，若不合格桩数仍超过抽测数的 30%时，应全部检测。

5）按监理人指示选用高应变法或静载荷试验检测单桩竖向承载力，其允许承载力应符合施工图纸规定。

6）采用静载荷试验测定单桩承载力的桩数应不少于总桩数的 1%，且不少于 3 根；工程总桩数在 50 根以内时，应不少于 2 根。若采用高应变动力法检测单桩承载力时，对工程地质条件、桩型、成桩机具和工艺相同的基桩，其检测桩数应不少于总桩数的 2%，并不得少于 5 根。

## 13.4 沉井

### 13.4.1 一般技术要求

（1）本节述及的沉井结构包括钢筋混凝土沉井和钢沉井，适用于本工程施工图纸所示的永久和临时工程建筑物深基础处理的陆地沉井和浮运沉井。

（2）承包人应根据施工图纸规定的井位，负责复勘沉井基础工程地质条件及持力层特征。对于截面积小于 200m² 的沉井基础应不少于一个复勘钻孔资料；对截面积大于 200m² 的沉井基础，应在沉井四角或垂直正交的直径与圆周交点处，各有一个复勘钻孔资料。

（3）承包人应对受沉井施工影响范围内的原有建筑物采取安全保护措施后，方能进行施工。

### 13.4.2 材料

（1）沉井施工采用的水泥、钢筋、骨料和外加剂，应符合本技术条款第 15.2.1 条和第 15.4.1 条的有关规定。

（2）沉井的混凝土配合比及其拌和、运输和浇筑应按本技术条款第 15 章的有关规定。

（3）制作钢沉井的钢材、焊接、连接件和涂层的材料应按本技术条款第 21 章的有关规定执行。

（4）制作沉井的钢筋材料及其绑焊，应按本技术条款第 15.4 节的有关规定。

（5）沉井封底水下混凝土应符合下列规定：

1）配合比应根据试验确定，在选择施工配合比时，混凝土的试配强度应比设计强度提高 10%～15%；

2）水灰比不大于 0.6；

3）有良好的和易性，在规定的浇筑期间内，坍落度应为 16～22cm；在灌注初期，为使导管下端形成混凝土堆，坍落度应为 14～16cm；

4）水泥用量一般为 350～400kg/m³；

5）粗骨料可选用砾、卵石或碎石，粒径以 5～40mm 为宜；

6）细骨料应采用中、细砂，砂率一般为 45%～50%；

7）可根据需要掺用外加剂。

### 13.4.3 沉井的制作

（1）陆地沉井制作应在场地清理和井位中轴线测量定位并经监理人验收签认后进行。

（2）运输前，承包人应对各节沉井进行水密封试验和底板水压试验，并将试验成果提交监理人。

（3）陆地沉井采用分节制作一次下沉的方法时，制作高度应不超过沉井短边或直径的长度，并不超过 12m。当第一节混凝土达到设计强度的 70%后，方可浇筑其上一节混凝土。

（4）浮运沉井制作的每节高度应不超过 7~8m，其底节高度应小于沉井短边的 0.8 倍，且不超过 12m。

（5）单壁或双壁的钢制浮运沉井底节制作，应能自浮于水面，并装有临时底板。底节的外形尺寸加宽量，应不小于沉井总高度的 1/50，且不得小于 45cm。

（6）钢制浮运沉井应在加工厂分件加工并编号。单元钢构件加工完毕后，应进行试拼装，并经监理人对连接和焊接质量检验合格后，再分件运至现场拼装成型。

（7）采用带临时底板的浮运沉井制作，应对封底与底板之间接触缝部位进行凿毛处理。对有抗渗要求的陆地沉井和沉井体上的穿墙管件及固定模板的对穿螺栓孔等，均应采取抗渗漏措施，底板应易于拆除。

（8）冬季制作沉井，底节混凝土未达到规定的设计强度，其余各节未达到 70%设计强度时，均应采取防冻保护措施。

（9）各节沉井的竖向中心线应相互重合或平行，钢筋混凝土沉井制作的允许偏差应符合下列规定：

1）沉井平面尺寸偏差：

① 长度、宽度偏差为 ±0.5%，且不大于 10cm；

② 曲线部分半径偏差为 ±0.5%，且不大于 5cm；

③ 两对角线差异偏差为 1%对角线长。

2）沉井壁厚偏差为 ±1.5cm。

### 13.4.4　沉井运输

（1）采用异地制作浮运沉井滑道下水时，其滑道场地地基允许承载力不得小于 0.1MPa，并通过现场试验，选定最优滑道坡度和牵引力，确保沉井入水和浮运的稳定。

（2）采用浮船或支架平台制作浮运沉井时，浮船和支架平台工作面允许承载力应大于施工图纸规定允许承载力的两倍。

（3）浮运沉井施工的航运、拖驳、导向、锚定、排水、灌水、起吊及定位等设备，均应在开工前进行试运行，并将试运行记录提交监理人。

（4）带临时底板的混凝土浮运沉井，应达到施工图纸规定的强度，并经监理人签认后方可下水。

（5）浮运沉井前应探明工作水域的水下地形、障碍物、有效水深和水流速度，选定最优浮运路线。

（6）浮运沉井的墙顶应设有防水围墙，墙顶应高出水面 1.0m 以上。

（7）浮运沉井的临时底板应易于拆除，并配置浮运及定位所需的排水或灌水设备，以保证安全下沉。

（8）浮运沉井应在白天无风或小风时进行，在深水区或流速大于 1.5m/s 时，沉井两侧应设置导向船。

（9）浮运沉井应采用多方向的缆绳牵引和锚锭措施，以控制浮运和定位的稳定。

（10）钢制沉井运输时，应按施工图纸的规定设置临时支撑以防变形。

### 13.4.5　沉井的沉放

（1）承包人应根据地基土的物理力学特性，进行分阶段沉井下沉系数的验算，并以此作为确定施工方法和技术措施的依据。

（2）承包人应根据沉井类型（陆地沉井或浮运沉井）、工程规模及挖土方法，选用挖土机械设备（含吸泥机、抓斗等），其机械性能应经现场试运行，试运行成果应提交监理人。

（3）陆地沉井场地应预先清理加固处理，地基允许承载力应不小于 0.1MPa，并考虑重型机械施工影响可能引起的沉陷，采取相应的处理措施。

（4）陆地沉井或水中筑岛沉井的施工场地地面高程应高出施工期内周围水域最高水位（加浪高）0.5m 以上；在基坑中制作时，基坑底面应比从制作至开始下沉期间内的最高地下水位高 0.5m 以上，并应防止积水。

（5）水中筑岛应采用透水性好、易于压实的砂或其他材料填筑，不得采用黏性土，不得用冻土填筑。筑岛周围应设护道，其宽度不小于 2m，岛侧边坡应确保稳定，并满足抗冲刷要求。

（6）沉井（陆地沉井或异地制作浮运沉井等）的第一节井筒混凝土达到设计强度后，方可下沉或下水。

（7）陆地沉井下沉时，应按分区、依次、对称、同步的原则抽取第一节沉井下的承垫木并立即在刃脚四周填筑砂砾石。挖土下沉时，应按照分层、均匀、对称的原则出土，确保沉井垂直下沉，不得倾斜。

（8）沉井在软土中下沉至距设计标高约 2m 时，应加强对下沉的观察，控制下沉速度并采取措施，保证沉井平稳就位，并做好记录。

（9）沉井每下沉 1.0m，承包人应检测井位，保证井位平面偏移值不超过 25cm，并正交检测井壁倾斜度，其倾斜度偏差应不大于施工图纸的规定。

（10）浮运沉井沉到基（河）床后，应根据土层情况选择挖土方式，在挖土过程中，严格控制井底土面高差，保证沉井不产生倾斜，并详细记录土层变化情况。

（11）沉井下沉遇到倾斜岩面时，应及时对悬空刃脚进行垫脚或对岩坡爆破处理，并加固形成整体封闭体。

（12）沉井下沉遇到摩阻力过大或过小，以及遇到大孤石、流沙或淤泥等情况，应及时采取促沉或阻沉，以及水下爆破等有效处理措施，并做好记录。

（13）采用空气幕法或泥浆润滑套减阻下沉到设计标高后，均应根据施工图纸规定，对管道及泥浆套进行处理。

### 13.4.6 沉井的封底

（1）沉井下沉至施工图纸规定标高，应进行沉降观测，在连续 8h 内下沉量不大于 10mm 时，方可封底。

（2）承包人应根据施工图纸要求和监理人指示进行沉井封底，采用干封底施工时，应遵守 GB 50202—2002 第 7.7.5 条的规定，并应满足下列要求：

1）沉井基底土面应全部挖至施工图纸规定标高；

2）井内积水应尽量排干；

3）混凝土凿毛处应洗刷干净；

4）浇筑时应防止沉井不均匀下沉，在软土层中封底应分格对称进行；

5）在封底和底板混凝土未达到设计强度前，应从封底以下的集水井中不间断地抽水，停止抽水时，应考虑沉井的抗浮稳定性，并采取相应措施。

（3）采用导管法进行水下混凝土封底，应符合下列规定：

1）基底为软土层时，应尽可能将井底浮泥清除干净，并铺碎石垫层；

2）基底为岩基时，岩面处沉积物及风化岩碎块等应尽量清除干净；

3）混凝土凿毛处应洗刷干净；

4）水下封底混凝土应在沉井全部底面积上连续浇筑。当井内有间隔墙、底梁或混凝土供应量受到限制时，应预先隔断分格浇筑；

5）导管应采用直径为 200～300mm 的钢管制作，内壁表面应光滑，并有足够的强度和刚度。管段的接头应密封良好和便于装拆。每根导管上端应装数节 1m 长的短管；

6）导管的数量由计算确定，布置时应使各导管的浇筑面积相互覆盖，导管的有效作用半径一般可取 3～4m；

7）水下混凝土面平均上升速度不应小于 0.25m/h，坡度不应大于 1:5；

8）浇筑前，导管中应设置球、塞等隔水；浇筑时，导管插入混凝土的深度不宜小于 1m；

9）水下混凝土达到设计强度后，方可从井内抽水，如提前抽水，必须采取确保质量和安全的措施。

（4）封底配制水下混凝土的技术要求，应符合本条第（3）项的有关规定。

（5）封底结束后，应对底板的结构（有无裂缝）及渗漏进行检查。有关渗漏验收标准应遵守 GB 50208—2002 第 3.0.1 条的规定。

### 13.4.7 质量检查和验收

在沉井工程施工过程中，承包人应会同监理人进行以下项目的检查：

（1）沉井制作完成后，应按本章第 13.4.3 条第（9）项的规定对沉井的平面尺寸和壁厚进行检查。

（2）沉井下沉定位后和封底前，应按施工图纸的规定进行以下内容的检查：

1）沉井顶底面的中心偏差和倾斜度；

2）井位和井深；

3）井壁底梁凹槽和隔墙的泥皮清理效果。

（3）沉井封底后，应按施工图纸的规定对封底时的沉渣厚度、封底材料强度和封底层的厚度进行检查。

## 13.5 完工验收

每项地基加固工程（包括振冲桩基础工程、灌注桩工程和沉井工程）完工后，承包人应按本合同规定，向监理人申请该项工程的完工验收，并向监理人提交以下完工验收资料：

（1）地基竣工图和说明书；

（2）材料试验成果和现场试验报告；

（3）试桩和沉井定位测量及检查成果记录；

（4）质量事故处理报告；

（5）监理人要求提交的其他完工资料。

## 13.6 计量和支付

### 13.6.1 振冲桩

（1）振冲加密或振冲置换成桩的计量和支付，应按施工图纸所示和监理人签认的振冲桩长度以延米（m）为单位计量，并按工程量清单所列项目单价支付。单价中包括施工准备、填料供应、试桩、造孔、清孔、填料、加密、质量检查与验收等费用。

（2）大型荷载试验等项目按工程量清单所列项目总价支付。

### 13.6.2　灌注桩

（1）钻孔灌注桩或沉管灌注桩基础工程施工的计量和支付，按施工图纸和工程量清单规定的桩径及桩长，经监理人签认的混凝土灌注体积，以每立方米（m³）为单位计量，并按工程量清单所列项目单价支付。单价中包括材料的供应、钻孔、泥浆置备、混凝土配制、造孔、清孔、吊放钢筋笼、灌注混凝土质量检查、桩头、试桩和验收等费用。

（2）灌注桩的钢筋应按本技术条款第 15.11.2 条的规定计量支付。

### 13.6.3　沉井

（1）钢筋混凝土沉井井筒。

1）钢筋混凝土沉井的计量和支付，根据井筒断面形状、井筒壁厚及井深、混凝土强度等级，按施工图纸所示或监理人签认的沉井浇筑体积，以每立方米（m³）为单位计量，但沉井工程量中不包括土（砂）石开挖、封底混凝土浇筑等，应另单独计算，并按工程量清单所列项目单价支付。

2）钢筋混凝土沉井制作使用的钢筋、钢材和连接件，按施工图纸所示和监理人签认的用量，以吨（t）为单位计量，并按工程量清单所列项目单价支付。

（2）钢沉井井筒。

钢沉井的计量和支付按施工图纸所示，分别按井筒断面形状、井筒壁厚及井深和监理人签认的钢沉井本体结构以每吨（t）为单位计量，并按工程量清单所列项目单价支付。

（3）沉井封底。

1）沉井封底的计量和支付，按施工图纸所示和监理人签认的干封底或水下混凝土浇筑封底体积，以每立方米（m³）为单位计量，并按工程量清单所列该项目单价支付。

2）上述单价中包括封底材料的供应、井底清理、干封底或水下混凝土浇筑封底以及质量检查和验收等费用。

# 第14章 土石方填筑工程

## 14.1 一般规定

### 14.1.1 应用范围

（1）本章规定适用于本合同施工图纸所示的碾压式的土坝、土石坝、各种类型堆石坝和石渣坝等的坝体，以及土石围堰堰体和其他土石方填筑工程的施工，土工合成材料施工。土石方填筑类型包括：土方填筑、石方填筑和抛投块体（抛投石料、抛投石笼及抛混凝土块）。

（2）土石方填筑工程的工作内容包括：坝料的现场碾压试验；运输；坝料的填筑、碾压；排水设施和护坡；混凝土面板堆石坝上游坡面保护措施；以及各项工作内容的质量检查和验收等。

### 14.1.2 承包人责任

（1）承包人应按本合同施工图纸和监理人指示，完成本章第14.1.1条范围内的全部工作。监理人可在填筑前或填筑过程中调整坝体的分区。

（2）承包人应结合本工程料源开采和加工规划，进行填筑料物的供求平衡计划，既保证填筑工程用料的连续和均衡。

（3）在填筑过程中，承包人应保证观测仪器埋设与监测工作的正常进行，采取有效措施，保护已埋设仪器和测量标志完好无损。

（4）承包人应按本合同施工图纸规定的技术指标，负责土工合成材料的采购、验收、运输和保管，以及按本技术条款的规定完成土工合成材料防渗结构的全部施工作业。

（5）在施工过程中，承包人应做到坝面施工的统一管理、合理安排、分段流水作业，使填筑面层次分明，作业面平整，均衡上升。

（6）坝（堰）体填筑竣工后，承包人应负责修整坝体下游面，使其坡面平整，外观颜色均匀。

（7）承包人应按本合同规定负责施工现场的环境保护。各类施工废弃物应按本技术条款第4章有关规定或监理人指定的地点堆放，避免污染环境。

（8）坝料料源应符合本合同施工图纸的要求。

### 14.1.3 主要提交件

（1）填筑施工措施计划。

土石方填筑工程开工前 **28 天**，承包人应按本合同施工图纸要求和监理人指示，编制一份包括下列内容的施工措施计划，提交监理人批准：

1）坝（堰）体填筑分期、料物分区图和施工布置图；

2）土石方填筑程序和方法；

3）土石方平衡计划；

4）施工设备、设施和人员的配置；

5）质量控制和检验措施；

6）安全保证措施；

7）施工进度计划；

8）其他。

（2）地形测量资料。

土石方填筑工程开工前 <u>14 天</u>，承包人应将填筑区基础开挖验收后实测的平、剖面地形测量资料提交监理人，经监理人签认的地形测量资料作为填筑工程量计量的原始依据。

（3）现场试验计划和试验成果报告。

土石方填筑工程开工前 <u>28 天</u>，承包人应根据本技术条款第 6 章获得的料场复查资料，以及根据料场平衡计划中提供的各种土石方填筑料源，报送现场试验计划，提交监理人批准，试验成果应及时提交监理人。

（4）土工合成材料选择和施工措施。

当土石方填筑工程采用土工合成材料作防渗结构或反滤、排水设施时，承包人应在坝体填筑前 <u>14 天</u>，提交详细的土工合成材料选择和施工措施报告，提交监理人批准。

### 14.1.4　引用标准

（1）GB 50290—1998《土工合成材料应用技术规范》；

（2）DL/T 5128—2009《混凝土面板堆石坝施工规范》；

（3）DL/T 5129—2001《碾压式土石坝施工规范》；

（4）DL/T 5355—2006《水电水利工程土工试验规程》；

（5）DL/T 5363—2006《水工碾压沥青混凝土施工规范》；

（6）DL/T 5388—2007《水电水利工程天然建筑材料勘察规程》；

（7）SL/T 225—1998《水利水电工程土工合成材料应用技术规范》；

（8）SL/T 235—1999《土工合成材料测试规程》。

## 14.2　土石方填筑的现场试验

### 14.2.1　一般技术要求

（1）土石方填筑工程开始前，承包人应按监理人的指示，根据建筑物填料要求选定的料场开挖土石方填筑料，并按本章第 14.2 节规定的试验内容，进行与实际施工条件相似的各项现场试验和（或）现场生产性试验，以确定填筑施工参数。

（2）每项土石方填筑现场试验或现场生产性试验开始前，承包人应编制试验计划措施，并提交监理人批准。试验完成后，承包人还应将试验成果报告和试验记录、提交监理人。

### 14.2.2　土料碾压试验

（1）用于防渗的土料，应进行土料铺料方式和碾压试验，必要时进行土料含水量调整试验。

（2）土料碾压试验应按设计规定的碾压机械类型、质量和行车速度，进行铺料厚度、碾压遍数和填筑含水量的比较试验。检测各种参数下压实土的干密度和含水量，砾质土或风化土料碾压前后的砾石含量。按规定进行现场渗透试验，以及原状样的室内压缩和抗剪强度等试验。碾压试验方法应遵守 DL/T 5129—2001 的有关规定。

（3）土料碾压试验后，应检查压实土层之间及土层本身的结构状况。如发现疏松土层、结合不良或发生剪切破坏等情况，应分析原因，提出改进措施。

### 14.2.3　垫层料和堆石料碾压试验

（1）应根据设计规定的碾压机械类型、质量和激振力，对各种堆石料的铺料厚度、碾压遍数和加水量进行比较试验。检测振动碾压前和振动碾压后填筑体及选定碾压遍数的填筑体干密度和颗粒级配等试验。加水量的比较试验应对不同堆石料小区用同一加水量进行试验。其他未提及的试验要求应遵守 DL/T 5129—2001 的有关规定。

（2）混凝土面板堆石坝垫层料碾压试验除遵守本章第 14.3.5 条的规定外，还应进行垫层料的斜坡碾压试验。必要时，应进行上游坡面保护施工方法（如喷混凝土、碾压砂浆或喷乳化沥青等）的试验。当上游坡面采用挤压墙时，应通过现场试验确定其施工参数。

## 14.3 坝体填筑

### 14.3.1 坝体填筑前的岸坡和基础清理

（1）一般技术要求。

1）坝基与岸坡处理工程为隐蔽工程，必须按设计要求并遵循本技术条款的规定，制定相应的技术措施，提交监理人批准后实施。

2）坝（堰）体填筑前，应清除坝体填筑基础范围内残留的朽木、树根、杂草等腐蚀物质，并排除基坑积水。

3）位于坝基面的所有勘探槽和平洞，均应按施工图纸要求回填，防渗帷幕附近的勘探钻孔和探洞，也应予以封堵。

4）坝基中布置有观测设备时，承包人应在坝体填筑前埋设完毕，经监理人验收合格后，方可开始进行观测设备附近的坝体填筑。

5）坝（堰）体填筑部位的基础处理施工已全部完毕，并经监理人验收合格；在坝（堰）填筑前，承包人应提出详细的坝（堰）填筑施工措施，经监理人批准后，方可实施。

6）坝基与岸坡处理工程过程中，若发现新的地质情况或检验成果与发包人提供资料有较大出入时，承包人应及时报告监理人。

（2）防渗体和反滤过渡区的基础和岸坡处理。

1）在岩石地基上的防渗体和反滤过渡区与岩石岸坡结合，必须采用斜面连接，不得有台阶、急剧变坡，更不得有反坡；非黏性土的坝体与岸坡接合，不得有反坡，清理坡度按施工图纸规定进行。

2）防渗体和反滤过渡区部位的基础和岸坡岩石面断层、断层影响破碎带、卸荷节理和裂隙等处理，应在填筑前按施工图纸要求处理完毕，不得留有后患。

3）对高坝防渗体与坝基及岸坡结合面的处理：当设置有混凝土盖板时，不得影响基础灌浆和防渗体的施工工期，并做好防裂止水，对出现的裂缝应进行补强封闭处理。

（3）坝基截水槽基础处理。

1）截水槽开挖应符合施工图纸要求，满足施工排水规定；

2）开挖、填筑过程中，必须排除地下水与地表径流，并保证排水的电力供应；

3）排水时应防止地基和基坑边坡的渗透破坏。

（4）铺盖地基处理。

1）设有人工铺盖的地基，应按施工图纸要求处理，表面应平整压实，在砂砾石地基上必须按施工图纸要求做好反滤过渡层；

2）利用天然土层作铺盖时，应按施工图纸要求复查土的物理性质、渗透系数、渗透稳定性，对厚度、长度、分布是否连续。凡不能满足施工图纸要求的地段，应采取补强措施或做人工铺盖。

3）人工或天然铺盖的表面均应设置保护层，以防干裂、冻裂及冲刷。

### 14.3.2 防渗土料填筑

（1）防渗土料、接触黏土以及混凝土防渗墙顶的高塑性黏土区等的施工参数通过现场碾压试验确定，其压实标准应满足施工图纸要求。

（2）防渗土料填筑前，与心墙或斜墙接触的基岩或混凝土和喷混凝土层表面，应先清除岩面或混凝土表面的松散物或污物，涂刷一层厚 3～5mm 的浓黏土浆或水泥黏土浆，浆液未干时就铺填一层接触黏土。接触黏土的含水量应高于最优含水量 2% 左右。从第二层防渗土料铺料开始，先铺两岸接触黏土，再铺同层防渗土料。

（3）反滤料铺料后，按选定的铺料方式平行坝轴线方向铺防渗土料，铺料厚度应按本章有关规定或监理人批准的铺料厚度执行。严格控制铺料厚度，铺料厚度的误差应经监理人批准。铺风化料或砾质土时，应避免产生砾石集中而形成架空的现象。

（4）心墙或斜墙土层碾压机具的行驶方向应平行坝轴线，压实标准按本章第 14.3.2 条的要求或监理人批准的碾压遍数执行。靠两岸的接触黏土应用小型碾压设备顺岸边进行压实。

（5）心墙应同上下游反滤料及部分坝壳料平起填筑，跨缝碾压。应采用先填反滤料，后填土料的平起填筑法。斜墙应与下游反滤料及部分坝壳料平起填筑，斜墙也可滞后于坝壳料填筑，但需预留斜墙、反滤料和部分坝壳料的施工场地。已填筑的坝壳料应满足施工图纸要求，并经监理人验收后方可继续填筑。

（6）心墙或斜墙的每一填土层按规定参数施工完毕，并经监理人检查合格后才能继续铺筑上一层。在继续铺筑上层新土之前，必要时应按监理人指示对其表面洒水湿润，保持含水率在控制范围内。如需长时间停工，则应铺设保护层，复工时予以清除，经监理人验收后，方可恢复填筑。

（7）压实土体不应出现虚土层、干松土、弹簧土、剪力破坏和光面等不良现象。监理人检查认为不合格时，有权要求承包人返工至监理人认为合格为止，承包人不得为此提出支付额外费用的要求。

（8）若施工需要将心墙或斜墙分区填筑时，其横向接缝的坡度不得陡于 1：3，接缝部位的处理措施应报监理人批准。斜墙和心墙内不得留纵向接缝。防渗体分段碾压时，相邻两段交接带碾迹应彼此搭接，垂直碾压方向搭接带宽度应不小于 0.3～0.5m；顺碾压方向搭接带宽度应为 1～1.5m。

（9）汽车穿越防渗体路口段，应经常更换位置，不同填筑层路口段应交错布置，并对防渗土体采取保护措施，对路口段超压土体的处理应经监理人批准。被污染的土料，应清除干净。

（10）斜墙铺盖（或心墙）墙身两侧的填土应平衡上升。靠墙身的填土采用小型设备顺墙轴线方向机械压实，压实标准按施工图纸要求执行。

（11）心墙或斜墙填筑面应略向上游倾斜，以利排除积水。下雨前应采取措施，防止雨水下渗，雨后应将填筑面含水量调整至合格范围内，才能复工。

（12）雨季停工前，心墙或斜墙表面应铺保护层，复工前予以清除。

（13）在负温条件下进行填筑应遵守 DL/T 5129—2001 第 10.4 节的有关规定。

### 14.3.3 混凝土面板堆石坝上游铺盖区和盖重区填筑

基础面清除干净、排除积水，经监理人同意后开始坝体分区料填筑，上游铺盖区和盖重区填筑料应符合施工图纸或监理人的要求。上游铺盖区和盖重区填筑料需同时连续平起上升，铺一层盖重区后，再铺上游铺盖区。铺料厚度均为 300mm 或按施工图纸的规定。

### 14.3.4 土质防渗堆石坝反滤料和过渡料填筑

（1）反滤料和过渡料填筑的施工参数通过现场碾压试验确定，其压实标准应符合施工图纸的要求。

（2）防渗土料与反滤料、过渡料和相邻堆石料之间分界线的施工误差，按施工图纸和有关规程规范要求执行。反滤料、过渡料的铺料厚度误差,应符合施工图纸的要求或不超过铺料厚度的±10%。

（3）反滤料、过渡料和相邻堆石料的填筑应与心墙或斜墙填筑面平起。相邻堆石料铺好后,才能铺过渡料和反滤料。用后退法铺一层过渡料,清除坡脚分离的石块;而后铺粗反滤料,清除分离的石块后,再铺细反滤料。过渡料和粗反滤层与岸边的接触处铺料时,不允许因颗粒分离而造成粗料集中和架空现象。

（4）反滤料用振动碾静压到要求的密度,过渡料用振动碾振压到要求的干密度。防渗土料上升到与反滤料同高程后,再与防渗土料骑缝静压。

（5）若防渗体分区填筑时,横缝处的反滤料、过渡料和相邻堆石料采用台阶收坡法,台阶宽度不小于 1m。接缝部位的处理措施,应报监理人批准。

（6）反滤料、垫层料和过渡料与岸边接触处可用振动碾顺岸坡进行压实。

（7）运输土料、反滤料、过渡料和堆石料使用的车辆,应经常保持车辆与轮胎的清洁,防止将残留在车辆和轮胎上的泥土带入清洁的反滤料、过渡料和堆石料的料源及填筑区。

### 14.3.5 混凝土面板堆石坝垫层料和过渡料填筑

（1）垫层料和过渡料的施工参数应通过现场碾压试验确定,其压实标准应符合施工图纸要求。

（2）垫层料、过渡料和相邻堆石料之间的分界面施工误差,应满足施工图纸和有关规程规范要求。

（3）垫层料、过渡料和相邻堆石料的填筑应平起施工。趾板混凝土浇筑后,才能进行相邻垫层料的填筑。用后退法铺一层相邻堆石料,且清除上游坡脚粒径大于 300mm 的被分离的颗粒后,铺过渡料;清除过渡料上游坡脚分离的粒径大于 100mm 的颗粒后,铺垫层料。当不用挤压边墙时,垫层料实际铺料宽度应超过设计宽度 20~30cm。各种料物的铺料厚度宜用测量方法控制,并经监理人批准。周边缝附近的小区料,用人工辅助机械铺料。

（4）碾压前洒水,加水量根据试验确定。

（5）垫层料和过渡料或与相邻堆石料同时碾压。周边缝附近的小区料用振动平板或小型振动碾碾压到要求的相对密度。若使用挤压边墙,与挤压边墙相邻的垫层料应用振动平板或小型振动碾碾压到要求的相对密度。

（6）垫层料的上游坡面应按削坡、坡面碾压和坡面保护的顺序施工。承包人应编制详细的施工措施报监理人批准,并经现场生产性试验验证和完善。

（7）垫层料填筑到一定高度、其坡长为 5~25m 后,用人工或机械进行削坡。削坡后的坡面在法线方向宜高于设计线约 5cm,并在坡面碾压后其误差满足本条各项有关规定。若在 8m 长度内有深 100mm 的凹坑,应用垫层料补平。

（8）坡面碾压可用振动平碾或振动平板。压实前,坡面应洒水。坡面碾压后,垫层料的相对密度应满足施工图纸的规定。

（9）坡面碾压后,应尽快用喷混凝土、沥青乳液或碾压砂浆保护。在雨季或多雨地区施工,应缩短上游坡面暴露的长度和时间。若上游坡面被冲刷,承包人应将其处理到施工图纸规定的要求。

（10）应按施工图纸做好排水管或排水井施工,保证填筑期内的排水畅通,并在水库蓄水前或监理人批准的时间,将排水管或排水井封堵。

（11）在负温下,除非经监理人批准,否则垫层料和过渡料不能继续填筑。

### 14.3.6 沥青混凝土堆石坝过渡料填筑

（1）沥青混凝土斜墙坝应先施工过渡层棱体,按水平分层填筑完成后,在坡面上铺一层支承面层料,平整后用振动碾顺坡方向碾压,下行静压碾,上行振压碾。

（2）沥青混凝土心墙坝的施工，其过渡料和沥青混凝土心墙应同时上升。碾压法应配专用设备，灌注法则在钢模立好后在钢模板和堆石料之间填过渡料，用振动碾静压过渡料，但距离钢模板一定距离不碾压，待拔出钢模板后，对未碾压的过渡料和沥青混凝土一起碾压。

### 14.3.7　土工合成材料防渗堆石坝反滤料和过渡料填筑

相邻堆石料填筑一层，铺过渡料和洒水压实，填筑砂砾石料，用反铲或推土机整形，形成施工图纸规定的坡度，用平板振动器压实坡面，剔除浮露的砾石后铺设土工膜，人工回填砂砾石料；填筑另一侧堆石料，碾压密实，再回填另一侧的砂砾石料，洒水后密实，土工膜折向另一侧，再重复填筑。

### 14.3.8　坝体堆石料（包括砂砾石料）填筑

（1）堆石料的施工参数应通过现场碾压试验确定，其压实标准应符合施工图纸要求。

（2）各区堆石料之间的分界面施工误差控制在±1m 范围内，心墙坝上下游外坡的施工误差控制在 0 cm（向坝轴线）至 10cm（离开坝轴线）内。

（3）除与过渡料相邻的堆石料外，堆石料采用进占法卸料，推土机应及时平料。每层铺料后，用测量方法检查铺料厚度，严格按施工参数的要求控制铺料厚度，其误差不超过铺料厚度的±10%。

（4）坝体堆石料可以分区填筑，也可在堆石区内设斜坡道运输堆石料。分区的范围、相邻各区之间的高程及临时斜坡道的位置，均应经监理人批准。堆石区内的纵、横接缝和临时施工道路，应随着堆石坝体上升，逐层处理。

（5）应设置有效的加水系统，保证加水量满足根据试验确定的要求。堆石料可以在运输到坝体附近的途中和（或）在坝面上进行加水。

（6）堆石料必须用规定的振动碾碾压。振动碾行驶方向应平行于坝轴线，靠岸边处可顺岸行驶。与过渡料相邻的堆石料，当过渡料与其同高程时，过渡料与堆石料应同时碾压。应保证堆石料的碾压遍数符合试验确定的规定或监理人批准的碾压遍数，应定期按本条（1）项的规定检查振动碾的激振力。

（7）当运输道路跨越趾板和垫层区时，应采用钢栈桥或采取其他可靠措施，保护趾板混凝土和止水不被损坏。

（8）在负温下，压实的硬岩堆石料或砂砾石料能达到设计的孔隙率，可以继续填筑。除非经监理人同意，软岩料不能在负温下填筑。

### 14.3.9　护坡块石填筑

护坡块石应随坝体上升逐层填筑。应将合格的块石用推土机推至坝坡边缘，由测量配合定位，块石大面朝外，用小石块楔紧。固定后护坡外缘与设计坝坡线误差不超过±10cm。块石护坡砌筑还应按本技术条款第 17 章砌体工程的有关规定执行。

### 14.3.10　斜墙保护层石料填筑

斜墙保护层的施工应按本章第 14.3.8 条坝体堆石料填筑的方法进行。

### 14.3.11　施工期坝面过流保护

（1）在坝面过流保护实施前，承包人应按施工图纸的要求，编制坝面过流保护的施工措施计划，提交监理人批准。承包人要准备足够的人力、材料和设备，在监理人批准的工期内完成对过流的堆石坝体进行保护。

（2）堆石坝体洪水过流后，承包人应按施工图纸和监理人的指示立即清理被污染和松动的坝体，会同监理人共同查实被冲蚀的坝料、保护面的钢筋或混凝土板的损害情况，并研究确定清理范围以及受冲蚀建筑物的保护措施。若堆石坝体被冲蚀的范围很大，承包人应增加现场的施工设备，以满足施工进度的要求。

## 14.4  土工合成材料

### 14.4.1  一般技术要求

（1）用于土石坝、围堰的防渗结构、反滤和排水设施的土工合成材料包括土工织物、土工膜和土工复合材料。

（2）本节工作内容包括土工合成材料的采购、运输、保管，现场拼接、铺设等的施工作业，以及质量检查和验收。

### 14.4.2  材料

土工合成材料的性能应满足施工图纸的要求。

土工合成材料外观要求不允许有针眼、疵点和厚薄不均匀，也不允许有裂口、孔洞、裂纹或退化变质等材料。

### 14.4.3  运输及储存

（1）若采用折叠装箱运输土工合成材料，不得使用带钉子的木箱；若采用卷材运输，应注意防止在装卸过程中造成卷材表面的损害，承包人在采购土工合成材料卷材时，应按卷材下料长度留有适当裕量。

（2）土工合成材料以大片或卷材的货包，必须贴有标签，标明土工合成材料的制造厂名称、制造号（或组装号）、安装号、类型、厚度、尺寸及质量，并应附有专门的装卸和使用说明书。

（3）土工合成材料在运输过程中和运抵工地后应妥为保存，避免日晒，防止黏结成块，并应将其储存在不易受损坏和方便取用的地方，尽量减少装卸次数。

### 14.4.4  拼接

（1）土工合成材料的拼接方式及搭接长度应满足施工图纸的要求。

（2）土工合成材料拼接施工前，应先进行工艺试验。若采用黏结方式，则应先选择黏结剂，进行黏结后的抗拉强度、延伸率以及施工工艺等试验；若采用热熔焊接方式，则应进行焊接设备的比较、焊接温度、焊接速度以及施工工艺等试验。试验前，承包人应向监理人提交试验大纲，批准后才能进行试验。试验完成后，应将试验成果和报告提交监理人批准，报告应说明选定的施工工艺及相应的施工参数，经监理人批准后，才能进行施工。

（3）拼接前必须使黏（搭）结面清洁干净，不得有油污、灰尘。阴雨天应在雨棚下作业，以保持黏（搭）结面干燥。

（4）土工膜的拼接接头应确保有可靠的防渗效果。在涂胶时，必须使其均匀布满黏结面，不过厚、不漏涂。在黏结过程中和黏结后 2h 内，黏结面不得承受任何拉力，严禁黏结面发生错动。土工膜接缝黏结强度不低于母材的 80%，土工织物接缝黏结强度不低于母材的 70%。

（5）土工膜应剪裁整齐保证足够的黏（搭）结宽度。当施工中出现脱空、收缩起皱及扭曲鼓包等现象时，应将其剔除后重新进行黏结。

（6）在斜坡上进行搭接时，应将高处的膜搭接在低处的膜面上。

（7）在施工过程中，若气温低于0℃，必须对黏结剂和黏结面进行加热处理，以保证黏结质量。黏结强度必须符合施工图纸的要求。

（8）土工膜黏结好后，必须妥善保护，避免阳光直晒，以防受损。

（9）应尽量选用宽幅的土工合成材料，若所选择的幅宽较窄，应在工厂内或现场工作棚内拼接成宽幅，卷成长卷材运至铺设面，以减少现场接缝和黏（搭）结工作量。

### 14.4.5　土工合成材料铺设

（1）一般技术要求。

1）采用土工膜或复合土工膜作防渗体时，应规划好跨越土工膜的施工行驶道路，当车辆、设备等跨越土工膜时，必须采取相应的保护措施。

2）土工合成材料的铺设应根据坝高和材料的受力方向、施工过程中的度汛要求以及尽量减少接缝的数量等因素确定，并应符合施工图纸的要求。

3）为防止大风吹损，在铺设期间，所有的土工合成材料应用砂袋或软性重物压住，直至保护层施工完为止。当天铺设的土工合成材料，应在当天拼接完成。

4）采用现场黏结方式进行土工合成材料的拼接，应保证有足够的搭接长度，做到黏结剂涂抹均匀，无漏黏。采用热熔焊接方式进行材料拼接时，应保证有足够的焊接宽度，防止发生漏焊、烫伤和折皱等缺陷。

5）对施工过程中遭受损坏的土工合成材料，应及时按监理人的指示进行修理，在修理土工合成材料前，应将保护层破坏部位下不符合要求的料物清除干净，补充填入合格料物，并予平整。对受损的土工合成材料，应外铺一层合格的土工合成材料在破损部位之上，其各边长度应至少大于破损部位 1m 以上，并将两者进行拼接处理。

6）承包人应采取有效措施防止大石块在坡面上滚滑，防止机械搬运损伤已铺设完成的土工合成材料。

（2）斜墙上土工合成材料铺设。

1）土工合成材料铺设前，应按施工图纸要求完成支持层施工，支持层应碾压密实，坡面平整。开挖基础锚固槽和坡面防滑槽，基础锚固槽和坝坡防滑槽的断面尺寸应符合施工图纸的规定。

2）通过基础锚固槽开挖的验收、完成坝坡防滑槽的开挖及坝坡坡面的清理工作后，将卷材从上向下滚铺。

3）铺设过程中，作业人员不得穿硬底皮鞋及带钉的鞋。不准直接在土工合成材料上卸放混凝土护坡块体，不准用带尖头的钢筋作撬动工具，严禁在土工合成材料上敲打石头和一切可能引起土工合成材料损坏的施工作业。

4）土工合成材料与基础及支持层之间应压平贴紧，避免架空，清除气泡，以保证安全。坝面马道的部位易产生架空现象，必要时可在该处设水平槽。

（3）心墙土工合成材料铺设。

1）中央防渗的土工膜和复合土工膜应与坝体填筑同时进行，按"之"字形铺设，其具体折皱高度和折皱角度应满足施工图纸的要求。土工膜轴线的误差不大于±5cm。

2）若沿坝轴线方向设有伸缩节，并采用单一土工隔膜时，应在隔膜两侧加细颗粒料或加土工织物。

3）回填两侧砂砾石料时，在距土工膜 50～100cm 范围内只能用小型设备压实，不得用振动碾碾压。

（4）土工膜与周边连接施工。

1）土工膜应通过锚固槽与河床或岸坡的不透水基岩紧密连接，顶部应锚固于防浪墙的混凝土中，以形成整体防渗，其锚固长度应符合施工图纸的要求。

2）土工膜与周边的连接形式应符合施工图纸的要求。土工膜与下部混凝土防渗墙连接时，土工膜直接埋入混凝土内。与岸坡基岩或混凝土建筑物连接，可直接锚在基岩或混凝土面上，或埋入混凝土齿墙内，并同时在岸坡附近设伸缩节。

#### 14.4.6 保护层施工

当土工膜用于斜墙防渗时，应在铺设好的土工膜上进行保护层施工。保护层的形式应符合施工图纸的要求。对混凝土块或石料保护层的铺设，应处理好它们的基础，保证保护层不会滑动；若为土料保护层，应自下而上分层填筑，铺料厚度和压实干密度满足施工图纸的要求。

## 14.5 质量检查和验收

### 14.5.1 土石方填筑前的质量检查和验收

土石方填筑前，承包人应会同监理人进行以下项目的质量检查和验收：

（1）填筑前用于核算工程量的地形平面、剖面测量资料的复核检查；

（2）填筑前基础面清理的检查和验收；

（3）料场开采区各种土石方填筑料的物理力学试验成果抽检；

（4）现场试验选定的施工碾压参数及其各项试验成果的检查和验收。

### 14.5.2 土石方填筑过程的质量检查和验收

（1）填筑过程中，承包人应按监理人指示，以及施工图纸和本章技术条款的规定，对土石填筑全过程进行质量控制和检查，包括使用承包人设备和仪器进行必要的抽查，并将检查成果进行汇总、分析，定期向监理人提交质量检查记录。

（2）坝料填筑质量控制标准应遵守本章第 14.3.2、14.3.4、14.3.5 和 14.3.8 条的规定，并满足监理人批准的调整碾压参数及其他技术要求。

（3）对坝体各种填筑料物的施工参数和施工工艺进行检验。

（4）对防渗土料的含水量和干密度、砾质土颗粒级配、反滤料和堆石料的干密度、孔隙率和颗粒级配等碾压参数进行检验。各种坝料的压实指标抽样检查次数见 DL/T 5129—2001《碾压式土石坝施工规范》中的表 14.4.3。

（5）对坝体的每一层填筑面，应按本章第 14.3 节的规定进行工程隐蔽部位的验收。

（6）对堆石料，取样所测定的干密度，平均值应不小于设计值，标准差应不大于 0.1g/cm$^3$。当样本数小于 20 组时，应按合格率不小于 90%、不合格干密度不得低于设计干密度的 95% 控制。

（7）对防渗土料，干密度或压实度的合格率不小于 90%，不合格干密度或压实度不得低于设计干密度或压实度的 98%。

（8）当发生质量事故时，承包人应及时报告监理人，并向监理人提出质量事故分析报告，提出处理措施，提交监理人。

（9）质量检查的内容、方法和程序应遵守 DL/T 5129—2001 的有关规定，或经监理人批准。

（10）承包人应按监理人指示，在土石方填筑过程中，针对本章第 14.3 与 14.4 节的施工内容，提交各项质量检查报告，经监理人验收签字后，作为土石方填筑工程完工验收的附件。

### 14.5.3  土工合成材料防渗体的质量检查和验收

（1）土工合成材料的质量检查。

1）承包人采购的土工合成材料应由专业厂家生产，必须遵守国家或行业的强制性标准，并符合本章第14.4.2条的有关规定。运到工地的每批土工合成材料，应有生产厂家的性能检测报告、出厂合格证明书。材料到场后，若监理人要求，承包人应委托有材料检测资质的单位对材料进行抽样检测，不合格的材料不能使用。材料性能检测报告和抽样检测成果应提交监理人。

2）承包人应会同监理人按本章的规定，对进货的每批土工合成材料进行外观检查。

（2）土工合成材料防渗体施工的质量检查。

在施工过程中，承包人应会同监理人对土工合成材料防渗体的施工质量进行以下项目的质量检查：

1）在每层土工合成材料被覆盖前，应按 SL/T 225—1999 第 5.6.9 条第（1）、（2）项的规定目测有无漏接，接缝应无烫损、无折皱，铺设应平整。

2）用真空法和充气法对全部焊缝进行检测，保证无漏接。

（3）拼接缝强度的测试检验。

遵守 SL/T 225—1999 第 5.6.9 条第（3）项的规定，每 <u>1000m²</u> 取一试样，进行拉伸强度试验，要求接缝处强度不低于母材的 <u>80%</u>，且试件断裂不得在接缝处，防止接缝不合格。

（4）隐蔽部位的验收。

在每层土工合成材料被回填覆盖前，承包人应按合同条款的约定和本条的质量检查内容进行工程隐蔽部位的验收。

### 14.5.4  完工验收

全部填筑工程完工后，承包人应向发包人（或监理人）申请完工验收，并提交以下完工验收资料：

（1）坝（堰）体土石方填筑工程（包括填筑体防渗结构）竣工图；

（2）坝基及其排水孔（洞）、灌浆洞地质编录资料；

（3）现场试验成果；

（4）坝体填筑施工质量报告和质量检查记录；

（5）施工期坝体安全监测的观测成果；

（6）工程隐蔽部位的检查验收报告；

（7）质量事故分析和处理报告；

（8）监理人要求提供的其他资料。

## 14.6  计量和支付

### 14.6.1  填筑体

（1）填筑工程。填筑工程量的计量与支付，应按施工图纸所示建筑物轮廓尺寸或监理人确认的各种填筑体的工程量，按填筑压实方量以每立方米（m³）为单位计量，按工程量清单所列项目单价支付。单价中不包括料场剥离费用。料场剥离按本技术条款第 6 章的规定计量支付。

（2）坝体上、下游面块石护坡按施工图纸和监理人指示，经监理人验收合格后，以每立方米（m³）为单位计量，并按工程量清单所列项目单价支付。

（3）现场工艺试验所需的费用按工程量清单所列项目总价支付。

### 14.6.2　土工合成材料

土工合成材料工程量按施工图纸或监理人确认的实际铺设的面积,以每平方米(m²)为单位计量,按工程量清单所列项目单价支付。其中,接缝搭接和折皱面积不另行计量。

### 14.6.3　抛投块体

抛投石料、抛投钢筋石笼和抛投异形混凝土块,应根据施工图纸或监理人确认的抛投体积,以堆体方每立方米(m³)为单位计量,并按工程量清单所列项目单价支付。单价中包括块体预制、装运、抛投、平整等费用。

# 第15章 混凝土工程

## 15.1 一般规定

### 15.1.1 应用范围

（1）本章规定适用于本合同施工图纸所示的永久工程建筑物与临时建筑物的各类混凝土（含钢筋混凝土）工程的施工，包括普通混凝土、预制混凝土、预应力混凝土、水下混凝土和碾压混凝土（含异种混凝土）。

（2）本章的主要工作内容包括：混凝土生产（包括混凝土材料、配合比设计、混凝土拌制及混凝土的取样和检验等）；模板的设计、制作、运输和施工安装；钢筋的制作、运输和施工安装；管路和预埋件施工；止水、伸缩缝和排水施工；混凝土运输、混凝土浇筑和混凝土温度控制；混凝土养护；以及上述各项工作内容的质量检查和验收等。

### 15.1.2 承包人责任

（1）除合同约定外，承包人应按本工程各种类型混凝土的要求，负责砂、石骨料的生产、运输、储存和使用。

（2）除合同约定外，承包人应负责修建本工程施工所需的混凝土拌和厂及其生产设备的采购、安装、运行管理、维护和拆除，并使其生产能力满足本合同规定的施工进度要求。

（3）承包人应负责本工程施工所需的各种类型模板的材料供应，以及模板的制作、安装、拆除和维护。

（4）承包人应负责本工程各种钢筋和锚筋的材料供应，以及钢筋和锚筋的制作、运输和施工安装。

（5）承包人应根据本技术条款和本施工图纸所示的各种强度等级混凝土的质量要求，负责混凝土配合比的设计和试验，以及混凝土的拌和、运输、浇筑、温度控制、养护、维修及进行质量检查和检验等的全部混凝土施工作业。

（6）承包人应负责本技术条款和施工图纸所示的预制混凝土和预应力混凝土构件的制作、运输、吊运、安装及进行质量检查和检验等的全部施工作业。

（7）承包人应负责进行碾压混凝土的室内施工配合比试验、现场碾压试验，以选定碾压混凝土的原材料和最优配合比、施工工艺和浇筑程序，以及现场浇筑设备配置施工作业。

### 15.1.3 主要提交件

（1）施工措施计划。

承包人应在混凝土浇筑前 <u>56 天</u>，编制一份混凝土工程的施工措施计划，提交监理人批准，其内容包括：水泥、钢筋、骨料和模板的供应计划以及混凝土分层分块浇筑程序图和施工进度计划等。混凝土浇筑程序图应按本合同施工图纸的要求，详细编制各工程部位的混凝土和二期混凝土浇筑以及钢筋绑焊、预埋件安装等的施工方法和程序。若承包人在编制混凝土浇筑程序时，需要修改施工图纸规定的施工缝位置，应提交监理人批准。

（2）现场试验室设置计划。

混凝土工程开工前 <u>56 天</u>，承包人应将现场试验室的设置计划提交监理人批准，其内容包括现场试验室的规模、试验设备和项目、试验机构设置和人员配备等。

（3）质量检查记录和报表。

施工过程中，承包人应及时向监理人提交混凝土工程的详细施工记录和报表，其内容应包括：

1）每一构件或块体逐月的混凝土浇筑数量、累计浇筑数量；

2）各种原材料的品种和质量检验成果；

3）不同部位的混凝土等级和配合比；

4）月浇筑计划中各构件和块体实施浇筑起讫时间；

5）混凝土的冷却、保温、养护和表面保护的作业记录；

6）浇筑时的气温、混凝土出机口和浇筑点的浇筑温度；

7）模板作业记录和各部件拆模日期；

8）钢筋作业记录和各构件及块体实际钢筋用量；

9）混凝土试件的试验成果；

10）混凝土质量检验记录和质量事故处理记录等。

### 15.1.4 引用标准

（1）GB 175—2007《通用硅酸盐水泥》；

（2）GB 200—2003《中热硅酸盐水泥　低热硅酸盐水泥　低热矿渣硅酸盐水泥》；

（3）GB 2938—2008《低热微膨胀水泥》；

（4）GB 50113—2005《滑动模板工程技术规范》；

（5）GB 50204—2002《混凝土结构工程施工质量验收规范》；

（6）GB/T 5223—2002《预应力混凝土用钢丝》；

（7）GB/T 5224—2003《预应力混凝土用钢绞线》；

（8）DL/T 5055—2007《水工混凝土掺用粉煤灰技术规范》；

（9）DL/T 5100—1999《水工混凝土外加剂技术规程》；

（10）DL/T 5110—2000《水电水利工程模板施工规范》；

（11）DL/T 5112—2000《水工碾压混凝土施工规范》；

（12）DL/T 5113.1—2005《水电水利基本建设工程　单元工程质量等级评定标准　第1部分：土建工程》；

（13）DL/T 5115—2000《混凝土面板堆石坝接缝止水技术规范》；

（14）DL/T 5128—2001《混凝土面板堆石坝施工规范》；

（15）DL/T 5144—2001《水工混凝土施工规范》；

（16）DL/T 5150—2001《水工混凝土试验规程》；

（17）DL/T 5151—2001《水工混凝土砂石骨料试验规程》；

（18）DL/T 5169—2002《水工混凝土钢筋施工规范》；

（19）DL/T 5207—2005《水工建筑物抗冲磨防空蚀混凝土技术规范》；

（20）DL/T 5330—2005《水工混凝土配合比设计规程》；

（21）CECS 40:92《混凝土及预制混凝土构件质量控制规程》。

## 15.2　混凝土生产

### 15.2.1　混凝土材料

（1）水泥。

1）品种选择：承包人应按各建筑物部位的施工图纸要求，以及 GB 175—2007、GB 200—2003 等现行有关国家标准和（或）行业标准的规定，选用配置混凝土所需的水泥品种。

2）发货：每批水泥出厂前，承包人应对制造厂水泥的品质进行检查复验；每批水泥发货时，随货附有出厂合格证和复检资料，监理人有权对进场水泥进行复检。

3）运输：水泥应标明品种、强度等级、生产厂家和出厂批号，采用专用车辆装运，不得混装运输，承包人应在装运水泥的过程中采取措施，防止水泥受潮。

4）储存：到货的水泥应按不同的品种、标号、出厂批号，分别储存在设有明显标志的储罐或仓库中，水泥仓库应有排水、通风设施，保持仓内干燥，并按 DL/T 5144—2001 的有关规定进行储存和存放。

5）水泥温度：进入拌和机的水泥最高温度不得超过 65℃。

（2）骨料。

1）成品骨料的堆存和运输：

① 堆存场地应有良好的排水设施。监理人认为有必要时，有权要求成品骨料的露天堆料场设置遮阳防雨棚，承包人不得拒绝；

② 各级骨料之间应设置隔墙，严禁混料，避免泥土和杂物混入骨料中；

③ 尽量减少骨料转运次数，粒径大于_____mm骨料，自由落差大于_____m 时，应设置缓降设施；

④ 储料仓应有足够的容积，并应维持不小于 6m 的堆料厚度；

⑤ 细骨料仓的数量和容积应满足细骨料的脱水要求。

2）骨料品质要求：

① 细骨料（人工砂、天然砂）的品质应遵守 DL/T 5144—2001 第 5.2.7 条的规定；

② 粗骨料（碎石、卵石）的品质要求遵守 DL/T 5144—2001 第 5.2.8 条的规定执行。

（3）水。

混凝土拌和与养护的用水标准应遵守 DL/T 5144—2001 第 5.5 节的规定。

（4）掺合料。

1）承包人应按本技术条款和施工图纸的要求以及监理人的指示，采购用于拌和混凝土的掺合料。将采购掺合料的供应厂家、材料样品、质量证书和产品使用说明书提交监理人。

2）掺合料的品种和掺量应满足施工图纸和本技术条款的要求，掺合料的品质鉴定和品种选择应通过试验确定，试验报告应提交监理人。

3）掺合料应储存在专用仓库或储罐内，在运输和储存过程中应注意防潮，不得混入杂物，并应有防尘措施。

4）水工混凝土中掺粉煤灰的技术要求应遵守 DL/T 5055—2007 的有关规定。

（5）外加剂。

1）规定用于混凝土的外加剂有减水剂、缓凝减水剂、缓凝剂、引气剂、泵送剂等。当有特殊需要时，可掺用其他性质的外加剂。外加剂的选用应遵守 DL/T 5100—1999 的有关规定。

2）同一工程建筑物的混凝土外加剂应尽量在同一厂家采购，以保证外加剂之间的相容性。如需要在不同厂家采购时，必须遵守 DL/T 5100—1999 的有关规定进行相容性试验，并经监理人批准后才能使用。

3）不同品种的外加剂应分别装运和储存，以避免交叉污染。外加剂储存时间过长、对其品质有怀疑时，必须重新进行试验认定。

4）承包人应结合本工程混凝土配合比的选择，通过试验确定外加剂的掺量，试验成果应提交监理人。

（6）硅粉。

1）配制水工硅粉混凝土的硅粉质量应满足下列规定：

① 二氧化硅含量度 ≥____%；含水率≤____%；烧失量 ≤____%；

② 火山灰活性指数 ≥____%；　45μm 筛余量≤____%；比表面积≥____$m^2$/g；

③ 密度与均质偏差 ≤____%；细度筛余量与均值的偏差（百分点）≤____。

2）配制水工硅粉混凝土时，应严格控制配料的称量误差，其误差规定为：

① 水 ≤____%（必须严格控制）；

② 水泥与硅粉干剂 ≤____%；

③ 各种粒径骨料 ≤____%；

④ 外加剂 ≤____%。

3）承包人配制硅粉混凝土时，应同步加入减水剂和膨胀剂等外加剂，其用量应通过试验确定，试验成果应提交监理人。

4）承包人采购硅粉前，应将其供应厂家、材料样品和质量证明书提交监理人。

5）承包人应按施工图纸所示或监理人指示的部位掺加硅粉，硅粉的掺量应通过试验确定，试验成果应提交监理人。

（7）氧化镁。

水工混凝土中掺用氧化镁的品质指标应满足表 15.2.1 的规定，其施工工艺要求应符合施工图纸和行业技术规范的有关规定。

表 15.2.1　　　　　　　　　氧化镁材料品质的物化控制指标

| 项　目 | 指　标 | 备　注 |
|---|---|---|
| MgO 含量 | | 纯　度 |
| 活性指标 | | |
| CaO 含量 | | |
| 细　度 | | 0.077mm 标准筛 |
| 筛余量 | | |
| 烧失量 | | |
| $SiO_2$ 含量 | | |

### 15.2.2　混凝土指标要求和配合比设计

（1）一般要求。

各种不同类型混凝土的配合比设计应满足施工图纸的混凝土强度等级、耐久性、抗渗性、抗裂性、和易性，以及其他不同类型结构的性能要求。

（2）配合比试验。

1）混凝土配合比必须通过试验确定。承包人应根据各种不同结构类型及其性能要求进行混凝土施工配合比的优选试验，并将试验报告提交监理人批准。承包人应按规定的格式和内容提交试验报告，报告还应注明试验室级别、试验设备与项目负责人等。

2）混凝土配合比设计和试验方法应分别遵守 DL/T 5330—2005 和 DL/T 5150—2001 的有关规定。选定的混凝土配合比试验报告须提交监理人批准。

3）混凝土强度等级和保证率应符合施工图纸和本技术条款的规定。

4）混凝土胶凝材料的最低用量应通过试验确定，大体积水工混凝土的胶凝材料用量应不低于

_____kg/m$^3$。

5）混凝土水胶比应根据设计对混凝土性能的要求通过试验确定，但不应超过 DL/T 5144—2001 表 6.0.5 的规定。

6）粗骨料级配及砂率的选择应根据工程建筑物对混凝土性能的要求确定，其施工和易性及最小单位用水量应通过试验，并进行综合分析后确定。

7）混凝土的坍落度应在确保混凝土质量的前提下，根据建筑物的结构断面、钢筋含量、运输方式、浇筑方式、振捣能力和气候等条件，由承包人通过试验确定。

（3）施工配合比调整。

承包人可根据工地试验室的试验配合比，结合现场实际情况对施工配合比进行适当调整，配合比试验报告应提交监理人批准后，方可实施。

（4）总含碱量的控制。

混凝土配合比设计应遵守 DL/T 5144—2001 附录 B 的规定，控制混凝土中的总含碱量，以保证混凝土的耐久性。

### 15.2.3  混凝土拌制

（1）一般要求。

承包人拌制现场混凝土时，应遵守经监理人批准的混凝土配料单进行配料，严禁擅自更改配料单。

（2）拌和。

1）拌和厂应选用高效、可靠的固定式拌和设备，并采用自动或半自动控制的计量设备配料，拌和厂设备生产率必须满足本工程高峰浇筑强度的要求。

2）拌和厂选用的所有称量、指示、记录及控制设备都应有防尘措施，设备称量应满足规定的精度要求。承包人应及时校正称量设备的精度。

3）混凝土组成材料的配料量均以质量计，称量的允许偏差不应超 DL/T 5144—2001 表 7.1.3 的允许偏差值。

4）拌和设备投入生产前应进行各级混凝土最佳投料顺序与拌和时间的试验，混凝土最少拌和时间不得少于 DL/T 5144—2001 表 7.1.4 的规定，其试验成果应提交监理人。

5）拌和厂每个台班开始拌和前，应检查拌和机叶片磨损情况，其凝固在拌和机内的材料应予以清除。

6）在混凝土拌和过程中，应定时检测骨料含水量。监理人认为需要时，有权指示承包人加密检测。

7）现场掺加混凝土掺合料应采用干掺法，掺料时应拌和均匀；外加剂溶液中的水量，应在拌和用水量中扣除。

8）拌和混凝土出现下列情况时，按不合格混凝土处理：

① 错用配料单已无法补救；

② 混凝土配料时，其中任一种材料的计量失控或漏记；

③ 拌和时间过长，或拌和不均匀，或夹带生料；

④ 出机口的混凝土坍落度超过最大允许值。

### 15.2.4  混凝土取样和检验

（1）混凝土原材料的取样和检验。

1）混凝土生产过程中，应按本技术条款的规定和监理人的指示，在拌和系统抽样进行水泥的强度、凝结时间以及掺合料主要品质的检验，检验成果应提交监理人。

2）当混凝土的拌和及养护用水的水源改变，或对使用水的水质产生怀疑时，应随时进行抽样检验，抽样检验成果应提交监理人。

3）配制外加剂溶液的浓度，应每天检测 1～2 次。

4）骨料品质检验应遵守 DL/T 5144—2001 第 11.2.5 条的有关规定，各品质试验方法或测定指标应遵守 DL/T 5151—2001 的有关规定，检验成果应提交监理人。

5）每批成品骨料出厂时，均应有产品质量检验报告，其内容包括产地、类别、规格、数量、检验日期、检测项目和结果等，检验报告应提交监理人。

6）成品骨料的品质每月应遵守 DL/T 5144—2001 第 5.2.7 条和 5.2.8 条中各表的指标进行 1～2 次抽样检验。监理人认为有必要时，有权指示承包人遵守 DL/T 5151—2001 第 5 章的规定，定期进行碱活性检验。

7）在拌和系统抽样检测砂子、小石的含水量，应每 4h 检测一次，雨雪后特殊情况应加密检测。

（2）混凝土拌和及其拌和物的质量检测。

1）混凝土拌和楼的计量器具应定期（每月不少于 1 次）检验校正，在必要时随时抽验，每班称量前，应对称量设备进行零点校正。

2）混凝土生产过程中，应定期对混凝土拌和物的均匀性、拌和时间进行检查和检测，如发现问题应立即进行处理，并及时报告监理人。

3）混凝土坍落度及混凝土拌和物的水胶比应分别遵守 DL/T 5144—2001 的规定进行取样检测。

4）混凝土拌和温度、气温和原材料温度的检测方法应分别遵守 DL/T 5144—2001 和 DL/T 5150—2001 的有关规定执行。

5）各级混凝土试件的水灰比和强度检验，以及其透水性、抗冻融、坍落度、密实度、沉陷、掺气、浇筑温度、泌水和砂浆凝固时间等的各项试验和检测，均应按 DL/T 5150—2001 的规定执行。

## 15.3  模板

### 15.3.1  模板材料

（1）模板和支架材料的种类、等级，应根据施工图纸所示的结构特点、质量要求以及本技术条款规定的使用要求等确定；模板和支架材料应优先选用钢材、钢筋混凝土或混凝土等模板材料。

（2）尽量少用或不用木材制作模板，若经监理人批准同意采用木模时，其木材质量应达到Ⅲ等以上的材质标准；腐朽、严重扭曲或脆弱性的木材严禁使用。

（3）模板材料的质量应符合本合同指明的现行国家标准和行业标准。

（4）钢模板护面厚度应不小于 3mm，钢模板的表面应光滑，不允许有凹痕、皱折或其他表面缺陷。

（5）模板的金属支撑件（如拉杆、锚筋及其他锚固件）材料应遵守 DL/T 5110—2000 的规定。

### 15.3.2  模板的设计、制作和安装

（1）混凝土模板的设计，除应满足施工图纸所示建筑物结构的外形尺寸外，还应遵守 DL/T 5110—2000 第 6 章的有关规定。

（2）各种混凝土模板制作的允许偏差不应超过 DL/T 5110—2000 第 7.0.1 条的有关规定。

（3）异形模板（蜗壳、尾水管等）、滑动模板、移置模板和永久性模板等特种模板的设计、制作和安装，除应遵守 DL/T 5110—2000 第 10 章的有关规定外，还应满足监理人批准的模板设计文件规

定的允许偏差及其他结构要求。

（4）曲面模板的设计和制作，除应满足施工图纸所示的混凝土建筑物表面的曲度要求外，还不应超过 DL/T 5110—2000 第 7.0.1 条规定的允许偏差范围。

（5）模板之间的接缝必须平整、严密，建筑物分层施工时应逐层校正下层偏差，模板下端不应有"错台"。

（6）模板及支架上严禁堆放超过其设计荷载的材料和设备。

（7）模板安装必须按混凝土结构物的详图测量放样，重要结构多设控制点，以利于检查校正。模板安装过程中，应设置足够的临时固定设施，以防变形和倾覆。

（8）建筑结构物的混凝土与钢筋混凝土模板的安装允许偏差应遵守 GB 50204—2002 第 4.2.7 条的规定；大体积混凝土模板的安装允许偏差应遵守 DL/T 5110—2000 第 8.0.9 条的规定。

### 15.3.3 模板的清洗和涂料

（1）钢模板在每次使用前应清洗干净，为防锈和拆模方便，钢模面板应涂刷矿物油类的防锈保护涂料，不得采用污染混凝土的油剂，也不得采用影响混凝土或钢筋混凝土质量的涂剂，对已污染的混凝土面，承包人必须采取有效措施加以清除。

（2）木模板面应采用烤石蜡或其他保护性涂料进行保护。

### 15.3.4 模板的拆除和维修

（1）普通混凝土的模板（如侧模、底模）以及钢筋混凝土与混凝土结构的承载模板拆除时，除其混凝土强度应符合本技术条款和施工图纸的规定外，还应遵守 DL/T 5110—2000 第 9.0.1 条的规定。

（2）墩、台、柱部位的混凝土强度必须达到____MPa 时，方可拆除模板。

（3）特种模板的拆除时限，必须由承包人报经监理人批准。

（4）预制混凝土构件模板拆除时的混凝土强度，除应符合施工图纸和本技术条款的要求外，还应遵守 DL/T 5110—2000 第 9.0.3 条的规定。

（5）后张法预应力混凝土结构模板的拆除，除应符合施工图纸和本技术条款的规定外，其侧面模板应在预应力张拉前拆除；底部模板应在结构构件建立预应力后拆除。

（6）经计算和试验复核后，混凝土结构实际强度已能承受自重及其他荷载时，经监理人批准后，方可提前拆模。未经监理人批准，模板及其支架和支撑均不得任意拆除。

（7）拆下的模板、支架及其配件应及时清理与维修。暂时不用的模板应分类堆存，妥善保管。

（8）模板的安装及拆除作业必须使用专项设备，并应严格按规定的施工程序进行，以避免施工期发生事故，防止混凝土及其模板的损坏。

### 15.3.5 模板质量检查

（1）现场安装质量检查。

1）模板安装前，承包人应会同监理人共同检查进场模板及其附件的制作质量是否符合本技术条款的要求。

2）模板安装应有足够的密封性能，以防止混凝土浇筑过程中的水泥浆流失。

3）重复使用的模板应保持原设计要求的强度、刚度、密实性和模板表面的光滑度，检查发现模板有损坏时，承包人应按监理人指示进行更换或修补。

4）模板安装完成后，应由承包人负责对模板的安装质量进行检查，并将检查和检测记录提交监理人。

5）在混凝土浇筑过程中，承包人应随时检查模板的定线和定位，一旦发现偏差和位移，应采取有效措施予以纠正，并做好记录提交监理人。

（2）模板拆除后的检查。

承包人应验算混凝土建筑物拆模后的混凝土强度，保证拆除支撑或模板后，其承受的压力不会引起混凝土结构受损。验算成果应提交监理人。

## 15.4 钢筋和锚筋

### 15.4.1 材料

（1）混凝土结构用的钢筋和锚筋应遵守 DL/T 5169—2001 的规定；其种类、钢号、直径等应遵守 DL/T 5057—1996 的规定，并应满足本技术条款和施工图纸的要求。

（2）每批钢筋均应附有产品质量证明书及出厂检验单，每批钢筋进场入库前应由承包人会同监理人进行验点，并应将产品质量证明书及出厂检验单提交监理人。

（3）每批钢筋使用前，应遵守 DL/T 5169—2002 第 4.2.2 条的规定，分批进行钢筋的机械性能检测。检测合格后才准使用，检测记录应提交监理人。

（4）对钢号不明的钢筋，承包人应遵守 DL/T 5169—2002 第 4.2.3 条的规定进行钢材化学成分和主要机械性能的检验，经检验合格，并提交监理人批准后，方可使用。

### 15.4.2 钢筋的加工和安装

（1）钢筋表面应洁净、无损伤，使用前应将钢筋表面的油漆污染和铁锈等清除干净，带有颗粒状或片状老锈的钢筋不得使用。

（2）钢筋应平直、无局部弯折，应遵守 DL/T 5169—2002 第 5 章的有关规定。

（3）钢筋的端头和接头加工、钢筋的弯折加工及成品钢筋的存放，均应遵守 DL/T 5169—2002 的有关规定。

（4）钢筋的焊接应遵守 DL/T 5169—2002 第 6 章的规定以及本技术条款和施工图纸的要求。

（5）钢筋的气压焊接作业应遵守 DL/T 5169—2002 第 6.2.8 条的规定。

（6）钢筋的安装和绑扎应遵守 DL/T 5169—2002 第 7 章的规定。

### 15.4.3 锚筋的制作和安装

（1）锚筋应采用螺纹钢筋，锚筋安装应优先选用先灌浆后插筋的方法。

（2）锚筋安装前，应先清洗钻孔，将孔内的岩粉清除干净。

（3）当采用先注浆后插筋的方法时，其钻孔直径比锚筋直径大 15mm 以上，应在水泥砂浆初凝前将锚筋加压插入到要求的深度，随后再进行加振或轻敲，以确保砂浆密实。

（4）当采用先插筋后注浆的方法，孔口注浆时，钻孔直径应比锚筋直径大 25mm；孔底注浆时，其钻孔直径应比锚筋直径大 40mm；同时，应保证灌浆饱满和密实。

（5）锚筋孔的抗拔力试验应按 DL/T 5169—2002 第 7.5.5 条的规定执行。

### 15.4.4 钢筋和锚筋的质量检查和检验

（1）钢筋的机械性能检验应遵守 DL/T 5169—2002 第 4.2.2 条的规定。

（2）钢筋的接头质量检验应按 DL/T 5169—2002 第 6.2 节的要求进行，其中气压焊应遵守 DL/T 5169—2002 第 6.2.8 条的规定，机械连接应遵守 DL/T 5169—2002 第 6.2.9 条的规定。

（3）钢筋架设完成后，应按本技术条款和施工图纸的要求进行检查和检验，并做好记录。安装好的钢筋和锚筋，若因长期暴露而生锈，应进行现场除锈，对于锈蚀严重的钢筋应予以更换。

（4）在混凝土浇筑施工前，应检查现场钢筋的架立位置，如发现钢筋位置变动应及时校正，严禁在混凝土浇筑中擅自移动或割除钢筋。

（5）钢筋的安装和清理完成后，承包人应在混凝土浇筑前通知监理人检查验收，经监理人签证后才能浇筑混凝土。

## 15.5 普通混凝土（含钢筋混凝土）

普通混凝土的材料、配合比设计、拌和等要求，应按本章 15.2 节的规定执行。

### 15.5.1 混凝土运输

（1）承包人所用的混凝土运输设备应能连续、均衡、快速、及时地从拌和楼运至浇筑地点；其运输能力应与拌和、浇筑能力以及浇筑仓面的施工振捣措施相适应；应保证所用的运输设备在混凝土运输过程中，不发生骨料分离、漏浆、严重泌水、过多的温度回升以及坍落度损失等影响混凝土质量的情况。

（2）承包人在运输混凝土过程中，应尽量缩短运输时间及减少转运次数。因停滞过久形成混凝土初凝或失去塑性时，应作为废料处理，严禁在运输途中及卸料时加水。

（3）在高温或低温条件下运输混凝土时，应设置遮盖或保温设施，避免气温影响混凝土质量。

（4）混凝土浇筑时的自由下落高度不应大于 <u>1.5m</u>。超出时，应采取缓降措施，防止骨料分离。

（5）承包人采用汽车、搅拌车、倾翻车、皮带运输机、塔机、缆机或其他吊罐等各种运输工具运输混凝土时，均应遵守 DL/T 5144—2001 第 7 .2 节的有关规定。

### 15.5.2 混凝土浇筑

（1）浇筑前准备。

1）任何部位混凝土浇筑前 <u>8h</u>（隐蔽工程浇筑前 <u>12h</u>），承包人应会同监理人对混凝土浇筑部位的准备工作进行详细检查，检查内容包括地基处理、浇筑面的清理以及模板、钢筋、插筋、冷却水管、灌浆管路、止水、观测仪器和其他预埋件等永久设施的埋设与安装，看其是否符合施工图纸要求；为混凝土浇筑所需的运输和装卸设施、浇筑仓面设施和混凝土温控措施等施工准备工作是否均已就绪。经监理人检查合格后，方可进行混凝土浇筑。

2）混凝土浇筑，承包人应按施工图纸和本技术条款的要求，进行混凝土浇筑的工艺设计，其内容包括基础面混凝土浇筑、混凝土浇筑分层和铺料顺序、浇筑振捣方法、浇筑间歇时间、浇筑层厚度与施工缝处理等。混凝土浇筑工艺设计报告应提交监理人批准。

3）任何部位浇筑混凝土之前，承包人应将该部位的混凝土浇筑配料单提交监理人审核，经监理人批准后，方可进行混凝土浇筑。

（2）基础面混凝土浇筑。

1）在岩基或软基建基面上浇筑混凝土，承包人应遵守 DL/T 5144—2001 第 7.3 节的规定进行基础面清理，经监理人检验合格后，方可进行混凝土浇筑。

2）岩石基础面上的杂物、泥土及松动岩石应清除；基础面应冲洗干净，排干积水；如遇有承压水，承包人应专门制定引排措施和方法，并提交监理人批准。

3）易风化的岩石基础面与软弱基础面，在立模、扎筋前应处理好地基的临时保护层；在软基上进行操作时，应避免破坏和扰动原状基础。

4）清理后的基础面在混凝土浇筑前，应保持清洁和湿润；基础面清理完毕，经监理人验收合格后，立即浇筑混凝土。

（3）混凝土分层浇筑作业。

1）在基岩面或新老混凝土施工缝面浇筑第一层混凝土前，应铺水泥砂浆、小级配混凝土或同强度等级的富砂浆混凝土，以保证混凝土与基岩面或新老混凝土面结合良好。

2）承包人应根据监理人批准的混凝土浇筑程序和分层分块进行施工。在竖井、廊道周边浇筑混凝土时，应使混凝土均匀上升；在斜面上浇筑混凝土时，应从最低处开始，并保持水平浇筑面均匀上升。

3）浇筑混凝土时，严禁在仓内加水，混凝土和易性较差时，必须采取加强振捣等措施；若仓内泌水应及时清除，并研究减少泌水的措施，严禁在模板上开孔赶水，带走灰浆。

4）水工结构混凝土：如电站进水口、冲砂孔、压力钢管周边混凝土、电梯井、桥墩、牛腿及厂房上部结构等部位的混凝土，应遵守 GB 50204—2002 和 DL/T 5144—2001 的规定进行施工。

5）混凝土浇筑的机械设备配置，应与浇筑仓面的位置及其浇筑条件相适应。

（4）混凝土振捣。

1）混凝土浇筑的振捣应遵守 DL/T 5144—2001 第 7.3.9 条的规定。

2）混凝土浇筑应先平仓、后振捣，振捣时间以混凝土粗骨料不再显著下沉，并开始泛浆为准，应避免欠振或过振。

3）振捣设备的振捣能力应与混凝土仓面面积浇筑循环时间相适应。

（5）浇筑间歇时间。

混凝土浇筑应保持连续性，浇筑混凝土允许间歇时间应通过试验确定，或遵守 DL/T 5144—2001 第 7.3.11 条的有关规定执行，若超过允许间歇时间，应按工作缝处理。

（6）浇筑层厚度。

承包人应在混凝土浇筑工艺设计中，根据搅拌、运输和浇筑的设备能力、振捣性能及气温等因素，详细确定混凝土浇筑层厚度，其浇筑层允许最大厚度应遵守 DL/T 5144—2001 表 7.3.7 的有关规定。

（7）浇筑施工缝面处理。

混凝土施工缝处理应遵守 DL/T 5144—2001 第 7.3.14 条的规定。

### 15.5.3　混凝土温度控制措施

（1）一般技术要求。

1）本节规定主要适用于具有温度控制要求的现浇大体积混凝土工程（如混凝土重力坝、混凝土拱坝等），对于其他有温度控制要求部位的现浇混凝土（如岩壁吊车梁、地下厂房工程）参照本条执行。

2）承包人应根据施工图纸所设置的混凝土工程建筑物的浇筑纵横缝、分层厚度、浇筑间歇时间、混凝土允许最高温度、接缝灌浆稳定温度（拱坝封拱灌浆温度）及其他温度控制要求，编制详细的温度控制措施，作为专项技术文件列入施工措施计划，提交监理人批准。

3）承包人应采取有效措施控制混凝土搅拌机出机口温度，以及运输、浇筑过程中的温度回升，混凝土允许浇筑温度应符合施工图纸的要求。

4）混凝土浇筑的纵横缝设置、分层厚度及浇筑间歇时间等，应符合本技术条款和施工图纸的要求。若改变分层厚度及浇筑间歇时间，需要专门论证，并提交监理人批准。

5）为提高工程部位的混凝土抗裂能力，混凝土的质量除应满足强度保证率的要求外，还应达到 DL/T 5144—2001 表 11.5.11 中混凝土生产质量良好以上的等级水平。

6）在施工过程中，各浇筑块应均匀上升，相邻块高差不应超过 10m，如因施工需要可予适当放宽时，应由承包人经过充分论证，并提交监理人批准后执行。

（2）降低混凝土水化热温升。

在满足本技术条款和施工图纸规定的混凝土各项指标（强度、耐久性、抗裂等）要求的前提下，优化混凝土配合比设计，采取综合措施，减少混凝土单位水泥用量。

（3）降低混凝土入仓浇筑温度。

1）降低骨料仓温度，通过地弄取料、搭凉棚或喷雾降温。

2）粗骨料采用风冷、浸水、喷洒冷水降温。当采用喷洒冷水时应有脱水措施，并使骨料含水量保持稳定。采用风冷法时，应采取防止骨料冻仓措施。

3）为防止温度回升，骨料从冷却仓到拌和楼的运程中，应采取隔热、保温措施。

4）混凝土拌和时，采用冷水或加片冰（或冰屑）等降温措施，并通过试验适当延长拌和时间。

5）在高温季节运送混凝土应有隔热遮阳措施，缩短混凝土运输和暴晒时间。

6）采用喷雾等方法使仓面降低温度。

7）调整混凝土浇筑时间，高温季节应将混凝土浇筑尽量安排在夜间施工，基础部位混凝土应尽量安排在有利季节进行混凝土浇筑施工。

（4）降低坝体内外温差。

为降低坝体内外温差，防止或减少表面裂缝，应在低温季节前将坝体温度降至设计要求的温度。

（5）控制浇筑层最大高度和浇筑间歇时间。

有温控要求的混凝土工程建筑物，应控制浇筑层最大高度和浇筑间歇时间。除监理人另有指示外，大体积混凝土浇筑的最大高度和最小间歇时间应按 DL/T 5144—2001 的有关规定与本工程施工图纸的温控设计执行。

（6）混凝土表面保护措施。

1）在低温季节和气温骤降季节，应按 DL/T 5144—2001 第 8.2.4 条的规定对混凝土表面进行早期保护。

2）对已浇好的底板、护坦、闸墩、孔洞部位、宽缝重力坝和空腹坝的空腔等，在进入低温、气温骤降频繁的季节前，应将空腔封闭，并进行表面保护。

3）在气温变幅较大的季节，长期暴露的基础混凝土及其他重要部位的混凝土必须加以遮盖保护。

4）应根据混凝土强度、混凝土内外温差确定拆除模板的时间，应避免在夜间或气温骤降时拆除模板。

5）混凝土表面保护层的厚度和材料，应根据混凝土结构不同部位的内外温度和气候条件，经计算和试验选择确定。

6）特殊部位的表面保护措施应按施工图纸或监理人指示执行。

（7）温度测量。

1）在混凝土施工过程中，应按 DL/T 5144—2001 的规定，定时测量混凝土原材料的温度、拌和场出机口的混凝土温度，以及坝体冷却水的温度和气温。

2）承包人应按 DL/T 5144—2001 第 8.3.2 条的规定，在混凝土浇筑仓测量混凝土浇筑温度。

3）根据施工图纸及监理人指示，对混凝土浇筑块体内部埋设温度观测仪器，当需要补充埋设仪器时提交监理人批准。

4）除满足相关规程规范外，应保证相邻两次观测温度相差不超过 1℃。

（8）通水冷却。

1）初期冷却：埋管应在混凝土浇筑开始后通水，通水时间由计算确定，一般为 10～15 天。混凝土温度与水温之差不超过 25℃，通水流量按 1～1.5m³/h 控制。当进出口水流温度相差超过 10℃

时，应每 12h 改变一次水流方向。同层冷却区、上下冷却块的梯度温差应满足设计图纸要求或监理人指示。冷却时混凝土日降温幅度不应超过 1℃。

2）中、后期冷却：初期冷却结束后，应加强温度检测，控制混凝土温度回升不超过 1.5℃，通水冷却的水温、通水流量、最大降温速率以及高程方向不同区域坝体混凝土温差控制和温度梯度等控制要求，应根据施工图纸或监理人指示确定。

（9）低温季节施工。

混凝土低温季节施工应遵守 DL/T 5144—2001 第 9 章的有关规定。

### 15.5.4 混凝土养护

（1）混凝土浇筑完毕后，应按规定时间及时进行混凝土养护，保持混凝土表面湿润。混凝土表面的养护要求应遵守 DL/T 5144—2001 第 7.5.2 条的规定。

（2）承包人应在混凝土浇筑前确定掺粉煤灰混凝土、不掺粉煤灰混凝土、掺硅粉混凝土等各类混凝土的养护时间以及特殊部位的混凝土养护时间，以及确定需要采用喷雾、洒水或薄膜养护等的养护措施，混凝土的养护措施应提交监理人批准。

（3）混凝土的养护时间应不少于 28 天，有特殊要求的部位还应适当延长。

（4）混凝土养护应有专人负责，并做好养护记录。

### 15.5.5 混凝土防渗面板施工

（1）材料。

面板和趾板的混凝土原材料品质和质量应符合施工图纸的要求，且遵守 DL/T 5128—2001 第 8.1 节的有关规定。

（2）面板与趾板混凝土配合比。

1）面板与趾板的混凝土配合比，必须按施工图纸要求，通过配合比优化设计和试验确定；

2）掺用外加剂或掺合料，其品种和掺量均应通过试验确定。

3）根据施工条件和当地气候特点选用水灰比，温和地区不应大于 0.5，寒冷地区不应大于 0.45。

4）根据混凝土的运输、浇筑方法和气候条件选定坍落度。当用滑溜槽输送混凝土时，仓面坍落度为 3～7cm。

（3）趾板施工。

1）趾板混凝土浇筑应在基岩面开挖和清理完毕，并按隐蔽工程质量要求验收合格后，方可进行。

2）趾板混凝土浇筑应在相邻堆石区的垫层、过渡层和主堆石区填筑前完成。

3）应按施工图纸的要求设置趾板锚筋，可将趾板锚筋作架力筋使用。锚筋孔的直径比锚筋直径大 5mm，并用微膨胀水泥或预缩细砂浆紧密填塞。

4）趾板混凝土的周边缝一侧表面应仔细整平，其不平整度不超过 5mm。

5）混凝土浇筑时，应及时振捣密实，并注意止水设施附近的混凝土浇筑密实，以避免止水设施的变形和变位。

（4）面板施工。

1）承包人应根据施工图纸浇筑，当分段浇筑时，分段接缝应按工作缝处理。面板混凝土的浇筑，可由中心条块向两侧跳仓浇筑，应避开高温或低温季节浇筑混凝土。

2）浇筑混凝土面板前，应对垫层坡面布置方格网格进行测量和放样，其外边线与设计线偏差应符合施工图纸的要求。

3）面板钢筋应采用现场绑扎或焊接，也可预制钢筋网片，在现场组装。

4）面板混凝土应采用滑动模板浇筑，设计滑动模板应达到下列要求：

① 适应不同条块宽度与形状的组合性能；

② 应有足够的刚度、自重或配重；

③ 安装、运行、拆卸方便灵活；

④ 模板滑动操作时，应有安全保险与通信联络措施。

5）浇筑面板的侧模采用组合钢模板，侧模的高度应适应面板渐变的需要，其分块长度应便于在斜面上安装和拆卸。侧模安装应坚固牢靠，不得破坏止水设施，其允许安装误差遵守 DL/T 5128—2001 第 8.3.8 条的规定。

6）面板混凝土应尽量避免在高温季节浇筑，入仓温度应加以控制；混凝土入仓必须均匀铺料；混凝土应及时振捣，振捣器不得靠近滑动模板顺坡插入浇筑层，振捣深度应达到新浇筑层底部以下 5cm，靠近侧模的振捣器直径不得大于 30mm。止水片周围的混凝土必须注意振捣密实。

7）面板混凝土应连续浇筑，滑动模板滑升前，必须清除前沿超填混凝土，平均滑升速度为 1.5～2.5m/h。

8）脱模后的混凝土应及时修整和保护，并注意保湿，防暴晒、防大风、防寒潮、防养护水冷击。混凝土初凝后应及时覆盖保温，及时洒水养护，连续养护至水库蓄水为止。

（5）止水设施。

1）周边缝、板间缝的止水型式、结构尺寸及材料品种规格，均应符合施工图纸的规定。

2）金属与塑料止水片：

① 铜止水片应按施工图纸的规格要求设置，其化学成分和物理力学性质应遵守 GB 2059—2000 的规定，铜止水片应采用延伸率大于 20% 的纯铜卷材，现场压制成型，异形接头应专门加工，厚度为 0.8～1.0mm。

② 成型金属止水片，在运输、安装时应避免扭曲变形，其表面浮土、锈斑、污垢等需及时清除，砂眼、钉孔、缺口等缺陷应进行处理（或补焊）。

③ 铜止水片的加工与安装应遵守 DL/T 5115—2000 第 7.2 节的规定。

④ PVC 或橡胶止水带安装，以及异型接头的连接分别遵守 DL/T 5115—2000 第 7.3 节和第 7.4 节的规定。

### 15.5.6 二期混凝土施工

（1）范围。

二期混凝土施工范围包括闸门槽混凝土、钢衬预留槽混凝土、门机大梁轨底预留槽混凝土、电站厂房尾水管和蜗壳周围混凝土、座环及水轮发电机支承混凝土、轨道梁预留槽混凝土以及施工图纸所示和监理人要求的预留孔洞、坑、槽、沟等的混凝土浇筑。

（2）材料。

承包人应按监理人指示和施工图纸的要求，选用收缩性较小的原材料进行二期混凝土配合比试验，选定的混凝土配合比应满足混凝土强度保证率____%以上，离差系数不大于____，承包人应将其原材料和混凝土配合比试验成果提交监理人批准。

（3）浇筑和养护。

1）二期混凝土浇筑前，承包人应将结构面的老混凝土用高压水和风砂枪冲毛至露出粗砂，并冲洗干净，保持湿润；

2）浇筑前应检查模板和预埋件的安装质量，保证其在浇筑过程中不发生变形和移位；

3）二期混凝土的浇筑，应采用小型振捣机或用手工棒或钎捣实，避免漏振；

4）混凝土层间间歇期：大体积混凝土应按 DL/T 5144—2001 的规定执行，结构厚度较小的二期混凝土，其最长间歇期不超过 10～15 天；

5）混凝土浇筑完成后，应及时采取洒水、喷雾等措施进行养护，混凝土的连续养护时间应不少于____天，棱角和突出部位应加强保护；

6）二期混凝土模板的拆除时间及其养护作业，应按监理人批准的施工措施执行。

### 15.5.7 抗冲、抗磨蚀部位的混凝土施工

（1）范围。

适用于高速水流过流的混凝土建筑物，如溢洪道、底孔与底孔进出口段等。

（2）混凝土配合比设计。

除满足本章第 15.2.2 条的规定外，还应根据施工图纸规定的抗冲和抗磨设计要求，进行混凝土配合比的设计和优化试验，选定混凝土各种材料（包括掺合料），以及添加抗冲、抗磨材料的品质、用量和添加方法等。混凝土配合比的选择试验报告应提交监理人批准。

（3）施工工艺要求。

1）混凝土表面平整度：

① 表孔溢洪道高速水流混凝土表面凹凸不平整度不应超过施工图纸规定的允许值，并应严格按施工图纸要求将凹凸超限部位进行磨平处理；

② 泄水建筑物的进出水口结构和闸门底槛及临近闸门底槛的混凝土表面应光滑，并控制在施工图纸规定的偏差限值内，应遵守 DL/T 5207—2005 第 5.3.4 条的规定，确定过流表面的不平整度处理指标。

2）混凝土表面抗磨材料和施工。应遵守 DL/T 5207—2005 第 6、7 章的规定，进行混凝土护面抗磨蚀材料的配置和施工。

3）添加硅粉混凝土抗磨措施：

① 承包人应根据施工图纸的规定，在混凝土中添加硅粉，以提高混凝土抗磨和抗冲蚀性能。添加硅粉材料及配置硅粉混凝土时，应同时加入减水剂与膨胀剂，其用量应在本条第（2）项进行的混凝土配合比选择试验中选定；

② 应采用强制式搅拌机拌制硅粉混凝土，其加料顺序与普通混凝土相同，硅粉应在加水泥的前后相继加入。硅粉混凝土的拌和时间应比普通混凝土延长 30～60s；

③ 硅粉混凝土出机后，应尽量缩短运输中转时间，尽快运到仓面，并立即进行摊铺和振捣，运输时间和坍落度由现场试验确定；

④ 为防止硅粉混凝土产生早期塑性开裂，在浇筑过程中应加强巡视，若发现混凝土面发白或混凝土表面水分每小时蒸发速度大于 $0.5kg/m^2$ 时，应增加挡风装置，或进行喷雾以保持表面湿度，或根据监理人指示，采取其他降低硅粉混凝土温度的措施；

⑤ 硅粉混凝土的温度控制措施与普通混凝土相同；

⑥ 硅粉混凝土与普通混凝土之间不允许留施工缝；

⑦ 硅粉混凝土要确保早期潮湿养护，浇筑完毕后，立即在其表面不间断喷雾或覆盖湿透的草袋养护，其混凝土表面应始终处于饱和水潮湿状态 21 天以上，如遇干燥气候条件，应至少养护 28 天。

### 15.5.8 止水、伸缩缝、排水

（1）止水。

1）止水设施的型式、尺寸和埋设位置及其材料的品种规格应符合施工图纸的规定。

2）金属止水片应平整、干净，无砂眼和钉孔，应采用搭接方式埋设，其搭接长度不得小于20mm，搭接部位应采用双面焊接，并保证接合部位密实。

3）PVC 止水带或橡胶止水带的安装应防止变形和撕裂，安装好的止水带应予以固定和妥善保护。

4）沥青井止水设施的施工应遵守以下规定：

① 沥青井止水的井内所用沥青和沥青混合物的配合比应通过试验确定,同一口沥青井内填料和配合比应一致；

② 混凝土预制井壁的内外壁必须是毛糙面，各节接头处应座浆严密；

③ 电热元件应安放准确，保证通畅；

④ 沥青井应随坝段升高逐段检查，逐段灌注沥青，并在每次加热沉实后逐段加入，不得一次进行全井的沥青灌注；

⑤ 沥青灌毕后，井口应立即加盖，妥善保护，并详细记录各项资料。

（2）伸缩缝。

1）伸缩缝缝面应平整、洁净，当有蜂窝麻面时，应按本章有关规定处理，外露铁件应割除；

2）伸缩缝缝面填料的材料及其厚度应符合施工图纸的规定。

（3）排水。

1）排水设施的型式、尺寸、位置以及材料规格均应符合施工图纸的规定；

2）在岩基内钻设的排水孔，其允许偏差应遵守 DL/T 5144—2001 第 10.2.5 条的规定。

### 15.5.9　埋设管路和埋设件

（1）坝内排水孔。

1）坝内排水孔的平面位置应符合施工图纸的要求，排水孔采用拔管法造孔，拔管时间由试验确定；

2）当坝体排水孔采用预制无砂混凝土管时，应养护达到设计强度后才能安装，并应做好管段接头的密封。

（2）冷却水管与接缝灌浆管路。

1）埋设管路应防止堵塞，管道接头必须牢固，不得漏水和漏气；

2）通过伸缩缝的管路应设置伸缩节或进行过缝处理；

3）埋管出口集中处，应做好识别标志；

4）管路安装完毕后，应以压力水或通气法检验管路的通畅程度，直到合格为止；

5）各种预埋管路的位置、高程、进出口等均应做好详细记录并绘图说明。

（3）金属件埋设。

1）各种预埋金属件的规格数量、埋设位置、埋置深度以及埋设精度等均应符合施工图纸的要求；

2）金属件埋入前，应将其表面的锈皮和污染物等清除干净；

3）混凝土浇筑过程中，各类埋设件均不得发生移位或松动，埋设件周围混凝土应振捣密实。

### 15.5.10　质量检查和验收

（1）混凝土原材料的质量检验和验收。

承包人应会同监理人，按 DL/T 5144—2001 和本章第 15.2.1 条的规定，对本工程施工所用的水泥、水、骨料、掺合料、外加剂等混凝土原材料进行入库验收，以及现场的抽样检验和验收。入库验收和抽样检验的成果应提交监理人。

（2）混凝土拌和物的质量检验和验收。

承包人应按 DL/T 5144—2001 第 11.3 节和本章第 15.2.3 条的规定进行混凝土拌和过程的质量控制与混凝土拌和物的现场抽样检验，抽样检验的成果应提交监理人。必要时，承包人应会同监理人共同进行现场的抽样检验。

（3）混凝土工程建筑物的质量检查和验收。

1）建基面混凝土浇筑前，应由承包人会同监理人按本技术条款第 2.2.2 条的规定，对建基面的测量放样成果和建基面的基础清理质量进行检查与验收。

2）在混凝土浇筑过程中，承包人应会同监理人对混凝土建筑物的测量放样成果进行检查和验收。其测量放样成果应提交监理人。

3）混凝土浇筑质量的检查和验收。

① 现场浇筑的混凝土强度检验应按 DL/T 5144—2001 第 11.5 节的规定进行，承包人应会同监理人对混凝土的强度和抗渗试验成果进行检查和检验，并遵守 DL/T 5144—2001 的规定，对混凝土的浇筑质量进行分析评定。检查检验成果和分析评定资料应提交监理人。

② 混凝土浇筑过程中，承包人应将混凝土施工中的浇筑温度、混凝土坝内温度和冷却水温度的检测结果提交监理人，并由承包人会同监理人对各浇筑面的施工浇筑质量和养护质量进行检查和验收。

③ 混凝土分层浇筑时，承包人应对埋入混凝土块的止水、排水设施和各种埋设件的埋设和施工质量进行检查和验收，检查验收记录应提交监理人。

④ 混凝土工程建筑物浇筑完成后，承包人应会同监理人对混凝土工程建筑物永久结构面的修整质量进行检查和验收，检查验收记录应提交监理人。

（4）混凝土工程建筑物成型质量的复测验收。

混凝土建筑物全部浇筑完成后，承包人应会同监理人对混凝土建筑物成型后的位置和尺寸进行复测验收，并对永久结构面的成型质量进行质量评定和验收，其复测成果和质量评定报告应提交监理人。

（5）混凝土建筑物浇筑质量的钻孔抽样检验。

若监理人对工程隐蔽部位的混凝土质量存有疑问，需要进一步检查时，应由监理人通知承包人进行钻孔取样检测和（或）钻孔压水试验，或用超声波、回弹仪等无损检测试验，以鉴定混凝土质量。试验成果应提交监理人。

（6）面板混凝土防渗建筑物检验。

1）面板滑动模板质量检查的项目内容、技术要求和允许偏差（模板轨道至少每 10m 检查一次，每条轨道检查点数不少于 8 个），应遵守 DL/T 5128—2001 第 8.3 节的有关规定进行检查。

2）面板混凝土浇筑质量应遵守 DL/T 5128—2001 附录 A 表 3 和表 4 的规定进行检查，检测成果应提交监理人。

3）面板、趾板质量检查均以强度为主，混凝土强度、抗渗、抗冻检查龄期均以 28 天为准。

## 15.6 预制混凝土

### 15.6.1 材料

（1）模板。

1）制作预制混凝土构件的模板应优先采用钢模，模板的材料及其制作、安装、拆除等工艺应符合本章第 15.3 节的有关规定。

2）各种模板必须有足够的承载力、刚度和稳定性，并应构造简单、支撑拆除方便、适应钢筋入模和满足混凝土浇筑与养护工艺的要求。

3）模板的接缝不应漏浆，模板与混凝土的接触面应平整光洁；周转使用的模板，每次使用后必须清理干净；连续周转使用的模板应设专人管理，并建立不定期小修和定期大修的制度。

（2）钢筋。

钢筋的采购、运输、保管、质量检验和验收应符合本章第 15.4 节有关规定。

（3）混凝土。

预制混凝土所需原材料的采购、储存、运输、拌和以及配合比试验等均应符合本章第 15.2 节和第 15.5 节的有关规定。

### 15.6.2　预制构件

（1）制作场地：制作预制混凝土构件的场地应平整坚实，设置必要的排水设施，保证制作构件时不因混凝土浇筑振捣而引起场地的沉陷变形。

（2）钢筋安装和绑扎：承包人应根据施工图纸和监理人的指示进行钢筋的安装和绑扎，并应符合本章第 15.4 节和遵守 DL/T 5169—2002 的有关规定。

（3）预制构件的埋设件：按施工图纸所示安装钢板、钢筋、吊耳等各种预埋件，预埋件的允许偏差和外观质量应符合 CECS 40:92 表 6.2.37 的有关规定。

（4）模板安装和拆除：承包人应根据施工图纸和监理人的指示进行模板安装和拆除，并遵守 GB 50204—2002 的有关规定。除监理人另有指示外，混凝土预制件必须达到规定强度后，方可拆除模板，保证构件模板拆除后不变形和外棱角完整无缺陷。

（5）预制混凝土构件的制作偏差，应遵守 GB 50204—2002 的有关规定。

### 15.6.3　养护及缺陷修补

（1）养护：混凝土应用水养护至少＿＿＿天；采用蒸汽养护应按监理人的指示或现行规范中的有关规定进行。

（2）表面修整：预制混凝土表面修整应遵守 DL/T 5144—2001 的有关规定。

（3）成型偏差：预制混凝土构件成型允许偏差应遵守 GB 50204—2002 第 9.2.5 条的有关规定。

（4）合格标记：经监理人检查合格的预制混凝土构件应标有合格标志，并标有合格的编号、制作日期和安装标记，未标有合格标志或有缺陷的构件不得使用。

### 15.6.4　运输、堆放、吊运和安装

（1）运输：预制混凝土构件的强度应达到设计强度标准值的＿＿＿%以上，方可对构件进行装运。卸车时注意轻放，防止碰撞。

（2）堆放：堆放场地应平整坚实，构件堆放不得造成混凝土构件损坏，堆垛高度应考虑构件强度、地面耐压力、垫体强度及堆体的稳定性。

（3）吊运：吊运构件时，其混凝土强度不应低于施工图纸规定的吊运强度要求，吊点应按施工图纸的规定设置，起吊绳索与构件水平面夹角不得小于 45°。起吊大型构件和薄壁构件时，应注意构件变形，防止发生裂缝和损坏。起吊重大件的吊运安全措施，应提交监理人批准。

（4）构件安装。

1）承包人应按施工图纸和监理人的指示进行安装，安装前应使用仪器核实支承构件的尺寸和高程，在支承结构上标出中心线和标高。

2）预制混凝土构件的安装位置，须经校正无误后，方可焊接或灌注接头混凝土，接头部位的金属件焊接应符合本技术条款第 21.3.4 条的规定。承包人应对全部焊缝的焊接质量进行严格检查合格

后，方可灌注混凝土。灌注接缝的混凝土或砂浆不得低于构件混凝土的强度等级。焊缝的焊接质量检验成果应提交监理人。

3）尚未达到设计强度的预制构件，安装完成后应继续养护，只有在构件达到规定的设计强度后，才允许承受全部设计荷载。

### 15.6.5 质量检查和验收

承包人应会同监理人对预制混凝土构件的制作和安装进行以下项目的检查和验收：

（1）原材料质量检验：预制混凝土原材料的质量检验应按本章第 15.2 节的有关规定执行。

（2）预制混凝土构件的质量检验和验收：应遵守 GB 50204—2002 第 9 章的规定进行预制构件性能检验、外观质量检查和构件施工安装质量的检查。

（3）预制混凝土浇筑过程中的混凝土取样试验应按本章第 15.5 节的规定执行。

## 15.7 预应力混凝土

### 15.7.1 材料

（1）预应力混凝土所采用的常规钢筋、水泥、骨料和掺合料等应符合本章第 15.2 节和第 15.4 节的有关规定。

（2）预应力钢筋、钢绞线和钢丝：

1）预应力钢筋、钢丝和钢绞线应遵守 GB/T 5223—2003 和 GB/T 5224—2003 的规定，预应力筋应在全长无接头、搭接、焊接、刻痕等缺陷，所有这些材料均应有出厂合格证书。材料进场后，应经监理人检查合格后方可使用。

2）每批预应力钢绞线和钢丝都应有材质成分的质量证明书，承包人除应对其进行规格和外观进行检查外，还应遵守 GB/T 5223—2003 和 GB/T 5224—2003 的规定进行力学性能的抽样检验，有锈蚀或抽样检验不合格者不得使用，外观检查记录和抽样检验成果均应提交监理人。

3）预应力锚具除逐一检查其规格和尺寸外，还应逐一进行探伤检验，有损伤者不得使用，检查记录和探伤检验成果均应提交监理人。

4）在运输中应防止预应力钢材的磨损、冲撞和雨淋、湿气或腐蚀性介质的侵蚀，仓库存储应采取架空存放的措施，任何受到损害和腐蚀的预应力钢材不得使用。

### 15.7.2 锚固器具和张拉设备

（1）预应力筋锚具、夹具和连接器等张拉设备，应根据施工图纸的要求，使用经国家指定技术监督部门认证合格的产品，承包人应将预应力锚固器具的安装图纸及其产品合格证书和厂家检验资料提交监理人。

（2）承包人应遵守 GB 50204—2002 第 6.2.3 条的有关规定进行预应力锚固器具的试载检验，并经监理人验收合格后，才能投入使用。

（3）预应力锚固使用的支承垫片应按施工图纸规定的材质和尺寸进行制作，支承钢垫片安装后应妥善保护，注意防止锈蚀。

（4）后张法预应力钢绞线或钢丝的套管应牢固地固定在张拉布置详图规定的位置，其偏差不得大于_____mm。

### 15.7.3 预应力筋制作和安装

（1）预应力筋的制作和安装应遵守 GB 50204—2002 第 6.3 节的有关规定。

（2）预应力筋下料长度应按施工图纸的要求进行，应采用砂轮锯或切断机下料，不得使用电弧或乙炔火焰切割，雷雨时不得进行室外作业。

（3）成束预应力筋应采用穿束网套穿束，穿束前应逐根理顺，捆扎成束，避免紊乱。

### 15.7.4　预应力混凝土浇筑和养护

（1）预应力混凝土浇筑构件内的钢筋绑扎及套管等各类预埋件的埋设和固定就位完毕，并经监理人检验合格后，方能进行预应力构件的混凝土浇筑。

（2）预应力混凝土浇筑应连续进行，不允许产生混凝土冷缝；混凝土振捣时，避免碰撞预应力钢束管道和预埋件，并应经常检查模板、管道、锚固件及支座埋设件有无缺失、位移和损坏。

（3）预应力混凝土的养护应按普通混凝土的有关规定进行。

（4）混凝土强度尚未达到 <u>15～20MPa</u> 时，不得拆除模板。

### 15.7.5　预应力张拉

（1）预应力张拉必须在已浇筑混凝土达到本技术条款规定的强度后，才能进行；承包人应在预应力张拉前，提交包括张拉工艺、张拉应力和延伸量、静力计算成果和其详细说明的预应力张拉工艺措施报告，提交监理人批准。

（2）采用先张法张拉程序时，应使各根预应力筋的应力一致，张拉后预应力筋的位置与设计位置的偏差不得大于____mm，且不得大于构件截面最短边的____%。预应力筋张拉或放张时，混凝土强度应符合设计要求，预应力筋张拉和放张的主控项目应遵守 GB 50204—2002 第 6.4 节的有关规定。

（3）采用后张法张拉程序时，必须在混凝土抗压强度最小值达到设计值（在相同养护条件下的试验值）时才能进行张拉，后张法的施工方法和程序以及张拉控制应力等，应遵守 GB 50204—2002 的有关规定。应力传递后，钢筋和混凝土的允许应力应符合施工图纸要求。

（4）张拉过程中，预应力控制方法和预应力筋伸长值的计算方法应遵守 GB 50204—2002 的有关规定，承包人应将预应力筋的应力与延伸率的测量记录及时提交监理人核查。

（5）张拉过程中，预应力钢材（钢丝、钢绞线或钢筋）断裂或脱落的数量应按以下要求控制：

1）后张法预应力结构构件，断裂或滑脱的数量严禁超过同一截面预应力筋总根数的____%，且每束钢丝不得超过一根；

2）先张法预应力构件，在浇筑混凝土前发生断裂或滑脱的预应力筋必须及时予以更换。

（6）采用后张法张拉时，套管中的预应力钢丝和钢绞线应畅通无阻，不得交叉。

（7）在预应力锚束施工前应通过现场生产性试验取得预应力锚束安装张拉的有关指标，生产性试验成果应提交监理人批准后，才能正式开始张拉施工。

### 15.7.6　灌浆

（1）采用后张法施工的预应力混凝土，在张拉前应用水冲洗和空气清扫，套管或孔洞中应无水、无污垢、无其他异物，所有套管或空洞在张拉完毕后都应及时进行孔道灌浆，孔道内水泥浆应饱满、密实。

（2）采用普通硅酸盐配制的水泥浆液进行灌浆，其水泥标号不低于施工图纸的要求。对孔隙大的孔道应采用砂浆灌注，水泥浆或砂浆抗压强度不应小于____N/mm$^2$，水灰比为____。浆液搅拌____h后，泌水率应控制在____%，最大不得大于____%。当需增加孔道灌浆的密实性时，水泥浆中可掺入对预应力筋无腐蚀性作用的外加剂。

（3）应采用先灌注下层孔道的灌浆顺序，灌浆应缓慢均匀地进行，不得中断，并应排气通顺。

在灌满孔道并封闭排气孔后，宜再继续加压至＿＿＿MPa，稍后再封闭灌浆孔。

（4）灌浆后24h内，预应力混凝土梁板上不得放置设备或增加其他荷载。

### 15.7.7 运输和安装

现场浇制预应力混凝土预制件的运输、堆放、吊运和安装应按本技术条款第15.6.4条的规定进行。

### 15.7.8 质量检查和验收

承包人应会同监理人对预应力混凝土进行以下项目的检查和验收：

（1）预应力混凝土的各项原材料，应按本章第15.2.1条所述各项材料的有关要求进行质量检查和验收。

（2）预应力混凝土结构和构件的制作安装质量，应按以下要求进行检查和验收：

1）预应力混凝土浇筑过程的取样试验按本章第15.2.4条有关规定执行。

2）预应力混凝土构件制作尺寸的允许偏差应遵守GB 50204—2002的有关规定。

3）预应力构件安装的定位放样应按施工图纸的要求进行检查和验收。

4）预应力的应力延伸率的预应力损失值应按施工图纸的要求进行检查和验收。

## 15.8 水下混凝土

### 15.8.1 材料

水下混凝土采用的水泥、骨料和外加剂，其品质应符合本章第15.2.1条和第15.4.1条的规定，并应按监理人的指示执行。

### 15.8.2 水下地形测量

承包人应会同监理人在本工程的水下混凝土浇筑前14～28天，按施工图纸规定的施测范围，测绘水下混凝土工程的水下地形图及其有关的测绘资料，提交监理人批准。监理人应在收到报批件的21天内，批复承包人。

### 15.8.3 水下混凝土施工

（1）水下混凝土采用直升导管法施工，并遵守下列规定：

1）导管的数量与位置应根据施工图纸规定的浇筑范围和导管的作用半径确定，其导管作用半径一般应不大于3m。

2）导管在使用前应进行密闭试验，密闭情况良好的导管才可投入使用。

3）在浇灌过程中，导管只能上下升降，不得左右移动。

4）开始浇灌时，导管底部应离水下地基面＿＿＿cm，并尽量安置在地基低洼处。

（2）混凝土粗骨料的最大粒径不得大于导管内径的1/4，或钢筋净间距的1/4，亦不应超过＿＿＿cm；坍落度应取＿＿＿～＿＿＿cm，开始坍落度取小值，结束时酌量放大，以保证后注入的混凝土能自动摊平。

（3）灌注过程中，导管内应充满混凝土，并保持导管始终埋在浇灌的混凝土中，以保证后注入的混凝土与水隔离。

（4）水下混凝土应连续浇灌，若混凝土的供应因故暂时中断，应设法防止管内出空。若中断时间较长，则必须等待已浇灌混凝土的强度达到2.5MPa时，并清除混凝土表面软弱部分后，才允许继续灌注混凝土。

（5）灌注混凝土表面应高于设计标高约 <u>10cm</u>，以便清除其强度低的表层混凝土。

### 15.8.4 质量检查和验收

（1）水下混凝土浇灌前的质量检查和验收：

1）按本章第 15.8.1 条的要求进行水下混凝土原材料的质量检查和验收；

2）水下混凝土工程范围地形测量成果，应由监理人按合同条款的约定和本章第 15.8.2 条的规定进行检查和验收。

（2）水下混凝土浇灌质量的检验和验收：

1）水下混凝土取样试验成果的检验和验收；

2）水下混凝土浇灌后，钻孔芯样强度试验成果的检验和验收。

## 15.9 碾压混凝土

### 15.9.1 材料

（1）水泥。

水泥品种和质量应符合施工图纸的要求以及 DL/T 5112—2000 第 5.1 节的有关规定。

（2）骨料。

1）粗、细骨料质量指标应遵守 DL/T 5112—2000 第 5.4 节的要求，骨料试验应遵守 DL/T 5151—2001 的有关规定。

2）冲洗筛分骨料时，应控制好筛分质量，防止细砂和人工砂石粉的流失，最佳石粉含量应通过试验确定，试验成果应提交监理人。

3）骨料运输堆放时，应防止不同级配混装及泥土污染。

4）砂料应质地坚硬、级配良好，其细度模数应遵守 DL/T 5112—2000 第 5.4.8 条的规定。

（3）掺合料。

1）碾压混凝土中应优先掺入适量优质粉煤灰或其他活性掺合料，其品质和掺量均应通过试验论证，试验成果应提交监理人。

2）掺入碾压混凝土的粉煤灰应遵守 DL/T 5055—2007 的有关要求。

（4）外加剂。

1）碾压混凝土中应掺用外加剂，其品种和掺量应通过试验确定。

2）进场的外加剂应有产品说明书及材质证明，并遵守 DL/T 5112—2000 第 5.3 节的规定，使用前必须经过品质检验。

（5）水。

碾压混凝土拌和与养护用水的物质含量应遵守 DL/T 5144—2000 第 5.5.2 条的有关规定。

### 15.9.2 模板和钢筋

（1）模板。

1）碾压混凝土采用的模板，包括垂直面模板、斜面模板、混凝土预制模板以及止水、进出口仓面、孔洞处的专用模板等，必要时应进行专门设计。

2）碾压混凝土应采用能适应快速施工和连续施工的模板，并需满足振动碾靠近模板时能正常碾压作业。

3）采用预制混凝土模板作为建筑物内一部分时，应保证模板搭接部分与内部碾压混凝土紧密连接。

（2）钢筋。

1）钢筋应符合本章第 15.4 节的规定。

2）加筋碾压混凝土的钢筋应铺设在距碾压混凝土层面____cm 处，该层面应作为缝面处理，在缝面上铺筑垫层混合料或砂浆后，再铺筑碾压混凝土进行碾压。

### 15.9.3 配合比设计

（1）碾压混凝土的配合比应满足施工图纸的各项技术指标及施工工艺的要求。

（2）配合比设计参数，如掺合料掺量、水胶比、砂率和单位用水量应遵守 DL/T 5112—2000 第6.0.2 条的规定选定。

（3）碾压混凝土拌和物的设计工作度（$VC$ 值）应遵守 DL/T 5112—2000 第 6.0.3 条的规定。

（4）大体积永久建筑物碾压混凝土的胶凝材料用量不应低于 130kg/m$^3$。

（5）施工过程中，承包人若需要更换原材料的品种或来源时，应通过试验调整配合比，配合比试验成果应提交监理人批准。

### 15.9.4 拌和

（1）碾压混凝土的性能应满足施工图纸要求的容重、物理力学性能、抗渗性、抗冻性等项指标。

（2）拌制碾压混凝土应选用强制式搅拌设备，称量系统应精确、可靠，并应定期鉴定，以保证称量的精度要求。

（3）碾压混凝土拌和时间、投料顺序、拌和量，应通过现场拌和均匀性检测确定。

（4）搅拌设备应配置细骨料含水率快速测定装置和具有拌和水量的自动调整功能。

（5）卸料斗的出料口与运输工具之间的自由落差不应大于 1.5m。

（6）砂浆和灰浆的配料精度及拌和质量与混凝土拌制质量要求相同。

### 15.9.5 运输和卸料

（1）承包人采用的碾压混凝土运输机具（如自卸汽车、皮带输送机及专用垂直溜管等），应在使用前进行全面检查和清洗。

（2）采用的碾压混凝土运输机具，均应遵守 DL/T 5112—2000 规定的施工措施和方法施工，避免损伤碾压混凝土层面的质量。

（3）采用连续运输机具与分批机具联合运输时，应在转料处设置容积足够的储料斗；从搅拌设备至仓面的连续封闭式运输线路，应设置弃料及废水出口，避免施工环境污染。

（4）输送灰浆应有防止浆液沉淀和泌水的措施，保证运送到现场的浆液满足本技术条款的规定和施工图纸的要求。

### 15.9.6 铺筑和平仓

（1）碾压混凝土应采用大仓面薄层连续或间歇铺筑，铺筑方法可采用平层通仓法、斜层平推法和台阶法。铺筑面积应与铺筑强度及碾压混凝土允许层间间隔时间相适应。

（2）碾压混凝土铺筑层应以固定方向逐条带铺筑，坝体迎水面 3～5m 范围内，平仓方向应与坝轴线方向平行。

（3）严禁不合格的混凝土拌和物进仓，若发现有不合格拌和物入仓，必须立即挖除，并将废料弃置至指定场地。

（4）平仓后碾压混凝土表面应平整，碾压厚度应均匀。

### 15.9.7 碾压及现场碾压试验

（1）承包人选择振动碾压机型时，应遵守 DL/T 5112—2000 第7.5.1 条的规定。

（2）施工前应根据碾压混凝土铺筑的综合生产力和气候条件，通过现场碾压试验确定最优施工碾压厚度和碾压遍数，并将现场碾压试验报告提交监理人批准。

（3）振动碾行走速度应控制在 1.0～1.5km/h 范围内。

（4）碾压混凝土入仓后应尽快完成平仓和碾压，从拌和到碾压完毕的最长允许历时，应根据不同季节、天气条件以及碾压混凝土工作度的变化规律，经过试验或工程类比确定，但不应超过 2h。

### 15.9.8 层、缝面处理

碾压混凝土层、缝面处理应遵守 DL/T 5112—2000 第7.7 节的有关规定处理。

### 15.9.9 异种混凝土浇筑

（1）坝岸坡、坝迎水面和坝内的常态混凝土与主体碾压混凝土应同步进行浇筑。

（2）异种混凝土与碾压混凝土的结合部位，应遵守 DL/T 5112—2000 图 7.8.2 所示的有关规定进行异种混凝土结合部位处理，两种混凝土应交叉浇筑。

（3）异种混凝土应随着碾压混凝土浇筑逐层施工，灰浆应洒在新铺碾压混凝土的底部和中部，异种混凝土的铺层厚度应与平仓厚度相同，用浆量应经试验确定。

（4）异种混凝土需进行强力振捣，以保证其均匀性和上下层结合，相邻区域混凝土碾压时与异种区域搭接宽度应大于 20cm。

（5）异种混凝土的层、缝面处理，应遵守 DL/T 5112—2000 第7.7 节的规定。

### 15.9.10 养护

（1）施工过程中，碾压混凝土的仓面应保持湿润，正在施工和刚碾压完毕的仓面，应防止外来水流入。

（2）在施工间歇期间，碾压混凝土终凝后即应开始洒水养护。对水平施工缝和冷缝，洒水养护应持续至上一层碾压混凝土开始铺筑为止；对永久暴露面，养护时间不应少于 28 天，台阶状表面棱角应加强养护。

（3）有温控要求的碾压混凝土，应根据施工图纸的要求采取相应的温控措施，低温季节和寒潮易发期，应提交专门的防护措施文件，提交监理人批准。

### 15.9.11 温度控制

碾压混凝土温控要求按照施工图纸并参照满足本章第 15.5.3 的规定执行。

### 15.9.12 埋设件

碾压混凝土的埋设件施工，应遵守 DL/T 5112—2000 第7.11 节的有关规定。

### 15.9.13 施工气象条件的限制

（1）施工期间应加强气象预报信息的搜集资料，及时观测现场的雨情和气温情况，妥善安排好施工进度。

（2）在降雨强度小于 3mm/h 的条件下，可采取措施继续施工，当降雨强度达到或超过 3mm/h 时，应停止拌和，并迅速完成尚未进行的卸料、平仓和碾压作业。刚碾压完的仓面应采取防雨保护和排水措施。

（3）日平均气温高于 25℃时，应大幅度削减层间间隔时间，采取防高温、防日晒和调节仓面局部小气候等措施，以防止混凝土在运输、摊铺和碾压过程中造成表面水分迅速蒸发散失。

（4）日平均气温低于 3℃或最低气温低于－3℃时，应采取低温施工措施。

### 15.9.14 质量检查和验收

（1）原材料的质量检查和验收。

1）碾压混凝土原材料检验项目和抽样次数，应遵守 DL/T 5112—2000 的规定；

2）混凝土的水泥和水的品质要求按本章第 15.2 节的有关规定执行；

3）骨料、掺合料、外加剂等的质量检测要求遵守 DL/T 5112—2000 第 8.1 节的规定；

（2）拌制碾压混凝土的质量检验。

1）定期检验碾压混凝土材料称量衡器，其配料称量允许偏差值应遵守 DL/T 5112—2000 第 8.2.1 条的规定执行。

2）碾压混凝土拌和物的均匀性检测应符合下列规定：

① 用洗分析法测定粗骨料含量时，两个样品的差值应小于 10%；

② 用砂浆容重分析法测定砂浆容重时，两个样品的差值应不大于 30 $kg/m^3$。

3）从搅拌机口随机取样进行碾压混凝土质量的检测，检测项目和抽样次数，应遵守 DL/T 5112—2000 第 8.2.3 条的规定执行。

4）碾压混凝土拌和物 VC 值选定后，机口允许偏差超出 3s 控制界限时，应查找原因，修正拌和碾压混凝土的用水量，并保持水胶比不变。

5）严格控制掺引气剂的碾压混凝土含气量，其允许偏差为 1%。

（3）碾压混凝土现场质量检测。

1）碾压混凝土现场铺筑检测：应遵守 DL/T 5112—2000 表 8.3.1 的规定检测其 VC 值、抗压强度、压实容重、骨料分离情况以及两个碾压层间隔时间、混凝土加水拌和至碾压完毕时间和入仓温度等检测项目和标准。

2）压实容重检测：应采用核子水分密度仪或压实密度计，每铺筑 100～200m² 碾压混凝土至少有一个检测点，每一铺筑层仓面内应有 3 个以上检测点，以碾压完毕 10min 后的核子水分密度仪测试结果作为压实容重的判定依据。

3）相对密实度指标应遵守 DL/T 5112—2000 的规定执行。建筑物外部混凝土的相对密实度不得小于 98%；内部混凝土的相对密实度不得小于 97%。

（4）碾压混凝土质量控制与评定。

1）碾压混凝土试件应在搅拌机口取样成型，碾压混凝土生产质量控制以 15cm 标准立方体试件，以标准养护 28 天的抗压强度为准。

2）碾压混凝土抗冻、抗渗检验的合格率不应低于 80%。

3）碾压混凝土生产质量管理水平衡量控制标准遵守 DL/T 5112—2000 表 8.4.3 条的规定。

4）碾压混凝土质量评定，应遵守 DL/T 5112—2000 第 8.4.4 条的规定，以设计龄期的抗压强度为准，并按抽样次数分大样本和小样本两种方法评定。

5）碾压混凝土达到设计龄期后，承包人应遵守 DL/T 5112—2000 第 8.4.5 条的规定，钻孔取样。

钻孔的部位和数量应根据高程需要确定。

## 15.10 完工验收

各项混凝土工程建筑物全部完工后，承包人应向发包人申请完工验收，并按下列各项内容提交完工资料：

（1）混凝土工程建筑物的竣工图；

（2）混凝土试验成果分析表或统计表；

（3）混凝土工程建筑物成型复测成果；

（4）混凝土工程建筑物的隐蔽工程及工程隐蔽部位的质量检查验收报告；

（5）混凝土工程建筑物的永久观测设施的竣工资料及建筑物观测成果；

（6）混凝土建筑物的缺陷修补和质量事故处理报告；

（7）监理人指示提交的其他完工验收资料。

## 15.11 计量和支付

### 15.11.1 模板

（1）本条规定适用于本技术条款和施工图纸所示的各种模板的计量和支付。

（2）现浇混凝土的普通模板，包括坝上道路、桥梁、栏杆、踏步、预制件和预应力构件的模板，应分摊在工程量清单中的相应的混凝土或钢筋混凝土单价内，不单独计量支付。

（3）特种模板如异形模板（蜗壳、尾水管）、移置模板（针梁模板、钢模台车）、滑动模板、曲面模板或结构物表面有特殊要求的模板等，按工程量清单所列项目总价（或单价）支付。总价（或单价）中包括模板的设计，模板材料的提供，模板的制作、安装、维护、拆除以及质量检查和验收等费用。

### 15.11.2 钢筋和锚筋

（1）钢筋：应按施工图纸配置的钢筋，以监理人签认的钢筋直径和长度换算成质量进行计量；承包人为施工需要增设的架立筋和在切割和弯制加工中损耗、搭接的钢筋质量均不予计量，其费用应已包括在相应的钢筋单价中，并按工程量清单所列项目单价支付。单价中包括钢筋材料的供应、加工、安装、质量检查和验收等费用。

（2）锚筋：应按施工图纸所示或经监理人确认的锚筋安装数量，以根为单位计量，并按工程量清单所列项目单价支付。

### 15.11.3 普通混凝土

（1）混凝土工程量按施工图纸和监理人签认的建筑物轮廓线以每立方米（m³）为单位计量，并按工程量清单中各相应项目单价支付。

（2）超挖部分的回填混凝土，以及其他为临时性施工措施所增加的混凝土，均分摊在工程量清单所列项目的单价中，发包人不另行支付。

（3）止水、伸缩缝按工程量清单所列项目的相应单位计量，并按工程量清单所列项目的相应单价支付。

（4）混凝土的水冷却费用应按工程量清单所列"混凝土冷却"项目的体积，以每立方米（m³）为单位计量，并按工程量清单中各相应项目单价支付。冷却混凝土的体积应按施工图纸或监理人指示使用预冷却水管进行冷却的混凝土体积，单价中包括：

1）制冷设备和设施的运行和维护，以及制冷过程中的检查、检验和维修等费用。

2）混凝土浇筑体外的冷却水输水管和临时管道的材料供应及管道的制作、安装、运行、维护和拆除等费用。

（5）埋入混凝土体内的冷却水管及附件按施工图纸的规定和监理人指示埋入混凝土的蛇形管的每延米（m）数计量，并按工程量清单所列项目单价支付。

（6）冷却水管的灌浆，费用包括在"混凝土冷却"项目中，不另行支付。

（7）坝体的接缝灌浆（含陡坡接触灌浆），按本技术条款第11.13.2的规定计量支付。

（8）多孔混凝土排水管的计量和支付，按施工图纸所示以每延米（m）为单位计量，并按工程量清单所列项目单价支付。

（9）面板混凝土的砂浆垫层，按施工图纸或监理人签认的建筑物尺寸以每立方米（m³）为单位计量，并按工程量清单所列项目单价支付。单价中包括材料的供应、铺筑及其他辅助作业等费用。

### 15.11.4 预制混凝土

（1）预制混凝土应按施工图纸所示的构件尺寸，以每立方米（m³）为单位计量，并按工程量清单所列项目单价支付。

（2）预制混凝土预埋件的计量和支付，按本技术条款第23章的计量和支付条款执行。

### 15.11.5 预应力混凝土

（1）预应力混凝土按施工图纸所示建筑物轮廓或尺寸计量，不扣除体积小于0.3m³金属体、预埋件占去的空间，按工程量清单所列项目单价支付。单价中包括预应力筋张拉所需的材料、锚固件和固定埋设件等的提供、制作、张拉、安装以及试验检验和质量验收等费用。

（2）预应力钢绞线和钢丝张拉项目，以施加预应力的每千牛·米（kN·m）为单位计量，并按工程量清单所列项目单价支付。单价中包括预应力钢绞线和钢丝张拉所需的材料、锚固件、套管和固定埋设件等的提供、制作、安装、张拉以及试验和质量验收等费用。

（3）灌浆费用包括在预应力钢筋、钢绞线和钢丝的单价中，不另行支付。

### 15.11.6 水下混凝土

按施工图纸和监理人指示的范围，依据灌注混凝土前后的水下地形测量剖面进行计算，以每立方米（m³）为单位计量，并按工程量清单所列项目单价支付。

### 15.11.7 碾压混凝土

（1）应按施工图纸或监理人指定的建筑物边线范围，计算碾压混凝土工程量，以每立方米（m³）为单位计量，并按工程量清单所列项目单价支付。

（2）碾压混凝土现场生产性碾压试验，将根据施工图纸和本技术条款的要求，按碾压混凝土配合比试验项目与现场生产性碾压试验项目的总价支付。

# 第16章  沥青混凝土工程

## 16.1  一般规定

### 16.1.1  应用范围

本章规定适用于本合同施工图纸所示的土石坝、蓄水池和其他水工建筑物的沥青混凝土防渗面板和心墙等工程的材料供应、储存、配合比设计的选定、混合料生产、试验，以及运输、摊铺、碾压以及上述各项工作内容的质量检查和验收等。

### 16.1.2  承包人责任

（1）承包人应根据施工现场的气候条件、地基情况，选择符合本合同施工图纸要求的沥青品牌、天然砂、填料等材料以及施工方法，承包人应使用现代化的设备，雇用具有专业技能或管理技能的员工，确保工程质量和检验工作。

（2）在施工过程中，承包人应负责在各种水位、外界温度、日照和可能遇到的自然气候条件下，承包人应保证沥青混凝土防渗面板的施工质量。

（3）承包人应负责将发包人提供的半成品骨料，根据施工需要进行加工处理。

（4）承包人应按本合同施工进度的要求，负责沥青混凝土施工前，进行沥青混凝土的室内配合比试验、试验场工艺性试验和在本合同施工图纸指定部位的永久建筑物上进行现场生产性试验。沥青混凝土的原材料、配合比、施工工艺、碾压参数、机械设备运行程序等各项试验成果提交监理人批准后，方可进行主体工程施工。

（5）承包人应负责沥青混凝土防渗结构的施工，包括沥青混凝土材料的储存、加热、拌和、保温、运输、铺筑、碾压、试验、模板及接缝与层面处理、质量检查与监测等工作。沥青混凝土施工应满足工程所需的防渗性、抗裂性和耐久性，用时还要满足沥青混凝土质量控制的保证率、均质性及和易性的要求。

（6）承包人不得随意更改经监理人批准的沥青混凝土配合比和施工措施，如确需更改，应提交书面申请报告，报监理人批准。

（7）承包人应遵守本合同规定，制定沥青混凝土施工劳动保护措施以及防止环境污染等工作。各类施工废弃物应按本技术条款第4章的规定，弃置于合同规定或监理人指定的地点，以避免施工场地和其他场所的污染。

### 16.1.3  主要提交件

（1）施工措施计划。

承包人应将施工措施计划提交监理人批准，其内容包括：

1）准备工程：承包人为完成本合同工程所需的施工机械、设备和材料以及试验室设备的设置、设备安装等，应设有一个施工辅助工厂。

2）沥青混凝土材料室内试验、现场工艺试验和现场生产性试验的程序和计划。

（2）沥青混凝土建议试验及其试验成果报告。

承包人应进行沥青混凝土生产所需的材料和工序的建议试验，建议试验成果报告除应详细描述试验室内配合比试验和场外配合比验证试验的过程外，还应提出不少于 2 种可能的沥青货源点沥青的提炼分析报告和炼油厂所用原油的类似报告。

（3）施工方法说明。

承包人应详细说明沥青混凝土材料储存，混合料的生产、运输、铺筑、碾压和质量控制标准，施工机械设备的校准，工作计划、进度，人员配置的水平以及对雇员的培训等。

（4）施工记录报表。

在施工过程中，承包人应按监理人指示，每周提交施工记录报表（刚开始施工的第一个月，应增加提交频次），其内容包括：

1）铺筑位置、铺筑起止时间、铺筑方法、工程量；

2）铺筑施工配合比、所用原材料的取样试验成果；

3）铺筑地点的气温、风速、湿度、降雨等气象条件；

4）铺筑的各种原材料温度、沥青混合料出机口温度、摊铺温度和碾压温度；

5）铺筑的铺筑厚度、压实厚度、碾压遍数、表面平整情况、孔隙率的测试结果及沥青混凝土的密度；

6）沥青混凝土冷缝处理情况及检验报告；

7）沥青混凝土试件的试验成果及分析；

8）质量检查记录和质量事故处理记录。

### 16.1.4 引用标准

（1）沥青混凝土试验、生产和施工，除应执行国家（或国外）标准中强制性规定外，还应满足供货合同指定的专用技术标准。

（2）引用标准。

1）GB 50092—1996《沥青路面施工及验收规范》；

2）DL/T 5362—2006《水工沥青混凝土试验规程》；

3）DL/T 5363—2006《水工碾压式沥青混凝土施工规范》；

4）根据进口国外沥青材料的需要，列出的本工程引用的国外技术标准和规程规范。

## 16.2 材料

水工沥青混凝土由专用水工沥青、骨料、填料、掺合料和其他辅助材料组成。

（1）沥青：水工沥青各项性能指标的质量技术要求，应遵守 DL/T 5363—2006 附录表 A.1 的要求。

（2）骨料：沥青混凝土粗、细骨料各项技术指标的质量要求，应遵守 DL/T 5363—2006 表 5.2.6 和表 5.2.8 的规定。

（3）填料：填料矿物成分为碱性矿粉，填料质量应遵守 DL/T 5363—2006 表 5.3.2 和表 5.3.3 的规定。

（4）掺合料：承包人应按施工图纸或监理人指示，选用利于改善沥青混凝土物理力学性能的掺合料，掺合料的品种有石棉、消石灰、水泥、橡胶和塑料，其掺量应通过试验确定，试验成果应提交监理人。

（5）适用于沥青混凝土面板的其他材料：

1）乳化沥青：乳化沥青应选用阳离子型，其配合比应按施工图纸规定的使用要求，通过试验确定，但不应含有损坏沥青混凝土的挥发性有机溶剂或乳化剂，试验成果应提交监理人批准。

2）沥青涂料：为保证沥青混凝土与常态混凝土之间的连接质量，在摊铺塑性止水材料之前，应先在混凝土表面喷涂沥青涂料，该涂料不得对人身和环境造成危害。沥青涂料的使用，应符合供货合同指定的专用技术标准。

3）塑性止水材料：为适应不均匀变形，沥青混凝土与常态混凝土之间采用滑移连接接头；为确保连接质量和滑移性能，在两者之间铺设一层塑性材料定位过渡。塑性止水材料技术指标应遵守施工图纸的要求。

4）加强网格：应按施工图纸所示布设加强网格，网格材料可为聚酯、聚乙烯树脂纤维或其他性能更好的同类产品。加强网格技术指标应遵守施工图纸的要求。

（6）材料样品提交和留存。

1）在沥青混凝土室内试验开始前 56 天，承包人应向监理人提供不少于 2 个满足施工图纸规定品质货源点的样品，每个沥青料源头各取 40kg 沥青，供监理人试验核实。

2）经监理人批准的各种类型和尺寸的骨料、填料和沥青，应由承包人各取 40kg 样品，留存在承包人的工地试验室内，以供对比之用。沥青样品应保留到本工程所有工程通过验收为止。

3）承包人应提供施工中所用材料的样本、生产厂家的产品成分证书和物理性能报告，报监理人批准。任何被批准的材料的样品均应在承包人的试验室留存。

（7）原材料的储存和运输。

1）沥青：不同标号和厂家生产的沥青应分别储存，不得混杂，沥青熔化和脱水后应严格控制存放时间，尽量一次使用完沥青罐内熔化的沥青。存放时间较长的沥青，应在使用前抽样检验，不符合质量标准的沥青不得使用。

从厂家经铁路（或公路）转运到施工现场拌和站（厂）的沥青，应注意运输过程中的防火和防爆，并避免杂质混入和水分浸入。

2）填料：应进行罐装或防潮袋装运输，填料的储存必须防雨、防潮，防止杂物混入。罐装填料应用筒仓储存，袋装填料应存入库房，堆高不超过 1.5m，最下层距地面至少 30cm。

3）乳化沥青：乳化沥青在储存时应防止漏失、水分蒸发、表面结块和杂质混入。防止乳化沥青因储存过长而凝聚，凝聚的乳化沥青应禁止使用。

## 16.3 配合比的选择和试验

### 16.3.1 配合比选定

（1）应通过室内试验、试验场工艺性试验和现场生产性试验，选定沥青混凝土防渗心墙和防渗面板（如胶结层、防渗层、加厚层和封闭层）的配合比及其施工工艺。各项试验成果、配合比选定及其工艺措施文件，应提交监理人批准。

（2）选用的配合比应符合施工图纸和本章上述技术条款的各项技术指标要求。

### 16.3.2 室内试验

（1）试验内容：主要验证组成沥青混凝土的材料，如沥青、粗细骨料、填料、掺合料及其他材料等，在加热前后是否满足本章所指各项原材料技术指标的规定，并提出技术指标的允许变化范围。承包人应将沥青混凝土设计配合比及试验成果提交监理人。

（2）沥青混凝土室内试验的温度、加荷速度等试验条件，应根据当地气温、工程特点和运行条件等因素确定。

（3）承包人应对上述各项试验所需仪器，向监理人提交试验程序文件。

### 16.3.3 现场工艺性试验

（1）试验目的：

1）验证室内试验的设计配合比能否通过生产设备大批量生产，使其各项技术指标均符合本章的技术要求；

2）验证混合料的生产、沥青混凝土温度控制、各铺筑层摊铺方法、碾压遍数、各类接缝的施工方法等资料；

3）通过试验应获取试样，进行沥青用量、骨料级配、渗透率、柔性、斜坡稳定性和防渗性能等试验；

4）承包人通过试验应能掌握使用校准核子密度仪，以用于测试整平胶结层、防渗层以及钻取芯样的密度。

（2）试验现场准备。

试验现场工艺性试验开始前 7~14 天，承包人应将有关试验场地的布置设计和具体要求，提交监理人批准。

（3）机械铺筑试验。

试验场地尺寸至少为 30m×15m（长×宽），试验场地碎石垫层厚度至少为 500mm，其碎石最大粒径为 80mm，表面应平整。试验内容应包括从生产、运输、铺筑压实至施工图纸所示的全过程（如沥青混凝土面板整平胶结层、防渗层的铺筑试验等）。

（4）取芯样的要求（机械铺筑）：

1）应从核子密度仪读取数据部位的中心钻取芯样；

2）对沥青混凝土面板的整平胶结层、防渗层等，应在不同部位分别钻取试样；

3）在沥青混凝土面板的防渗层和整平胶结层摊铺条带接缝处，应选取不同部位分别钻取试样，如对热缝和冷缝应各钻取 5 个试样；

4）对面板整体断面，应在不同部位分别钻取 10 个试样，目测检查；

5）钻取芯样留下的洞应经预热，用相同的各层材料填充击实。对于沥青混凝土面板的防渗层，应在已填充的钻孔中，选取 5 个钻孔，跨孔边缘接缝面再钻取试样，检验渗透系数是否达到本章技术条款的要求，如达不到规定要求，应重复进行，直到监理人批准为止。

（5）配合比的改变。

一经选定确立配合比，应尽快进行试验场工艺试验验证工作，如果承包人对配合比有改动，则应重新进行试验场工艺性配合比试验。

（6）试验报告。

试验场工艺性试验结束后，承包人应及时编制一份试验场工艺试验报告，提交监理人批堆。报告内容应包括：配合比设计、参数允许变化范围、所用试验配合比是否达到施工图纸和本章技术条款中要求的防渗结构各层技术指标。

### 16.3.4 现场生产性试验

现场生产性试验应在施工图纸所示的永久工程部位上进行，所选取的试验部位应经监理人批准，场地面积至少为 15m×100m（或据工程规模确定尺寸）。

（1）现场生产性试验范围：应包含水库库底和斜坡面完整的沥青混凝土面板施工试验，其内容包括：

1）检查用以承受整平胶结层的碎石垫层；

2）摊铺和碾压整平胶结层；

3）施工库底面与斜坡面之间的曲面（包括整平胶结层至加厚层的各层，并按施工图纸所示铺设加强网格、喷涂乳化沥青）；

4）摊铺和碾压防渗层；

5）施工封闭层；

6）横向和纵向冷缝及热缝的施工和处理；

7）对沥青混凝土心墙采用现场铺筑生产性试验，为施工技术参数进行验证和调整，并确定施工配合比。

（2）现场生产性试验验证内容包括：

1）验证沥青混凝土原材料的试验值；

2）完成下卧层表面处理，为施工胶结层做准备；

3）使用摊铺机和振动碾铺筑整平胶结层和防渗层，应达到设计配合比要求的密度和孔隙率；

4）检验相邻的沥青混凝土防渗层施工段之间的接缝应不透水；

5）建立拌和温度与时间控制系统；

6）保证将热混合物从拌和厂（站）运输至摊铺机处，不使混合物变质，并在最低碾压温度时达到设计要求的密度；

7）承包人已具备校验和使用核子密度仪的方法，测试防渗层。

（3）生产性试验中铺筑永久工程部分的防渗结构时，若其中任何部位达不到施工图纸规定的技术要求，应按监理人指示清除，并将废料弃置到指定地点。承包人应修补好试验造成的损坏部位，并重新进行试验，直到监理人确认达到合格标准为止。

（4）生产性试验结束后，承包人应根据施工图纸和监理人指示，提交一份沥青混凝土材料储存、拌和、运输、摊铺至碾压的施工工艺标准和操作规程，经监理人批准后，方能全面开展沥青混凝土施工作业。

## 16.4 沥青混凝土铺筑前的准备工作

### 16.4.1 建立拌和厂（站）

（1）拌和厂（站）位置应靠近铺筑现场，并远离工程爆破危险区、易燃品仓库和生活区，不受洪水威胁、排水条件良好，设备和设施布置应紧凑，工序紧密衔接以减少热量损失。除应符合国家有关环境保护、消防、安全等要求外，还应具备下列条件：

1）沥青应分品种、分标号储存，各种矿料应分别堆放，不得混杂，矿料等填料不得受潮，集料应放入有防雨设施的地方，拌和厂（站）应有良好的排水设施；

2）拌和厂（站）应配备足够的试验仪器和试验设备；

3）拌和厂（站）应有可靠的电力供应。

（2）拌和厂（站）的生产能力应满足高峰铺筑强度和质量的要求。

（3）在设备订货或混合料拌和厂（站）及骨料加工设备投入使用前，承包人应提交混合料拌和厂（站）的布置图及设备技术说明书，提交监理人批准。

### 16.4.2 原材料加热

（1）沥青加热和熔化。

沥青的熔化、脱水和加热保温必须有防火、防雨设施，不同的沥青储存方式应采用不同的熔化方式。沥青脱水后的加热温度，应根据沥青混合料出机温度的要求确定。加热过程中，沥青针入度的降低不得超过10%，保温时间不应超过24h。

（2）矿料加热。

1）骨料的加热温度，应根据沥青混合料要求的出机口温度控制。拌和时，骨料最高温度应不超过热沥青温度_____℃；

2）填料加热，可用红外线加热器进行。填料加热应通过试验确定，加热温度和时间应保证填料干燥。

### 16.4.3 沥青混合料的配料

（1）根据试验选定的配合比，结合矿料的级配和含水量，确定拌和每盘沥青混合料的各种材料用量。

（2）各种矿料和沥青应按质量配料，各种原材料均以干燥状态为标准，采用含水骨料配料时，必须予以校正，并提交监理人。

（3）沥青混合料配合比的允许偏差，应按 DL/T 5363—2006 表 7.3.3 规定的数值。

（4）称量设备和其他辅助设备应进行测试校正，以保证每一读数盘的误差在总称量的 0.4% 以内，设备应定时检验或抽查。用于指示、记录及控制的装置，应按要求及时进行调整、维护和替换。

### 16.4.4 拌和

（1）热拌沥青混合料采用间歇式拌和机或连续式拌和机拌制，各类拌和机应有防止矿粉飞扬散失的密封性能及除尘装置设备，并有检测拌和温度的设备。

（2）连续式拌和机应配备根据材料含水量变化调整矿料上料比例、上料速度和沥青用量的装置。当材料来源质量不稳定时，不得采用连续式拌和机拌制。

（3）间歇式拌和机应配置自动记录设备，在拌和过程中逐盘打印沥青及各种矿料的用量和拌和温度。

（4）所有称量、指示、记录及控制设备都应有防尘措施，并不受高温作业及环境气候影响。

（5）沥青混合料拌和时，应先将骨料与填料干拌 15～25s 后，再加入热沥青一起拌和，拌和时间应经过试拌确定，混合料应拌和均匀，沥青拌和料应全部裹覆所有混合料的矿料颗粒。

（6）所有称量、计时和测温设备应定时进行校准和测试，对每盘拌和过程应进行监控和记录。

### 16.4.5 运输

（1）沥青混合料的运输设备和运输能力应与拌和、铺筑以及仓面的具体情况相适应，在斜坡上运输时，应采用专用的斜坡喂料车。

（2）沥青混合料应均衡、快速、及时地从拌和场地运送至铺筑地点，不得中途转运；应缩短运输时间和减少热量散失。当其温度不能满足碾压要求时，应作废料处理，并运往监理人指定的弃置地点堆放。

（3）沥青混合料应防止运输漏料。

## 16.5 沥青混凝土防渗面板铺筑

### 16.5.1 垫层施工

（1）在铺筑垫层前，应按施工图纸要求对坝体的上游坝坡进行整修压实，垫层坡面应平整，在 2m 长度范围内，碎石（或卵、砾石）垫层凹凸度应小于 30mm，并应满足施工图纸的要求。

（2）碎石（或卵、砾石）垫层应按施工图纸要求的粒料分层填筑压实，而后用振动碾顺坡碾压，上行振动，下行不振动。碾压遍数应按设计的密实度要求，通过碾压试验确定。

（3）干砌石垫层所用块石质地应坚硬，禁止使用风化岩石，坡脚和封边应用较大的块石，块石间缝隙需用片石嵌紧，孔隙率应小于 <u>30%</u>。

（4）铺筑沥青混合料前，应先在垫层的表面喷涂一层乳化沥青或稀释沥青，待其干燥后，方可铺筑沥青混合料。其干燥时间由气象条件、基底型式及自身的挥发性确定。

（5）乳化沥青或稀释沥青的喷涂，应采用喷洒方法分条进行。

### 16.5.2　防渗面板的组成

沥青混凝土防渗面板由整平胶结层、防渗层、加厚层和封闭层组成，其施工技术要求应遵守施工图纸的规定。

### 16.5.3　沥青混合料的摊铺和碾压

（1）摊铺基本要求有以下几点：

1）沥青混凝土防渗面板的摊铺，应按施工图纸规定的层次和条幅宽度，沿垂直坝线方向按摊铺宽度分成条，自下而上摊铺。

2）沥青混合料的摊铺应采用专用摊铺机进行，最佳摊铺速度为 <u>1～2m/min</u>。

3）摊铺温度应按试验确定，并满足施工图纸的规定。

（2）机械摊铺和碾压应满足下列规定：

1）采用的摊铺机械应适于在斜坡和曲面上施工，并应在沥青混凝土施工期间保持良好的工作状态。

2）采用摊铺机进行摊铺作业时，应能调整摊铺厚度使作业表面平滑，不得使沥青混凝土表面出现粗糙面和打滑痕迹。

3）装备在摊铺机上的振动压板应将混合料压实到 <u>90%</u>以上的压实度，随后由振动碾压实到规定的压实度。

4）应按 DL/T 5356—2006 第 8.4.2 条规定，控制初碾温度和终碾温度，或由试验确定最佳碾压温度。

5）二次碾压完成后，应确认开放端侧的接头坡角。当坡角陡于 45°时，应通过人工采用电动振动板将其矫正至 45°以下。

6）施工接缝处及碾压条带之间重叠碾压宽度应不小于 <u>150mm</u>。

（3）人工摊铺及压实。

对于沥青混凝土狭窄部位，或常规机械设备无法到达的区段，承包人应采用人工摊铺并用小型振动碾压实，但不得漏压，人工摊铺部位的压实度和平整度应与机械施工的技术指标规定相同。

（4）斜坡曲面部位。

斜坡曲面铺筑时，应避免出现三角形条带。如不可避免，斜坡曲面的铺筑应分成几个扇形段，每段按平行于该段曲面的中心线布置摊铺条幅，以减少剩余的三角条带。三角条带的平整度和防渗性能，应满足施工图纸的技术指标要求。

### 16.5.4　防渗层的摊铺

承包人应根据施工图纸规定的防渗层厚度选择合适的摊铺与碾压设备和工艺，在保证防渗层质量的前提下，宜一次性铺设完成。若经生产性试验一次性铺设碾压后施工接缝和压实质量无法达到技术规范要求时，经监理人批准后，防渗层可采用两次或多次铺筑和压实。

### 16.5.5　施工接缝处理

防渗层的施工接缝应遵守 DL/T 5363—2006 第 8.5 节的规定，分热缝与冷缝两种情况，热缝是

指温度高于 <u>100℃</u>的接缝。施工接缝应采用斜面平接，斜面坡度一般为 45°左右，防渗层的施工接缝应按以下规定处理：

（1）对条幅的边缘进行整修，当摊铺机无压边器时，可以人工切除其不规则松散部分。

（2）对受灰尘等污染的条幅边缘，应清扫干净；污染严重地区，应喷涂薄层乳化沥青或稀释沥青。

（3）对温度低于 90℃的条幅边缘，应用红外线加热器加热至____℃后，及时摊铺热沥青混合料，再用振动碾进行碾压。

（4）使用加热器施工接缝，应严格控制温度和加热时间，防止因温度过高而使沥青老化。摊铺机因故停止工作时，应及时关闭加热器。对冷缝的处理应在摊铺碾压后，再在接缝部位采用红外加热器，手持振动压实。

（5）防渗层的施工接缝，应用渗气仪进行检验，对不合格的部位应予以挖除置换后压实，接缝修补后再次检验，直到监理人确认合格为止。

### 16.5.6　层间处理

为保证防渗面板各层间结合紧密，必须遵守以下规定：

（1）铺筑上一层时，下层层面必须干燥、洁净；

（2）上下层的施工间隔时间不应超过 <u>48h</u>；

（3）防渗层上下铺筑面之间应喷涂一薄层乳化沥青、稀释沥青或热沥青，应待喷涂液干燥后，再铺上一层；

（4）防渗层层间喷涂液所用沥青，其针入度应控制在 <u>20～40</u>，喷涂要均匀，沥青用量不得超过 <u>1kg/m$^2$</u>，以防止面板沿层面滑动。

### 16.5.7　封闭层及降温、防冻设施的施工

（1）一般施工要求。

1）沥青胶应搅拌均匀，出料的温度控制在____℃。

2）沥青胶运输中应防止填料沉淀，应使用涂刷机或橡皮刮板沿坝坡方向分条涂刷沥青胶，涂刷时的温度应在 <u>170℃</u>以上，涂刷量为 <u>2.5～3.5kg/ m$^2$</u>。封闭层应多次涂刷，最终达到涂刷厚度为 <u>2mm</u>，涂刷后发现鼓泡或脱皮等缺陷时应及时处理。

3）封闭层应选择在 <u>10℃</u>以上的气温条件下施工，涂刷完工后的封闭层表面，禁止人机行走。

（2）降温设施施工。

1）死水位以上的封闭层上可喷涂浅色涂层或采用喷（淋）水降温；

2）喷（淋）水降温设施应按施工图纸要求的时间完成，完工后应进行喷（淋）水试验，检验降温效果；

3）降温涂层材料应用铝漆等浅色涂料，但在施工前应进行现场试验，检验其耐久性和降温效果，喷涂铝漆的用量按 <u>10～12m$^2$/L</u> 控制。

（3）防冻设施施工。

1）当面板表面设有防冻保护层时，应按本技术条款的要求，在冬季前完成覆盖；

2）当面板表面需采取破冰措施时，应按设计要求在水库蓄水前的第一个冬季完成，并进行必要的试验。

### 16.5.8　面板与刚性建筑物的连接

面板与刚性建筑物的连接，应遵守 DL/T 5363—2006 第 8.6 节的规定。

### 16.5.9　沥青混合料施工气候条件的限制

（1）除通过现场试验对沥青混凝土面板的摊铺和碾压气候条件作出规定外，当无特殊保护措施时，承包人不能在下列气候条件下施工：

1）除另有约定外，沥青混凝土面板不得在环境气温低于 5℃ 以下时施工；

2）浓雾或风速大于四级强风时；

3）遇雨或表面潮湿时；

4）除合同另有规定外，防渗层不应夜间施工；

5）环境气温低于 10℃，封闭层不能施工。

（2）在摊铺防渗层过程中，遇有雨和雪，承包人应立即停止摊铺作业。

（3）已经离析或结成不可压碎的硬壳团块，以及低于规定铺筑温度铺筑的或被雨水淋湿的沥青混合物，均应作为废料处理。

## 16.6　沥青混凝土心墙铺筑

### 16.6.1　准备

（1）沥青混凝土心墙施工前，对底部混凝土基座的连接面的处理应按施工图纸要求施工。

（2）坝基防渗结构的施工，除在廊道内进行帷幕灌浆外，应在沥青混凝土施工前完成，若心墙与坝基防渗工程必须同时施工时，应做好施工规划，合理布置场地，以减少施工干扰。

（3）承包人应为沥青混凝土心墙监测仪器埋设和观测的工作人员提供工作环境，并负责对已埋设的仪器加以保护。

### 16.6.2　模板

（1）沥青混合料人工摊铺段应采用钢模，并保证心墙有效断面尺寸。钢模定位后的中心线距心墙设计中心的偏差应小于 ±5mm。

（2）沥青混合料填入钢模前，应先进行过渡料预碾压。沥青混合料碾压之前，应将钢模板拔出，并及时将模板的表面黏附物清除干净。

### 16.6.3　过渡料铺筑

（1）应采用专用摊铺设备施工，过渡料的摊铺宽度和厚度由摊铺机自动调节，摊铺机无法到达的部位，由人工补铺。

（2）人工摊铺段过渡料填筑前，应采用雨布等遮盖心墙表面，其遮盖宽度应超出两侧模板300mm 以上。

（3）心墙两侧的过渡层应对称铺填压实，以免钢模位移。距钢模的过渡料应待钢模拆除后，与心墙同步碾压。

（4）心墙两侧过渡料压实后的高程，应略低于心墙沥青混凝土面，以利于排水。

### 16.6.4　心墙沥青混合料的摊铺

（1）沥青混合料开始铺筑前，应完成下列作业和施工准备，并经监理人检验合格：

1）提前完成相应部位的水泥混凝土浇筑，且其龄期必须达到设计龄期后，方可进行沥青混凝土的铺筑。

2）完成水泥混凝土结构物与沥青混凝土接缝面的表面处理或整修。

3）沥青混合料的所有施工机械设备，各种质量控制、检测仪器及配套设施均准备就绪。

4）各种材料备料充分。

5）现场铺筑试验全部完成。

承包人在沥青混凝土铺筑前，应提出沥青混凝土心墙铺筑的书面申请，报请监理人批准。任何部位的每一铺筑层，承包人都应在铺筑 1 天（至少 12h）前，通知监理人对铺筑部位及准备工作进行全面检查和验收复核，在监理人签发许可证后才能开始铺筑。在监理人未签发许可证之前，任何部位均不得摊铺。

（2）沥青混凝土铺筑机具、设备应根据铺筑方式和铺筑强度选择，所有的铺筑机具、设备等应涂刷一层防黏剂，以保持机具、设备干净，且应经常进行清理和维修保养。

（3）根据现场试验成果，按经监理人批准的铺筑层厚、次序、方向、铺筑温度、碾压温度及碾压遍数等，进行分层铺筑碾压，其要求如下：

1）沥青混合料的碾压温度中，初碾温度不低于 130℃，终碾温度不低于 110℃，最佳碾压温度应由试验确定。

2）碾压机具以 1.0～1.5t 为宜，摊铺厚度为 20～30cm，压实厚度控制在 _____ cm，摊铺速度为 1～3m/min。沥青混合料的碾压应先无振碾压，再有振碾压，碾压速度控制为 20～30m/min，碾压遍数应通过试验确定。

3）正常施工情况下，碾压结束后应立即覆盖防雨布；特殊情况下施工，初碾完成后即应铺上防雨布，覆盖范围应超出心墙两侧各 30cm。

4）沥青混凝土每天铺筑层数 1～2 层，除非报请监理人批准，否则每天铺筑层数不允许超过 2 层。沥青混凝土心墙应全线均衡上升，使全线尽可能保持同一高程，尽量减少横缝。当出现横缝时，其结合坡度应缓于 1:3，上下层的横缝应错开，错距应不小于 2m。不合格或因停歇时间过长、温度损失过大的沥青混合料应清除废弃。在清除废料时，不得对下部已铺筑好的沥青混凝土造成损害。

5）续铺前，下层缝面温度不低于 70℃，当心墙沥青混凝土面温度低于 70℃，宜采用红外线加热器加热，使之不低于所要求的温度。但加热时间不宜过长，以防沥青混凝土老化。

6）碾压沥青混凝土时，碾压机械不得突然刹车或横跨心墙碾压。横缝处应重叠碾压 30～50cm。

7）心墙铺筑后，在心墙两侧过渡层以外 2m 范围内禁止使用 10t 以上大型机械压实坝壳料，以防心墙局部受振畸变或破坏。

8）当雨季或季节性停工时，心墙和过渡层的任何断面在高程顶部都应略高于其上下游相邻的坝体填筑料，以利于排水。

9）沥青混凝土心墙不得在夜间施工，工作环境温度不得在 0℃ 以下，不得在浓雾或风速大于 4 级强风时施工。

（4）使用专用摊铺机时应注意以下几点：

1）应提前对操作者加强培训，使之能熟练地操作、驾驶。操作手应获得监理人的批准。未经监理人批准的操作手不得上机操作驾驶。

2）对摊铺机的控制系统应经常检测和校正，每次铺筑前，应根据心墙和过渡层的结构要求和施工要求，调整或校正铺筑宽度、厚度等相关施工参数。

3）做好与之配套的准备工作。

4）应连续、均匀地进行铺筑。铺筑时，应先进行过渡带碾压，最后进行沥青混合料碾压。

5）铺筑过程中，随时观察铺筑效果。若发现不符合施工图纸要求的，应立即停止铺筑，查明原因并校正后才能继续摊铺。对已铺筑的不符合施工图纸要求的部位，应采取措施进行处理。

## 16.7 质量检查和检验

### 16.7.1 原材料检验

（1）承包人应会同监理人进行沥青混凝土面板和心墙以下各项原材料检验，并将检验成果提交监理人。

（2）对沥青的针入度、软化点、延度等3项指标进行检验。监理人认为必要时，可抽查溶解度、蒸发损失、闪点、含蜡量和密度等。

（3）在拌和厂（站）正常运行情况下，每天应从沥青加热锅中取样一次，对针入度、软化点、延度等指标进行检验。当沥青标号或配合比改变时，应及时抽样检验。

（4）砂石料以每 100～200m³ 为取样单位，按本章规定的各项技术指标抽样检验。

（5）在正常情况下，每天至少对拌和厂（站）所用粗细骨料取样检查一次，测定其级配和含水率。当采用间歇烘干加热工艺时，应从拌和厂（站）堆料场取样；当采用连续烘干加热工艺时，应从热料仓取样测定其级配。

（6）填料以每批（或每 10t）取样检验一次，按本章规定的各项技术指标进行检验，合格后方可使用。

（7）现场使用的各种掺合料必须与试验所确定材料性质相符，应按 DL/T 5363—2006 的规定取样检验，合格后方可使用。

### 16.7.2 施工质量检验

承包人应会同监理人进行以下所列项目的质量检查，并将检查成果提交监理人：

（1）沥青混合料的施工质量检验。

1）专项检测沥青、矿料和沥青混合料的温度，严格控制各工序的加热温度和沥青混合料的出机温度。

2）从搅拌机出料口取样检验沥青混合料的配合比和技术性能。在正常情况下，每天应在第一盘中取样制成马歇尔试件，检验有关参数，以指导当天施工。

3）现场监测沥青混合料，应在铺筑过程中测记每次拌和温度及拌和时间，严格控制碾压温度。

（2）沥青混凝土防渗面板质量检验。

1）检查面板各层沥青混凝土的铺筑厚度，其防渗层的铺筑厚度不得小于设计层厚，非防渗层铺筑厚度不得小于设计层厚的 95%，铺筑面应平整，在 2m 范围内的起伏差不得超过 10cm。

2）面板铺筑后，应按监理人指示的位置采用机械钻取芯样，每 500～1000m² 至少取样一组 3 个试件，对芯样进行沥青混合物容重、骨料级配、沥青含量、孔隙率、水压力下的渗透性能等试验，并对芯样中各层厚度和力学性能进行检验。芯样应作抽提试验，检验沥青混凝土的配合比，必要时作柔性、流淌、抗冻裂等试验。钻取芯样留下的钻孔应及时回填。回填时，先将钻孔冲洗、擦干，用管式红外线加热器将孔烘干、加热，再用热沥青砂浆或细粒沥青混凝土分层回填、捣实。

3）沥青混凝土面板施工铺筑期间，采用无损检验方法测试容重和铺筑厚度，工地现场应备有核子密度仪，其测试项目和测试次数可参考表 16.7.2，或由监理人在现场指定。

表 16.7.2                   现 场 测 试 项 目 表

| 名　　称 | 测试项目 | 测 试 次 数 | |
| --- | --- | --- | --- |
| | | 范围 | 次数 |
| 防渗层 | 容重 | 100m² | 1 |

| 名　　　称 | 测试项目 | 测　试　次　数 | |
|---|---|---|---|
| | | 范围 | 次数 |
| 热缝 | 容重 | 100m | 1 |
| 冷缝 | 容重 | 50m | 2 |
| 特殊缝 | 容重 | 连续测试 | |
| 人工摊铺 | 容重 | 10m² | 1 |
| 胶结层、防渗层 | 延条幅长度方向测铺筑厚度 | 10m | 1 |

4）用非破损的快速检验法检验面板防渗层的铺筑质量，用渗气仪测渗透系数，用同位素密度测定仪测容重等。

5）检验封闭层沥青胶的配合比、加热温度及软化点。涂刷时，还应在现场检验其温度、涂量和均匀性。

（3）沥青心墙施工质量的检验与控制，按 DL/T 5363—2006 第 12.3.2 条规定执行。

## 16.8　工程隐蔽部位的验收

施工过程中的验收，监理人应对以下沥青混凝土工程的隐蔽部位进行验收：

（1）沥青防渗设施与坝基、岸坡及刚性建筑物的结合面；

（2）垫层或过渡层；

（3）施工期间有蓄水要求时，蓄水位以下部位的沥青混凝土防渗设施；

（4）防渗设施内部的观测埋设件；

（5）其他隐蔽工程。

## 16.9　完工验收

沥青混凝土工程完工后，承包人应向发包人（或监理人）申请完工验收，并提交以下完工验收资料：

（1）沥青混凝土面板和心墙工程竣工图；

（2）质量检查和验收报告；

（3）沥青混凝土工程各项试验成果；

（4）质量缺陷修补和质量事故处理报告；

（5）工程安全鉴定自检报告；

（6）监理人要求提供的其他资料。

## 16.10　计量和支付

### 16.10.1　沥青混凝土

（1）沥青混凝土面板（包括防渗层、整平层、胶结层和加厚层沥青混凝土）工程量按施工图纸所示的建筑物轮廓线内各层沥青混凝土，以每立方米（m³）为单位计量，并按工程量清单所列相应项目单价支付。单价中已包括材料的供应，混合料生产、运输、铺筑，施工接缝处理、层间处理，面板与刚性建筑物连接、养护，质量检查和验收等费用。

（2）沥青混凝土心墙（含防渗墙）工程量按施工图纸所示的建筑物轮廓线内结构体积，以每立方米（m³）为单位计量，并按工程量清单所列项目单价支付。单价中包括材料的供应，混合料生产、运输、铺筑，层间处理、养护，质量检查和验收等费用。

（3）沥青玛蹄脂封闭层、塑性止水材料、加强网格（聚酯或聚乙烯树脂纤维网格）、沥青涂料等，均按施工图纸所示范围线内或监理人签认的工程量，以每平方米（m²）为单位计量，并按工程量清单中相应的项目单价支付。单价中包括原材料的供应、施工、检验、维护和验收等费用。

### 16.10.2  沥青混凝土试验

（1）沥青混凝土工艺性试验的费用，应按工程量清单中所列相应项目总价支付。

（2）沥青混凝土室内配合比试验和现场生产性试验的费用，应分摊在相应项目单价中，不另行支付。

# 第 17 章 砌 体 工 程

## 17.1 一般规定

### 17.1.1 应用范围

本章规定适用于本合同施工图纸所示的各类砌体工程建筑物，其工程项目包括坝、厂房、引水渠道、永久生活建筑、道路、桥涵、挡墙、管道支墩、护坡和排水沟等建筑物的石砌体（包括浆砌石、干砌石砌体）工程、混凝土小型空心砌块（即小砌块）和砖砌体工程（包括砖基础、砖墙、砖柱和零星砌块）及砂浆抹面等，以及为完成本合同施工图纸所示全部砌体工程所需的人工、材料、施工设备和辅助设施，各种砌体胶结材料的采购运输、储存和保管等工作。

### 17.1.2 承包人责任

（1）承包人应按本合同施工图纸和技术条款的规定以及监理人指示，负责砌体工程基础的场地清理、砌体材料的加工制备、砌体工程的施工砌筑与质量检查和验收等全部工作。

（2）承包人应负责本工程砌体建筑物各种石材、胶结材料及其配合比的试验和选择，以及砌筑工艺的选择。承包人应将材料、配合比试验和砌筑工艺选择的成果提交监理人批准。

### 17.1.3 主要提交件

（1）施工措施计划。

监理人认为有必要时，承包人应在大型砌体工程开工前，编制一份施工措施计划提交监理人批准，其内容应包括：

1）施工布置图及其说明；

2）砌体工程施工工艺和方法；

3）主要施工设备的配置；

4）质量控制和安全保证措施；

5）施工进度计划等。

（2）砌体材料试验报告。

承包人应在砌体工程开工前，将工程采用的各种材料试验成果，提交监理人批准，未经监理人批准的材料，不得使用。其材料试验成果的内容包括：

1）砌体材料的强度等级试验；

2）胶结材料的强度及其配合比选择试验；

3）砌筑工艺试验（若需要时）。

（3）质量检查记录和报表。

砌体工程施工过程中，承包人应按监理人指示，提交施工质量检查记录和报表，其内容包括：

1）砌体材料和砌筑胶结材料的取样试验报告；

2）砌体工程基础的质量检查记录和报表；

3）砌体工程的砌筑质量检查记录和报表；

4）质量事故处理记录。

### 17.1.4 引用标准

（1）GB 5101—2003《烧结普通砖》；

（2）GB 13544—2000《烧结多孔砖》；

（3）GB 50203—2002《砌体工程施工质量验收规范》；

（4）DL/T 5388—2007《水电水利工程天然建筑材料勘察规程》；

（5）SD 120—1984《浆砌石坝施工技术规定》；

（6）JGJ 52—2006《普通混凝土用砂、石质量及检验方法标准》；

（7）JGJ 63—2006《混凝土用水标准》；

（8）JGJ 98—2000《砌筑砂浆配合比设计规程》；

（9）JGJ 137—2001《多孔砖砌体结构技术规范》；

（10）JGJ/T 14—2004《混凝土小型空心砌块建筑技术规程》。

## 17.2 石砌体工程

### 17.2.1 材料

（1）石料。

1）一般要求。

石砌体的石料应按本合同约定的或监理人批准的料场及开采方法进行开采。石砌体的石料材料应坚实新鲜，无风化剥落层或裂纹，石材表面无污垢、水锈等杂质。用于建筑物表面的石材，应色泽均匀，石料的物理力学指标应符合施工图纸的要求。

2）砌体石料按加工后的外形和规则程度，分为毛石砌体和料石砌体，各种石料外形规格要求如下：

① 毛石砌体的毛石应呈块体（单块质量应大于 25kg），中部厚度不小于 150mm；规格小于要求的毛石（片石）可用于塞缝，但其用量不得超过砌体质量的 10%。

② 料石砌体按其加工面的平整程度分为细料石、粗料石和毛料石 3 种。料石各面加工要求，应符合表 17.2.1-1 的规定。

各种砌筑用料石的宽度、厚度均不应小于 200mm，长度不应大于厚度的 4 倍，料石各面加工要求和料石加工允许偏差应符合表 17.2.1-2 的规定。

表 17.2.1-1　　料 石 各 面 加 工 要 求

| 料石种类 | 外露面及相接周边的表面凹入程度 | 叠砌面和接砌面的表面凹入程度 |
|---|---|---|
| 细料石 | 不大于 2mm | 不大于 10mm |
| 粗料石 | 不大于 20mm | 不大于 20mm |
| 毛料石 | 稍加修整 | 不大于 25mm |

表 17.2.1-2　　料 石 加 工 允 许 偏 差

| 料石种类 | 允 许 偏 差 | |
|---|---|---|
| | 宽度、厚度（mm） | 长度（mm） |
| 细料石 | ±3 | ±5 |
| 粗料石 | ±5 | ±7 |
| 毛料石 | ±10 | ±15 |

③ 浆砌石坝体的粗料石（包括条石和异形石）应棱角分明、各面平整，其长度应大于500mm、块高大于250mm、长厚比不大于3，石料外露面应修琢加工，砌面高差应小于5mm。

④ 砌石应经过试验，石料容重大于25kN/m³，湿抗压强度大于100MPa。

（2）骨料（砂）。

1）浆砌石坝胶结材料采用的砂和砾石的规格与质量应满足JGJ 98—2000的要求。

2）毛石砌筑砂浆的砂，其最大粒径不大于5mm；料石砌筑砂浆的砂，其最大粒径不大于2.5mm。

3）砂浆用砂不得含有有害杂物。砂浆用砂的含泥量应满足下列要求：

① 水泥砂浆强度等级不小于M5的水泥混合砂浆，含泥量不应超过5%；

② 水泥砂浆强度等级小于M5的水泥混合砂浆，含泥量不应超过10%。

（3）水泥。

砌体工程采用的水泥品种和强度等级应符合本技术条款第15.2.1条的规定，到货的水泥应按品种、强度等级、出产日期分别堆存，受潮结块的水泥应禁止使用。

（4）水。

拌制砂浆和小骨料混凝土的用水应遵守JGJ 63—2006的规定。若对拌和及养护的水质有怀疑时，应按监理人的指示检测该类水拌制砂浆28天龄期的抗压强度，其抗压强度低于标准水制成28天龄期砂浆抗压强度的90%以下时，则不能使用该类水拌制砂浆。检测成果应提交监理人。

（5）胶凝材料。

石砌体胶凝材料包括水泥砂浆、水泥混合砂浆和小骨料混凝土，其要求如下：

1）胶凝材料的配合比必须满足施工图纸规定的强度和施工和易性要求，配合比必须通过试验确定。承包人在施工中需要改变胶凝材料的配合比时，应重新试验，并提交监理人批准。

2）拌制胶凝材料，应严格按照试验确定的配料单进行配料，严禁擅自更改。配料的称量允许误差应符合：水泥为±2%；砂、砾石为±3%；水、外加剂为±1%。

3）胶凝材料拌制过程中应保持粗、细骨料含水率的稳定性，根据骨料含水量的变化情况，随时调整用水量，以保证水灰比的准确性。

4）胶凝材料应采用机械拌制，拌和时间不少于2~3s。一般不应采用人工拌和，局部少量的人工拌和料至少先干拌3遍，再湿拌至色泽均匀后，方可使用。人工拌和时间应通过试拌确定。

5）胶凝材料应随拌随用，胶凝材料的允许间歇时间应通过试验确定，或参照表17.2.1-3选用，在运输或储存中发生离析、析水的胶凝材料，砌筑前应重新拌和，已初凝的胶凝材料不得使用。

表17.2.1-3　　　　　　　　　胶凝材料的允许间歇时间

| 砌筑气温<br>（℃） | 允许间歇时间（min） | |
| --- | --- | --- |
| | 普通硅酸盐水泥 | 矿渣硅酸盐水泥及火山灰质硅酸盐水泥 |
| 20~30 | 90 | 120 |
| 10~20 | 135 | 180 |
| 5~10 | 195 | — |

6）用于砌筑石砌体工程的小骨料混凝土，其拌制用砂的粒径为0.15~5mm、细度模数为2.5~3.0；粗骨料为二级配，粒径为5~20mm及20~40mm。小骨料混凝土的配合比应通过试验确定，配合比成果应提交监理人。

**17.2.2　浆砌石坝砌筑**

（1）坝体与基岩的连接。

1）坝体砌筑前应清理砌筑基面，清除基面上的尖角、松动石块和杂物，并将基础面的污垢、油污清洗干净，并排除积水。经监理人验收合格后，方可施工。

2）浇筑坝基垫层混凝土前，应先湿润基岩面，按施工图纸要求的强度等级铺设一层厚 30～50mm 的水泥砂浆，并经监理人检查合格后才能浇筑垫层混凝土。除监理人另有规定外，垫层混凝土的强度等级不得低于 C15，厚度应大于 300mm。

3）垫层混凝土抗压强度达到 2.5MPa 后，才允许进行坝体砌筑。

（2）坝体砌筑。

1）坝体砌筑前，应在坝外将石料逐块检查，要求将表面的泥垢、青苔、油质等冲洗干净，并敲除软弱边角。砌筑时，石料必须保持湿润状态。砌筑基面应经监理人验收后，方能进行坝体砌筑。

2）浆砌石坝结构尺寸和位置的砌筑允许偏差，应符合表 17.2.2 的规定。

表 17.2.2 浆砌石坝结构尺寸和位置的砌筑允许偏差

| 类　别 | 部　　位 | | 允许偏差（mm） |
|---|---|---|---|
| 平面控制 | 坝面分层 | 中心线 | ±（5～10） |
| | | 轮廓线 | ±（20～40） |
| | 坝内管道 | 中心线 | ±（5～10） |
| | | 轮廓线 | ±（10～20） |
| 竖向控制 | 重力坝 | | ±（20～30） |
| | 拱坝、支墩坝 | | ±（10～20） |
| | 坝内管道 | | ±（5～10） |

3）浆砌石坝采用的胶凝材料强度等级应符合施工图纸的规定，胶凝材料处于初凝至终凝之间的砌体部位不允许扰动。

4）砌筑坝体的石料应制样进行强度试验，并满足施工图纸要求的物理力学指标，试验成果应提交监理人。

5）浆砌石坝体的砌筑质量应达到以下要求：

① 平整：同一层面应大致砌平，相邻砌石块高差应小于 20～30mm。

② 稳定：石块安置必须自身稳定，大面朝下，适当摇动或敲击，确保平稳。

③ 密实：严禁石块直接接触，座浆及竖缝砂浆填塞应饱满密实，铺浆应均匀，竖缝填塞砂浆后应插捣至表面泛浆为止。

④ 错缝：同一砌筑层内，相邻石块应错缝砌筑，不得存在顺流向通缝。上下相邻砌筑的石块，也应错缝搭接，避免竖向通缝。必要时，可每隔一定距离，立置丁石。

⑤ 砌体缝宽：砂浆砌筑粗料石，其砌体平缝宽度为 15～20mm，竖缝宽度为 20～30mm。

⑥ 勾缝：砌体表面的砌石缝应采用砂浆勾缝防渗。

6）小骨料混凝土砌石体砌筑质量应达到以下要求：

① 小骨料混凝土砌石体，其砌体的平缝铺料应均匀，防止缝间被大量骨料架空，其水平缝和竖缝宽度均为 80～100mm。

② 竖缝中充填小骨料混凝土，开始与周围石块表面齐平，振捣后略有下沉，待上层平缝铺料时一并填满。

③ 混凝土砌石体竖缝振捣，应以达到不冒气泡且开始泛浆为适度，相邻两振点的距离应不大于振捣器作用半径的 1.5 倍（约 250mm），注意防止漏振。

（3）浆砌石坝细部结构砌筑。

1）坝体表面的石料为面石，其余坝体石料为腹石。面石与腹石砌筑应同步上升，若不能同步砌筑时，其相对高差应不大于 1m，结合面应作竖向工作缝处理。不得在面石底面垫塞片石。

2）坝体腹石与混凝土的结合面，应用毛面结合；坝体外表面为竖直平面，其面石应用粗料石，按丁顺交错排列；顺坡斜面应采用异形石砌筑，如倾斜面允许呈台阶状，可采用粗料石水平砌筑。

3）溢流坝面头部曲线及反弧段，应用异形石及高强度等级砂浆砌筑。廊道顶拱用拱石砌筑。

4）拱坝、连拱坝内外弧面石，可以采用粗料石，调整竖缝宽度砌成弧形。同一砌缝两端的宽度差：拱坝不超过 10mm、连拱坝不超过 20mm。

5）坝面倒悬施工，应遵守以下规定：

① 用异形石水平砌筑时，应按不同倒悬度逐块加工，对石料编号和对号砌筑；

② 采用倒阶梯砌筑时，每层挑出方向的宽度不得超过该石块宽度的 1/5；

③ 粗料石垂直倒悬面砌筑时，应及时砌筑腹石或浇筑混凝土。

（4）浆砌石坝水泥砂浆勾缝防渗。

采用浆砌料石砂浆勾缝防渗的施工，应遵守 SD 120—1984 附录四的以下规定：

1）防渗用的勾缝砂浆应采用细砂，灰砂比选用 1:1.0～1:2.0。

2）水泥应采用强度等级 42.5 以上的普通硅酸盐水泥。

3）清缝应在料石砌筑 24h 以后进行，缝宽不小于砌缝宽度，缝深不小于 2 倍缝宽。勾缝前必须将缝槽冲洗干净，不得残留灰渣和积水，并保持缝面湿润。

4）勾缝砂浆必须单独拌制，严禁与砌石体的砂浆混用。

5）将拌制好的砂浆向缝内分几次填充压实，直到与坝面齐平，然后抹光。勾缝表面应进行养护，并保持湿润 21 天。

6）勾缝速度要快，砂浆初凝后不应扰动。

### 17.2.3　浆砌石挡土墙砌筑

（1）浆砌毛石挡土墙。

采用毛石砌筑的挡土墙，应符合下列规定：

1）毛石料中部厚度不应小于 200mm。

2）每砌 3～4 皮为一个分层高度，每个分层高度应找平一次。

3）外露面的灰缝厚度不得大于 40mm，两个分层高度间的错缝不得小于 80mm。

（2）浆砌料石挡土墙。

浆砌料石挡土墙应采用同皮内丁顺相间的砌筑形式，当中间部分用毛石砌时，丁砌料石伸入毛石部分的长度不应小于 200mm。

（3）挡土墙排水孔。

挡土墙的排水孔的施工除应符合施工图纸的要求外，还应符合下列规定：

1）排水孔应均匀设置，在每米高程上间隔 2m 左右设置一个排水孔。

2）排水孔部位与墙内土体间铺设长宽各为 300mm、200mm 的卵石或碎石作疏水层。

### 17.2.4　一般浆砌石砌体砌筑

（1）一般技术要求。

1）浆砌石砌体应采用铺浆法砌筑，砂浆的稠度为 30～50mm。当气温变化时，应适当调整。

2）采用浆砌石砌体的转角处和交接处应同时砌筑，对不能同时砌筑的砌石面，必须留置临时间断处，并应砌成斜槎。

3）砌石体的一般尺寸允许偏差，应遵守 GB 50203—2002 表 7.3.1 的规定。

（2）毛石砌体。

1）砌筑毛石第一皮石块应座浆，且将大面向下。

2）毛石砌体的砌筑方法应分皮卧砌，各皮石块间应按其毛石的自然形状进行局部敲打修整，使之能与先砌石块基本吻合、搭砌紧密；应上下错缝、内外搭砌，不得采用外面侧立石块、中间填心的砌筑方法。中间不得有铲石和过桥石。

3）毛石砌体的灰缝厚度应为 20～30mm，砂浆应饱满，石块之间不得有相互接触现象，块间较大的空隙应先填塞砂浆后用碎石块嵌实。

4）毛石砌体的第一皮及其转角处、交接处和洞口处，应用较大的平毛石砌筑。

5）毛石砌体必须设置拉结石。拉结石应均匀分布，相互错开，毛石基础的皮内每隔 2m 左右设置一块；毛石墙一般应每 0.7m² 墙面至少设置一块，同皮内中距不应大于 2m。拉结石的长度，如基础宽度或墙厚等于或小于 400mm 时，应与宽度或厚度相等；如基础宽度或墙厚大于 400mm 时，可用两块拉结石内外搭接，搭接长度不应小于 150mm，且其中一块长度不应小于基础宽度或墙厚的 2/3。

6）毛石砌体的日砌筑高度不应大于 1.2m。

7）在毛石和实心砖的组合墙中，毛石砌体与砖砌体应同时砌筑，并每隔 4～6 皮砖采用 2～3 皮丁砖与毛石砌体拉接砌合，两种砌体间的空隙应用砂浆填满。

8）毛石墙和砖墙相接的转角处和交接处应同时砌筑。

（3）料石砌体。

1）基础面砌筑料石砌体的第一皮料石应采用丁砌层座浆法砌筑；对阶梯形料石基础，其上一级阶梯的料石应至少压砌下一级阶梯的 1/3。

2）料石砌体的灰缝厚度，应按料石的种类确定：细料石砌体不大于 5mm，半细料石砌体不大于 10mm，粗料石和毛料石砌体不大于 20mm。

3）砌筑料石时，料石应放置平稳，砂浆铺设厚度应略高于规定灰缝厚度。其高出厚度为：细料石、半细料石宜为 3～5mm；粗料石、毛料石为 6～8mm。

4）料石砌体应上下错缝搭砌，砌体厚度等于或大于两块料石宽度时，如在同皮内全部采用顺砌，并在每砌两皮后，砌一皮丁砌层；如同皮内采用丁顺相砌，丁砌石应交错设置，其中心间距不应大于 2m。

5）在料石和毛石的组合砌体中，料石砌体和毛石砌体应同时砌筑，并每隔 2～3 皮料石层用丁砌层与毛石砌体拉结砌合。丁砌料石的长度应与组合砌体相同。

### 17.2.5 干砌石砌体砌筑

（1）一般技术要求。

1）干砌石使用的材料应按施工图纸的要求和监理人指示，采用料石和毛石砌筑。

2）石料使用前表面应洗除泥土、水锈等杂质。

3）干砌石砌体铺砌前，除监理人另有规定外，干砌石基础应先铺设一层厚度为 100～200mm 的砂砾石垫层。铺设垫层前，应将地基平整夯实，砂砾垫层厚度应均匀，其密实度应大于 90%。

（2）干砌石护坡。

1）坡面上的干砌石砌筑，应在夯实的砂砾石或碎石垫层上，以层与层错缝锁结方式铺砌，砂砾垫层料的粒径应不大于 50mm，含泥量应小于 5%，垫层应与干砌石铺砌层配合砌筑，随铺随砌。

2）护坡表面砌缝的宽度不应大于 25mm，砌石边缘应顺直、整齐、牢固。

3）砌体外露面的坡顶和侧边，应选用较整齐的石块砌筑平整。

4）为使沿石块的全长有坚实支承，所有前后的明缝均应用小片石料填塞紧密。

（3）干砌石挡土墙。

1）挡土墙基础底部应砌成 1:5 的底坡，并应形成与受力方向相反的倾斜坡，挡墙的基础或底层应先用较大的精选石块铺垫。

2）石料应分层错缝砌筑，砌层应大致水平，但不得用小石块塞垫找平。表面砌缝宽度应不超过 25mm，所有前后的明缝均应用小石块填塞紧密。

3）石块应铺砌稳定，相互锁结。铺筑中使每一石块在上下层接触面上都有不少于 3 个分开的坚实支承点。

4）为增加干砌石挡墙的稳定性，当砌体高度超过 6m 时，应沿砌体高度方向每隔 3～4m 设置厚度不小于 500mm 的水平肋带，并用不低于 M10 的水泥砂浆砌筑固牢。

5）干砌石挡土墙的排水孔，应按本章第 17.2.3 条的规定设置。

### 17.2.6　石砌体工程的质量检查

（1）砌筑材料的质量检查。

1）原材料：

① 石砌体工程所用的毛石和料石应按监理人指示和本章第 17.2.1 条的规定，进行材料的物理力学性质和外形尺寸的检查；

② 用于石砌体工程的水泥、水，以及砂和砾石等原材料应按监理人指示和本章第 17.2.2 条的规定进行质量检查。

2）胶凝材料：

① 水泥砂浆的均匀性检查：定期在拌和机口出料时间的始末各取一个试样，测定其湿容重，其前后差值每立方米不得大于 35kg；

② 水泥砂浆抗压强度检查：同一标号砂浆试件的数量，28 天龄期的每 200m³ 砌体取成型试验件一组 3 个，设计龄期的每 400m³ 取成型试件一组 3 个。

③ 小骨料混凝土的抗压强度检查：同一标号的小骨料混凝土试件的数量，28 天龄期的每 200m³ 砌体取成型试件一组 3 个。

（2）浆砌石坝的质量检查。

1）浆砌石坝砌筑前，承包人应会同监理人按施工图纸的要求，对砌筑体的基础开挖面进行测量放样和基础清理质量的检查，并做好记录，检查记录应提交监理人。

2）胶凝材料的沉入度或坍落度每一班至少抽查两次。水泥砂浆的沉入度为 40～60mm，小骨料混凝土的坍落度为 50～80mm。

3）浆砌石坝砌体容重和空隙率检查：在坝高 1/3 以下时，每砌筑 5～10m 高至少挖试坑一组；坝高 1/3 以上的砌体，试坑数量由监理人与承包人共同协商确定，所测的容重和空隙率必须满足施工图纸要求。

4）砌体应密实且无架空、漏浆情况，有抗渗要求的部位进行钻孔分段压水试验，应按监理人指示和施工图纸的要求确定检验数量和部位，检查结果应提交监理人。

5）浆砌石坝砌体表面砌缝宽度应根据本章第 17.2.2 条的规定进行检查，每砌筑 10m² 抽查一处，每处检查缝长不少于 1m。

（3）浆砌石挡土墙的质量检查。

应按本章第 17.2.3 条的要求，进行浆砌石挡土墙砌筑质量的检查：

1）外观检查：按施工图纸的要求进行砌筑面的平整度和勾缝质量，以及石块嵌挤的紧密度、缝隙砂浆的饱满度和沉降缝贯通情况等的外观质量检查。

2）按施工图纸的要求进行排水孔坡度及其阻塞情况检查。

3）料石和毛石砌体的轴线位置及垂直度允许偏差、石砌体尺寸的允许偏差应分别遵守 GB 50203—2002 表 7.2.3 和表 7.3.1 规定的检查方法进行。

（4）一般浆砌石砌体的质量检查。

1）应按本章第 17.2.4 条的规定进行普通浆砌石砌体的外观砌筑质量检查，包括砌筑面平整度和勾缝质量、石块嵌挤紧密度、缝隙砂浆饱满度、缝宽和错缝情况等。

2）检查料石和毛石砌体的轴线位置、垂直度允许偏差，以及石砌体尺寸的允许偏差，其检查标准与浆砌石挡土墙的要求相同。

（5）干砌石砌体的质量检查。

1）干砌石护坡和干砌石挡土墙的外观检查与本章第 17.2.5 条的检查内容相同。

2）干砌石挡土墙的砌筑允许偏差和检查方法应按表 17.2.6 的规定执行。

**表 17.2.6　　　　　　　　　干砌石挡土墙质量检查方法和标准**

| 序 号 | 检查项目 | 规定值或允许偏差 | 检查方法和次数 |
|---|---|---|---|
| 1 | 平面位置（mm） | 50 | 每 20m 用经纬仪检查 3 点 |
| 2 | 顶面高程（mm） | ±20 | 每 20m 用水准仪测 3 点 |
| 3 | 竖直度或坡度 | 0.5% | 每 20m 用吊垂线检查 3 处 |
| 4 | 断面尺寸（mm） | 不小于施工图纸所示 | 每 20m 检查 2 处 |
| 5 | 底面高程（mm） | ±50 | 每 20m 用水准仪测 1 点 |
| 6 | 表面平整度（mm） | 50 | 每 20m 用 20m 直尺检查 3 处 |

# 17.3　砖和小砌块砌体工程

## 17.3.1　材料

（1）一般要求。

1）用于砖砌体工程的砖为烧结普通砖和烧结多孔砖。

2）用于小砌块砌体工程的混凝土砌块为普通混凝土小型空心砌块和轻骨料混凝土小型空心砌块。

3）砖和混凝土小型空心砌块应持有厂家的产品合格证书和质量检验报告。

（2）砖。

1）砖砌体工程采用的烧结普通砖分为黏土砖、页岩砖、煤矸石砖和粉煤灰砖。砖的外形直角六面体的尺寸为：240mm×115mm×53mm（长×宽×高）。

2）砖砌体工程采用的烧结普通多孔砖按主要原料分为黏土砖、页岩砖、煤矸石砖、粉煤灰砖，其外形尺寸按 GB 13544—2000 所规定的规格执行。

3）运输和装卸各类砖块时，不得采用自动翻斗卸车或随意抛卸。

（3）混凝土小型空心砌块（简称小砌块）。

1）混凝土小型空心砌块工程采用的普通混凝土小型空心砌块以碎石或卵石为粗骨料制作，主规格尺寸为 390mm×190mm×190mm。

2）轻骨料混凝土小型空心砌块以浮石、火山渣、煤渣、自然煤矸石、陶粒等粗骨料制作，主规

格尺寸为 <u>390mm×190mm×190mm</u>。

（4）砌筑砂浆。

1）水泥：砌筑砂浆的水泥应采用有质量保证的硅酸盐水泥和普通硅酸盐水泥。安定性不合格的水泥严禁使用；不同品种的水泥，不得混合使用。

2）砂：砌筑砂浆的砂应采用过筛的洁净中砂；浇筑芯柱和构造柱混凝土的用砂应遵守 JGJ 52—2006 的规定。

3）拌制混合砂浆用的石灰膏、电石膏、粉煤灰和磨细生石灰粉等无机掺合料，应遵守 JGJ/T 14—2004 的规定。

4）小砌块砌体的砌筑砂浆强度等级不得低于 <u>M5</u>，并应符合施工图纸要求。

5）砌筑砂浆应具有良好的和易性，分层度不得大于 <u>30mm</u>，小砌块砌体的砌筑砂浆稠度为 <u>50～70mm</u>；轻骨料小砌块的砌筑砂浆稠度为 <u>60～90mm</u>。

6）砌筑砂浆应采用机械搅拌，拌和时间不得少于 <u>2min</u>；当掺有外加剂时，不得少于 <u>3s</u>；当掺有机塑化剂时，应为 <u>3～5s</u>，并应在初凝前使用完毕。

### 17.3.2　砖砌体施工

（1）砖实体墙砌筑。

1）用于清水墙、柱表面的砖，应边角整齐，色泽均匀。

2）有冻胀环境和条件的地区，地面以下或防潮层以下的砌体，不应采用多孔砖。

3）砌筑砖砌体时，砖应提前 <u>1～2</u> 天浇水湿润。普通砖、多孔砖含水率为 <u>10%～15%</u>；灰砂砖、粉煤灰砖含水率为 <u>8%～12%</u>。含水率以水重占干砖重的百分数计。

4）采用铺浆法砌砖时，铺浆长度不得超过 <u>750mm</u>；施工期气温超过 30℃时，铺浆长度不得超过 <u>500mm</u>。砌筑体的灰缝横平竖直，厚薄均匀，并填满砂浆。

5）<u>240mm</u> 厚承重墙每层墙的最上一皮砖，砖砌体的阶台水平面上及挑出层，应整砖丁砌。

6）砌入墙体的各种建筑构配件、钢筋网片与拉结筋应事先制备。砌砖中的拉结筋，应安设正确、平直，其外露部分在施工过程中不得任意弯折。

7）砖砌平拱过梁的灰缝应砌成楔形缝。灰缝的宽度，在过梁的底面不小于 <u>5mm</u>；在过梁的顶面不应大于 <u>15mm</u>。拱脚下面伸入墙内不小于 <u>20mm</u>，拱底应有 <u>1%</u> 的起拱。

8）砖过梁底部的模板，在灰缝砂浆强度不低于设计强度的 <u>50%</u> 时，方可拆除。

9）多孔砖的孔洞应垂直于受压面砌筑。

10）竖向缝不得出现透明缝、瞎缝和假缝。砌砖体水平灰缝的砂浆应饱满，实心砌砖体水平灰缝的砂浆饱满度不得低于 <u>80%</u>，竖向灰缝应采用挤浆或加浆方法，使其砂浆饱满，严禁用水冲浆灌缝。砌砖体的水平灰缝宽度一般为 <u>10mm</u>，但不应小于 <u>8mm</u>，也不应大于 <u>12mm</u>。

11）砖砌体施工临时间断处补砌时，必须将接搓处表面清理干净，浇水湿润，并填实砂浆，保持灰缝平直。

12）砌砖体的转角处和交接处应同时砌筑，对不能同时砌筑而又必须留置的临时间断处，应砌成斜槎。普通砖砌体的斜槎长度不应小于高度的 <u>2/3</u>，多孔砖砌体的斜槎长高比应按砖的规格尺寸确定，外墙转角处严禁留直槎。

（2）砖空斗墙砌筑。

1）空斗墙应用整砖砌筑，砌筑前应先试铺，不够整砖的，可加砌丁砖，不得砍凿斗砖。砌筑空斗墙，应采用水泥混合砂浆或石灰砂浆。

2）空斗墙的水平灰缝厚度和竖向灰缝宽度，应控制在 <u>10mm</u>，但不应小于 <u>7mm</u>，不大于 <u>13mm</u>。

3）空斗墙中留置的洞口，必须在砌筑时留出，严禁砌完后再行砍凿。

4）砖砌体的允许偏差，应不超过 GB 50203—2002 表 5.2.5 和表 5.3.3 的规定。

（3）钢筋混凝土构造柱施工。

钢筋混凝土构造柱施工应符合本节第 17.3.3 条第（3）项的规定，构造柱的允许偏差应不超过 GB 50203—2002 表 8.2.4 的规定。

### 17.3.3 小砌块砌体施工

（1）小砌块砌筑。

1）正常施工条件下，小砌块墙体的日砌筑高度应控制在 1.4m 或一步脚手架高度内。

2）小砌块砌筑前不得浇水。当气候异常炎热、干燥时，可在砌筑前稍喷水湿润。

3）多排孔封底小砌块和带保温夹芯层的小砌块均应底面朝上（即反砌）砌筑。

4）小砌块应每皮顺砌，上下皮小砌块应对孔，竖缝应相互错开 1/2 主规格小砌块长度。使用多排孔小砌块砌筑墙体时，应错缝搭砌，搭接长度不应小于主规格小砌块长度的 1/4。搭接长度不满足要求时，应在此水平灰缝中设 4$\phi$4 钢筋点焊网片，网片两端与竖缝的距离不得小于 400mm，竖向通缝不得超过两皮小砌块。

5）砌筑小砌块的砂浆应随铺随砌，墙体灰缝应横平竖直。水平灰缝应采用座浆法满铺小砌块全部壁肋或多排孔小砌块的封底面；竖向灰缝应采取满铺端面法，即将小砌块端面朝上铺满砂浆再上墙挤紧，然后加浆插捣密实。饱满度均不低于 90%，水平灰缝厚度和竖向灰缝宽度应为 10mm，不得小于 8mm，也不应大于 12mm。

6）墙面必须用原浆做勾缝处理。缺灰处应补浆压实，并制成凹进墙面 2mm 的凹缝。

7）严禁在外墙和纵、横承重墙沿水平方向凿长度大于 390mm 的沟槽。

8）墙体的伸缩缝、沉降缝和防震缝内，不得夹有砂浆、碎砌块和其他杂物。

9）小砌块墙体砌筑应采用双排脚手架施工，严禁在砌筑墙体上开设脚手架孔洞。

10）小砌块砌体尺寸和位置允许偏差，应遵守 JGJ/T 14—2004 的规定。

（2）钢筋混凝土芯柱施工。

1）每层每根芯柱柱脚应采用竖砌单孔 U 型；双孔 E 型或 L 型小砌块留设清扫口。

2）芯柱钢筋应采用带肋钢筋，并从上向下穿入芯柱孔洞，通过清扫口与圈梁（基础圈梁、楼层圈梁）伸出的插筋绑扎搭接。搭接长度应为钢筋直径的 45 倍。

3）浇筑芯柱混凝土前，应先浇 50mm 厚的水泥砂浆，待砂浆强度等级达到 1MPa 时，方可浇筑芯柱混凝土。

4）芯柱混凝土应采用坍落度为 70～80mm 的细石混凝土浇筑；当采用泵送时，坍落度应为 140～160mm。

5）芯柱混凝土必须连续浇灌，分层高度为 300～500mm，直浇至离该芯柱最上一皮小砌块顶面 50mm 为止，其间不得留施工缝。振捣时，选用微型插入式振动棒振捣。

6）芯柱混凝土的抗压强度及其配合比设计应满足施工图纸的要求，其混凝土的试件制作、养护和试验，应遵守 GB 50204—2004 的规定，试验成果应提交监理人。监理人认为有必要时，可要求承包人采用锤击法、钻芯法或超声法进行检测，并做好现场检测记录提交监理人批准。

（3）钢筋混凝土构造柱施工。

1）需要设置钢筋混凝土构造柱的小砌块砌体，其构造柱应按钢筋混凝土作业顺序进行施工。

2）构造柱两侧模板必须紧贴墙面，支撑必须牢靠，严禁板缝漏浆。

3）墙体与构造柱连接处应砌成马牙槎，从每层柱脚开始，先退后进，形成 100mm 宽、200mm

高的凹凸槎口。柱墙间应采用 2$\phi$6 的拉结筋拉结，间距应为 400mm，每边伸入墙内长度应为 1000mm 或伸至洞口边。

4）构造柱混凝土保护层为 20mm，但不得小于 15mm，混凝土坍落度为 50～70mm。

5）浇筑构造柱混凝土前应清除落地灰等杂物，并将模板湿润后注入与混凝土配比相同的 50mm 厚水泥砂浆，再分段浇灌、振捣混凝土。凹型槎口的腋部必须振捣密实。

### 17.3.4 质量检查和验收

（1）砖砌体质量检查。

1）砖砌体砂浆强度和配合比的试验和检验以标准试块养护龄期 28 天的抗压试验成果为准，砂浆试样应在搅拌机出料口取样。

2）砌体的水平灰缝砂浆饱满度，每步架至少抽查 3 处（每处 3 块砖），饱满度平均值不低于 80%。

3）砖砌体组砌方法应正确、上下错缝、内外搭接，砖柱不得采用包心砌法。抽检数量为：外墙每 20m 抽查一处、每处 3～5m，且不少于 3 处；内墙按有代表性的自然间抽检 10%，且不少于 3 间；混水墙中长度大于或等于 300mm 的通缝，每间不得超过 3 处，且不得位于同一面墙体上。

4）预埋拉结筋应符合施工图纸的要求，留置间距偏差不超过 3 皮砖。

5）清水面墙应组砌正确，刮缝深度适当，墙壁面整洁。

6）砖砌体的位置及垂直度允许偏差应符合表 17.3.4-1。

表 17.3.4-1 砖砌体的位置及垂直度允许偏差

| 顺序 | 项 目 | | | 允许偏差 | 检 验 方 法 |
| --- | --- | --- | --- | --- | --- |
| 1 | 轴线位置偏移 | | | 10 | 用经纬仪和尺检查或用其他测量仪器检查 |
| 2 | 垂直度 | 每 层 | | 5 | 用 2m 托线板检查 |
| | | 全高 | <10m | 10 | 用经纬仪、吊线和尺或用其他测量仪器检查 |
| | | | >10m | 20 | |

（2）小砌块砌体质量检查。

1）混凝土小型空心砌块砌筑工程验收，应按 GB 50203—2002 的有关规定执行。

2）小砌块和砂浆的强度等级必须符合施工图纸的要求。抽检数量为：每一生产厂家，每 1 万块小砌块至少抽检一组，用于多层以上建筑基础和底层的小砌块抽检数量不应少于 2 组。

3）砌体水平灰缝的砂浆饱满度，按净面积计算应不得低于 90%，竖向灰缝饱满度不得小于 80%，竖缝凹槽部位应用砌筑砂浆填实，不得出现瞎缝或透明缝。

4）墙体转角处和纵横墙交接处应同时砌筑。临时间断处应砌成斜槎，斜槎水平投影长度不应小于高度的 2/3。每批检验抽 20% 接槎，且不应少于 5 处。

5）小砌块砌体尺寸和位置允许偏差，应遵守 JGJ/T 14—2004 表 7.4.36 的规定。

6）构造柱尺寸的允许偏差值应按表 17.3.4-2 的规定执行。

表 17.3.4-2 构造柱尺寸允许偏差

| 顺序 | 项 目 | | | 允许偏差 | 检 验 方 法 |
| --- | --- | --- | --- | --- | --- |
| 1 | 轴线位置偏移 | | | 10 | 用经纬仪和尺检查或用其他测量仪器检查 |
| 2 | 垂直度 | 每 层 | | 5 | 用 2m 托线板检查 |
| | | 全高 | <10m | 10 | 用经纬仪、吊线和尺或用其他测量仪器检查 |
| | | | >10m | 20 | |

## 17.4 完工验收

### 17.4.1 石砌体工程的完工验收

每项石砌体工程完工后，承包人应向监理人申请完工验收，并提交以下完工验收资料：

（1）石砌体工程各项石材的现场试验和检测记录；

（2）浆砌石砌体胶结材料配合比检查和试验检验记录；

（3）石砌体工程建筑物开挖基面及基础垫层混凝土的质量检查和试验检验记录；

（4）石砌体工程建筑物的结构允许偏差和附属结构物的质量检测和验收记录；

（5）浆砌石坝容重（空隙率）和密实度（单位吸水率）的试验检验记录；

（6）浆砌石坝结构允许偏差和附属结构物的质量检测和验收记录；

（7）监理人要求提交的其他完工验收资料。

### 17.4.2 砖和小砌块砌体工程的完工验收

砖和小砌块砌体工程全部完成后，承包人应按合同条款的约定，提交砌体工程验收申请报告，并提交以下完工验收资料：

（1）砌体工程各项材料的质量证明书、试验报告和现场检测报告；

（2）各项砌筑砂浆和混凝土配合比试验及其试块的检查检验记录；

（3）砌体基础面的检查验收记录；

（4）各项砌体建筑物及其细部结构尺寸和允许偏差以及外观的检查验收记录；

（5）监理人要求提交的其他完工验收资料。

## 17.5 计量和支付

（1）砌体工程（包括浆砌石、干砌石、混凝土小型空心砌块和砖砌体）均应按施工图纸所示建筑物轮廓线以内或经监理人批准实施的砌体建筑物尺寸量测计算的工程量，以立方米（m³）为单位计量，并按工程量清单所列项目单价支付。单价中包括材料供应、砌体砌筑、养护、质量检查和验收等费用。

（2）砌体建筑物基础清理应包括在砌体工程项目每立方米（m³）单价中，不另行计量支付。

（3）砌体工程的止水设施按施工图纸所示止水设施尺寸计算，以米（m）为单位计量，并按工程量清单所列项目单价支付。

（4）砌体中的加固钢筋或其他筋，应摊入到相应砌体单价内，不另行计量支付。

# 第18章 疏浚和吹填工程

## 18.1 一般规定

### 18.1.1 应用范围

本章规定适用于本合同施工图纸所示的疏浚工程,主要包括治理江河、水库、港湾、湖泊、沟渠、基槽等,采用挖泥船或水力冲挖机组施工的疏浚和吹填工程,以及适用于使用索铲施工的小型河道、渠道、建筑物基槽的疏浚工程。

### 18.1.2 承包人责任

(1)承包人应负责本合同疏浚工程施工的工程施工规划、设备配置和维修、科学合理地疏浚施工以及质量检查和验收等的全部工作,并应负责提供为完成疏浚工作所需的全部人工、材料、设备和辅助设施。

(2)承包人应按本技术条款、施工图纸和监理人指示,对河道开挖断面进行实地放样校测。校测中发现与本合同施工图纸不符时,应会同监理人共同进行复测,经监理人认可的复测结果应作为施工和计量支付的依据。承包人应对施工放样成果的正确性负责。

### 18.1.3 主要提交件

(1)施工措施计划。

疏浚工程开工前,承包人应按本技术条款、施工图纸和监理人指示,编制一份包括下列内容的施工措施计划,提交监理人批准:

1)施工平面布置图;

2)疏浚设备的配置;

3)施工设备调遣计划;

4)施工方法及程序;

5)排泥区或排泥场设计(排泥场布置、围堰、隔埂、泄水口及其防冲保护,排水渠和截水沟);

6)吹填工程及质量控制措施(含吹填施工方法、排水措施、吹填指标的控制等);

7)边坡保护措施;

8)环境保护措施(含周围环保要求、环保措施、有害物质排放指标控制及处理等);

9)施工质量与安全保证措施;

10)施工进度计划。

(2)疏浚放样资料。

在疏浚工程开工前,承包人应将实地放样的疏浚断面资料提交监理人复核,经批准后,方可开工。

### 18.1.4 引用标准

(1)DL/T 5173—2003《水电水利工程施工测量规范》;

(2)DL/T 5371—2007《水电水利工程土建施工安全技术规程》;

（3）SL 17—1990《疏浚工程施工技术规范》；

（4）SL 223—1999《水利水电建设工程验收规程》；

（5）JTJ 319—1999《疏浚工程技术规范》。

## 18.2 疏浚工程施工

### 18.2.1 疏浚工程施工条件的调查

承包人应在监理人批准疏浚工程施工措施计划前，对疏浚工程区的施工条件进行详细调查，并将调查资料提交监理人，调查的内容包括：

（1）船舶组装、停靠、避风、度汛和维修等条件；

（2）航道、桥闸及其他建筑的标准，以及通航对疏浚及吹填施工的影响；

（3）施工前应对作业区内水上、水下地形及障碍物进行全面调查，包括电力线路、通信电缆、光缆、各类管道、构筑物、污染物、沉船等，查明位置和主管部门以确定处理方式；

（4）施工作业区内有无过江电力及通信线路和水底电缆管道、桥涵、闸坝、水下障碍物、水生植物、污染物、爆炸物等，查明这些设施的所属单位，以及具体位置和细节；

（5）陆上排泥场、水下卸泥区，以及取土和吹填区的设置条件，及其对当地经济的影响；

（6）陆上排泥场泄水通道泄水对附近水域或设施可能产生的冲淤及污染影响。

### 18.2.2 疏浚工程施工措施

承包人应根据发包人提供的水文地质资料和工程设计资料，以及承包人调查的施工条件，并按监理人批准的疏浚工程施工措施计划，进行疏浚工程区的场地布置，选定疏浚设备的容量、型号和数量以及辅助设备和设施，并详细说明疏浚设备水上和陆上的调遣计划、调遣线路和安全措施。

## 18.3 挖泥船疏浚

### 18.3.1 施工测量

开挖前，承包人应根据施工图纸进行实地放样，放样测站点的高程精度，不得低于五等水准测量的精度要求。放样点的点位误差不应超过以下值：

（1）疏浚开挖边线：水下±1.0m，岸边±0.5m；

（2）挖槽中心线：±1.0m。

### 18.3.2 施工标志设立

开挖前应在河道设计中心线、开口线、开挖起讫点、弯道顶点设立清晰的标志，包括标杆、浮标或灯标等。平直河段每隔50～100m设一组横向标志，弯道处应适当的加密。施工标志应符合下列各项规定：

（1）在沿海、湖泊及开阔水域施工时，各组标志应从不同形状的标牌相间设置。同组标志上应安装颜色相同的单面发光灯，相邻组标志的灯光，应以不同的颜色区别；

（2）水下卸泥区应设置浮标、灯标或岸标等标志，指示卸泥范围和卸泥顺序；

（3）在挖泥区通往卸泥区、避风锚地的航道上应设置临时性航标，航行条件差的水道狭窄处，应在转向区增设转向标志；在船舶避风水域内应设置泊位标，并在岸上埋设带缆桩或水上系缆浮筒，以利船舶紧急停泊。

### 18.3.3　观测水尺设立

施工作业区内必须沿疏浚河段设立便于观测的水尺。水尺零点宜与挖槽设计底高程一致，并应满足以下要求：

（1）水尺间距：当水面比降小于 1/10 000 时，每 <u>1km</u> 设置一组；当水面比降大于 1/10 000 时，每 <u>0.5km</u> 设置一组；

（2）水尺应设置在便于观测、水流平稳、波浪影响小和不易被船艇碰撞的地方；

（3）水尺应满足五等水准精度要求；

（4）施工区远离水尺所在地，应在水尺附近设置水位读数标志，定时悬挂水位信号，或采用其他通信方式通报水位。

### 18.3.4　排泥管架设

（1）排泥管线应平坦顺直，避免死弯。出泥管口伸出排泥场围堰坡脚外的距离不小于 <u>5m</u>，并应高出排泥面 <u>0.5m</u> 以上。水下排泥区的管口应伸出排泥区标志线外 <u>30m</u>，且应高出水面 <u>0.5m</u>。

（2）排泥管接头应紧固严密，整个管线和接头不得漏泥漏水。一旦发现泄漏，应及时修补或更换。

（3）排泥管支架必须牢固；水陆排泥管连接应采用柔性接头。

（4）排泥管的布置不得破坏既有公路、堤防等设施，必须穿越时，应报请监理人与有关管理部门协调解决。

（5）承包人应采取措施确保水上航运和陆上交通。当浮式排泥管碍航时，承包人应采用潜管。潜管的架设和拆除期间的碍航问题，应由监理人会同承包人与交通部门协商，妥善安排。

（6）潜管敷设前，必须对潜管进行加压试验，各处均无漏水、漏气时，方可敷设。

（7）潜管的敷设和拆除应遵守 SL 17—1990 第 4.3.3 条的规定实施。

### 18.3.5　挖泥船施工

（1）根据批准的施工措施计划所选定的船型，宜按下列规定选择各类挖泥船的开挖方向：

1）绞吸式挖泥船：当流速小于 <u>0.5m/s</u> 时，采用顺流开挖；当流速不小于 <u>0.5m/s</u> 时，采用逆流开挖；

2）链斗式挖泥船采用顺流开挖；

3）抓斗、铲扬式挖泥船采用顺流开挖。

（2）挖泥船开挖应遵守 SL 17—1990 第 4.6.2～4.6.6 条的规定执行。开挖时，应根据泥层厚度、挖槽宽度和机械能力，确定是否分层、分条开挖。分条开挖时，条与条之间应有重叠区，以免形成欠挖土埂。采用铰吸式挖泥船挖较硬的黏性土时，其一次切削厚度应通过试验确定。

（3）在施工过程中，若监理人提出改变图示的河道开挖断面时，应按合同变更处理。

（4）由承包人选定的、为进入施工区或任何其他目的而进行的其他开挖，应限定在监理人批准的范围内，其费用应包括在《工程量清单》的疏浚工程量单价中。

（5）在疏浚期间，如疏浚河段存在发包人尚未拆除的老桥，则开挖施工应限制在该桥上、下游各 <u>25m</u> 范围外，对正在施工的新桥，其疏浚活动应远离新桥施工围堰堰脚外 <u>20m</u> 进行。直至发包人完成该桥的拆除或新建后，承包人方可进行该桥遗留河段的疏浚。

（6）在已有建筑物（如桥、闸等）附近施工时，应采取措施，确保建筑物的安全。凡因施工原因造成的建筑物损坏，应由承包人承担全部责任。

（7）当发现水下障碍物时，承包人应立即报告监理人并以浮标及灯标标明位置，以确保安全。承包人必须尽快清除水下障碍物，其施工方法须经监理人批准。

（8）有环境保护要求的疏浚区，承包人应按环境保护要求采取相应的措施。

（9）疏浚土必须排放到施工图纸所示的排泥区或监理人指定的地点。

（10）为形成河道设计边坡，疏浚时一般采取下超上欠，原则上超欠平衡的阶梯开挖法，超、欠面积比应控制在1~1.5范围内。避免出现边坡超挖或欠挖现象。一旦出现，应按设计边坡进行修整，直至监理人验收合格为止。对岸边附近有房屋、堤防等建筑物时，不允许有超挖现象。对有护砌要求的岸坡，应采取有效措施严格按设计边坡进行开挖。

（11）承包人在施工过程中应采取措施，严格控制回淤。在监理人完工验收之前，河道开挖范围内的回淤由承包人负责清除。

## 18.4　水力冲挖机组施工

### 18.4.1　开挖前的准备

开挖前，应按合同约定采取分段截流等措施，修筑围堤，并将河湖内积水排干，再布设水力冲挖机组。

### 18.4.2　施工

（1）水力冲挖机组所需电源应按施工措施计划的设计要求架设和设置。电源与施工区距离应不小于400m，线路电压应为380V（±10%）。

（2）电缆线路接头必须用防水胶带扎紧密，并全部架空，距地面高度不得低于0.5m，沿河湖边电缆线路距地面高度不得低于2.5m，较宽河面的过河电缆宜采用密封防水大型号电缆线。

（3）开挖时根据开挖深度、挖槽宽度和机型，确定是否分层、分段开挖。一般开挖深度超过2m，则要求分层开挖，以防止塌坡。

（4）宜采用逆向拉行冲挖的施工方法，使冲挖水流的方向与排水管的方向相反，可使冲挖过程中杂物滞留，便于人工拣拾，并有效防止杂物进入管道造成堵塞。

（5）对于长距离输泥（运距超过500m）可在沿途设立接力池或接力泵站，通过管道多次接力，输泥至指定地点。

## 18.5　排泥区及吹填施工

### 18.5.1　排泥场

（1）陆上排泥场：承包人应负责设计、施工以及维护排泥场的围堰、隔埂、排水渠及截水沟、泄水口及其防冲设施等。

（2）水下弃泥区：承包人在施工中不允许造成附近区域的河槽、航道、码头、水工建筑物等设施的淤积。排泥场布置必须满足挖泥机械的性能要求，其容积应与挖方量相适应。

（3）承包人应根据环境保护要求对排泥区排泥程序进行合理安排，将污染严重的土排在底层，污染较轻的土排在上层，再在其上覆盖无污染的土。

### 18.5.2　排泥场围堰及隔埂

（1）承包人按本章第18.1.3条的要求提交详细的排泥场布置和排泥场占地计划，由发包人征地，并在排泥场围堰等建筑物开工前____天提交给承包人使用。

排泥场围堰等设施的外边线不得超过征地范围，超界增加的费用由承包人负责。

（2）承包人负责的围堰设计，应经监理人批准后方能进行填筑。承包人应认真维护，并确保围堰的稳定。如果发生溃堰，其造成的损失和危害应由承包人负责。

（3）筑堰土料尽量采用黏性土，使用的土料应经监理人批准。筑堰前，应将堰基上的杂草、树根、腐殖土层等清除干净，并将表土翻松，填覆新土予以压实。围堰填筑须从最低处开始，分层压实。堰顶高程差应小于 15cm。筑堰取土和填筑应满足 SL 17—1990 第 6.1.1～6.1.6 条的要求。

（4）在吹填区内取土填筑围堰时，其取土坑不得连续贯通，以防止泥浆串流冲刷堰基。

（5）对于长度较大的排泥场，每隔 400～500m 须加筑中间隔埝，隔埝应交叉布置，以防泥浆串流冲刷堰基。隔埝顶高程应与吹填高程一致。

（6）利用现有堤防作为围堰的一部分堰体时，围堰不得占用堤防顶宽，并不得因排泥场而损坏堤防，一旦堤防受损，承包人应立即修复，直到监理人同意为止。

### 18.5.3　泄水口

（1）承包人应负责泄水口的设计、施工和维护，设计应经监理人批准后，方能进行施工。泄水口必须满足排泥区退水的需要，每个排泥区的泄水口不少于两个。

（2）泄水口应设置在具有排水通道的部位，当吹填区附近无排水通道时，应设置在利于开挖排水渠的部位。

（3）为减少吹填区的泥沙流失，泄水口排出水流的泥浆浓度应控制在挖泥船设计泥浆浓度的 10%以内；当吹填土有特殊要求时，应按监理人指示控制排出水流的泥浆浓度。

（4）应防止泄水口泄出的水流冲刷附近的山坡、田地和建筑物，必要时应设置防冲消能设施。

### 18.5.4　排水渠与截水沟

（1）在地下水位高的地区设置排泥场，承包人必须确保周边农田不产生次生盐碱化，应沿排泥场区周边平行于围堰外边线（6m）处挖截水（渗）沟，其断面应满足截留围堰渗水的需要，并保持边坡稳定。

（2）引导泄水口及截渗沟水流排入附近水域的排水渠应具有一定坡降，其排水渠出口布置应以不淤积航道、不影响相邻建筑物和不污染水源为原则。

（3）排水渠的尺寸应满足排水要求，边坡应满足稳定要求。

（4）完工验收前，承包人负责清除所有排水渠的淤泥后，按本章技术条款的相关规定进行环境恢复。

### 18.5.5　吹填施工

（1）吹填工程施工，应防止细颗粒土聚集成泥囊和水塘，吹泥区的泥面应高出水面 2～3m 以上，以利于排水。但在超软地基上分层吹填时，第一层吹填高度应高出水面 1m，其后按 1m 高度逐层加高。吹填细颗粒土时，应设置两个以上的排泥区，轮流吹填。

（2）吹填施工应根据造地和加固堤防等要求进行。吹填土表面平整度应满足：细粒土的平整度为 0.5～1.2m，粗颗粒土的平整度为 0.8～1.6m。吹填平整度达不到要求时，应配备陆上土方机械加以平整。吹填区的平均高程误差应在 +0.05～+0.20m 范围内。

## 18.6　质量检查和验收

### 18.6.1　河道疏浚断面的测量检查

河道疏浚过程中，承包人应会同监理人，按施工图纸指定的疏浚断面，定期测量河道的开挖深度和宽度，检测结果达到以下标准并经监理人签认后，方能进行支付。

（1）河道开挖断面宽度，每边计算超宽及最大允许超宽值应遵守 SL 17—1990 表 7.4.1-1 规定的挖槽深度，计算超深及最大允许超深值应符合 SL 17—1990 表 7.4.1-2 的规定。

（2）河道的欠挖极限值小于设计水深的 5%，且不大于 0.3m；横向浅埂长度小于挖槽设计底宽的 5%，且不大于 2m；纵向浅埂长度小于 2.5m。

（3）吹填工程的平整度应遵守 SL 17—1990 第 7.4.3 条的规定。

（4）质量评定应遵守 SL 17—1990 第 7.4.4 条的规定。

（5）工程有航运要求时，还应遵守 JTJ 319—1999 的有关规定。

### 18.6.2 河道疏浚工程的完工验收

（1）疏浚及吹填工程的完工验收应遵守 SL 223—1999 的有关规定。

（2）验收测量可在疏浚工程全部完工后一次进行，对于工期较长或自然回淤严重的河段应分期、分段验收。验收测量应遵守 SL 52—1993 第 11 章的规定执行。已经进行了分期、分段验收的河道，在完工验收时，应由承包人提交当时由监理人签认的验收资料，经监理人重新确认后，进行正式验收，承包人不再为分期、分段验收后的河道回淤承担责任。

（3）单项疏浚工程完工后，承包人应对挖槽进行全面的水深测量，对超过欠挖极限的欠挖部位进行返工处理。

（4）自检合格后，承包人应及时向监理人申请进行单项工程验收。经监理人检查认为质量不合格时，应按监理人的要求进行返工，由此引起的工期延误和增加的费用由承包人承担。

（5）疏浚工程全部完工后，承包人应向发包人和监理人申请完工验收，并按下列要求提交完工资料，监理人收到承包人的申请报告后，应与承包人共同进行验收测量，承包人将不对此后的河道回淤承担责任。

1）疏浚工程的竣工图；

2）完工的测绘断面资料；

3）疏浚施工记录；

4）质量检查报告；

5）监理人要求提交的其他完工资料。

## 18.7 计量和支付

### 18.7.1 疏浚工程

（1）疏浚土方以立方米（m³）为单位计量，并按工程量清单项目的单价支付。疏浚超挖工程量应包含在挖泥单价内，不另行支付。

（2）承包人对疏浚障碍物的清除费用，按工程量清单项目的总价支付。

### 18.7.2 排泥区及吹填工程

（1）吹填工程量按施工图纸所示，以立方米（m³）为单位计量，并按工程量清单所列项目单价支付。施工期吹填土的沉陷量、原地基因上部吹填荷载而产生的沉降量和流失量不另行支付。

（2）排泥场围堰、隔埝、泄水口、排水渠和截水沟等，按工程量清单项目的总价支付。

（3）索铲施工的挡淤堤、弃土坑的费用已包含在挖泥单价中，不另行支付。

# 第 19 章　屋面和地面建筑工程

## 19.1　一般规定

### 19.1.1　应用范围

本章规定适用于本合同施工图纸所示的主、副厂房及附属房屋的屋面建筑工程和部分地面建筑工程。其中屋面建筑工程主要指采用钢筋混凝土屋面的防水、保温和隔热工程；部分地面建筑工程指厂房和辅助房屋建筑物底层地面和楼层地面，其施工内容为地基基层和楼层地面铺设。

### 19.1.2　承包人责任

（1）承包人应按本章第 19.1.1 条规定的范围，以及本章规定的施工技术要求，完成本合同施工图纸所示的全部屋面和地面建筑工程，并进行试验、检验和验收。

（2）除合同另有约定外，承包人应负责提供上述工程范围内的全部建筑材料，并按本合同的有关规定进行检验和验收。承包人应对其负责采购的建筑材料质量承担全部责任。

（3）承包人应按监理人指示与本章第 19.1.3 条规定的项目和内容，负责屋面工程的各项施工工艺试验。

### 19.1.3　主要提交件

承包人应在屋面工程（或地面工程）开工前，将屋面工程（或地面工程）的施工方法和工艺措施提交监理人批准，其内容包括：

（1）施工措施计划。

1）屋面工程（或地面工程）的施工程序和方法；

2）主要工艺措施；

3）主要施工设备配置；

4）施工质量控制和安全保证措施；

5）施工进度计划。

（2）屋面工程施工工艺试验。

承包人应根据工程施工进度的安排，负责以下各项施工工艺的现场试验，并及时向监理人提交施工工艺试验报告，经监理人批准后，方能开始施工。施工工艺试验报告的内容包括：

1）各种防水卷材的铺贴工艺试验；

2）防水卷材及其胶黏材料、防水涂膜材料、基层处理剂与密封防水材料等的材料相容性试验；

3）防水涂膜现场施涂工艺试验；

4）接缝密封防水及其背衬材料的性能与施工工艺试验；

5）补偿收缩混凝土屋面的混凝土浇筑工艺及其防水性能试验；

6）钢纤维混凝土屋面的混凝土浇筑工艺及其防水性能试验；

7）屋面保温层现喷硬质聚氨酯泡沫塑料的施工工艺试验。

### 19.1.4　引用标准

（1）GB 50202—2002《建筑地基基础工程施工质量验收规范》；

（2）GB 50207—2002《屋面工程质量验收规范》；

（3）GB 50209—2002《建筑地面工程施工质量验收规范》；

（4）GB 50345—2004《屋面工程技术规范》；

（5）GB/T 14684—2001《建筑用砂》；

（6）GB/T 14685—2001《建筑用卵石、碎石》。

## 19.2 屋面建筑工程

### 19.2.1 一般技术要求

（1）屋面建筑工程的类型包括：

1）卷材和涂膜防水屋面；

2）刚性防水屋面；

3）屋面结构防水密封；

4）屋面保温和隔热。

（2）屋面建筑工程采用的材料，应按施工图纸要求和 GB 50345—2004 的规定选用；进场材料应有质量证明文件及性能检测报告。

（3）屋面建筑工程施工时，施工条件及环境温度的控制应符合下列规定：

1）屋面建筑工程严禁在雨天、雪天施工，五级风及其以上时不得施工。施工中途下雨雪时，应做好周边的防护工作。

2）施工环境温度。屋面防水卷材、防水涂膜、防水密封材料和保温隔热材料的施工环境气温均应在 5～35℃之间，环境气温高出 35℃时不应施工；环境气温度低于 5℃时，应严格按产品说明书的要求施工。

### 19.2.2 卷材、涂膜防水屋面

本节采用的卷材和涂膜防水屋面型式包括高聚物改性沥青防水卷材屋面、合成高分子防水卷材屋面、高聚物改性沥青防水涂料屋面、合成高分子防水涂料屋面和聚合物水泥防水涂料屋面。

（1）材料。

1）防水卷材及其胶黏材料：

① 高聚物改性沥青防水卷材的外观质量和物理性能，应遵守 GB 50345—2004 表 5.2.2-1 和表 5.2.2-2 的要求；

② 合成高分子防水卷材的外观质量和物理性能，应分别遵守 GB 50345—2004 表 5.2.3-1 和表 5.2.3-2 的要求；

③ 改性沥青胶黏剂的黏结剥离强度不应小于 8N/10mm；

④ 合成高分子胶黏剂的黏结剥离强度不应小于 15N/10mm，浸水 168h 后的保持率不应小于 70%；

⑤ 双面胶黏带的剥离强度不应小于 6N/10mm，浸水 168h 后的保持率不应小于 70%。

2）防水涂料及胎体增强材料：

① 高聚物改性沥青防水涂料的质量，应符合 GB 50345—2004 表 6.2.1 的要求；

② 合成高分子防水涂料的质量，应符合 GB 50345—2004 表 6.2.2-1 和表 6.2.2-2 的要求；

③ 聚合物水泥防水涂料的质量，应符合 GB 50345—2004 表 6.2.3 的要求；

④ 涂膜防水层的胎体增强材料，其质量应符合 GB 50345—2004 表 6.2.4 的要求。

（2）找平层施工。

屋面防水层和保温、隔热层的基层，应根据施工图纸要求设置兼作屋面建筑找坡的找平层，其施工要求如下：

1）找平层的类别、厚度及技术要求，应符合施工图纸和（或）GB 50345—2004 表 4.2.5 的要求；

2）找平层应留分格缝，缝宽应为 5～20mm，分格缝应与板端缝对齐、顺直；纵横缝间距应符合设计要求，但不应大于 6m；

3）找平层表面应压实平整，排水坡度应符合施工图纸的要求。采用水泥砂浆找平层时，水泥砂浆抹平收水后应予以二次压光和充分养护，其表面平整度的允许偏差为 5mm，并不得有酥松、起砂、起皮现象；

4）找平层与突出屋面结构（女儿墙、立墙、变形缝等）的交接处，均应制成圆弧。卷材防水层找平层圆弧半径应按 GB 50345—2004 表 5.1.3 选用，涂膜防水层找平层的圆弧半径不应小于 20mm；

5）找平层分格缝内，以及水落口周围、伸出屋面管道周围等细部构造处，应按第 19.2.4 条的规定嵌填密封材料。

（3）卷材、涂膜防水层的基层处理。

卷材、涂膜防水层施工前，应根据施工图纸要求涂刷基层处理剂，基层处理剂应根据本章第 19.1.3 条规定的材料相容性试验选定，试验成果应提交监理人。试验证明其与上面覆盖的卷材或涂膜材质相容，并经监理人同意后，方可使用。基层处理剂的涂刷应达到以下要求：

1）基层面必须干净、干燥；

2）屋面的节点、周边和转角处用毛刷先行涂刷；

3）基层处理剂应准确计量，充分搅拌，均匀涂刷，覆盖完全。

（4）卷材、涂膜防水层施工。

1）一般要求：

① 承包人应通过现场试验选择防水卷材的施工方法。防水卷材铺贴可比较选用冷粘法、自粘法或热粘法；防水涂膜涂刷可比较选用刮涂法或喷涂法。

② 卷材、涂膜防水层施工前，应按施工图纸的要求和本章第 19.2.4 条的规定，完成被覆盖部位的密封材料嵌填、屋面结构缝及细部构造处的卷材或涂膜附加层的铺设。

③ 卷材或涂膜防水层的施工作业，应在基层处理剂干燥后立即进行。

④ 在已完工的卷材、涂膜防水层上面未作保护层前，不得在其上面进行其他施工作业或直接堆放物品。

2）卷材防水层铺贴：

① 卷材铺贴方向：屋面坡度小于 3% 时，卷材应平行铺贴；屋面坡度在 3%～15% 时，卷材可平行或垂直铺贴；屋面坡度在 15% 以上时，应优先采用垂直铺贴。

② 卷材应由屋面最低处向上铺设，铺设时应尽量减少搭接。必须搭接时，搭接方向和搭接缝宽度应遵守 GB 50345—2004 的有关规定。

③ 卷材与基层的黏结方法，应根据施工图纸的要求和监理人指示选用满粘法、点粘法或条粘法。立面或大坡面铺贴卷材时，应采用满粘法，并尽量减少短边搭接；距屋面周边 800mm 内以及叠层铺贴的各层之间应满粘；满粘法施工时，其找平层的分格缝处，以及防水层上有重物覆盖和基层变形较大处，应采用空铺，或采用点粘法、条粘法。

④ 采用冷粘法铺贴卷材时，应严格控制好胶黏剂涂刷与卷材铺贴的间隔时间，并应使用经工艺试验选定的胶黏剂。在低温条件下进行冷粘法和自粘法施工时，应采用热风机加热，确保其粘贴牢固，其热风机加热温度和时间控制应根据卷材的不同性能，通过工艺试验选定，试验成果应提交监理人批准。

⑤ 采用热粘法铺贴卷材，应采用专用的导热油炉加热。采用熔化热熔型改性沥青胶进行热粘，其加热温度不应高于 200℃，铺贴时的温度不应低于 180℃。应随括涂热熔改性沥青胶，随滚铺卷材，并展平压实。

⑥ 铺贴卷材应平整顺直，搭接尺寸准确，不得扭曲、皱折。铺贴时，应排除卷材下面和搭接缝间的空气并辊压粘贴牢固。搭接缝口应用材性相容的密封材料封严。

⑦ 防水卷材的收头处理，应按施工图纸或 GB 50345—2004 的有关规定，采用钉压固定后再用密封材料封堵严密。

3）涂膜防水层施工：

① 涂膜防水层的防水涂料配比、涂膜厚度与涂刷遍数应通过工艺试验选定，工艺试验成果应提交监理人批准。

② 防水涂膜应分遍和多遍涂布，待先涂布的涂料干燥成膜后，方可涂布后一遍涂料，且前后两遍涂料的涂布方向应相互垂直。

③ 屋面转角及立面的涂膜应薄涂多遍，不得有流淌和堆积现象。

④ 在涂层间大面积铺设胎体增强材料，屋面坡度小于 15%时，应平行屋脊铺设；屋面坡度大于 15%时，应垂直屋脊铺设，并由屋面最低处向上进行；胎体增强材料的搭接宽度，长边不得小于 50mm，短边不得小于 70mm；采用二层胎体增强材料时，上下层不得垂直铺设，其间距不应小于幅宽的 1/3，搭接缝应错开。

⑤ 涂层间夹铺胎体增强材料时，应边涂布边铺胎体。胎体应铺贴平整，排除气泡，并与涂料黏结牢固。在胎体上涂布涂料时，应使涂料浸透胎体，覆盖完全，不得有胎体外露现象。最上面和最下面的涂层厚度不应小于 1.0mm。

⑥ 防水涂膜的收头处理，可采用防水涂料多遍涂刷或用密封材料封堵严密。

（5）屋面保护层施工。

1）屋面防水卷材和防水涂膜的施工作业完成后，承包人应按施工图纸的要求选用以下型式的防水面层保护层：

① 浅色涂料保护层；

② 水泥砂浆保护层；

③ 块体材料保护层；

④ 细石混凝土保护层；

⑤ 撒布材料（细砂、云母、蛭石等）保护层。

2）保护层施工：

① 采用浅色涂料作保护层时，应待卷材铺贴完成或涂膜固化，并经监理人检验合格后涂刷，涂层应与卷材或涂膜黏结牢固，厚薄均匀，不得漏涂。

② 采用水泥砂浆作保护层时，其保护层表面应抹平压光，并设表面分格缝，分格面积不大于 1m$^2$。

③ 采用块体材料作保护层时，应留设分格缝，其纵横间距不应大于 10m，分格缝宽度不应小于 20mm。

④ 采用细石混凝土作保护层时，混凝土应振捣密实，表面抹平压光，并留设分格缝，其纵横间距不应大于 6m。

⑤ 高聚物改性沥青涂膜防水层采用细砂、云母或蛭石等撒布材料作保护层时，应在涂布最后一遍涂料时，边涂边撒布均匀，不得露底，然后再进行辊压粘牢，干燥后将多余的撒布材料清除。

⑥ 水泥砂浆、块体材料或细石混凝土保护层与女儿墙之间的留缝，应按本章第 19.2.4 条的规定

嵌填密封材料。

### 19.2.3　刚性防水屋面

（1）一般技术要求。

本节的刚性防水屋面包括普通细石混凝土防水屋面、补偿收缩混凝土防水屋面和钢纤维混凝土防水屋面。

（2）材料。

1）普通细石混凝土应采用普通硅酸盐水泥或硅酸盐水泥，不得使用火山灰质硅酸盐水泥。

2）防水层内配置的钢筋网应采用冷拔低碳钢丝。

3）混凝土粗骨料最大粒径不应大于 15mm，含泥量不应大于 1%；细骨料应采用中砂，含泥量不应大于 2%。

4）补偿收缩混凝土使用的膨胀剂，应按施工图纸的要求通过工艺试验选择，工艺试验成果应提交监理人批准。

5）钢纤维混凝土使用的钢纤维规格及其掺量应符合施工图纸的要求，并通过工艺试验选择，工艺试验成果应提交监理人。钢纤维表面不得有油污或其他妨碍钢纤维与水泥浆黏结的杂质，钢纤维内的黏连团片、表面锈蚀及杂质等，不应超过钢纤维质量的 1%。

（3）刚性防水层施工。

1）一般要求：

① 刚性混凝土找平层施工，应符合本章第 19.2.2 条第（2）项的规定；

② 各种刚性混凝土材料应按设计或试验配比准确计量，投料顺序得当，并应使用机械搅拌和机械振捣；

③ 应按本章第 19.2.4 条的规定，在刚性防水层混凝土浇筑前，完成被浇筑混凝土覆盖部位的密封材料嵌填；在浇筑后，完成刚性防水层分隔缝、屋面与垂直墙体之间的留缝，以及其他缝隙的密封材料嵌填；

④ 刚性混凝土浇筑后的养护时间不应少于 14 天；养护期内，屋面不得上人；

⑤ 刚性防水层分隔缝嵌填密封材料后，应按施工图纸的要求加设保护层；

⑥ 根据施工图纸的要求完成屋面结构缝及其他细部构造处的卷材或涂膜保护层的铺设后，按本章第 19.2.4 条的规定做好收头和密封。

2）刚性混凝土防水层的浇筑及其混凝土分格缝：

① 普通细石混凝土的拌制时间应不少于 2min，补偿收缩混凝土不少于 3min，钢纤维混凝土的搅拌时间应比普通细石混凝土延长 1～2min；

② 混凝土运输过程中应避免拌和物离析，如产生离析或坍落度损失，可加入相同水灰比的水泥砂浆进行二次搅拌，严禁直接加水搅拌；

③ 浇筑钢纤维混凝土时，应通过试验选择搅拌时间，保证钢纤维分布的均匀性和连续性，浇筑后的混凝土表面不得有钢纤维露出；

④ 刚性防水层分格缝纵横间距应符合施工图纸的要求；普通细石混凝土和补偿收缩混凝土分格缝纵横间距不应大于 6m，钢纤维混凝土分格缝的间距不大于 10m；

⑤ 刚性防水层的分格条安装位置应准确，切割深度应符合设计要求；起条时，不得损坏分格缝处的混凝土；

⑥ 每个分格板块的混凝土应一次浇筑完成，不留施工缝；抹压时，不得在表面洒水、加水泥浆或撒干水泥，混凝土收水后应进行二次压光。

### 19.2.4 屋面结构的防水密封

（1）一般要求。

本节内容适用于卷材、涂膜防水屋面及刚性防水屋面的结构缝及细部构造处的防水密封处理，其范围包括：

1）屋面找平层分格缝和刚性防水层分格缝；

2）屋面结构变形缝；

3）屋面细部构造处需要进行防水密封处理的部位。

（2）防水密封材料。

1）改性石油沥青密封材料的物理性能，应符合 GB 50345—2004 表 8.2.4 的规定；

2）合成高分子密封材料的物理性能，应符合 GB 50345—2004 表 8.2.5 的规定；

3）防水密封材料的配比应通过工艺试验选定，工艺试验成果应提交监理人；

4）接缝密封防水采用的背衬材料（聚乙烯泡沫塑料棒、橡胶泡沫棒等）应能适应基层的膨胀和收缩，并具有施工时不变形、复原率高和和耐久性好等性能。

（3）分格缝的防水密封处理。

1）接缝处的密封材料底部，应根据施工图纸的要求设置背衬材料。承包人应通过工艺试验选择耐热性好、与密封材料不黏结或黏结力弱的背衬材料，工艺试验成果应提交监理人。

2）背衬材料铺放后应涂刷基层处理剂，待基层处理剂表干后立即嵌填密封材料。

3）采用热灌法嵌填密封材料，其熬制和浇灌温度应通过现场试验选择，热灌时应由下向上进行，垂直于屋脊的板缝应先浇灌，在纵横交叉处应沿平行于屋脊的两侧板缝各延伸浇灌 150mm，并留成斜槎。

4）采用冷嵌法嵌填密封材料，应使用腻子刀先将少量密封材料批括在缝槽两侧，分次将密封材料嵌填在缝内，接头应采用斜槎。

5）合成高分子密封材料也可采用挤出枪嵌填，并由底部逐渐充满整个接缝；

6）密封材料嵌填后，应在表干前用腻子刀进行修整。

（4）屋面变形缝的防水密封处理。

1）平接屋面结构变形缝内应按施工图纸的要求填充弹性材料（泡沫塑料），并在其上部填放衬垫材料后用卷材封盖，顶部再加盖混凝土板或金属板。

2）刚性防水层和变形缝两侧墙体交接处，应按施工图纸的要求，在留设的缝隙内用防水密封材料嵌填。

3）高低屋面结构变形缝缝内除填充弹性材料外，还应按施工图纸的要求，在高墙面固定盖缝卷材处用密封材料封严。

（5）屋面细部构造的防水密封处理。

1）水落口与基层的接缝处应嵌填密封材料，密封材料表面应按规定增设附加层，再在附加层面上按施工图纸要求铺设卷材或涂膜防水层，并做好局部墙体防水。

2）檐沟应增设卷材或有胎体增强材料的涂膜附加层；在檐沟与屋面交接处，附加层应空铺，空铺宽度应符合要求；防水层收头密封应符合施工图纸的要求。

3）屋面与垂直墙体交接处的墙体泛水应按施工图纸的要求增设附加层。当女儿墙为砖墙时，作为泛水的卷材收头可直接铺至女儿墙下密封或嵌入砖墙内，并做好压顶和砖墙面的防水处理；当墙体为混凝土时，应在卷材收头封固部位的上方，按施工图纸的要求钉压金属板材或合成高分子卷材泛水板，钉压处用密封材料封严。

### 19.2.5　屋面的保温和隔热

（1）一般要求。

列入本节的钢筋混凝土屋面保温和隔热层，包括板状材料保温层屋面、整体现喷保温层屋面，以及架空隔热屋面 3 种类型。

（2）材料。

1）板状保温材料的质量，应符合 GB 50345—2004 表 9.2.1 的要求。

2）板状保温材料胶黏剂，包括有机胶黏剂和水泥砂浆胶黏剂，应按本章第 19.1.3 条的规定进行工艺试验，选择与板状保温材料材质相容、黏结性好的胶黏剂，其工艺试验成果应提交监理人。

3）现喷硬质聚氨酯泡沫塑料的质量，应符合 GB 50345—2004 第 9.2.2 条的以下规定：

① 表观密度应为 $35 \sim 40 kg/m^3$；

② 导热系数小于 0.03W/（m·K）；

③ 压缩强度大于 150kPa；

④ 闭孔率大于 92%。

4）预制钢筋混凝土架空隔热板的强度等级、外观尺寸，应符合施工图纸的规定；质量要求及抽样复验数量，应遵守 GB 50204—2002 第 9 章的有关规定。

（3）保温、隔热层施工。

1）板状材料保温层施工：

① 施工前，基层应平整、干燥和干净。干铺的板状材料，应铺设在紧靠需保温的基层表面上，并铺平垫稳；

② 分层铺设的板块，上下层接缝应错开，板间缝隙采用同类材料嵌填密实；

③ 粘贴板状保温材料时，胶黏剂应与保温材料材性相容，并应贴严、粘牢；

④ 板状保温层厚度的允许偏差为±5%。

2）整体现喷保温层施工：

① 现喷硬质聚氨酯泡沫塑料的配比应按现场工艺试验的成果准确计量，发泡厚度应均匀一致；

② 除施工图纸的要求外，硬质聚氨酯泡沫塑料保温层的厚度、整体现喷遍数与保温层厚度的关系应通过工艺试验选定，工艺试验成果应提交监理人；

③ 硬质聚氨酯泡沫塑料保温层厚度的允许偏差为－5%。

3）架空隔热层施工：

① 架空隔热层施工时，应将屋面清扫干净，并根据架空板的尺寸弹出支座中线；

② 在支座底面的卷材、涂膜防水层上，应采取加强措施；

③ 铺设架空板时，应将灰浆刮平，随时扫净屋面防水层上的落灰、杂物等，保证架空隔热层气流畅通。操作时不得损伤已完工防水层；

④ 架空板相邻两块的高低差不得大于 3mm。

4）细部构造：

① 保温屋面在与室内空间有关联的天沟、檐构处，均应铺设保温层，其与屋面交接处的屋面保温层铺设应延伸至墙内不小于墙厚的 1/2 处；

② 屋面排气出口的布置除应符合施工图纸的要求外，排气管应穿过保温层设置在结构层上，并应在排气道的管壁四周打排气孔；

③ 倒置式屋面的保温层上面，可采用块体材料，水泥砂浆或卵石作保护层；卵石保护层与保温层之间，应铺设聚酯纤维无纺布或纤维织物进行隔离保护。

### 19.2.6 质量检查和验收

（1）材料的质量检查和验收。

1）承包人应遵守 GB 50345—2004 的规定，对到货的各类卷材、涂料和防水密封等材料进行抽样检查和检验。

2）承包人应按本章第 19.2.3 条的规定，对刚性防水屋面的各类原材料进行入库验收以及现场检查和验收。

3）每批材料的抽样检验和验收均应由承包人按规定的格式编制材料抽样检验单，提交监理人。

（2）工程隐蔽部位的质量检查和验收。

1）需经监理人检查和验收的工程隐蔽部位包括：

① 卷材（或涂膜）防水及保温（或隔热）屋面的屋面找平层、屋面卷材防水层（或涂膜防水层）、屋面保温层（或隔热层）和屋面保护层。

② 刚性防水及保温（或隔热）屋面的屋面找平层、屋面保温层（或隔热层）、屋面普通细石混凝土防水层（或补偿收缩混凝土防水层或钢纤维混凝土防水层）和屋面保护层（仅倒置式屋面有）。

2）工程隐蔽部位验收应提交的资料包括：

① 屋面工程布置总图、施工图和相关的技术文件；

② 各项材料的检验和复验报告及其质量合格证件和使用说明书；

③ 各项施工工艺试验报告及相关的图纸和资料；

④ 各工程隐蔽部位的质量检查和验收报告；

⑤ 承包人质量检查的重要原始记录；

⑥ 重大缺陷和质量事故处理报告；

⑦ 监理人要求提交的其他验收资料。

3）每项工程隐蔽部位施工完毕后，应按监理人指示进行工程隐蔽部位的检查和验收，并编制工程隐蔽工程验收报告，提交监理人。

### 19.2.7 完工验收

每项屋面建筑工程全部完工后，承包人应向监理人申请对该项屋面建筑工程完工验收，并提交以下完工验收资料：

（1）屋面工程布置总图和相关的技术文件；

（2）各项材料的检验和复验报告及其质量合格证件和使用说明书；

（3）施工工艺试验报告；

（4）工程隐蔽部位的质量检查和验收报告；

（5）质量检查记录和质量事故处理报告；

（6）监理人要求提供的其他完工资料。

## 19.3 地面建筑工程

### 19.3.1 一般要求

（1）地面工程指建筑物底层地面和楼层地面工程，其施工内容包括地基基层铺设和整体面层铺设。

（2）建筑地面工程采用的材料，应按施工图纸的要求并遵守 GB 50209—2002 的规定选用；进场材料应有质量合格证明文件及性能检测报告。

（3）建筑地面工程施工时，各层环境温度的控制应符合下列规定：

1）采用掺有水泥、石灰的拌和料铺设及用石油沥青胶结料铺贴时，不应低于 5℃；

2）采用有机胶黏剂粘贴时，不应低于 10℃；

3）采用砂、石材料铺设时，不应低于 0℃。

（4）建筑地面工程基层（各构造层）和面层的铺设，均应待其下一层检验合格后，方可进行。建筑地面工程各层铺设前与设备管道安装等工程之间，应进行交接验收。

（5）铺设防水隔离层时，在管道穿过楼板面四周，防水材料应向上铺涂，并超过套管的上口；靠近墙面处，应高出面层 200～300mm 或按施工图纸要求的高度铺设。

### 19.3.2 基层铺设

（1）一般要求。

1）基层铺设包括基土、垫层、找平层、隔离层和填充层等基层分项工程的施工。

2）基土铺设的材料质量、密实度和强度等级（或配合比）等，应符合施工图纸的要求以及 GB 50209—2002 的有关规定。

3）基层铺设前，其下一层表面应干净、无积水；当垫层、找平层内埋设暗管时，管道应按施工图纸的要求予以稳固。

4）基层的标高、坡度、厚度等应符合施工图纸的要求，基层表面应平整，其允许偏差应遵守 GB 50209—2002 表 4.1.5 的规定。

（2）基土铺设。

承包人应按施工图纸的要求，将其表面的土层置换为填筑和夯实后的均匀基础土层，填土质量要达到以下要求：

1）基土层严禁用淤泥、腐殖土、冻土、耕植土、膨胀土和含有有机物质大于 8% 的土作为填土；

2）填土应分层压（夯）实，压实系数符合施工图纸的要求，但不应小于 0.90。填土质量应遵守 GB 50202—2002 的有关规定；

3）填土土料应取最优含水量，对重要工程或大面积的地面填土前，应取土样，并采用土工击实试验确定其最优含水量与相应的最大干密度。

（3）垫层铺设。

1）灰土垫层：

① 灰土垫层材料应采用熟化石灰与黏土（或粉质黏土、粉土）的拌和料铺设，其厚度不应小于 100mm。

② 熟化石灰（可采用磨细生石灰、粉煤灰或电石碴代替）颗粒粒径不得大于 5mm；黏土（或粉质黏土、粉土）内不得含有有机物质，颗粒粒径不得大于 15mm。

③ 灰土垫层应铺设在不受地下水浸泡的基土上，施工后应采取防止浸泡的措施。

④ 灰土垫层应分层夯实，经湿润养护并晾干后，方可进行下一道工序施工。

2）砂垫层和砂石垫层：

① 砂和砂石不得含有草根等有机杂质；宜选用天然级配的砂石料，砂应采用中砂，石子最大粒径不得大于垫层厚度的 2/3。

② 砂垫层厚度不应小于 60mm；砂石垫层厚度不应小于 100mm。铺设时，不应有粗颗粒分离现象，压（夯）至不松动为止。

③ 砂垫层和砂石垫层表面的允许偏差，应符合 GB 50209—2002 表 4.1.5 的规定。

3）碎石垫层和碎砖垫层：

① 碎石强度应均匀，最大粒径不应大于垫层厚度的 2/3；碎砖不应采用风化、酥松、夹有有机杂质的碎砖料，其颗粒粒径不应大于 60mm。

② 碎石垫层和碎砖垫层厚度不应小于 100mm；垫层应分层压（夯）实，达到表面坚实和平整。

4）三合土垫层：

① 三合土垫层材料为熟化石灰、砂（可掺入少量黏土）与碎砖的拌和料。熟化石灰颗粒粒径不得大于 5mm；砂应用中砂，并不得含有草根等有机物质；碎砖不应采用风化、酥松和含有有机杂质的砖料，颗粒粒径不应大于 60mm。

② 三合土垫层厚度不小于 100mm，垫层应分层夯实。

5）水泥混凝土垫层：

① 水泥混凝土垫层采用的粗骨料最大粒径不应大于垫层厚度的 2/3，含泥量不大于 2%；砂为中粗砂，其含泥量不大于 3%。

② 混凝土的强度等级应符合施工图纸的要求，但不应小于 C10；水泥混凝土垫层厚度不应小于 60mm。

③ 水泥混凝土垫层铺设在基土上，气温长期在 0℃以下时，垫层应设置伸缩缝。

④ 室内地面的水泥混凝土垫层，应设置纵向缩缝和横向缩缝。纵向缩缝间距不得大于 6m，横向缩缝不得大于 12m。垫层的纵向缝应作平头缝或加肋板平头缝，当垫层厚度大于 150mm 时，可作企口缝。横向缩缝应作假缝。

⑤ 平头缝和企口缝的缝隙间不得放置隔离材料，浇筑时应互相紧贴，企口缝的尺寸应符合施工图纸的要求，假缝宽度为 5～20mm，深度为垫层厚度的 1/3，缝内填水泥砂浆。

（4）找平层。

1）找平层应采用水泥砂浆或水泥混凝土铺设，碎石或卵石的粒径不应大于层厚的 2/3，含泥量不大于 2%；砂为中粗砂，其含泥量不大于 3%。

2）水泥砂浆体积比或水泥混凝土强度等级应符合施工图纸的要求，水泥砂浆体积比不应小于 1:3，水泥混凝土强度等级不应小于 C15。

3）有防水要求的建筑地面，铺设前必须对立管、套管和地漏与楼板节点之间进行密封处理；排水坡度应符合施工图纸的要求。

4）在预制钢筋混凝土板上铺设找平层前，板缝填嵌的施工应符合下列要求：

① 预制钢筋混凝土板相邻缝底宽不应小于 20mm；

② 填嵌时，板缝内应清理干净，保持湿润；

③ 填缝采用细石混凝土，其强度等级不小于 C20；填筑高度应低于板面 10～20mm，振捣应密实，表面不压光，填缝后应养护；

④ 当板缝底宽大于 40mm 时，应按施工图纸的要求配置钢筋。

5）在预制钢筋混凝土板上铺设找平层时，其板端应按施工图纸的要求采取防裂构造措施；找平层与下一层结合牢固，不得有空鼓；找平层表面应密实，不得有起砂、蜂窝和裂缝等缺陷。

（5）隔离层。

1）隔离层采用的材料及其材质应经有资质的检测单位检测认定，确认合格后才能使用。检测成果应提交监理人。

2）有防水要求的建筑地面必须设置防水隔离层。楼层结构必须采用现浇混凝土或整块预制混凝土板，混凝土强度等级不小于 C20；楼板四周除门洞外，应作混凝土翻边，其高度不小于 120mm，施工时结构标高和预留孔洞位置应准确，严禁乱凿。

3）防水隔离层严禁渗漏，坡向应正确，排水通畅。水泥类防水隔离层的防水性能和强度，应符合施工图纸的要求。

4）隔离层与其下一层应黏结牢固，不得有空鼓；防水涂层应平整、均匀，无脱皮、起壳、裂缝、鼓泡等缺陷。

5）防水材料铺设后，必须进行蓄水检验，蓄水深度为 20～30mm。在 24h 内不渗漏为合格，并应做好记录提交监理人。

（6）填充层。

1）填充层选用的填充材料，其密度和导热系数除应符合施工图纸的规定外，承包人应按监理人指示进行现场检测，检测成果应提交监理人。

2）采用松散材料铺设填充层时，应分层铺平拍实；采用板、块状材料铺设填充层时，应分层错缝铺贴、压实、无翘曲。

3）填充层的下一层为水泥类地面时，其表面应平整、洁净、干燥，不得有空鼓、裂缝和起砂等缺陷。

### 19.3.3　整体面层铺设

（1）一般要求。

1）整体面层的铺设包括水泥混凝土（含细石混凝土）面层、水泥砂浆面层、水磨石面层、防油渗面层和不发火（防爆）混凝土面层等的整体面层。

2）铺设整体面层时，其水泥类基层的抗压强度不得小于 1.2MPa，表面应粗糙、洁净、湿润，不得有积水，铺设前应涂刷界面处理剂。

3）整体面层施工后，养护时间不少于 7 天；抗压强度达到 5MPa 后，方可允许人行走；抗压强度达到施工图纸的要求后，方可正常使用。

4）当采用掺有水泥拌和料作踢脚线时，不应用石灰砂浆打底。

5）整体面层的抹平工作应在水泥初凝前完成，压光工作应在水泥终凝前完成。

（2）水泥混凝土面层。

1）水泥混凝土采用的粗骨料，其最大粒径不应大于面层厚度的 2/3，细石混凝土面层采用的石子粒径不大于 15mm，水泥混凝土面层厚度应符合施工图纸的要求。

2）面层的强度等级应符合施工图纸的要求，水泥混凝土面层强度等级不应小于 C20；水泥混凝土垫层兼面层强度等级不应小于 C15。

3）面层与下一层应结合牢固，不空鼓、无裂纹；面层表面不应有裂纹、脱皮、麻面、起砂等缺陷。

4）面层表面的坡度应按施工图纸的要求，不得有泛水和积水现象；水泥砂浆踢脚线与墙面应紧密结合，高度一致，出墙厚度均匀。

（3）水泥砂浆面层。

1）水泥采用普通硅酸盐水泥，其强度等级不应小于＿＿＿。不同品种、不同强度等级的水泥严禁混用，砂应为中粗砂。当采用石屑时，其粒径为 1～5mm，含泥量不应大于 3%。

2）水泥砂浆面层的体积比（强度等级）必须符合施工图纸的要求，且体积比至少为 1∶2，强度等级不应小于 M15。

3）面层与下一层的结合，以及面层表面施工要求与本章第 19.3.3 条的规定相同。

（4）水磨石面层。

1）水磨石面层的石粒应洁净、无杂物，除施工图纸另有要求外，其粒径应取 6～15mm；水泥强度等级不小于＿＿＿；颜料应采用耐光、耐碱的矿物原料，不得使用酸性颜料。

2）白色或浅色的水磨石面层，应采用白水泥；深色的水磨石面层，应采用硅酸盐水泥、普通硅酸盐水泥或矿渣硅酸盐水泥；同颜色的面层，应使用同一批水泥。同一彩色面层，应使用同厂、同批的颜料，其掺入量应根据施工图纸的要求选用或通过现场试验确定，一般为水泥质量的 <u>3%～6%</u>。

3）水磨石面层结合层的水泥砂浆体积比应取 1:3，相应的强度等级不应小于 <u>M10</u>，水泥砂浆稠度（以标准圆锥体沉入度计）为 <u>30～35mm</u>。

4）普通水磨石面层磨光遍数不少于 <u>3 遍</u>，高级水磨石面层的厚度和磨光遍数应按施工图纸的要求确定。在水磨石面层磨光后，涂草酸和上蜡前，其表面不得污染。

5）面层表面应光滑，无明显裂纹、砂眼和磨纹，石粒密实，显露均匀，颜色图案一致、不混色，分格条应埋置顺直、清晰和牢固。

（5）防油渗面层。

1）防油渗混凝土采用普通硅酸盐水泥，其水泥强度等级应不小于____；碎石采用花岗石或石英石，严禁使用松散多孔和吸水率大的石子，粒径为 <u>5～15mm</u>，其最大粒径不应大于 <u>20mm</u>，含泥量不大于 <u>1%</u>；砂应为中砂，洁净、无杂物，其细度模数为 <u>2.3～2.6</u>；掺入的外加剂和防油渗剂应符合施工图纸的要求。拌制的防油渗涂料应达到施工图纸要求的耐油、耐磨、耐火、抗渗和黏结性能，其防油渗涂料抗拉黏结强度不小于 <u>0.3MPa</u>。监理人认为必要时，应进行各项性能指标的测试，其测试成果应提交监理人。

2）防油渗面层的强度等级必须符合施工图纸的要求，其强度等级不小于 <u>C30</u>。

3）防油渗面层应采用防油渗混凝土铺设或采用防油渗涂料涂刷；防油渗混凝土或防油渗涂料面层与下一层或基层应结合牢固，无空鼓、起皮和开裂等缺陷；面层表面不应有裂纹、脱皮、麻面和起砂现象。

（6）不发火（防爆）混凝土面层。

1）不发火（防爆）混凝土面层采用的碎石应选用大理石、白云石或其他石料进行加工，并以金属或石料撞击时不发生火花为合格；砂应质地坚硬、表面粗糙，其粒径为 <u>0.15～5mm</u>，含泥量不大于 3%，有机物含量不大于 <u>0.5%</u>；水泥采用普通硅酸盐水泥，其强度等级不小于____；混凝土面层分格的嵌条应采用不发火的材料配制。配制时应随时检查，不得混入金属或其他易发生火花的杂质。

2）不发火（防爆）混凝土面层采用的石料和硬化后的试件，应按 GB 50209—2002 附录 A 的规定，在金刚砂轮上进行摩擦试验，试验合格才能开始施工。

3）面层与下一层应结合牢固、无空鼓、无裂纹；面层表面应密实、无裂缝、蜂窝、麻面等缺陷。

### 19.3.4　地面工程细部构造

（1）埋设件。

1）地面工程的埋设件应按施工图纸的要求和本技术条款第 23 章的规定执行。

2）埋设有管道和地漏的楼面和地面，当其有防水要求时，应在埋设的立管、套管和地漏穿过楼板或地面的节点间，采用水泥砂浆或细石混凝土将四周封堵，并在其四周留出 <u>8～10mm</u> 的沟槽，采用防水卷材或涂料裹严管口和地漏。

3）在有强烈机械作用下的水泥类面层与其他类型面层的邻接处，以及地面同类面层分格条、地面面层与管沟、孔洞、检查井相邻处和管沟变形缝处，均应按施工图纸的要求设置镶边角铁等构件。

（2）变形缝。

1）地面工程的伸缩缝、沉降缝和防震缝等变形缝，应按施工图纸的要求设置。

2）变形缝应贯通各层楼地面，缝宽不小于 <u>20mm</u>；变形缝的填充材料应根据施工图纸的要求配置，变形缝的构造及其采取的施工措施应满足不同的防火、防水、防虫害和防油渗的要求。

3）不同垫层厚度的交界处应设置变形缝，相邻两垫层的厚度比大于 1 时，可采用连续式过渡的结构缝，厚度比大于 1.4 时应设置间断式沉降缝，缝宽 20～30mm，缝内按施工图纸的要求填充弹性材料。

4）设置防冻胀层地面的混凝土垫层，其纵、横向缩缝均采用平头缝，缝距不大于 3m。

5）加肋的混凝土垫层周围，其纵、横向缩缝均采用平头缝，间距为 6～12m。

### 19.3.5 质量检查和验收

（1）材料的质量检查和验收。

1）承包人应会同监理人按本技术条款第 15 章和本章的有关规定，对地面工程的各项原材料进行质量检查和验收。

2）监理人认为需要对某项材料进行抽样复查时，承包人应根据施工图纸要求的质量标准进行抽样检查和检验，其检查和检验的成果应提交监理人。

（2）地面工程的质量检查标准。

1）各层地面和楼面的坡度、厚度、标高和平整度等，应符合施工图纸的要求，其厚度偏差不得大于施工图纸规定厚度的 10%。

2）各层地面和楼面及各填筑层的强度和密实度，均应符合施工图纸和本章技术条款的规定。

3）各层地面和楼面及各填筑层的表面对平面的偏差，应不大于表 19.3.5 的规定。

表 19.3.5　　　　　　　　　　各层地面允许偏差表

| 序号 | 层次 | 材 料 名 称 | 允许偏差（mm） |
|---|---|---|---|
| 1 | 基土 | 土 | 15 |
| 2 | 垫层 | 砂、砂石、碎石、碎砖 | 15 |
| | | 灰土、三合土、水泥混凝土 | 10 |
| 3 | 找平层 | 水泥砂浆、水泥混凝土 | 5 |
| 4 | 面层 | 水泥混凝土、水泥砂浆 | 5、4 |
| | | 整体或预制的普通水磨石 | 3 |
| | | 整体或预制的高级水磨石 | 2 |
| | | 防油渗混凝土 | 5 |
| | | 不发火混凝土（防爆） | 5 |

4）各层楼地面的面层与基层应结合良好，敲击检查不得有空鼓、裂纹、麻面、起砂等现象。

5）水磨石面层的图案、色泽和分格应准确，并符合施工图纸的要求。

6）变形缝的位置、尺寸、缝隙值以及材料的填缝质量，均应符合本章第 19.3.4 条的规定。

（3）工程隐蔽部位的质量检查和验收。

1）需经监理人检查和验收的工程隐蔽部位包括：

① 基土层；

② 垫层；

③ 找平层；

④ 隔离层或填充层；

⑤ 整体面层；

⑥ 埋置地下的各项埋设件等。

2）工程隐蔽部位验收应提交的资料：

① 地面工程施工图和相关的技术文件；

② 地面工程各隐蔽部位验收所需的各项材料物性试验成果和其他材料试验报告；

③ 各项工艺试验报告及其相关的图纸和资料；

④ 隐蔽部位质量自检记录；

⑤ 监理人要求提交的其他验收资料。

3）每项工程隐蔽部位施工完毕后，应进行工程隐蔽部位的检查和验收，并按监理人指示，编制各工程隐蔽部位的验收报告，经承包人和监理人共同签字后作为工程完工验收的竣工资料。

### 19.3.6　完工验收

地面建筑工程全部完工后，承包人应向监理人申请对地面建筑工程进行完工验收，并提交以下完工验收资料：

（1）地面建筑工程布置图；

（2）各项材料的检验和复验报告及其质量合格证件和使用说明书；

（3）施工工艺试验报告；

（4）各工程隐蔽部位的质量检查和验收报告；

（5）质量检查记录和质量事故处理报告；

（6）监理人要求提供的其他完工资料。

## 19.4　计量和支付

### 19.4.1　屋面工程

（1）屋面工程的工程量按施工图示建筑物轮廓线尺寸或经监理人批准的数量，以斜面面积按平方米（$m^2$）为单位计量，并按工程量清单所列项目单价支付。单价中包括屋面的本体及防水、隔热、保温等工作所需要的费用。

（2）除合同另有规定外，完成屋面建筑工程所需的全部建筑材料供应、加工及其损耗等费用均包括在屋面工程单价中，发包人不另行支付。

（3）完成屋面建筑工程的全部施工作业以及质量检查、检验和验收等所需费用包括在屋面建筑工程单价中，发包人不另行支付。

### 19.4.2　楼地面工程

（1）地面和楼面工程的计量应按施工图纸所示的建筑物轮廓线或监理人批准实施的地面或楼面量测计算的工程量（扣除凸出地面的构筑物、设备基础、室内地沟等所占面积，不扣除间壁墙和 $0.3m^2$ 以内的柱、垛、附墙烟囱及孔洞所占面积，门洞、空圈等开口部分不增加面积），以平方米（$m^2$）为单位计量，并按工程量清单所列项目单价支付。

（2）除合同另有规定外，完成楼地面建筑工程所需的材料的供应、加工及其损耗等费用包括在楼地面工程单价中，不另行支付。

（3）完成楼地面建筑工程的全部施工作业以及质量检查、检验和验收等所需的全部费用均已包括在楼地面工程的每平方米（$m^2$）单价中，不另行支付。

# 第 20 章　压力钢管制造和安装

## 20.1　一般规定

### 20.1.1　应用范围

本章规定适用于本合同施工图纸所示的地下和地面压力钢管的直管、弯管、渐变管、岔管和支管及其附件（以下统称钢管）的制造和安装。

### 20.1.2　承包人责任

（1）除合同另有约定外，承包人应负责采购本工程钢管制造和安装所需全部钢材、焊接材料、连接件和涂装材料，并应按本章第 20.2 节的规定，对上述材料和连接件进行检查和验收。

（2）承包人应负责本工程钢管的制造和安装，包括按本章第 20.3～20.10 节的规定进行钢管卷制、焊接、试验、运输、安装、涂装、灌浆及质量检查和验收等全部工作。

（3）按合同约定，由其他承包人承担（水泵）水轮机进水管（阀）与压力钢管的对接安装段时，承包人应负责提供该压力钢管段材料特性，以及壁厚与焊接工艺要求。

### 20.1.3　主要提交件

（1）施工措施计划。承包人应在压力钢管工程开工前 56 天，编制钢管制造和安装的施工措施计划，提交监理人批准，其内容包括：

1）钢管加工车间布置。

2）钢管制造和安装各工种的工艺要求。

3）钢管运输和安装措施。

4）钢管接触灌浆施工方法。

5）质量和安全保证措施。

6）施工进度计划。

7）监理人要求提交的其他资料。

（2）材料采购计划。承包人应根据合同计划和施工图纸的要求，编制压力钢管材料的采购计划，提交监理人批准。

（3）材料检验成果报告。承包人应按本章第 20.2 节规定，及时向监理人提交各项材料检验成果。

（4）车间加工图。承包人应在钢管制造前 28 天，按监理人提供的压力钢管施工图纸，绘制钢管车间加工图，提交监理人批准。

（5）焊接工艺评定报告和焊接工艺规程。

1）承包人应编制焊接工艺评定报告，提交监理人批准。

2）承包人应按批准的焊接工艺评定为依据，编制焊接工艺规程，提交监理人批准。

（6）钢管水压试验措施计划和试验成果报告。承包人应编制钢管水压试验措施计划，提交监理人批准。试验结束后，将试验成果报告提交监理人。

（7）钢管制造和安装的质量检查记录。钢管制造和安装过程中，承包人应按监理人指示，提交钢管制造和安装的质量检查记录。

（8）涂装工艺措施报告和质量检验成果。承包人应编制钢管涂装工艺措施，提交监理人批准。涂装工作完成后将涂装质量检验成果提交监理人。

### 20.1.4 引用标准

（1）GB 699—1999《优质碳素结构钢》。

（2）GB 700—2006《碳素结构钢》。

（3）GB 985—1988《气焊、电弧焊及气体保护焊焊缝坡口的基本型式与尺寸》。

（4）GB 986—1988《埋弧焊焊缝坡口的基本型式与尺寸》。

（5）GB 3323—2005《金属熔化焊焊接接头射线照相》。

（6）GB 5313—1985《厚度方向性能钢板》。

（7）GB 6654—1996《压力容器用钢板》。

（8）GB 8923—1988《涂装前钢材表面锈蚀等级和除锈等级》。

（9）GB 11345—1989《钢焊缝手工超声波探伤方法和探伤结果分级》。

（10）GB 19189—2003《压力容器用调质高强钢》。

（11）GB/T 709—2006《热轧钢板和钢带的尺寸、外形、重量及允许偏差》。

（12）GB/T 1591—2008《低合金高强度结构钢》。

（13）GB/T 2970—2004《厚钢板超声波检验方法》。

（14）GB/T 9445—2005《无损检测人员资格鉴定与认证》。

（15）DL5017—2007《水电水利工程压力钢管制造安装及验收规范》。

（16）DL/T 679—1999《焊工技术考核规程》。

（17）DL/T 5358—2006《水电水利工程金属结构设备防腐蚀技术规程》。

（18）DL/T 5372—2007《水电水利工程金属结构与机电设备安装安全技术规程》。

（19）JB/T 6061—2007《焊缝磁粉检验方法和缺陷痕迹的分级》。

（20）JB/T 6062—2007《焊缝渗透检验方法和缺陷痕迹的分级》。

（21）JB/T 4730.3—2005《承压设备无损检测》。

## 20.2 材料和外购连接件

承包人采购的所有材料应符合施工图纸要求及现行国家标准，并附有生产厂质量证明书、使用说明书等技术文件。承包人应向监理人提交生产厂的技术文件，并接受监理人的检查。

### 20.2.1 钢材

（1）每批钢材入库验收时，对没有产品合格证件，或标号不清，或对材质有疑问的钢材，承包人应对其进行复验，复验合格后才可使用。

（2）所有钢板均应由承包人负责进行抽样检验。每批钢板抽样数量为 2%，且不少于 2 张（调质钢、厚度大于 60mm 的钢板及沿厚度方向受拉的钢板应每张检验）。监理人认为有必要时，有权随机抽样，增加附加检验量。发现有不合格者，再加倍抽检，如此类推。同一牌号、同一炉罐号、同一板厚、同一热处理制度的钢板可列为一批。

钢板抽样检验项目应包括表面检查、化学成分（抽检 1～2 炉）检查、力学性能（韧性和强度）检查等，并按 JB/T 4730.3—2005 要求作超声波探伤检查，合格标准为高强钢Ⅰ～Ⅱ级、低合金钢Ⅱ～Ⅲ级、碳素钢Ⅲ～Ⅳ级。检验成果应提交监理人。

（3）沿厚度方向受拉的钢板（例如用于岔管加劲肋的钢板），应由承包人增作厚度方向（Z 向）

拉伸试验（测定抗拉强度、屈服点、伸长率和断面收缩率）及硫含量检测，试验和检测成果应提交监理人。

（4）钢板应按钢种、厚度分类堆放，垫离地面，堆放应符合生产厂要求。户外堆放时应架设防雨棚，防止腐蚀、污染和变形。

### 20.2.2 焊接材料

（1）焊接材料品种应与母材和焊接方法相适应，并根据工艺试验成果选定。

（2）承包人应按监理人指示，对焊接材料进行抽样检验，并将检验成果提交监理人。

（3）焊接材料在存放和运输过程中，应密封防潮。存放的库房内通风良好，室温不应低于 5℃，相对湿度不应高于 70%，并定时记录室温和相对湿度。

### 20.2.3 外购连接件

（1）外购连接件的品种、规格应符合施工图纸规定。

（2）承包人若对外购连接件的品种、规格进行更改时，应向监理人提交书面申请并提交相应的生产厂技术文件。

### 20.2.4 涂装材料

（1）涂料。

1）涂料的化学性能、黏结强度和耐久性等应满足施工图纸的要求。

2）每批到货的涂料说明书内容应包括涂料特性、配比、使用设备、干硬时间、再涂时间、养护、运输和保管办法等。

3）涂料选择应符合施工图纸和 DL/T 5358—2006 第 6.2 节的规定。

4）所有涂料必须用生产厂的原封容器。涂料必须存放在通风条件良好的专用储室内，并采用严格的防火措施。

（2）热喷涂金属材料。

1）热喷涂金属材料应符合施工图纸和 DL/T 5358—2006 第 7.2.2、7.2.3 条的规定；封闭处理及涂料应符合 DL/T 5358—2006 第 7.3.1～7.3.3 条的规定。

2）每批到货的热喷涂金属材料和封闭层涂料的说明书内容，应包括各种热喷涂金属材料的纯度等。

3）涂装材料运抵工地后，承包人应按监理人指示进行抽样检验，并将抽样检验成果提交监理人。

## 20.3 钢管制造

### 20.3.1 直管、弯管和渐变管制造

（1）钢板划线、切割和坡口加工。

1）钢板划线的极限偏差应符合 DL/T 5017—2007 表 4.1.1 的规定。

2）直管环缝间距不应小于 500mm；弯管和渐变管等结构环缝间距不应小于以下各项的大值：10 倍管壁厚度、300mm、$3.5\sqrt{rt}$（$r$ 为钢管内半径，$t$ 为管壁厚度）。

3）相邻管节纵缝间距应大于板厚的 5 倍，且不小于 300mm。

4）同一管节上相邻纵缝间距不应小于 500mm。

5）管节纵缝不应设置在管节横断面的水平轴线和铅垂轴线上，与上述轴线所夹的圆心角应大于 10°，且相应弧线距离应大于 300mm 及 10 倍管壁厚度。

6）钢板划线后的标记应遵守 DL/T 5017—2007 第 4.1.2、4.1.3 条的规定。

7）钢板切割和刨边应采用机械加工或自动、半自动切割方法。若采用火焰切割，须经监理人同意。对抗拉强度大于 540MPa 的钢板，若用火焰切割坡口，还应将影响焊接质量的表层刨除。

8）切割和刨边面的熔渣、毛刺和缺口，应用砂轮磨去，所有板材加工后的边缘不得有裂纹、夹层和夹渣等缺陷。切割时造成的坡口沟槽深度大于 2mm 时，应按要求进行焊补后磨平。可疑处按 JB/T 6061—2007、JB/T 6062—2007 规定进行探伤检查。

9）钢板加工后坡口尺寸的极限偏差，在施工图纸未规定时，应遵守 GB 985—1988、GB 986—1988 的规定。

10）坡口加工完毕后，应立即涂刷无毒无害、且不影响焊接性能和焊接质量的坡口防锈涂料。

11）高强钢钢板严禁锯、锉及用钢印作记号，不得在卷板外侧表面打标记、冲眼。

（2）卷板。钢管管节的钢板卷制，应遵守 DL/T 5017—2007 第 4.1.8 条的规定。

（3）钢管管节组装或组焊。

1）钢管管节组焊应符合本章第 20.4.4 条的规定。

2）钢管管节成型后的检查，应遵守 DL/T 5017—2007 第 4.1.9～4.1.16 条的规定。

3）为组装、运输和安装需要，在钢管管节上加焊和拆除卡具、吊耳等附加物时，应注意不伤及母材，焊接位置应保证起吊时不损伤钢管和产生过大的局部应力。若对后序工作无不良影响，附加物可不予拆除。

### 20.3.2　岔管制造

（1）承包人应在岔管制造前 28 天，将岔管车间加工图提交监理人批准。

（2）岔管钢板的划线、切割和坡口加工要求应符合本章第 20.3.1 条的规定。

（3）岔管钢板的卷制应符合本章第 20.3.1 条的规定；球形岔管球壳的压制成型，应按监理人批准的方法执行。

（4）岔管组装或组焊。

1）岔管组焊应符合本章第 20.4.4 条的规定。

2）岔管应在车间内进行整体组装或组焊。组装或组焊后的肋梁系岔管和球形岔管的各项尺寸应分别遵守 DL/T 5017—2007 第 4.2.2、4.2.4 条的规定。

3）球形岔管的球壳板曲率及几何尺寸的极限偏差应符合 DL/T 5017—2007 表 4.2.3-1 和表 4.2.3-2 的规定。

4）岔管组焊后若需进行消应处理，则应在车间内（室内）进行。若岔管尺寸大于运输界限，应在车间内按结构要求组装成尽可能大的部件，并应在车间内进行预组装后再分件运至现场进行总组装。

5）加强梁系（三梁岔的 U 形梁和腰梁、月牙岔的月牙肋、球岔的环形梁等）本身的连接焊缝及其与之相邻管壁间的组合焊缝，必须在车间内完成。加强梁系本身的连接焊缝及其与之相邻管壁间的组合焊缝因故不能在车间完成时，现场施焊的工艺、方法等须经监理人批准。

6）组装后岔管腰线转折角偏差应不大于 2°。

### 20.3.3　附件制造

（1）伸缩节。

1）伸缩节的划线、切割、坡口加工和卷板应符合本章第 20.3.1 条规定。波纹管式伸缩节应与制造厂协商确定。

2）伸缩节组焊应符合本章第 20.4.4 条的规定。

3）套筒式伸缩节内、外套管和止水压环制作成型后的直径、弧度、间隙和行程等的极限偏差，应遵守 DL/T 5017—2007 第 4.2.5～4.2.7 条的规定。

4）套筒式伸缩节的止水盘根应根据施工图纸的要求选用。若采用橡胶盘根，应黏结成整圈，每圈接头斜接，相邻两圈接头应错开 500mm 以上。

5）套筒式伸缩节内套管外壁和外套管内壁的纵缝应磨平，使其与钢管表面同高，盘根滑动范围不得布置横向焊缝。

6）波纹管伸缩节的制造、试验应遵守 DL/T 5017—2007 第 4.2.8、4.2.9 条的规定。

（2）明管支座。

1）明管支座的制造和加工，应符合施工图纸及本章第 20.3.1、20.4.4 条的有关规定。

2）滚动、滑动和摇摆支座，应保证组装后各部件不得妨碍支座行动。

3）鞍形支座的弧形承压板允许制造误差与钢管相同。预组装时，应校正其圆度。安排管节时，宜在支座滑动区内错开环缝及纵缝。当焊缝在弧形承压板滑动范围内时，应在钢管上加设较弧形承压板尺寸略大的垫板。

4）支座应在车间内进行预组装。

（3）加劲环、支承环、止推环和阻水环。

1）加劲环、支承环、止推环和阻水环的制造和加工，应符合本章第 20.3.1、20.4.4 条的规定。

2）上述各环的对接焊缝应与钢管纵缝错开 200mm 以上。加劲环、支承环与钢管管壁间的组合焊缝应符合施工图纸要求。如施工图纸无特殊要求，宜为双面连续焊缝。止水环与管壁间的组合焊缝应为连续焊缝。

3）加劲环、支承环、止推环和阻水环的内圈弧度间隙，应符合 DL/T 5017—2007 表 4.1.8-1 中的规定。加劲环、支承环、止推环和阻水环与钢管外壁的局部间隙，不应大于 3mm。

4）直管段的加劲环、止推环和支承环组装的垂直度极限偏差，应符合 DL/T 5017—2007 表 4.1.20 的规定。

5）在加劲环、支承环、止推环与钢管的连接焊缝和钢管纵缝交叉处，应在加劲环、支承环和止推环内弧侧开半径 25～50mm 的避缝孔。

（4）水压试验闷头。

1）水压试验用的临时闷头由承包人负责设计和制造。承包人应在闷头制造前 56 天，将闷头的布置图、计算书和车间加工图提交监理人批准。

2）根据水压试验的需要，应在闷头上设置进人孔、排气孔、进水孔、排水孔和测试仪表的安装孔等。

## 20.4 焊接

### 20.4.1 焊工和无损检测人员资格

（1）焊工。参加钢管焊接的焊工，应按 DL/T 5017—2007 第 6.2 节的规定，通过培训、考试，取得相应主管部门签发的合格证，才能从事与合格证相适应的焊接工作。

（2）无损检测人员。无损检测人员应持有国家专业部门签发、并与其工作相适应的技术资格证书。评定焊缝质量应由Ⅱ级或Ⅱ级以上的无损检测人员担任。

### 20.4.2　焊接工艺评定

（1）承包人应会同监理人按 DL/T 5017—2007 第 6.1 节的规定进行焊接工艺评定。焊接工艺评定报告的编制参考 DL/T 5017—2007 附录 E 所示的推荐格式，报告应提交监理人批准。

（2）焊接工艺评定的试件，其试板钢材和焊接材料应与制造钢管所用的材料相同。试焊位置应包含现场作业中所有的焊接部位，并应按施工图纸要求作相应的预热、后热或焊后消应处理。

（3）按钢管使用的不同钢板和不同焊接材料，组成以下各种焊接试板进行焊接工艺评定：

1）对接焊缝试板，评定对接焊缝焊接工艺。

2）角焊缝试板，评定角焊缝焊接工艺。

3）组合焊缝试板，评定组合焊缝（对接焊缝加角焊缝）的焊接工艺，对接焊缝试板评定合格的焊接工艺亦适合于角焊缝。评定组合焊缝焊接工艺时，根据焊件的焊透要求，确定采用组合焊缝试板或对接焊缝试板加角焊缝试板。

（4）按 DL/T 5017—2007 第 6.1 节规定可不作焊接工艺评定的焊缝，承包人必须提交在一年内已进行过的合格评定报告，提交监理人批准，经监理人批准后，可不另作评定。

（5）对接焊缝试板尺寸不少于长 800mm，宽 300mm，焊缝位于宽度中部；角焊缝试板高度不少于 300mm。试板的约束度应与实际结构相近，焊后过大变形应予校正。

（6）试板应打上试验程序编号钢印和焊接工艺标记。试验程序和焊接工艺应有详细说明。

（7）承包人应会同监理人对试板焊缝全长进行外观检查和无损探伤检查（检查方法与生产性施焊焊缝相同），并进行力学性能试验。试板不得有缺陷，若需修整的缺陷长度超过试焊长度的 5%，则该试件无效，须重作评定。

（8）板材对接焊缝试件力学性能试验项目和数量应遵守 DL/T 5017—2007 第 6.1.20 条规定；试验方法按 DL/T 5017—2007 第 6.1.21、6.1.22 条执行。

### 20.4.3　焊接工艺规程

承包人应编制焊接工艺规程并提交监理人批准。其内容包括：

（1）焊接位置和焊缝设计（包括坡口型式、尺寸和加工方法等）。

（2）焊接材料的牌号、性能，熔敷金属的主要成分，烘焙及保温措施等。

（3）焊接顺序，焊接层数和道数。

（4）焊接设备。

（5）定位焊及装配要求。

（6）预热、后热和焊后消应处理。

（7）质量检验的方法及标准。

（8）焊接工作环境要求。

（9）监理人认为需要提交的其他内容。

### 20.4.4　生产性施焊

（1）焊前清理。所有拟焊面及坡口两侧各 10~20mm 范围内的氧化皮、铁锈、油污及其他杂物应清除干净，每一焊道焊完后也应及时清理，检查合格后才能继续施焊。

（2）定位焊。拟焊项目应采用已批准的焊接工艺规程进行组装和定位焊。碳素钢和低合金钢的定位焊可留在二、三类焊缝内，构成焊接构件的一部分，但不得保留在一类焊缝内，也不得保留在高强钢的任何焊缝内。

（3）装配校正。装配中的错边应采用卡具校正，不得用锤击或其他有损钢板的器具校正。

（4）预热。

1）对焊接工艺要求需要预热的焊件，其定位焊缝和主缝均应预热（定位焊缝预热温度较主缝预热温度提高 20～30℃），并在焊接过程中保持预热温度；焊接层间温度不应低于预热温度，碳素钢和低合金钢不应高于 230℃，高强钢不应高于 200℃。一、二类焊缝预热温度应符合焊接工艺规定，如无规定时，可参照 DL/T 5017—2007 表 6.3.15 推荐的温度，或母材厂家推荐的温度。

2）焊口应采用固定的喷灯、电加热器或远红外线加热器预热。手持煤气火焰，仅限于在监理人批准的部位使用。

3）承包人应使用监理人同意的红外线测温仪测定温度，测定宽度为焊缝两侧各 3 倍钢板厚度范围，且不小于 100mm，在距焊缝中心线各 50mm 处对称测量，每条焊缝测量点间距不大于 2m，且不少于 3 对。

4）监理人有权对某些焊接部位提出特殊的预热要求，承包人应遵照执行。

（5）焊接。

1）焊接环境应遵守 DL/T 5017—2007 第 6.3.8 条规定，当出现不利焊接条件时，焊接部位应有可靠的防护屏障和保温措施。

2）施焊前，应对主要部件的组装进行检查，有偏差时应及时予以校正。

3）各种焊接材料应按 DL/T 5017—2007 第 6.3.10 条的规定进行烘焙和保管。焊接时，应将焊条放置在专用的保温筒内，随用随取。

4）为尽量减少变形和收缩应力，应在施焊前选定定位焊焊点和焊接顺序。从构件受周围约束较大的部位开始焊接，向约束较小的部位推进。

5）双面焊接时（设有垫板者例外），在其单侧焊接后应进行清根并打磨干净，再继续焊另一面。对需预热后焊接的钢板，应在清根前预热。若采用单面焊缝双面成型，应提出相应的焊接措施，并经监理人批准。

6）在制造车间施焊的纵缝和环缝，应尽可能采用埋弧焊。

7）纵缝焊接应设引弧和断弧用的助焊板，严禁在母材上引弧和断弧。定位焊的引弧和断弧应在坡口内进行。

8）多层焊的层间接头应错开。

9）每条焊缝应一次连续焊完，当因故中断焊接时，应采取防裂措施。在重新焊接前，应将表面清理干净，确认无裂纹、无焊渣后，方可按原工艺继续施焊。

10）拆除引、断弧助焊板时不应伤及母材，拆除后应将残留焊疤打磨修整至与母材表面齐平。

11）焊接完毕，焊工应进行自检。一、二类焊缝自检合格后应在焊缝附近用钢印打上工号，并做好记录；高强钢不打钢印，但应进行编号并作出记录，由焊工在记录上签字。

（6）产品焊接试板。

1）管壁纵缝、加强构件（包括支承环以及岔管的肋和梁）的对接焊缝应作产品焊接试板。

2）相同板厚的纵缝长每 100m 作一块产品焊接试板、且每种板厚不少于两块。试板尺寸及试验项目与焊接工艺评定的规定相同。

3）试板须在纵缝的延长部位与钢管纵缝同时施焊，试板的厚度和焊接工艺须与管壁相同，可以延长试板长度而不设助焊板。

（7）后热处理。后热处理应由焊接工艺评定确定，也可参照下列规定执行：

1）高强钢与厚度大于 <u>38mm</u> 的低合金钢应作后热处理。

2）后热温度：低合金钢 <u>250～350℃</u>，高强钢 <u>150～200℃</u>，后热应在焊后立即进行，保温时间在 1h 以上。焊后立即进行消应处理者可不进行后热处理。

（8）管壁表面缺陷修整。

1）管壁内面的突起处应打磨清除。

2）管壁表面的局部凹坑，若其深度不超过板厚的 <u>10%</u>，且不超过 <u>2mm</u> 时，应使用砂轮打磨，使钢板厚度渐变过渡，剩余钢板厚度不得小于原厚度的 <u>90%</u>；超过上述深度的凹坑，应按监理人批准的措施进行焊补，并按本章第 20.4.5 条的规定进行质量检验。

### 20.4.5　焊缝检验

（1）焊缝分类。

1）一类焊缝，包括所有的主要受力焊缝，例如，管壁纵缝，主厂房内明管环缝、凑合节合拢环缝、岔管管壁的纵缝和环缝、加强构件（包括支承环以及岔管的肋和梁）的对接焊缝及其与管壁的组合焊缝、闷头与管壁的连接焊缝。

2）二类焊缝，包括较次要的受力焊缝，例如，管壁环缝、加劲环的对接环缝及其与管壁间的组合焊缝。

3）三类焊缝，包括受力很小、且修复时不致停止发电或供水的附属构件焊缝。

（2）外观检查。所有焊缝均应按 DL/T 5017—2007 第 6.4.1 条的规定进行外观检查。

（3）无损探伤。

1）进行探伤的焊缝表面不平整度应不影响探伤评定。

2）焊缝无损探伤应遵守 DL/T 5017—2007 第 6.4.5～6.4.7 条的规定。探伤时间应根据钢种及焊接方法、焊接环境确定，并提交监理人批准。

3）焊缝无损探伤的抽查率应按施工图纸的规定执行。若施工图纸未规定时，抽查率可按 DL/T 5017—2007 表 6.4.4 的要求确定。抽查部位应按监理人指示选择在容易产生缺陷的位置，并抽查到每个焊工的施焊部位。

4）无损探伤的检验结果（包括射线探伤的摄片）须在检验完毕后 <u>48h</u> 内提交监理人。

5）监理人查核检验结果后，或根据焊接工作情况，有权要求承包人增加检验项目和检验工作量，包括采用着色渗透和磁粉探伤、测厚仪等。

### 20.4.6　焊缝缺陷处理

（1）承包人根据检验确定的焊缝缺陷，提出缺陷返修的部位和返修措施，经监理人同意后，由承包人进行返修。返修后的焊缝，仍应按本章第 20.4.5 条的规定进行复验。

（2）承包人应严格按 DL 5017—2007 第 6.5 节的规定进行缺陷部位的返修，并做好记录，直至监理人认为合格为止。返修记录应提交监理人。

（3）同一部位返修次数，碳素钢和低合金钢不应超过两次，高强钢不应超过一次。返修次数超过允许时，应制订可靠的技术措施，提交监理人批准后实施。

### 20.4.7　焊后消应处理

施工图纸规定需要进行焊后消应处理的钢管，应按 DL/T 5017—2007 第 7.2 节的要求进行，并应向监理人提交消应处理成果报告。

## 20.5　水压试验

### 20.5.1　钢管水压试验措施计划

按合同约定需要进行水压试验的钢管，承包人应在钢管水压试验前，编制钢管水压试验措施计划，提交监理人批准。试验内容应包括水压试验工作段范围、试验场地布置、试验设备、检测方法、循环次数、测点布置、试验程序和安全措施等。

### 20.5.2　水压试验工作分段

（1）明管水压试验的分段长度和试验压力应按施工图纸的规定执行。

（2）岔管应在制造厂作整体水压试验。对大型岔管需要在现场组装时，经监理人批准可在现场进行试验。若施工图纸另有规定，应按其规定执行。

### 20.5.3　试验方法

（1）水压试验压力应根据施工图纸的要求确定。

（2）水压试验时，应逐步缓慢升压，在达到设计内水压后，应稳压 30min 以上；再升压至试验压力，达到试验压力后保持 30min 以上；然后降压至设计内压稳压 30min 以上，以便有足够时间观测和检查。

（3）试验过程中须随时检查钢管的渗水和其他异常情况。

（4）监理人认为有必要，需在试验工件上设置应变量测仪器时，承包人应在试验过程中按监理人指示测读数据，计算应力，并将成果及时提交监理人。

（5）试验完成后应割去临时闷头（包括管壁联接段的焊接热影响区）。余留的管壁长度应满足施工图纸的规定。

### 20.5.4　试验成果报告

试验结束后，承包人应及时向监理人提交水压试验成果报告，其内容包括试验过程、测试成果、发生的异常情况及其处理措施、评价意见等。

## 20.6　钢管运输

### 20.6.1　运输措施

承包人应根据运输钢管部件的不同情况，制定详细的运输措施，其内容包括采用的吊装、运输设备；大件运输方法以及防止钢管变形的加固措施等。

### 20.6.2　钢管保护

（1）运输成型的钢管管节时，应在管节内加设内支撑。内支撑的焊接和拆除应遵守 DL/T 5017—2007 第 5.2.4、6.3.13 条的规定。在埋管外部混凝土终凝前，不得拆除内支撑。管节运输时，应将钢管安放在鞍形支座或加垫木梁上，以保护管节及其坡口免遭破坏。

（2）运输异地制作的瓦片时，应将瓦片堆放在与瓦片弧度相同的弧形支架上，并注意瓦片边缘和坡口免受撞击损坏。

（3）采用钢索捆扎吊运钢管时，应在钢索与钢管之间加设软垫。

## 20.7 钢管现场安装

### 20.7.1 安装措施

（1）承包人在提交的施工措施计划中，应详细说明钢管安装使用的设备、安装方法、临时工程设施、质量检验程序和安全措施等。钢管现场安装工作应遵守 DL/T 5017—2007 第 5 章的规定。

（2）用于测量高程、里程和安装轴线基准点等安装用的控制点，均应明显、牢固和便于使用，并应保留到安装验收合格后才能拆除。

（3）钢管制造、安装及验收所用的测量器具，应按有关规范的规定进行率定，并在有效期内使用。

### 20.7.2 安装偏差

（1）钢管的直管、弯管和岔管及伸缩节等附件与施工图纸规定的轴线平行度误差应不大于 0.2%。

（2）钢管安装中心的偏差和管口圆度应遵守 DL/T 5017—2007 第 5.2.1、5.2.3 条的规定。

（3）钢管始装节的里程偏差不应超过±5mm，弯管起点的里程偏差不应超过±10mm；始装节两端管口垂直偏差不应超过±3mm。

（4）明管支座位置误差应按施工图纸规定，最大不得超过 5mm；与钢管设计中心线平行度偏差不大于 0.2%。支座安装后，不应有任何卡阻现象，局部间隙不应大于 0.5mm。

（5）鞍形支座的顶面弧度间隙不应大于 2mm。

### 20.7.3 安装支撑

（1）安装时，钢管应支撑牢固，防止变位。

（2）安装临时支撑应尽量焊在加劲环或支承环上。若须焊在管壁上，则应先在管壁上焊垫板，垫板尺寸不小于 100mm×100mm×10mm。

（3）在永久支撑满足施工图纸要求时，才能拆除临时支撑，支撑附件的拆除应不得伤及母材。

### 20.7.4 现场安装焊接

（1）承包人应按本章第 20.4.4 条的规定进行现场焊接。

（2）在现场焊接钢管环缝前，应校测钢管位置和管口圆度，若发现其安装偏差超过规定时，应及时纠正，并经监理人检查认可后，才准施焊。

（3）定位焊后应尽快焊接安装环缝，每条焊缝应连续完成，不得中断。焊接过程中，若遇到本章第 20.4.4 条的不利环境条件时，应采取有效的防护措施。

（4）安装环缝应由两名或两名以上焊工，按同向对称进行焊接。

### 20.7.5 观测仪器埋设

钢管安装时，按合同规定安装的观测仪器，应同时进行安装埋设。若仪器的安装埋设由其他承包人承担，本合同承包人应为仪器安装承包人提供必要的协助。安装观测仪器支座的焊接应遵守 DL/T 5017—2007 第 6.3.13 条的规定，不妨碍钢管运行的施工支座可不予拆除。

### 20.7.6 安装质量检验

（1）承包人应按本章第 20.4.5 条的规定，对全部现场安装焊缝进行检验，并按本章第 20.4.6 条的规定进行焊缝缺陷处理。

（2）全部钢管安装并检验完毕后，承包人应将钢管安装的质量检验记录提交监理人。

## 20.8 涂装

### 20.8.1 涂装工艺措施

承包人应在涂装作业前 56 天，编制钢管涂装工艺措施，提交监理人批准。涂装工艺措施应详细说明各种涂装材料的施涂方法、使用设备、质量检验和涂装缺陷修补措施。

### 20.8.2 表面预处理

（1）钢材表面涂装前，必须进行表面预处理。在预处理前，钢材表面的焊渣、毛刺、油脂等污物应清除干净。

（2）表面预处理质量，应符合施工图纸的规定。若施工图纸未规定，且钢管内壁及明管外壁采用涂料或金属喷涂时，除锈等级应达到 GB 8923—1988 规定的 Sa2½ 级；埋管外壁采用喷涂水泥浆时，应达到 Sa1 级。

（3）预处理后，表面粗糙度应达到：

1）常规涂料 40～70μm。

2）厚浆重涂料、金属热喷涂 60～100μm。

（4）表面预处理应使用无尘、洁净、干燥、有棱角的铁砂喷射处理钢板表面。喷射用的压缩空气应经过过滤，除去油、水。

（5）当钢材表面温度低于露点以上 3℃、相对湿度高于 85% 时，不得进行表面预处理。

（6）喷刷后的表面不应再与人手等物体接触，防止再度污染。施喷涂料前，应使用钢刷和真空吸尘器清除残留砂粒等杂物。作业人员应带纤维手套。若不慎用手触及已清理好的表面，应立即用溶剂清洗钢管表面。

### 20.8.3 涂装施工

（1）一般要求。

1）施涂前，承包人应根据施工图纸要求和涂料生产厂的规定进行工艺试验。试验过程中应有涂料生产制造厂的人员负责指导。试验成果应提交监理人。

2）组焊后的管节、岔管及附件（除安装焊缝外），应在车间内完成涂装；现场安装焊缝及表面涂装损坏部位应在现场进行涂装。

3）清理后的钢材表面在潮湿气候条件下，涂料应在 4h 内涂装完成，金属喷涂应在 2h 内完成；在晴天和正常大气条件下，涂料涂装时间最长不应超过 12h，金属喷涂时间不超过 8h。

4）涂装材料的使用应按施工图纸及涂料生产制造厂的说明书进行。涂装材料品种以及涂装层数、厚度、间隔时间、调配方法等应严格按厂家要求执行。

5）当空气中相对湿度超过 85%、钢材表面温度低于大气露点 3℃ 以及产品说明书规定的不利环境时，均不得进行涂装。

6）钢管防腐其他技术要求应遵守 DL/T 5358—2006 的有关规定。

（2）涂料涂装。

1）钢管内壁和明管外壁应涂刷自养护的底漆和面漆。

2）安装焊缝两侧各 200mm 范围内，在表面预处理后，应涂刷不会影响焊接质量的车间底漆。焊缝焊接后，应进行二次除锈，再用人工涂刷或小型高压喷漆机械施喷涂料。

3）埋管外壁应均匀涂刷一层水泥浆，涂后注意养护。

4）施涂过程中，要特别注意防火、通风、保护工人健康。

5）施涂后的钢管应小心存放，保护涂层免受损伤，并防止高温、灼热及不利气候条件的有害影响。

（3）金属喷涂。

1）喷涂用的压缩空气应清洁、干燥，压力不得小于 0.4MPa。

2）喷涂距离 100～200mm，喷枪尽可能与基体表面成直角，不得小于 45°。

3）控制喷枪移动速度，使一次喷涂厚度为 25～80μm，厚度应均匀，各喷涂带之间应有 1/3 的宽度重叠。

4）各喷涂层间的喷枪走向应相互垂直，交叉覆盖。

5）上一层涂层表面温度降到 70℃ 后，再进行下一层喷涂。

### 20.8.4　涂装质量检验

（1）涂料涂层质量检验。

1）涂料涂层质量检验应遵守 DL/T 5358—2006 第 6.4 节的规定。

2）在不适于施涂和养护的环境条件下所作的涂装，监理人有权指示承包人清除后重新涂刷。

3）涂层漏涂部位应予修补。若检查发现流挂、皱纹、针孔、裂纹、鼓泡等现象时应进行处理，直至监理人认为合格为止。

（2）金属喷涂质量检验。

1）外观检查。金属喷涂层应均匀、无杂物、起皮、鼓泡、粗颗粒、裂纹、孔洞、掉块等缺陷。

2）涂层厚度及结合性能检验按施工图纸要求和 DL/T 5358—2006 第 7.6 节的规定进行质量检验。

（3）涂装面验收。涂装结束后，承包人应会同监理人对钢管的全部涂装面进行质量检查和验收，钢管涂装的质量检验成果应提交监理人。

## 20.9　钢管接触灌浆

### 20.9.1　灌浆孔

（1）制造钢管时，应按施工图纸所示的孔位和结构要求预留灌浆孔，必要时应在钢管外壁加焊补强板。补强板应设有内螺纹，出厂时应在内螺纹上抹油防锈，并加旋孔塞保护螺纹。

（2）在现场灌浆过程中，若需要在已埋设的钢管上加钻灌浆孔，应提交监理人批准。

### 20.9.2　灌浆材料

（1）水泥。接触灌浆采用的水泥应符合本技术条款第 11.2.2 条的规定。若施工图纸规定需要采用细水泥浆液灌浆时，应通过试验选用干磨水泥、湿磨水泥或超细水泥。

（2）水。接触灌浆用水应遵守本技术条款的第 11.2.3 条的规定。

（3）外加剂。应根据钢管接触灌浆工艺的需要选用速凝剂、减水剂等外加剂，其掺量应通过试验确定。试验成果应提交监理人。

### 20.9.3　制浆

钢管接触灌浆的制浆应按本技术条款第 11.7 节的规定执行。

### 20.9.4 灌浆设备

灌浆设备的选用应按本技术条款第 11.3.2 条的规定执行。

### 20.9.5 灌浆前的准备

（1）浇注混凝土之前，应在补强板上抹油，防止补强板与混凝土黏结，灌不进浆。

（2）埋管的外围混凝土凝固后，进行平洞回填灌浆和围岩固结灌浆前，旋开孔塞，旋上保护圈，防止钻孔时打坏螺纹。平洞回填灌浆和固结灌浆后，堵塞混凝土中的灌浆孔，不得有渗水进入，然后进行接触灌浆。

（3）接触灌浆前，采用稍高于灌浆压力的水（其压力不高于钢管抗外压的安全压力）挤开补强板与混凝土间的缝隙。

### 20.9.6 灌浆

（1）接触灌浆应采用循环灌浆法。单排作一序孔，双排作二序孔；一序孔灌浆时，二序孔作排气兼出浆孔；二序孔灌浆时，留顶上一孔排气及出浆。浆液水灰比（重量比）可根据试验确定，起灌水灰比可采用 (1~0.45)∶1。在规定的灌浆压力下，最大浓度浆液停止吸浆 5min 后可停灌。

（2）应按监理人指示严格控制进浆压力，并在灌浆孔旁设置变位计，观测钢管变位，防止管壁失稳。

（3）灌浆过程中，承包人应随班记录孔位、配比、吸浆量和钢管变形等，灌浆记录应提交监理人。

（4）接触灌浆后，旋下保护圈，清除灌浆孔中杂物，封焊灌浆孔。堵头封堵及焊缝质量检验应遵守 DL/T 5017—2007 第 5.2.7、5.2.8 条的规定，并磨平过高的余高及飞溅物等残迹、补喷金属涂层或补刷涂料。

### 20.9.7 接触灌浆质量检查

灌浆结束 3~7 天后，由承包人会同监理人用锤击法进行灌浆质量检查，其脱空范围和程度应满足施工图纸要求。不合格的部位应由承包人负责处理至监理人认为合格为止。

## 20.10 质量检查和验收

### 20.10.1 钢管材料检查和验收

钢管制造和安装所需的钢材、焊接材料、外购连接件和涂装材料等均应按本章第 20.2 节规定进行检验和验收。

### 20.10.2 钢管制造质量检查和验收

钢管管节和附件全部制成后，承包人应在钢管工程开始安装前 56 天，向监理人提交钢管管节和附件的验收申请报告，并应同时提交以下各项验收资料：

（1）钢管管节和附件清单。

（2）钢材、焊接材料、外购连接件和涂装材料的质量证明书、使用说明书或试验报告。

（3）焊接程序和工艺评定报告。

（4）焊缝质量和检验结果。

（5）缺陷修整和焊缝缺陷处理记录。

（6）钢管管节和附件的尺寸及偏差检查记录。

（7）涂装质量检验记录。

（8）由工厂制造的一切全部钢管及附件，均由厂家提供出厂合格证。

（9）监理人要求的其他验收资料。

经监理人的审查同意后，承包人应会同监理人对钢管管节和附件进行验收。验收合格后由监理人签发质量合格证。

### 20.10.3　钢管安装质量的检查和验收

（1）钢管在安装过程中，承包人应会同监理人对各管段及部件的定位准确性、支撑牢固性等进行检查，并对每条现场焊缝进行逐条检查和验收。不合格的焊缝应进行返修和重新检验，直至监理人认为合格为止。验收记录应提交监理人。

（2）钢管的现场涂装工作结束后，承包人应会同监理人对钢管面的涂装质量进行检查和验收，检查范围包括焊缝两侧的现场涂装部位和管节出厂前涂装面的损坏部位。不合格的涂装面应进行返修和重新检验，直至监理人认为合格为止。验收记录应提交监理人。

### 20.10.4　完工验收

钢管工程全部完工后，承包人应向监理人提交钢管工程验收申请报告，并附以下完工资料：

（1）钢管竣工图。

（2）各项材料和连接件的生产厂的质量证明书等技术文件。

（3）钢管制造、安装的质量检查报告。

（4）钢管一、二类焊缝焊接工作档案卡（包括焊工名册和代号）。

（5）水压试验成果。

（6）重大缺陷处理报告。

（7）钢管接触灌浆质量检查报告。

（8）监理人要求提供的其他完工资料。

## 20.11　计量和支付

### 20.11.1　钢管及其附件

（1）钢管（除岔管和伸缩节外）及其支座、人孔、加劲环、支承环、止推环和阻水环等附件的计量和支付，应按施工图纸所示的全部钢管和附件的体积换算成重量，以吨（t）为单位计量，并按工程量清单所列项目单价支付。单价中包括钢材的供应、制造、运输、安装和质量检查与验收等费用。

（2）岔管和伸缩节的计量和支付，应按施工图纸所示重量以吨（t）为单位进行计量，并按工程量清单所列项目单价支付。单价中包括钢材和其他材料的供应，岔管和伸缩节的制造、运输、安装和质量检查与验收等费用。

（3）压力钢管的水压试验费用按工程量清单所列项目总价支付。

### 20.11.2　涂装

涂装的计量和支付，应按施工图纸所示的钢管表面积，以平方米（m²）为单位计量，并按工程量清单所列项目单价支付。其单价中包括涂装材料的供应、涂装施工、质量检查与验收等费用。

### 20.11.3 钢管接触灌浆

钢管接触灌浆的计量和支付，应按施工图纸所示或监理人指示进行灌浆的钢管外壁面积，以平方米（m²）为单位计量，并按工程量清单所列项目单价支付。单价中包括灌浆材料的供应、灌浆施工以及质量检查和验收等费用。

# 第 21 章　钢结构制作和安装

## 21.1　一般规定

### 21.1.1　应用范围

本章规定适用于本合同施工图纸所示的厂房及附属建筑物钢结构及其埋设件的制作和安装。

### 21.1.2　承包人责任

（1）按合同约定，承包人应负责采购本工程所需的钢材、压型金属板、外购件、焊接材料和涂装材料等，并应按本章第 21.2 节的规定进行材料检查和验收。

（2）承包人应负责本工程全部钢结构的制作和安装，包括按本章第 21.3～21.6 节的规定进行钢构件的制作和组装、涂装、预拼装；钢构件的运输和存放；钢结构的安装；钢结构工程的质量检查、检验和完工验收，以及完工验收前的维护和缺陷修复等全部工作。

（3）按合同约定，对大型的、复杂的钢构件进行工艺性试验，对连接复杂的钢构件进行预拼装。

（4）若按合同约定，发包人将单项钢结构工程委托承包人进行专项总承包，则承包人应承担该项钢结构工程的设计、制造和安装的全部责任。

### 21.1.3　主要提交件

（1）承包人应在钢结构制作前 56 天，编制钢结构工程施工措施计划，提交监理人批准，其内容包括：

1）制作和安装场地的布置及说明。

2）钢结构制作安装各工序的工艺措施。

3）大型钢构件的运输和吊装方案。

4）大型钢结构的安装方法。

5）钢结构制作和安装的质量控制。

6）钢结构制作和安装进度计划。

7）安全保证措施。

8）监理人要求提交的其他资料。

（2）承包人应根据本合同进度计划，在钢结构材料（包括外购件）采购前 56 天，编制材料采购计划，提交监理人批准。

（3）若发包人拟将单项钢结构工程交由承包人负责专项总承包时，则承包人应在该单项钢结构工程施工前 56 天，根据发包人要求的承包合同范围，以及提供的工程设计参数和有关图纸（包括钢结构类型和布置型式、设计荷载、支承形式、材质标准）和其他设计要求，编制钢结构工程的详细设计文件和图纸，提交发包人（或监理人）批准，其内容包括：

1）钢结构工程结构布置总图。

2）钢结构工程结构布置详图、各节点、连接缝大样图。

3）与其他构筑物连接详图、预埋件详图。

4）钢结构设计说明书，包括应力分析成果及其计算软件。

5）钢结构外购件产品合格证。

6）主要材料材质证明。

7）发包人要求提交的其他资料。

### 21.1.4 引用标准

（1）GB 3098.1—2000《紧固件机械性能螺栓、螺钉和螺柱》。

（2）GB 4053.1—1993《固定式钢直梯》。

（3）GB 4053.2—1993《固定式钢斜梯》。

（4）GB 4053.3—1993《固定式防腐栏杆》。

（5）GB 4053.4—1993《固定式钢平台》。

（6）GB 8923—1988《涂装前钢材表面锈蚀等级和除锈等级》。

（7）GB 9978—1999《建筑构件耐火试验方法》。

（8）GB 10433—2002《圆柱头焊钉》。

（9）GB 11345—1989《钢焊缝手工超声波探伤方法和探伤结果分级》。

（10）GB 14907—2002《钢结构防火涂料通用技术条件》。

（11）GB 50018—2002《冷弯薄壁型钢结构技术规范》。

（12）GB 50205—2001《钢结构工程施工质量验收规范》。

（13）GB/T 3323—2005《金属熔化焊焊接接头射线照相》。

（14）JB/T 6061—2007《焊缝磁粉检验方法和缺陷痕迹的分级》。

（15）JB/T 6062—2007《焊缝渗透检验方法和缺陷痕迹的分级》。

（16）JG 12—1999《钢网架检验及验收标准》。

（17）JGJ 78—1991《网架结构工程质量检验评定标准》。

（18）JGJ 81—2002《建筑钢结构焊接技术规程》。

（19）JGJ 82—1991《钢结构高强度螺栓连接的设计、施工及验收规程》。

（20）JG/T 203—2007《钢结构超声波探伤及质量分级法》。

（21）YB 3301—2005《焊接 H 型钢》。

（22）CECS 200:2006《建筑钢结构防火技术规范》。

（23）CECS 24:1990《钢结构防火涂料应用技术规程》。

## 21.2 材料和外购件

（1）钢结构制造和安装使用的全部钢材、压型金属板、外购件、焊接材料和涂装材料等，应由承包人按批准的采购计划进行采购。

（2）所有材料和外购件应由承包人负责验收入库。其品种、规格应符合施工图纸及现行国家产品标准并附有合格证、使用说明书及检验报告等，验收时应有监理人参加。

（3）承包人应按监理人指示，对到货的材料和外购件按 GB 50205—2001 第 4 章要求进行检查和检验，并将检查和检验结果提交监理人。

（4）承包人根据货源情况，要求采用代用材料时，应经监理人批准。

（5）按合同约定，对有特殊要求的材质需要进行抽样复验，其复验结果应提交监理人。

## 21.3  钢构件制作和组装

### 21.3.1  一般要求

（1）钢构件制作和组装前，承包人应按施工图纸的规定，绘制钢构件加工详图。

（2）承包人应编制各工种的工艺规程，在钢构件开始制作前 56 天提交监理人批准。必要时，应进行主要工种的工艺试验，工艺试验成果应提交监理人。

（3）在钢构件制作和组装过程中，承包人需对构件进行局部修改时，应经监理人批准。

### 21.3.2  零件和部件加工

（1）切割。

1）材料剪切加工后的弯扭变形应进行矫正，剪切面修磨光洁、平整。钢材切割面或剪切面应无裂纹、夹渣、分层和大于 1mm 的缺棱。

2）坡口加工完毕后，应采取防锈措施。

3）气割及机械剪切的允许偏差应符合 GB 50205—2001 表 7.2.2 和表 7.2.3 的规定。

（2）矫正和成型。

1）当碳素结构钢和低合金结构钢分别在环境温度低于—16℃和—12℃时，不应进行冷矫正和冷弯曲。加热矫正或零件热加工成型对加热温度控制及其冷却要求应遵守 GB 50205—2001 第 7.3.1、7.3.2 条的规定。

2）钢材冷矫正和冷弯曲的最小弯曲半径和最大弯曲矢高应符合 GB 50205—2001 表 7.3.4 的规定，冷压折弯的零、部件边缘应无裂纹。

3）钢材矫正后表面不应有明显的凹面和损伤，划痕深度不得大于该钢材厚度负允许偏差的 1/2，且不大于 0.5mm。钢材矫正后的允许偏差应符合 GB 50205—2001 表 7.3.5 的规定。

4）弯曲成形的零件，应采用样板检查。成形部位与样板的间隙不得大于 2mm。

（3）边缘加工。

1）零件边缘加工的允许偏差应符合 GB 50205—2001 表 7.4.2 的规定；

2）端部铣平的允许偏差应符合 GB 50205—2001 表 8.4.1 的规定；

3）安装焊缝坡口的允许偏差应符合 GB 50205—2001 表 8.4.2 的规定；

4）加工面应妥善保护，必要时应作防锈处理。

（4）制孔。

1）AB 级螺栓孔（Ⅰ类孔）、C 级螺栓孔（Ⅱ类孔）孔壁表面粗糙度 Ra 分别不应大于 12.5μm 和 25.0μm。孔径的允许偏差应符合 GB 50205—2001 表 7.6.1-1 和表 7.6.1-2 的规定。

2）螺栓孔孔距的允许偏差应符合 GB 50205—2001 表 7.6.2 的规定。超过规定的允许偏差时，应采用与母材材质相匹配的焊条补焊后重新制孔。

### 21.3.3  紧固件和组合件

（1）紧固件。

1）普通螺栓作为永久性连接螺栓时，当设计有要求或对质量有怀疑时，应按 GB 50205—2001 附录 B.0.1 的要求进行螺栓实物的最小载荷检验，其结果应遵守 GB 3098.1—2000 的规定。

2）在钢结构的制作和安装中，应按 GB 50205—2001 附录 B 的规定，分别进行高强度大六角头螺栓连接副扭矩系数复验、扭剪型高强度螺栓连接副预拉力复验、高强度螺栓连接副施工扭矩检验、高强度螺栓连接摩擦面的抗滑移系数的检验，现场处理的构件摩擦面应单独进行摩擦面抗滑移系数试验，试验结果应符合施工图纸要求。

3）高强度螺栓连接副的施拧顺序和初拧、复拧扭矩应符合 GB 50205—2001 附录 B.0.5 的规定。

4）安装高强度螺栓时，如不能自由穿入，则该孔应用铰刀进行修整，修正后的最大孔径应小于 <u>1.2 倍螺栓直径</u>。

5）高强度螺栓连接摩擦面应保持干燥、整洁。

（2）组合件。

1）螺栓球节点：螺栓球及封板、锥头、套筒的允许偏差应符合 JGJ 78—1991 表 3.3.3 的规定；成品球必须对最大的螺孔进行抗拉强度检验，检验结果应符合 JGJ 78—1991 附录一的规定。

2）焊接球节点：焊接球加工成半圆球后，应除锈并涂刷可焊性防锈涂料，成品球表面应光滑无裂纹、无折皱。焊接球的允许偏差应符合 JGJ 78—1991 表 2.0.6 的规定。

焊接球焊接应按施工图纸采用的钢管与球焊接成试件，进行单向轴心受拉和受压的承载力检验，检验结果应符合 JGJ 78—1991 附录一的规定。

3）焊接钢板节点：焊接钢板节点的允许偏差应符合 JGJ 78—1991 表 4.0.3 的规定。

4）杆件：钢管杆件与封板、锥头的连接必须按设计要求进行焊接。钢管杆件与封板、锥头的焊缝应进行抗拉强度检验，其承载能力应满足 JGJ 78—1991 附录一的要求。杆件加工的允许偏差应符合 JGJ 78—1991 表 5.0.4 的规定。

5）组合件焊缝质量应符合本章第 21.3.5 条的规定。

（3）专业厂家提供的外购钢构件。

1）若网架结构的组合件及 H 型钢由专业制造厂提供，承包人应事先将订货合同及其技术要求提交监理人批准。

2）承包人应负责接货验收。钢网架外购件检验及验收标准应符合 JG 12—1999 的规定；H 型钢外购件的检验及验收应符合 YB 3301—2005 的规定。厂家提供的上述证件及检验报告均提交监理人。

3）承包人应会同监理人根据订货合同及其技术要求，负责按检验报告和产品质量证件进行检查和验收，并按监理人指示进行抽样检验。承包人应将检查、验收和抽样检验报告提交监理人。

### 21.3.4 焊接

（1）焊接工艺评定和焊接工艺规程。

1）承包人应按 JGJ 81—2002 第 5.1.1 条规定内容，在钢结构制作和安装前，均应进行焊接工艺评定，并参照 JGJ 81—2002 附录 B 的格式编制焊接工艺评定报告，提交监理人批准。

2）焊接工艺评定规则应按 JGJ 81—2002 第 5.2 节的规定执行。若承包人需要改变原已评定的焊接工艺标准时，必须取得监理人同意，并重新进行焊接工艺评定，其焊接工艺评定报告亦须再次提交监理人批准。

3）承包人制定的焊接工艺规程应参照 JGJ 81—2002 第 6.1.5 条规定，并提交监理人批准。

（2）焊工。

1）焊工应持有上岗合格证。合格证应注明证件有效期和焊工施焊的范围等。

2）焊工应严格按焊接工艺规定执行。

（3）焊接工艺。

1）焊接材料与母材的匹配应符合施工图纸要求及 JGJ 81—2002 表 6.1.3-1～表 6.1.3-3 的规定。

2）焊接材料应按产品使用说明书的规定储存，并有专人保管。

3）焊接材料使用前应按产品使用说明书规定进行烘焙；保护气体的纯度应符合工艺要求。低氢型焊条烘焙后应放在保温箱（筒）内，随用随取；焊丝、焊钉在使用前应清除其表面的油污、锈蚀等。

4）超过保质期的焊接材料、药皮脱落和焊芯生锈的焊条、受潮的焊剂及熔烧过的渣壳，均禁止使用。

5）对接、角接、T形、十字接头等对接焊缝及组合焊缝，均应在焊缝两端加设引弧和引出板，其材质及坡口型式应与焊件相同。焊接完毕后，应用气割切除引弧和引出板并修磨平整，严禁用锤击落。

6）每条焊缝应一次焊完，当因故中断后，应清理焊缝表面，并根据工艺要求，对已焊的焊缝局部采取保温缓冷和后热等措施。再次焊接前，应检查焊层表面，确认无裂纹后，方可继续施焊。

7）多层焊焊接应连续施焊，并及时检查清理前一道焊缝，清理合格后再继续施焊；多层焊的层间接头应错开。

8）定位焊焊缝的长度、厚度和间距，应能保证焊缝在主缝焊接过程中不致开裂。定位焊焊接时，应采用与主缝相同的焊接材料和焊接工艺，并由持相应合格证的焊工施焊。

9）对施工图纸要求进行预热、后热处理的焊缝，其预热温度或后热温度应遵守 JGJ 81—2002第 6.2、6.3 节的规定。

10）对焊后有消应处理要求的焊缝，其处理办法应遵守 JGJ 81—2002 第 6.5 节的规定。

11）焊接工作完毕后，应清理焊缝表面，由焊工自检焊缝合格后，在焊缝旁打上焊工工号钢印。

### 21.3.5　焊缝质量检验

（1）一般要求。

1）无损检测人员必须持有国家有关专业部门签发的二级或二级以上的无损检测资格证书，才能从事相应的焊缝检测工作。

2）抽样检查焊缝数的要求应遵守 JGJ 81—2002 第 7.1.5 条的规定。

（2）外观检查。

1）一级焊缝不得存在未焊满、根部收缩、咬边和接头不良等缺陷；一、二级焊缝不得存在表面气孔、夹渣、裂纹和电弧擦伤等缺陷。

2）二级焊缝的外观质量和允许偏差应符合上列 1）及 JGJ 81—2002 表 7.2.3 的规定。

3）三级焊缝的外观质量应符合 JGJ 81—2002 表 7.2.3 的规定。

4）焊缝的焊脚尺寸、焊缝余高及其错边的允许偏差应符合 JGJ 81—2002 表 7.2.4-1 和表 7.2.4-2 的规定。

5）栓钉焊焊后应进行打弯检查。当打弯至 30° 时，焊缝和热影响区不得有目视裂纹。电渣焊、气电立焊接头焊缝外观应光滑，不得有未熔合、裂纹等缺陷；当板厚小于 30mm 或等于及大于 30mm 时，压痕、咬边深度分别不得大于 0.5mm、1.0mm。

（3）无损检测。

1）当监理人对外观检查有怀疑，并认定需要进行表面探伤时，承包人应按 JB/T 6061—2007 和 JB/T 6062—2007 的规定采用磁粉探伤或渗透探伤，探伤结果应提交监理人。

2）按合同要求全焊透的焊缝，对其内部缺陷作超声波检测时，其检测要求应遵守 JGJ 81—2002第 7.3.3 条的规定。

3）焊接球及螺栓球节点网架焊缝的超声波探伤方法及缺陷分级应遵守 JG/T 203—2007 的规定。

4）箱形构件隔板电渣焊焊缝、圆管 T、K、Y 节点焊缝的超声波探伤方法及缺陷分级应遵守 JGJ81—2002 第 7.3.6、7.3.7 条的规定。

5）按合同要求须作射线探伤时，射线探伤应遵守 JGJ 81—2002 第 7.3.9 条的规定。

6）监理人有权增加探伤比例，指定抽查容易产生缺陷或可疑的部位，并抽查到每个焊工的焊缝。在局部探伤部位发现有不允许的缺陷时，应在该缺陷两端增加探伤长度，增加的长度不应小于该焊缝长度的 10%，且不应小于 200mm；若在检验区内仍发现有不允许的缺陷时，则应对该焊缝的全长进行检验。

（4）焊缝质量检验全部完成后，承包人应向监理人提交一份附有上述检验记录的焊缝质量检验报告，供监理人进行钢构件验收时使用。

### 21.3.6　焊缝缺陷处理

（1）经检查确认必须返修的焊缝缺陷，应由承包人提出返修方案，经监理人同意后进行返修。返修后的原缺陷部位，仍需按本章第 21.3.5 条的规定进行检验。当同一部位的返修次数超过两次时，应重新制定新的返修措施提交监理人批准后实施。返修后的焊缝应重新进行检验。

（2）不合格的焊缝部位，应按 JGJ 81—2002 第 6.6 节的规定予以修补至合格为止。

### 21.3.7　组装

（1）钢构件组装前，应进行零、部件的检验，并做好记录，检验合格后才能投入组装，检验记录应提交监理人。

（2）连接表面及沿焊缝每边 30～50mm 范围的铁锈、毛刺和油污等脏物应清除干净。

（3）构件在组装过程中须严格按批准的工艺装配。当有隐蔽焊缝时，应先行施焊，并经检验合格后才可覆盖。

（4）对非密闭的隐蔽部位，应按施工图纸规定进行涂装后，才可进行组装。

（5）安装焊缝坡口的允许偏差应符合 GB 50202—2001 表 8.4.2 的规定。

（6）焊接 H 型钢的翼缘板拼接缝和腹板拼接缝的间距不应小于 200mm。翼缘板拼接长度不应小于 2 倍板宽；腹板拼接宽度不应小于 300mm，长度不应小于 600mm。H 型钢的允许偏差还应符合 GB 50205—2001 附录 C 表 C.0.1 的规定。

（7）焊接连接制作组装的允许偏差应符合 GB 50205—2001 附录 C 表 C.0.2 的规定。

（8）对顶紧接触面用 0.3mm 塞尺检查，塞入面积应小于 25%。边缘间隙应不大于 0.8mm。

（9）钢桁架结构杆件轴线交点错位的允许偏差不应大于 3.0mm。

（10）端部铣平的允许偏差应符合 GB 50205—2001 表 8.4.1 的规定，外露铣平面应防锈保护。

（11）钢构件外形尺寸主控项目的允许偏差应符合 GB 50205—2001 表 8.5.1 的规定。一般项目的允许偏差应符合 GB 50205—2001 附录 C 的以下规定：

　　1）单层钢柱外形尺寸　　　　　　　　附录 C 表 C.0.3
　　2）多节钢柱外形尺寸　　　　　　　　附录 C 表 C.0.4
　　3）焊接实腹钢梁外形尺寸　　　　　　附录 C 表 C.0.5
　　4）钢桁架外形尺寸　　　　　　　　　附录 C 表 C.0.6
　　5）钢管构件外形尺寸　　　　　　　　附录 C 表 C.0.7
　　6）钢平台、钢梯和防腐钢栏杆　　　　附录 C 表 C.0.9

（12）钢构件组装过程中，承包人应会同监理人，对每项钢构件的组焊进行检验和验收，检验和验收记录应提交监理人，并作为完工验收资料。

### 21.3.8　涂装

（1）一般要求。

1）大型钢构件的涂装应在施涂前，编制施涂工艺报告，提交监理人批准。施涂工艺报告的内容应包括涂装工艺试验、工艺流程、涂装设备配置、质量标准和检验方法、缺陷修补，以及防火、防爆、防毒等应急安全措施和环保措施等。

2）承包人应具有消防部门批准的防火涂料施工准许证，并应由经培训合格的专业操作人员施工。

3）运达工地的涂装材料，应由承包人会同监理人进行验收，每批涂装材料均应附有产品质量证件。防火涂料还应有国家质量检测检验机构对产品耐火极限检测报告和理化、力学性能检测报告，以及具有消防监督部门颁发的消防产品生产许可证和该产品的合格证。

4）构件涂装时的环境温度和相对湿度，若在产品使用说明书未规定时，其环境温度应控制在 5～38℃；相对湿度应小于 85%，构件表面不应有结露；涂装后 4h 内不得淋雨和日光暴晒。

5）不得使用超过保质期的涂料。由于储存不当而影响涂料质量时，必须重新进行检验，并经监理人确认合格后方能使用。

6）涂装完成并进行自检后，应由专业检验人员检查，做好记录。当涂装中有缺陷、或在涂装后被后序工作损坏时，应及时进行修补。

（2）防腐涂料涂装。

1）防腐涂料涂装前，钢材表面的除锈应符合施工图纸要求；当施工图纸无规定时，其除锈质量应符合 GB 50205—2001 表 14.2.1 的规定；处理后的钢材表面不应有焊渣、焊疤、灰尘、油污、水和毛刺等。钢材表面处理后应及时涂刷防腐涂料，以免再度生锈。

2）防腐涂料的涂装遍数、涂层厚度均应符合施工图纸要求；当施工图纸无规定时，其涂层干漆膜总厚度应为：室外为 150μm，室内为 125μm；涂层厚度的允许偏差 −25μm。每遍涂层干漆膜厚度的允许偏差为 −5μm。

3）钢构件表面不应误涂、漏涂，涂层不应脱皮和返锈。涂层应均匀，无明显起皱、流挂、裂纹、脱落和气泡等。

4）当钢结构处在有腐蚀介质环境或外露，且施工图纸有要求时，应进行涂层附着力测试。在检验范围内，当涂层完整程度达到 70% 以上时，涂层附着力应达到合格质量标准要求。

5）钢结构安装后，应对在运输、吊装过程中涂层脱落部位及安装焊缝两侧未涂装部位进行补涂。

6）压型金属板（薄壁型结构）还应遵守 GB 50018—2002 第 11.2.5 条的规定。

7）防腐涂料施工中必须高度重视防火、防爆、防毒安全环保措施。

（3）防火涂料涂装。

1）防火涂料的涂装应由经培训合格的操作人员施工，并应持有消防部门批准的防火涂料施工准许证。

2）防火涂料应有国家质量检测机构颁发的检测报告，以及消防监督部门颁发的消防产品生产许可证和产品合格证。

3）防火涂料涂装前，其钢构件表面应按规定完成除锈及防腐底漆的涂装，并经监理人验收合格后，方可进行防火涂料涂装。

4）钢结构防火涂料的选用应符合施工图纸要求，施工质量控制及检验方法应遵守 CECS 200:2006、GB 14907—2002、CECS 24:1990 和 GB 9978—1999 的规定。

5）薄涂型防火涂料的涂层厚度应符合施工图纸规定的耐火极限要求；厚涂型涂料的涂层厚度，应有 80% 及其以上面积符合施工图纸规定的耐火极限要求，且最薄处厚度不应低于施工图纸规定的 85%。

6）薄涂型防火涂料涂层表面裂纹宽度不应大于 0.5mm；厚涂型防火涂料涂层表面裂纹宽度不应大于 1.00mm。

7）防火涂料涂装的基面不应有油污、灰尘和泥沙等污垢。

8）防火涂料涂装时，不应有误涂和漏涂现象，涂层应闭合，无脱层、空鼓、明显凹陷、粉化松散和涂浆等外观缺陷。

（4）涂装验收。在全部钢构件的组装结束后，承包人应会同监理人，对每项钢构件的涂装进行检验和验收，检验和验收记录应提交监理人。

## 21.4 钢构件预拼装

### 21.4.1 一般要求

（1）按合同约定，为检验构件制作的整体性，要求进行预拼装。预拼装应在合格的工作平台及装配胎模上进行，以保证小拼单元的精度和互换性。

（2）承包人应在预拼装实施前，根据工程特点和预拼装单元的结构特性编制详细的预拼装方案，提交监理人批准。

（3）进行预拼装的钢构件，其拼装质量应符合施工图纸要求和 GB 50205—2001 规定的合格标准。

### 21.4.2 预拼装

（1）对高强度螺栓和普通螺栓连接的多层板叠，当采用比孔公称直径小 1.0mm 的试孔器检查拼装质量，其每组孔的通过率不应小于 <u>85%</u>；当采用比孔公称直径大 0.3mm 的试孔器检查，其通过率应为 <u>100%</u>。

（2）对多节柱、梁、桁架、管构件、网架等进行构件平面总体预拼装时，其预拼装的允许偏差应符合 GB 50205—2001 附录 D 的规定。

### 21.4.3 预拼装的质量检查和验收

（1）预拼装完成后，承包人应会同监理人进行钢构件的质量检查。质量检查记录应提交监理人，由监理人签认后作为预拼装的验收资料。

（2）预拼装质量检查合格后，应标注中心线及安装控制基准线等标记。

## 21.5 钢结构安装

### 21.5.1 钢构件运输和存放

（1）安装前，承包人应负责将验收后的钢构件运至安装地点。对大型钢构件，应按本章 21.1.3 条的规定，制订完善的运输措施提交监理人批准，其内容包括选用的起重运输设备和装卸、运输方法及防止变形的加固措施等。

（2）钢构件运输存放期间，应注意防止损坏。

（3）钢构件存放场地应平整、坚实、干净；底层垫层应有足够的支撑面，堆放方式应防止钢构件被压坏和变形，并应按安装顺序分区存放。

### 21.5.2 一般技术要求

（1）承包人应根据钢结构工程施工措施计划，制订单层、多层及高层钢结构；钢网架；钢屋面结构工程等各项钢结构安装的施工方案，提交监理人批准，其内容包括：

1）钢结构安装部件（包括标准件、组合件）清单。

2）钢结构安装方法的选择。

3）安装的起吊设备和辅助安装设施的配置，以及对发包人设施和设备的使用计划和要求。

4）钢结构安装过程的精度控制以及检测程序和方法。

5）焊接和涂装工艺措施。

6）高空作业的安全保证措施。

（2）钢结构安装前，承包人应会同监理人对全部钢结构安装工作面（包括其他承包人完成的钢结构安装工作面）进行验收，并对缺陷进行处理。经监理人全部验收合格后，才能开始进行钢结构的整体安装。

（3）承包人应按施工图纸的要求，复核和校测用于安装的基准点和控制点；检查钢结构工程的安装轴线、基础标高；检查支座预埋件或预埋螺栓的安装位置，以及检查基础混凝土强度及基础周围的回填夯实程度等。

（4）承包人应会同监理人对完工的钢构件进行逐项检查和验收，检查和验收记录应提交监理人。当钢构件的变形超出允许偏差时，应采取措施校正，并经监理人签认合格后，才能进行安装。

（5）钢构件在运输和吊装过程中的被损坏涂层及安装连接处未涂部位，承包人应按本章第21.3.8条的规定进行补涂。

（6）需要隐蔽的钢结构部位，在安装完毕后，应由监理人检查验收，并做好记录。经监理人签认合格后，才能进行覆盖隐蔽。

（7）安装措施。

1）钢柱、梁、桁架、网架等主要构件安装就位后，应立即进行校正、固定，当日安装的钢结构应形成稳定的空间体系。

2）采用扩大拼装单元进行安装时，应对容易变形的钢构件进行强度和稳定性验算，必要时应采取加固措施。

3）大型钢构件和组成块体的网架结构，采用单点和多节杆吊运安装及高空滑移安装时，其吊点必须通过计算确定，应保证各吊点起升的同步性，并防止构件局部变形和损坏。

4）在室外进行钢结构安装校正时，应考虑焊接变形因素，并根据当地风力、温差、日照等影响，作出相应的调整措施。

5）钢构件的连接接头，应经检查合格后才能使用，在焊接和高强度螺栓并用的连接处，应按"先栓后焊"的原则执行。

6）承受荷载的安装定位焊缝，其焊点数量，厚度和长度应进行计算确定。

7）高强度螺栓连接副的安装应遵守 JGJ 82—1991 第三章第四节的规定。

8）用高强度螺栓连接时应拧紧螺栓，检查合格后应用油腻子将所有接缝处填嵌严密，并应按防腐要求进行处理。

9）压型金属板、泛水板和包角板等应固定可靠，防腐涂料涂刷和密封材料敷设应完好，连接件数量、间距应符合施工图纸要求。压型金属板在支承构件上的搭接长度符合 GB 50018—2002 第7.2.5 条和第 7.2.7 条的规定；压型金属板安装的允许偏差符合 GB 50205—2001 表 13.3.5 的规定。

10）利用安装好的钢结构吊装其他物件时，应经监理人批准，确认安全后才可使用。

### 21.5.3　单层钢结构安装

（1）基础和支承面。

1）钢结构的定位轴线、基础轴线的标高以及支承构造等均应符合施工图纸的要求。

2）基础顶面或在顶面预埋钢板作为柱的支承面时，支承面、地脚螺栓的允许偏差应符合 GB 50205—2001 表 10.2.2 的规定。

3）底座为座浆底板时，其允许偏差应符合 GB 50205—2001 表 10.2.3 的规定。地脚螺栓（锚栓）尺寸的允许偏差应符合 GB 50205—2001 表 10.2.5 的规定。

4）在钢结构形成空间刚度单元后，应及时对柱底板和基础顶面的空隙用混凝土薄浆等进行二次浇浆。

5）采用杯口基础时，杯口尺寸的允许偏差应符合 GB 50205—2001 表 10.2.4 的规定。

（2）安装和校正。

1）施工图纸要求顶紧的节点，接触面不应小于 70%紧贴，且边缘最大间隙不应大于 0.8mm。

2）钢屋架、钢桁架、钢梁及受压杆件的垂直度和侧向弯曲度矢高的允许偏差应符合 GB 50205—2001 表 10.3.3 的规定。

3）单层钢结构主体结构的整体垂直度和整体平面弯曲的允许偏差应符合 GB 50205—2001 表 10.3.4 的规定。

4）安装在混凝土柱上的钢桁架、钢梁，其支座中心对定位轴线的偏差不应大于 10mm；当采用大型混凝土面板时，钢桁架、钢梁间距的偏差不应大于 10mm。

5）钢柱安装的允许偏差应符合 GB 50205—2001 附录 E 中表 E.0.1 的规定。

6）钢吊车梁等直接承受动力荷载的类似构件，其安装允许偏差应符合 GB 50205—2001 附录中表 E.0.2 的规定。

### 21.5.4　多层及高层钢结构安装

（1）基础和支承面。

1）除施工图纸另有规定外，建筑物的定位轴线、基础上柱的定位轴线和标高、地脚螺栓（锚栓）的允许偏差，均应符合 GB 50205—2001 表 11.2.1 的规定。

2）多层建筑以基础顶面直接作为柱的支承面，或以基础顶面预埋钢板或支座作为柱的支承面时，其支承面、地脚螺栓（锚栓）位置的允许偏差应符合 GB 50205—2001 表 10.2.2 的规定。

3）多层建筑采用座浆垫板时，其允许偏差应遵守 GB 50205—2001 表 10.2.3 的规定。地脚螺栓（锚栓）的允许偏差应遵守 GB 50205—2001 表 10.2.5 的规定。

4）采用杯口基础时，其杯口尺寸的允许偏差应符合 GB 50205—2001 表 10.2.4 的规定。

（2）安装与校正。

1）柱的安装允许偏差应符合 GB 50205—2001 表 11.3.2 的规定。

2）施工图纸要求必须顶紧的节点，接触面不应小于 70%紧贴，且边缘最大间隙不应大于 0.8mm。

3）钢主梁、次梁及受压杆件的垂直度和侧面弯曲矢高的允许偏差应符合 GB 50205—2001 表 10.3.3 的规定。

4）多层及高层钢结构的主体结构，其整体垂直度和平面弯曲的允许偏差应符合 GB 50205—2001 表 11.3.5 的规定。

5）钢构件安装允许偏差应符合 GB 50205—2001 附录 E 中表 E.0.5 的规定。

6）主体结构总高度允许偏差应符合 GB 50205—2001 附录 E 中表 E.0.6 的规定。

7）在混凝土柱上安装的钢构件，其支座中心对定位轴线的偏差不大于 10mm。

8）采用大型混凝土面板时，钢梁（或桁架）间距的偏差不应大于 10mm。

9）钢吊车梁等直接承受动力负载的类似构件，其安装允许偏差应符合 GB 50205—2001 附录 E 中表 E.0.2 的规定。

### 21.5.5 钢网架结构安装

（1）钢网架结构安装前，应由监理人对下部结构的全部基础和埋件，以及定位轴线等检查验收合格后才能进行。

（2）支承面顶板和支承垫板的安装。

1）钢网架结构支座定位轴线位置和支座锚栓规格应符合施工图纸要求。

2）支承面顶板、支座锚栓位置的允许偏差应符合 GB 50205—2001 表 12.2.2 的规定。

3）支承垫板的种类、规格、位置和朝向，应符合施工图纸要求。橡胶垫块与刚性垫块之间或不同类型刚性垫块之间不得互换使用。

4）网架支座锚栓的紧固应符合施工图纸要求。

5）支座锚栓尺寸的允许偏差应符合 GB 50205—2001 表 10.2.5 的规定。

（3）钢网架结构的总拼与安装。

1）小拼、中拼单元的允许偏差应符合 GB 50205—2001 表 12.3.1 和表 12.3.2 的规定。

2）结构安全等级为一级，跨度为 40m 及其以上的网架结构，应按施工图纸或监理人要求，进行节点承载力试验。试验结果应遵守 GB 50205—2001 第 12.3.3 的规定，试验成果应提交监理人。

3）钢网架结构总拼以及钢屋面工程完成后，分别测量其挠度值。所测挠度值不应超过设计允许值的 1.15 倍。

4）钢网架结构安装的允许偏差应符合 GB 50205—2001 表 12.3.6 的规定。

5）钢网架螺栓球节点连接时，在拧紧螺栓后，应将多余的螺孔封堵，并用油腻子将所有连接处填嵌严密，再补刷防腐涂料。

6）焊接球节点网架总拼完成后，所有焊缝必须进行外观检查，并作记录，对大、中跨度钢管网架的拉杆与球的对接焊缝，应抽样作无损探伤检验，抽样数量不少于焊口数量的 20%，取样部位由监理人和承包人协商确定。

### 21.5.6 钢屋面板安装

（1）钢屋面板安装应在下部钢桁架或钢网架结构验收合格后进行。

（2）采用压型金属板的钢屋面板安装还应符合：

1）压型金属屋面板安装的允许偏差应符合 GB 50205—2001 表 13.3.5 的规定。

2）钢屋面隔热材料应符合施工图纸要求。在装有隔热材料的两端应固定，并将固定点之间采用的隔热毡材拉紧。防潮层置于建筑物的内侧，面上不得有孔。防潮层的纵向和横向搭接处应黏结或锁缝。位于端部的隔热材料应利用防潮层反折封闭，以防雨水渗入。当隔热材料不能承担自重时，应将其铺设在支承网上。

### 21.5.7 零星钢结构的安装

（1）钢梯、钢栏杆、钢平台的安装应遵守固定式钢直梯 GB 4053.1—1993、固定式斜梯 GB 4053.2—1993、固定式钢防腐栏杆 GB 4053.3—1993 和固定式平台 GB 4053.4—1993 等标准。

（2）钢梯、钢栏杆、钢平台安装的允许偏差应遵守 GB 50205—2001 附录 E 中表 E.0.4 的规定。

## 21.6 质量检查和验收

### 21.6.1 钢结构材料和外购件的检查和验收

用于钢结构工程的钢材、压型金属板材、外购件、焊接材料和涂装材料等，均应由监理人按本技术条款和本章21.2节的规定进行检验和验收。

### 21.6.2 钢构件的检查和验收

全部钢构件制造完成后，承包人应在钢结构工程开始安装前，向监理人申请对钢构件或其组合件进行检查和验收，并同时提交以下验收资料：

（1）钢构件或其组合件的验收清单。

（2）钢构件加工详图。

（3）钢构件各项材料和外购标准件的质量合格证件、使用说明书及材质检验报告。

（4）焊接工艺评定报告。

（5）安装工艺记录。

（6）钢构件隐蔽部位质量检验记录。

（7）涂装检查记录和质量评定资料。

（8）钢构件组装及预拼装的安装记录和质量评定资料。

（9）监理人要求提交的其他验收资料。

### 21.6.3 完工验收

钢结构工程全部完工后，承包人应按本合同约定，为监理人进行钢结构工程的完工验收，提交以下完工资料：

（1）钢结构工程完工项目清单。

（2）钢结构安装的各项材料和标准件的质量合格证件、使用说明书及检验和复验报告。

（3）钢结构工程竣工图。

（4）各项钢构件或其组件的验收资料和文件。

（5）钢结构工程基础、支承面及隐蔽部位安装的质量检查和检验验收资料。

（6）各安装工序的检测记录和质量评定和验收资料。

（7）总拼就位的质量检查和验收记录及质量评定资料。

（8）钢结构涂装的质量检查和验收记录及质量评定资料。

（9）重大缺陷和质量事故处理报告。

（10）监理人要求提交的其他完工资料。

## 21.7 计量和支付

### 21.7.1 钢结构工程

应按施工图纸所示的全部钢结构的体积换算成重量以吨（t）为单位计量，并按工程量清单所列项目单价支付。单价中包括钢材的供应、制造、运输、安装和质量检查与验收等费用。

### 21.7.2 涂装工程

涂装的计量应按施工图纸所示的钢结构表面积，以平方米（m²）为单位计量，并按工程量清单所列项目单价支付。单价中包括涂装材料的供应、涂装施工、质量检查与验收等费用。

# 第 22 章　钢闸门及启闭机的安装

## 22.1　一般规定

### 22.1.1　应用范围

本章规定适用于本合同施工安装图纸所示的各种钢闸门及启闭机的安装。项目包括各类钢闸门及其拦污栅、门（栅）槽（含闸门储存槽）埋件、各种型式启闭机的机械和电气设备，及其有关的拉杆、锁定装置、自动挂脱梁、移动式启闭机轨道、液压启闭机管道及附件、启闭机承载平台及基础埋件等附属设施。安装项目的规格和数量详见表 22.1.1。

表 22.1.1　　　　　　　　　　　　　　闸门及其启闭机安装项目一览表

| 编号 | 项目名称 | 闸门、拦污栅、门（栅）槽 | | | | | | 启闭机 | | | | | | 轨道 | | | 备注 |
|---|---|---|---|---|---|---|---|---|---|---|---|---|---|---|---|---|---|
| | | 孔口尺寸（宽×高）（m×m） | 数量（套） | 设计水头（水位差）（m） | 支承型式 | 单重（t） | 总重（t） | 型式 | 启闭容量（kN） | 扬程（行程）（m） | 数量（套） | 单重（t/套） | 总重（t） | 型号 | 数量（m） | 重量（t） | |
| | | | | | | | | | | | | | | | | | |
| | | | | | | | | | | | | | | | | | |
| | | | | | | | | | | | | | | | | | |
| | | | | | | | | | | | | | | | | | |
| | | | | | | | | | | | | | | | | | |
| | | | | | | | | | | | | | | | | | |
| | | | | | | | | | | | | | | | | | |
| | | | | | | | | | | | | | | | | | |
| | | | | | | | | | | | | | | | | | |
| | | | | | | | | | | | | | | | | | |

### 22.1.2　承包人责任

（1）设备的交货验收。在供货商将设备运到合同规定的交货地点后，承包人负责设备卸货。在发包人与承包人根据设备到货清单共同对设备进行检查、清点合格后，由发包人、承包人与供货商共同在验收文件上签字。

（2）设备运输和保管。除合同另有约定外，设备运抵交货地点，承包人正式接收后，应负责设备的装卸、运输、保管和储存等全部责任。

（3）设备的开箱检查。设备安装前，承包人应会同监理人、供货商，共同对设备进行开箱检查，并于开箱检查前通知供货商按时到场。检查、清点合格后，由承包人、监理人、供货商共同在验收文件上签字。

（4）设备安装。承包人应负责表 22.1.1 所列全部项目的现场安装工作，包括设备试验（配合有关部门进行控制系统调试工作）和试运转工作，并提供安装所需的人工、材料、设备和检测器具。

（5）设备维修。在合同约定的设备安装和维修期内，承包人应承担全部安装设备的维护保养及缺陷修复工作。

### 22.1.3 主要提交件

（1）安装措施计划。承包人应在钢闸门及启闭机安装工作开始前 56 天，将本合同安装项目的安装措施计划，提交监理人批准。其内容包括：

1）安装场地及主要临时建筑设施布置及说明。

2）设备运输和吊装方案。

3）闸门及门槽埋件安装方法和质量控制措施。

4）启闭机安装方法和质量控制措施。

5）闸门和启闭机的试验、试运转及其试验工作计划。

6）安装进度计划。

7）质量和安全保证措施。

（2）承包人要求的设备交货计划。承包人应按监理人批准的安装进度计划，提交一份为满足本合同设备安装进度，要求发包人提供的设备交货计划，提交监理人批准。

### 22.1.4 引用标准

（1）GB 8923—1988《涂装前钢材表面锈蚀等级和除锈等级》。

（2）GB 11345—1989《钢焊缝手工超声波探伤方法和探伤结果分析》。

（3）GB 11375—1999《金属和其他无机覆盖层热喷涂操作安全》。

（4）GB 50236—1998《现场设备、工业管道焊接工程施工与及验收规范》。

（5）GB 50256—1996《电气装置安装工程起重机电气装置施工及验收规范》。

（6）GB 50278—1998《起重设备安装工程施工及验收规范》。

（7）GB/T 1231—2006《钢结构用高强度大六角头螺栓、大六角螺母、垫圈技术条件》。

（8）GB/T 3323—2005《金属熔化焊焊接接头射线照相》。

（9）GB/T 9445—2005《无损检测人员资格鉴定与认证》。

（10）GB/T 14039—2002《液压传动—油液—固体颗粒污染等级代号》。

（11）DL/T 679—1999《焊工技术考核规程》。

（12）DL/T 5018—2004《水电水利工程钢闸门制造安装及验收规范》。

（13）DL/T 5019—1994《水利水电工程启闭机制造安装及验收规范》。

（14）DL/T 5358—2006《水电水利工程金属结构设备防腐蚀技术规程》。

（15）DL/T 5372—2007《水电水利工程金属结构与机电设备安装安全技术规程》。

（16）JB/T 6061—2007《无损检测 焊缝磁粉检测》。

（17）JB/T 6062—2007《无损检测 焊缝渗透检测》。

（18）JGJ 82—1991《钢结构高强度螺栓连接的设计、施工及验收规程》。

（19）NAS 1638《污染度等级标准》。

### 22.1.5 安装图纸和技术文件

（1）图纸。

1）发包人提供的施工安装图纸，包括安装控制点位置图和基准资料、闸门及启闭设备布置图、设备安装图、部件零件图、埋设件图等及相关的水工建筑物图纸。

2）设备供货商根据设备供货合同提供的设备安装图纸。

（2）技术文件。

1）本合同技术条款。

2）国家标准和行业标准。

3）进入合同的供货商技术文件，包括由供货商提供的安装技术标准；随闸门及启闭机设备交货时提交的发货清单；设备出厂合格证和质量证明书、安装、运行和维护说明书等技术文件。

4）履行合同中监理人发出的指示，以及监理人批准的承包人提交件。

（3）图纸和技术文件的提交和批准。

1）按合同约定，由发包人提供的图纸和技术文件（包括履行合同中监理人的指示，以及监理人批准的承包人提交件），均应在该项设备安装前 84 天，由监理人提供给承包人。

2）除设备供货商随同设备交货时提交的各项闸门及启闭机设备的图纸，以及安装、运行和维护说明书等的技术文件外，监理人和承包人有权根据安装工作的需要，要求发包人指示供货商提交补充的图纸和技术文件。

## 22.1.6  基准线和基准点

（1）监理人应在承包人开始安装工作前 56 天，将安装用基准线和基准点的有关资料和控制点位置图提交给承包人。承包人应在收到上述资料后 28 天内，将基准测量的复核成果提交监理人。

（2）安装使用的基准线，应能控制门（栅）槽的总尺寸、埋件各部位构件的安装尺寸和安装精确度。用于测量高程和安装轴线的基准点及安装用的控制点均应明显、牢固和便于使用，并应保留到安装验收合格后才能拆除。

## 22.1.7  安装材料

（1）承包人应对安装中使用的所有自供材料的质量承担全部责任。进货的每批材料应具有产品质量证明书、使用说明书和检验报告等，并应符合施工安装图纸和国家有关现行标准的要求。

（2）承包人安装闸门及启闭机所用的每批钢材、焊接材料和涂装材料等应按本合同技术条款规定或监理人指示进行抽样检验，经检验合格的材料才能使用，抽样检验成果应提交监理人。

（3）闸门（拦污栅）埋件、启闭机埋件等二期埋件与一期混凝土预埋件之间的连接、加固材料及焊接材料等消耗性材料由承包人负责采购。

## 22.1.8  设备起吊和运输

承包人应根据单件重量和运输要求，制订详细的起吊和运输方案，其内容包括采用的起重和运输设备、大件起吊和运输方法，以及防止吊运过程中构件变形和设备损坏的保护措施，并提交监理人批准。

## 22.1.9  安装前设备检查

（1）设备安装前，承包人应按本章第 22.1.5 条提供的图纸和技术文件，对拟安装设备进行全面检查，逐项检查设备构件、零部件的缺、损情况，并做好记录提交监理人。

（2）承包人应会同监理人和供货商共同根据检查中发现设备缺损情况，明确相应责任，研究处理办法，及时进行修复或补齐。

（3）设备安装前，承包人应对所有安装设备，按供货商技术文件的要求进行必要的清洗和保养。对重要构件和部件应通过试拼装进行检查。

### 22.1.10　安装现场清理

承包人应会同监理人共同对其他承包人提供的土建工作面，按隐蔽工程进行检查和验收，确认一期混凝土浇注和埋件埋设的质量均达到施工安装图纸要求；埋件埋设部位一、二期混凝土结合面应进行凿毛处理并冲洗干净，检查确认预留插筋的位置和数量符合施工安装图纸要求后，才能开始安装。

### 22.1.11　钢闸门及启闭机的安装、试验和验收

承包人完成钢闸门及启闭机安装后，应由监理人会同承包人和供货商代表，按施工安装图纸、供货商技术文件和相关技术规范进行检查验收，检查验收报告作为机组启动试运行资料。

## 22.2　一般技术要求

### 22.2.1　计量器具和检测仪表

（1）安装使用的各种计量器具和检测仪表均应具有生产合格证，并应经具备校验资质证书的专业检测单位进行率定和标定。

（2）承包人应保证全部计量器具和检测仪表在其有效期内的检测精度等级不低于被测对象要求的精度等级。

（3）安装过程中，监理人认为有必要时，有权要求承包人应对其使用的计量器具和检测仪表进行校测复验，发现不合格的计量器具和检测仪表应及时更换。

### 22.2.2　焊接

（1）焊工和无损检验人员资格。

1）从事一、二类焊缝焊接的焊工，必须考试合格，并应持有有关监管部门签发的、在有效期内的焊工考试合格证。焊工焊接的钢材品种、焊接方法和焊接位置等均应与焊工本人考试合格的项目相符。焊工应对所焊焊缝进行自检，并印有操作者标识。

2）无损检测人员必须持有国家或行业的无损检测管理部门颁发的无损检测人员资格证书。评定焊缝质量应由Ⅱ级或Ⅱ级以上的检测人员担任。

（2）焊接材料。

1）焊接材料入库前，应按其相应的标准规定进行验收。监理人对材质有怀疑时，有权要求承包人进行复验，合格后方可使用。

2）焊接材料应有专人负责保管，放置于通风、干燥的专设库房内。其保管和烘焙应遵守 DL/T 5018—2004 第 4.3.6 条的规定。

（3）焊接工艺评定。

1）在进行本合同项目各构件的一、二类焊缝焊接前，应按 DL/T 5018—2004 第 4.1 节规定进行焊接工艺评定，承包人应将焊接工艺评定报告提交监理人批准。

2）承包人应根据批准的焊接工艺评定报告和 DL/T 5018—2004 第 4.3 节的内容，编制焊接工艺规程，提交监理人批准。

（4）焊接质量检验。

1）所有焊缝均应按 DL/T 5018—2004 第 4.4.1 条的规定进行外观检查。

2）焊缝的无损检测应按 DL/T 5018—2004 第 4.4.3～4.4.7 条的规定执行。

3）焊缝无损检测的抽查率，除应遵守 DL/T 5018—2004 第 4.4.4 条的规定外，还应按监理人指

定，抽查容易发生缺陷的位置，并应抽查到每个焊工的施焊部位。

（5）焊缝缺陷的返修和处理。焊缝缺陷的返修和处理应按 DL/T 5018—2004 第 4.5 节的规定执行。其中高强钢同一部位的焊缝缺陷的返修不宜超过一次。

（6）焊后消应处理。

1）构件焊接后的消应处理，除应按施工安装图纸要求或经焊接工艺评定确定外，监理人根据设备结构情况，有权要求承包人对重要焊缝进行消应处理，并按监理人指示，制定消应处理的技术措施，提交监理人批准后实施。

2）焊后消应处理应遵守 DL/T 5018—2004 第 4.6 节的规定。

### 22.2.3　螺栓连接

（1）承包人采购的螺栓连接副应具有质量证明书和试验报告。

（2）螺栓、螺母和垫圈应分类存放，妥善保管，防止锈蚀和损伤。高强度螺栓连接副应注明规格，分箱保管，使用前严禁任意开箱。

（3）钢构件连接用普通螺栓的最终合适紧度取螺栓拧断力矩的 50%～60%，并应使所有螺栓拧紧力矩保持均匀。

（4）高强度螺栓初拧扭矩为规定力矩值的 50%，终拧到规定力矩。拧紧螺栓应从中部开始对称向两端进行。

（5）高强度螺栓连接摩擦面，安装前应复验制造厂所附试件的抗滑移系数，合格后才能使用。现场处理的构件应单独进行摩擦面抗滑移系数试验，该系数应满足施工安装图纸要求。

（6）高强度螺栓连接副安装前按出厂批号复验扭矩系数，其平均值应达到施工安装图纸要求后才能使用。

（7）高强度螺栓摩擦面的抗滑移系数及不同性能等级的高强度螺栓规定的施工预紧力、施工扭矩检测按 DL/T 5018—2004 附录 F 中的计算公式进行。

（8）高强度螺栓连接副的安装还应遵守 JGJ 82—1991 第三章第四节的规定。

（9）经检验合格并安装完毕的高强度螺栓连接副，应按施工安装图纸要求进行涂装，并在连接缝隙处用腻子封堵。

### 22.2.4　涂装

（1）涂装范围。

1）施工安装图纸规定由承包人完成的涂装部位。

2）现场安装焊缝两侧未进行防腐蚀涂装的构件表面。

3）设备移交时，经监理人检查确认设备表面防腐蚀涂装遭损坏的部位。

4）安装过程中，设备表面涂装损坏的部位。

5）上列各项完成后，最终全面涂一道面漆。

（2）涂装材料。除合同另有约定外，承包人采购的涂装材料，其品种、性能和颜色应与设备供货商使用的涂装材料一致。若承包人要求采用其他代用材料时，须经试验合格，并经监理人批准后才能代用。

（3）涂装施工工艺报告。承包人在施工开始前，应按施工安装图纸和涂料供货商使用说明书的要求提交现场涂装施工的工艺报告，提交监理人批准。工艺报告应说明环境条件和安全、环保要求、质量保证措施和表面防腐预处理等措施，以及各种涂装材料的施工方法、采用设备、质量检验和损坏的修补措施等。

（4）表面预处理。

1）涂装施工前，应按施工安装图纸和 DL/T 5018—2004 第 6.1 节、DL/T 5358—2006 第 5.2 节的有关规定，对设备表面进行防腐蚀预处理。

2）涂装开始时，若检查发现钢材表面出现污染或返锈，应重新处理，直到监理人认可为止。

3）空气相对湿度超过 85%、钢材表面温度低于露点以上 3℃时，不得进行表面防腐蚀预处理。

（5）表面涂装施工。闸门表面和门槽埋件除不锈钢主轨轨面、水封座的不锈钢表面以及加工配合转动表面外的其余外露表面涂装施工，应严格按施工安装图纸和 DL/T 5018—2004 第 6.2 节的规定进行，属承包人完成的启闭机设备表面涂装部分，还应遵照供货商技术文件的规定执行。

（6）涂料涂层质量检查。设备和构件表面的涂料涂层质量检查应符合施工安装图纸和 DL/T 5018—2004 第 6.3 节的规定。

（7）表面金属喷涂施工。

1）设备和构件表面金属喷涂和封闭层的涂料、厚度应符合施工安装图纸要求。

2）设备和构件表面金属喷涂施工应符合施工安装图纸和 DL/T 5018—2004 第 6.4.3～6.4.6 条和 DL/T 5358—2006 第 7.5 节的规定执行。

3）金属喷涂的操作安全还应符合 GB 11375—1999 的要求。

（8）金属涂层质量检查。表面金属喷涂的质量检查应符合施工安装图纸和 DL/T 5018—2004 第 6.5 节，以及 DL/T 5358—2006 第 7.6.4～7.6.6 条的规定。

## 22.2.5 橡胶黏合

（1）所有闸门橡胶水封接头的黏结工艺，应由承包人通过试验选定。橡胶黏结试验及其工艺报告应提交监理人批准。

（2）采用热胶合时，应按橡胶水封供货商提供的操作规程进行黏结和硫化，并应提供与橡胶水封形状和断面一致的加热压模。

（3）采用冷黏结时，承包人应向监理人提交一份包括冷胶剂产品技术性能和有关参数的黏结工艺及其试验数据的冷黏结措施报告，提交监理人批准后实施。

（4）橡胶水封安装时，应先将橡胶按需要的长度粘接好，再与水封压板一起配钻螺栓孔。橡胶水封的螺栓孔，应采用专用钻头使用旋转法加工，不准采用冲压法和热烫法加工，其孔径应比螺栓直径小 1mm。

（5）橡胶水封的黏合及安装质量应符合施工安装图纸和 DL/T 5018—2004 第 8.2.7、8.2.8 条的规定。

## 22.3 闸门和拦污栅安装

### 22.3.1 埋件安装

（1）闸门和拦污栅埋件的安装应符合施工安装图纸，以及 DL/T 5018—2004 第 8.1 与 9.2 节的有关规定。

（2）浮箱闸门水封埋件的安装，应使每一个孔口的底水封座板埋件表面与两侧侧水封座板埋件表面（包括两相邻孔口共用的侧水封座板埋件）在同一平面上，其平面度偏差应小于 2mm。底水封座板与侧水封座板的接头焊缝表面应打磨平整。孔口底部支承闸门的支承墩埋件表面应平整，其高差不得大于 2mm，支承面应与两侧水封埋件工作面垂直，其垂直度偏差不大于 2/1000。

（3）埋件上所有不锈钢材料的焊接接头，必须使用相应的不锈钢焊条进行焊接。

（4）所有埋件工作面上的连接焊缝，应在安装工作完毕和二期混凝土浇注后，仔细进行打磨，其表面平整度和粗糙度应与焊接构件一致。

（5）采用充压水封的工作弧门门槽埋件安装就位后，待弧门安装完成，应做划弧试验，在达到设计施工安装图纸要求后再焊接固定，并经监理人检查合格后，才能回填二期混凝土。

（6）埋件安装完毕后，应对所有的工作表面进行清理，门（栅）槽范围内影响闸门安全运行的外露物必须清除干净，并对埋件的最终安装精度进行复测，清理和复测记录应提交监理人。

（7）埋件安装好后，除不锈钢主轨轨面、水封座的不锈钢表面以及加工配合转动表面外，其余外露表面，均应按本章第22.2.4条的要求，进行防腐蚀涂装处理。

### 22.3.2 平面闸门安装

（1）安装技术要求。

1）平面闸门的安装应符合施工安装图纸及 DL/T 5018—2004 第8.2节的规定。

2）闸门主支承部件的安装调整工作应在门叶结构拼装焊接完毕，经过测量校正合格后进行。所有主支承面应当调整到同一平面上，其误差不得大于施工安装图纸的规定。

3）平面链轮闸门门叶安装后，单个链轮及整体链轮应转动灵活，不允许有卡阻和过松、过紧现象，并应满足门叶垂直吊起底部链轮上缘与底部走道之间间隙为 20～30mm。

4）平面链轮闸门安装后在门槽内升降时，链条与链轮均应运转自如，无卡阻现象，与轨道接触侧，应保证 80%以上的链轮处于受力状况，不接触链轮的允许间隙不应大于 0.1mm。

5）充水装置和自动挂脱梁定位装置的安装，除应符合施工安装图纸要求外，还须注意与自动挂脱梁的配合，以确保安全可靠地对准并完成挂脱钩动作。

6）平面闸门安装完毕后，应清除门叶上的所有杂物，清除不锈钢水封座板表面的水泥浆和滚轮轴套涂抹或灌注润滑脂，经监理人检查合格后，才能进行涂装工作。

（2）试验。平面闸门安装完毕后，承包人应会同监理人进行以下项目的试验和检查。

1）试验前应检查并确认自动挂脱梁挂脱钩动作灵活可靠。充水装置在其行程内升降自如、密封件与座阀应接触均匀，满足止水要求，并与拉杆的连接情况良好。

2）静平衡试验：将闸门吊离地面 100mm，测量闸门上、下游与左、右方向的倾斜，测量值应满足 DL/T 5018—2004 第8.2.9条的规定。

3）无水情况下全行程启闭试验。试验过程检查滑道或滚轮的运行情况，滑道或滚轮应无卡阻现象。双吊点闸门左右吊点的同步性应达到施工安装图纸要求。水封橡皮应无损伤，在闸门全关位置，应进行漏光检查，止水应严密。在全过程试验中，必须对水封橡皮与不锈钢水封座板的接触面采用清水冲淋润滑，以防损坏水封橡皮。

4）静水情况下的全行程启闭试验。试验应在无水试验合格后进行。试验、检查内容与无水试验相同（水封装置漏光检查改为渗漏量检查）。

5）动水启闭试验。对于事故闸门、工作闸门应按施工安装图纸要求，进行动水条件下的启闭试验，试验水头应尽可能与设计水头相一致。动水启闭试验前，承包人应根据施工安装图纸及现场条件，编制试验大纲提交监理人批准。

6）通用性试验。对一门多槽使用的平面闸门，必须分别在每个门槽中进行无水情况下的全程启闭试验，并经检查合格；对利用一套自动挂脱梁操作多孔和多扇闸门的情况，则应逐孔、逐扇进行配合操作试验，并确保挂脱钩动作100%可靠。

### 22.3.3 弧形闸门安装

（1）安装技术要求。

1）弧形闸门的安装应符合施工安装图纸及 DL/T 5018—2004 第8.3节的规定。

2）弧形闸门左右铰座轴中心孔同心度检查合格并经监理人检查合格后，才允许将弧形闸门的支臂与支铰座进行连接。

3）弧形闸门各节面板拼装就位完毕，应用样板检查其弧面的准确性。样板弦长不得小于 <u>1.5m</u>。检查结果符合施工安装图纸要求，才能进行安装焊缝的焊接或连接螺栓的紧固。

4）弧形闸门安装焊缝的焊接，应尽量避免仰焊，难于避免时，必须由具备相应资格的合格焊工施焊。

5）弧形闸门安装完毕后，应拆除安装用的临时支撑，修整好焊缝，清除埋件表面和门叶上的所有杂物，各转动部位按施工安装图纸要求灌注润滑脂，经监理人检查合格后，才能进行涂装工作。

（2）试验。弧形闸门安装完毕后，承包人应会同监理人进行以下项目的试验和检查：

1）无水情况下全行程启闭试验。检查支铰转动情况，闸门启闭过程应平稳无卡阻、水封橡皮与止水座板应接触良好，不透光。在本项试验的全过程中，必须对水封橡皮与不锈钢水封座板的接触面采用清水冲淋润滑，以防损坏水封橡皮。

2）动水启闭试验。试验水头应尽量接近设计操作水头。承包人应根据施工安装图纸要求和现场条件，编制试验大纲提交监理人批准后实施。动水启闭试验包括全程启闭试验和施工安装图纸规定的局部开启试验，检查支铰转动、闸门振动、水封密封等应无异常情况。

### 22.3.4　弧形闸门充压水封的安装

（1）安装技术要求。

1）弧形闸门充压水封的安装应符合施工安装图纸的规定。

2）水封装置、充压系统、电气控制系统及管道等应按施工安装图纸进行安装、调试和试运行。

3）充压水封安装前应把水封槽内的杂物清除干净。

4）承包人应按施工安装图纸和 GB/T 50236—1998 的规定进行配管；配管后先对所有管路进行必要的清洗，并在安装后固定所有管夹；充压系统管道安装合格后，必须采用清洁水循环清洗，循环水流速应大于 <u>5m/s</u>，以清除管路内的氧化皮及污杂物。

5）充压水封的水泵、水箱、控制阀组等在安装前都应保持清洁干净。

6）充压系统的水源应清洁干净，符合施工安装图纸要求。充压水注入系统前应进行过滤。

（2）试验。

1）充压水封应按施工安装图纸规定进行试验。

2）门叶安装完成后，应进行充压系统调试，调试的内容包括水位控制器的调整、电动阀的模拟动作、水泵的试运转、储能罐充压及控制元件的调整。

3）调试完成后进行系统耐压试验，试验过程应采用分级逐步升压，每次保压 <u>10min</u> 后再继续升压，直至达到施工安装图纸规定的工作压力并保压 <u>24h</u> 后，检查封水效果。系统压力下降值不应大于 <u>15%</u>，并检查系统中的机、电、液各控制元件动作的准确可靠性。耐压试验压力按施工安装图纸规定的各种工况确定。试验压力为工作压力的 <u>1.25 倍</u>，保压 <u>30min</u>，检查系统压力正常及密封情况良好。

4）上述试验完成后，应在 <u>1.25 倍</u>工作压力下保压 <u>24h</u>，检查系统压力及密封情况，满足施工安装图纸要求。

5）闸门启闭操作过程的试验及检查，应按施工安装图纸的规定，检查充压水封控制系统与闸门启闭操作控制系统之间的顺序控制，及相互闭锁条件的正确、可靠性；检查闸门启闭全过程充压水封应处于完全泄压状态，不允许带压操作。

### 22.3.5 人字闸门安装

（1）安装技术要求。

1）人字闸门的安装应符合施工安装图纸及 DL/T 5018—2004 第 8.4 节的规定。

2）人字闸门门叶应采用逐节吊装就位、调整、焊接、检查、校正的安装程序。在整扇闸门几何尺寸符合要求后，进行支枕垫座及水封的安装，安装质量应满足施工安装图纸要求，确保支枕垫座及水封接触良好。

3）人字闸门安装完毕，应拆除临时支撑，清除门叶上的所有杂物，并按施工安装图纸要求对顶、底枢转动部分灌注润滑脂，经监理人检查合格后，才能进行涂装工作。

（2）试验。人字闸门安装完毕后，承包人应会同监理人进行以下项目的试验和检查：

1）底枢、顶枢、支枕垫座、止水等应接触良好、转动灵活。

2）无水情况下全行程启闭试验。检查顶、底枢等转动部位的运行情况，应做到闸门旋转过程平稳无卡阻，两门叶导卡啮合自如，支枕垫座和水封接触及斜接柱支垫块间接触应符合施工安装图纸要求。

3）静水情况下全行程启闭试验。本项试验除进行上述 1）的检查外，还应检查闸墙变位对顶枢的影响情况。

4）挡水试验。按设计水头进行挡水试验，检测拱高变化量，测量值应符合施工安装图纸要求，并检查漏水情况。

### 22.3.6 浮箱闸门安装

（1）安装技术要求。

1）承包人应按施工安装图纸、现场条件和门体制造交货件状况，编制门体拼装技术方案，包括选择拼装场地、下水方式等，提交监理人批准。

2）浮箱闸门门体拼装和辅助设备安装应符合施工安装图纸的规定。

3）对焊缝质量除进行无损探伤外，还应进行水密性检查。对水密性检查不合格的焊缝，承包人应按 DL/T 5018—2004 第 4.5 节的规定，进行返修处理。水密性检查可采用煤油渗透，其时限不小于 4h 或肥皂液浓度使小管口吹发的泡沫留在空中飘游，试验时背面加气压力应不小于 0.25MPa。

4）水封装置的安装应按施工安装图纸及 DL/T 5018—2004 第 8.2.4～8.2.8 条的规定执行。

5）浮箱闸门及辅助设备安装合格，并经监理人检查合格后，才能进行涂装工作。

6）用于浮箱闸门固定配重的混凝土填筑作业，应在门体及辅助设备安装完毕并浮入水库水面之后进行。承包人在填筑固定配重时，应按施工安装图纸所示的填筑数量及位置和门体入水的实际状态进行适当调整，使其在水中的重心、浮心及其稳定性达到施工安装图纸的要求。

（2）试验。浮箱闸门下水后，承包人应会同监理人按施工安装图纸的要求进行下列试验和检查：

1）浮箱闸门的浮心、稳心的试验和调整。

2）浮箱闸门在水库中的拖运试验。

3）浮箱闸门封堵孔口的试验。

4）浮箱闸门从封堵孔口浮离转移的试验。

5）浮箱闸门在存放处的锚泊试验。

6）浮箱闸门密封性检查。

### 22.3.7 拦污栅安装

（1）安装技术要求。

1）拦污栅安装应符合施工安装图纸及 DL/T 5018—2004 第 9.2 节的规定。

2）拦污栅栅叶为多节结构时，其节间的连接，除框架边柱应对齐外，栅条也应对齐。栅条在左右和前后方向的最大错位应小于栅条厚度的 0.5 倍。

（2）试验。

1）活动式拦污栅栅体吊入栅槽后，应作升降试验，检查栅体在槽中的运行情况，应做到无卡阻和各节连接可靠。

2）采用自动挂脱梁起吊的活动式潜孔拦污栅，应逐孔进行挂脱动作试验，确保挂脱动作 100% 合格。

3）使用清污机清污的拦污栅，应按施工安装图纸要求进行清污试验，试验过程中清污机运转应无异常。

## 22.4 启闭机安装

### 22.4.1 固定卷扬式启闭机安装

（1）安装技术要求。

1）承包人应按施工安装图纸、供货商图纸及技术文件的规定，进行固定卷扬式启闭机的安装、调试及试运转。

2）安装启闭机的基础建筑物，必须牢固、安全。启闭机平台高程不应超过±5mm、水平偏差不应大于 0.5/1000。机座和基础构件的混凝土，应按施工安装图纸的要求进行浇筑，在混凝土强度尚未达到设计强度时，不准拆除和改变启闭机的临时支撑，更不得进行调试和试运转。

3）启闭机机械设备的安装应根据起吊中心线找正，其纵、横向中心线偏差不应超过±3mm。采用双卷筒串联的双吊点启闭机，吊距偏差为±3mm。启闭机机械设备的安装和调试还应遵守 DL/T 5019—1994 第 5.2.2 条的规定。

4）启闭机电气设备的安装应符合施工安装图纸、供货商技术文件的规定。全部电气设备应可靠接地。

5）承包人应派有经验的专业人员，负责调试每台启闭机的荷载限制器、行程限制器、闸门开度指示仪、制动器、锁锭装置等。调试合格后用油漆封涂调整部位。

6）每台启闭机安装完毕，承包人应对启闭机进行清理，修补已损坏的涂层表面，并根据供货商技术文件的要求，灌注润滑油、脂。

（2）试运转。固定卷扬式启闭机全部设备安装完成后，承包人应会同监理人进行以下项目的试验和试运转：

1）电气设备试验应遵守 DL/T 5019—1994 第 5.3.1 条的规定执行。对采用 PLC 控制的电气控制设备应首先对程序软件进行模拟信号调试，经调试正常无误后，再进行联机调试。

2）空载试验。在启闭机不与闸门连接情况下进行运行试验。试验应符合施工安装图纸和 DL/T 5019—1994 第 5.3.2 条的各项规定。

3）荷载试验。在设计水头工况下，连接闸门进行启闭试验。应针对不同性质闸门的启闭机分别按 DL/T 5019—1994 第 5.3.3 条的有关规定进行。

4）承包人在进行动水启闭工况的荷载试验前，应编制试验大纲，提交监理人批准后实施。

5）上述试验结束后，检查其机构各部分不得有破裂、永久变形、连接松动或损坏；电气设备部分应无异常发热现象等。

### 22.4.2 移动式启闭机（含清污机）安装

（1）轨道安装技术要求。

1）安装前，承包人应对钢轨的端面、直线度和扭曲度进行检查，发现有超值弯曲、扭曲等变形时应进行矫正，检查合格并经监理人确认后才能进行安装。

2）吊装轨道前，应测量和标定轨道的安装基准线。

3）轨道安装应符合施工安装图纸和 GB 50278—1998 第三章的规定。

4）轨道安装符合要求后，应全面复查各螺栓应无松动现象。

5）轨道两端的车挡应在安装设备起吊前装妥；同跨同端的两车挡与缓冲器应接触良好，有偏差时应进行调整。

6）在轨道上连接的接地线应进行接地电阻的测试，确保接地可靠。

（2）设备安装技术要求。移动式启闭机包括单向、双向门式启闭机、桥式启闭机和台车式启闭机及清污机。

1）承包人应按施工安装图纸、供货商图纸及技术文件的规定，进行移动式启闭机的安装、调试及试运转。其各项技术性能指标应达到上述图纸和技术文件的要求。

2）起升机构部分的安装应按照本章 22.4.1 条的规定执行。

3）门架、台车架和桥架的安装应遵守 DL/T 5019—1994 第 7.2.1 条的规定。

4）小车轨道安装应遵守 DL/T 5019—1994 第 7.2.2 条的规定。

5）移动式启闭机运行机构安装应遵守 DL/T 5019—1994 第 7.2.4 条的规定。

6）电气设备的安装，应按施工安装图纸、供货商技术文件和 DL/T 5019—1994 第 7.2.5 条的规定执行。全部电气设备应可靠接地。

7）每台启闭机安装完毕，承包人应对启闭机进行清理，修补已损坏的保护油漆涂层表面，灌注润滑油、脂。

8）清污机的安装应按施工安装图纸和供货商技术文件的要求，并参照移动式启闭机相关部件的安装技术要求执行。

（3）试运转。移动式启闭机全部设备安装完成后，承包人应会同监理人进行以下项目的检查、试验和试运转：

1）试运转前应按 DL/T 5019—1994 第 7.3.1 条要求对设备进行检查合格。

2）空载试验。按 DL/T 5019—1994 第 7.3.2 条的规定，对起升机构和运行机构（小车和大车）进行空载试验，检查机械和电气设备的运行情况，应做到动作正确可靠、运行平稳、无冲击声和其他异常现象。

3）静载试验。按施工安装图纸及 DL/T 5019—1994 第 7.3.3 条的规定对主、副钩进行静荷载试验，以检验启闭机的机械和金属结构的承载能力。试验荷载依次采用额定荷载的 75%、100% 和 125%。

4）动荷载试验。按施工安装图纸及 DL/T 5019—1994 第 7.3.4 条的规定，对各机构进行动荷载试验，以检验各机构的工作性能及门架的动态刚度。试验荷载依次采用额定荷载的 75%、100% 和 110%。试验时各机构应分别进行，当有联合动作试运转要求时，应按施工安装图纸和监理人的指示进行。试验时，作重复的启动、运转、停车、正转、反转等动作，延续时间至少 1h。各机构应动作灵活，工作平稳可靠，各限位开关、安全保护联锁装置、防爬装置等的动作应正确可靠，各零部件应无裂纹等损坏现象，各连接处不得松动。

5）按合同约定，负荷试验的试块及吊篮由承包人负责提供。

6）清污机的试运转应按施工安装图纸要求及移动式启闭机相关部件的试运转条款执行。耙斗式清污机应试验耙斗的运行动作，检查其灵活性。

### 22.4.3 液压启闭机安装

（1）安装技术要求。

1）承包人应按施工安装图纸、供货商图纸及技术文件的规定进行液压缸总成、液压站及液压控制系统设备、管道及附件、液压缸承载结构及基础埋件和电气设备等的安装、调试及试运转。启闭机的各项技术性能指标应达到上述图纸及技术文件的要求。

2）液压缸支承机架、支铰埋件的安装偏差应符合施工安装图纸的规定。若施工安装图纸未作规定时，应满足以下要求：液压缸支承中心点坐标偏差不大于±2mm；高程偏差不大于±5mm；双吊点液压启闭机的两支承中心点相对高差不得超过±0.5mm。

3）机架钢梁与推力支座的组合面不应有大于 0.05mm 的通隙，其局部间隙不大于 0.1mm，宽度方向不超过组合面宽度的 1/3，累计长度不超过周长的 20%，推力支座顶面的水平偏差不大于 0.2/1000。

4）安装前承包人应对液压缸总成进行外观检查，并对照供货商技术文件规定的时限，确定是否应进行解体清洗。如因超期存放，经检查需解体清洗时，承包人应将解体清洗方案提交监理人批准后实施。现场解体清洗必须在供货商技术人员的指导下进行。

5）承包人应进行管道的配置和安装。配管前，液压缸总成、液压站及液压控制系统设备已正确就位，并按施工安装图纸要求进行配管和查管，管道布置应尽量减少阻力，布局应清晰合理，排列整齐。

6）预安装合适后，拆下管道，正式焊接好管接头或法兰，清除管道的氧化皮和焊渣，并按施工安装图纸和供货商技术文件的规定，对管道进行清洗处理。

7）液压管道系统安装完毕后，应使用冲洗泵进行油液循环冲洗。循环冲洗时将管道系统与液压缸、阀组、泵组隔离（或短接），循环冲洗流速应大于 5m/s。循环冲洗后，最终应使管路系统的清洁度达到表 22.4.3 所列标准。

表 22.4.3　　　　　　　　　管道系统及油液的清洁度

| 标准<br>系统 | 滑阀系统 | 比例系统 | 伺服系统 |
|---|---|---|---|
| GB/T 14039 | 18/15 | 16/13 | 15/12 |
| NAS 1638 | 9 | 7 | 6 |

8）液压系统用油牌号应符合施工安装图纸的规定。油液在注入系统以前须经过滤，使其清洁度达到表 22.4.3 所列标准。

9）液压站油箱在安装前必须检查其清洁度，并符合供货商技术文件的要求。所有的压力表、压力控制器、压力变送器等均必须校验准确。

10）液压启闭机电气控制及检测设备的安装应符合施工安装图纸和供货商技术文件的规定。电缆安装应排列整齐。全部电气设备应可靠接地。

（2）试运转。液压启闭机安装完毕后，承包人应会同监理人进行以下项目的试运转：

1）液压管路耐压试验。试验压力：$P_N < 16MPa$ 时，$P_S = 1.5P_N$；$P_N > 16MPa$ 时，$P_S = 1.25P_N$；在各试验压力下保压 10min，管路系统不得有泄漏现象。试验合格后，按施工安装图纸的要求整定各压力阀的工作压力。

2）空载试验。在活塞杆吊头不与闸门连接的情况下，作全行程空载往复动作试验三次，用以排除液压缸和管路中的空气，检验泵组、阀组及电气操作系统的正确性，检测液压缸启动压力和系统阻力，试验应达到活塞杆运动平稳，无爬行现象。

3）轻载试验。在活塞杆吊头与闸门连接，且闸门不承受水压力的情况下，进行启门和闭门工况的全行程往复动作试验三次，整定和调整好闸门开度（行程）检测装置、行程极限开关及电、液元件的设定值，检测电动机的电流、电压和油压的数据及全行程启闭的运行时间。双缸液压启闭机应检测并调整双缸同步偏差满足施工安装图纸和技术文件的规定。检查启闭过程应无超常振动，启停应无剧烈冲击现象。

4）额定负载试验。在闸门承受设计水压力的情况下，按设计操作条件进行液压启闭机额定负载下的全行程启闭运行试验。检测电动机的电流、电压和系统压力及全行程启、闭运行时间，双缸同步运行偏差。检查启闭过程应无超常振动，启停应无剧烈冲击现象。

5）电气控制设备应先进行模拟动作试验正确后，再作联机试验。

## 22.5  质量检查和验收

### 22.5.1  埋件的质量检查和验收

（1）埋件安装前，应对安装基准线和基准点进行复核检查，并经监理人确认合格后，才能进行安装。

（2）埋件安装就位并固定后，应在一、二期混凝土浇筑前，对埋件的安装位置和尺寸进行测量检查，经监理人确认合格后，才能进行混凝土浇筑，测量记录应提交监理人。

（3）一、二期混凝土浇筑后，应重新对埋件的安装位置和尺寸进行复测检查，经监理人确认合格后，共同对埋件进行中间验收，其验收记录应作为闸门及启闭机的验收资料。

（4）若经检查发现埋件的安装质量不合格，应按监理人的指示进行处理。

### 22.5.2  闸门及启闭机安装质量的检查和验收

（1）在闸门及启闭机安装过程中，承包人应会同监理人按本章第22.3和22.4节规定的安装技术条件，对本合同所有闸门及启闭机项目的安装焊接质量、表面涂装质量、安装偏差以及试验和试运转成果等进行检查和质量评定，并做好记录。安装质量评定记录经监理人批准后，作为完工验收资料。

（2）闸门及启闭机安装完成，并经试验和试运转合格后，由监理人进行各项设备的验收。验收前，承包人应向监理人提交以下资料：

1）单项闸门、启闭机的设备清单。

2）闸门、启闭机安装质量的检查和评定记录。

3）埋件安装质量中间验收记录。

4）闸门试验和检测成果及启闭机试验和试运转记录。

（3）闸门及启闭机验收后，在尚未移交给发包人使用前，承包人仍应负责对设备进行保管、维护和保养。

### 22.5.3  完工验收

全部闸门及启闭机安装完毕，并经试运转合格，承包人应向监理人申请完工验收，并提交以下完工资料：

（1）完工项目清单。

（2）安装竣工图纸。

（3）主要材料和外购件的产品质量证明书、使用说明书或试验报告。

（4）安装焊缝质量检验报告。

（5）焊接工艺评定报告。

（6）高强度螺栓连接副摩擦面的抗滑移系数复验和安装检查报告。

（7）闸门、启闭设备及其埋件的安装质量检验记录。

（8）闸门和启闭机的调试及试运行报告。

（9）重大缺陷和质量事故处理报告。

（10）其他竣工资料。

## 22.6 计量和支付

本章规定安装工程项目，按该项目施工安装图纸所示的重量，以吨（t）为单位进行计量，其中轨道以米（m）为单位进行计量，并按工程量清单所列该项目的单价进行支付。单价中包括所有安装设备及附属设备的出厂验收、接货、运输、保管、安装、防腐蚀涂装、现场试验和试运转、质量检查和验收及维护等全部费用。

# 第 23 章 预 埋 件 埋 设

## 23.1 一般规定

### 23.1.1 应用范围

本章规定适用于本合同范围的各类预埋件的埋设工作，主要工作范围包括：

（1）预埋管道。

1）水力机械辅助设备的供水、充水、排水、油、气、水力监测等系统的管道（或套管），以及取（排）水口、测压头等配件。

2）通风与空气调节系统的水管（或套管）、控制装置导管和风管。

3）建筑给水、消防管道（或套管）及其配件，以及雨水、生活污水、生产废水、地面水等排水管道及其配件。

4）各类电缆、电线管道。

5）其他管道。

（2）预埋固定件。

1）水力机械、通风与空调、建筑给排水和消防、电气、控制保护、通信等各类设备和部件基础及锚钩的预埋固定件。

2）各类设备的支、吊架和框架；管道和电缆、母线的支、桥架、风管及电气设施等的预埋固定件。

3）起重运输设备轨道、阻进器及滑触线等的预埋固定件。

4）其他预埋固定件。

（3）接地装置埋设。全厂接地预埋固定件，包括预留引出的接地连接线。

### 23.1.2 承包人责任

（1）按合同约定，承包人应负责预埋件材料的采购、运输、保管、加工、埋设、检查和试验。

（2）承包人应按施工图纸和监理人的指示，负责埋设在混凝土、地下、水中、基岩和其他砌体中的上述预埋件。

（3）承包人应对漏埋、错埋或其他原因造成的损坏负责。监理人要求承包人临时增加的埋设工作，承包人应遵照执行。

（4）承包人在完成单元工程项目或分部位预埋件，并经自检合格后，应由监理人组织进行隐蔽前的检查和验收。

### 23.1.3 主要提交件

（1）承包人应根据监理人提供的工程布置图、设备安装图及预埋件图等施工图纸，编制各单元工程或分部位预埋件一览表和材料采购清单。

（2）质量和安全保证措施。

### 23.1.4 引用标准

（1）GB 5749—2006《生活饮用水卫生标准》。

（2）GB 50168—2006《电气装置安装工程电缆线路施工及验收规范》。

（3）GB 50169—2006《电气装置安装工程接地装置施工验收规范》。

（4）GB 50242—2002《建筑给水排水及采暖工程施工质量验收规范》。

（5）GB 50268—2008《给水排水管道工程施工及验收规范》。

（6）GB/T 3323—2005《金属熔化焊焊接接头射线照相》。

（7）GB/T 8564—2003《水轮发电机组安装技术规范》。

（8）GB/T 11345—1989《钢焊缝和超声波探伤方法和探伤结果分级》。

（9）GB/T 17219—1998《生活饮用水输配水设备及防护材料的安全性评价标准》。

（10）JB/T 6061—2007《无损检测 焊缝磁粉检测》。

（11）JB/T 6062—2007《无损检测 焊缝渗透检测》。

## 23.2　一般技术要求

（1）承包人使用的所有预埋件材料及配件，其品种、规格、性能应满足施工图纸要求和国家现行有关标准。材料及配件应具有出厂合格证、生产日期、安装使用说明书、性能测试报告等有效的质量证明文件。

（2）用于输送热水的橡胶圈应具有耐温性、用于饮用净水管道的橡胶材质应符合 GB/T 17219—1998 的要求。

（3）承包人采用代用材料时，应说明理由并提交相应的出厂质量证明和检验报告，经监理人批准后才能使用。

（4）预埋件材料及配件在运输、搬运过程中不得损伤，并分类妥善储存。

（5）预埋件埋设前，应进行清理，清除其内、外表面被沾染的污物。

（6）预埋件应配合土建施工同时进行埋设和安装。

（7）承包人需要局部更改预埋件埋设位置，应经监理人批准。修改后的埋件位置应避免与其他埋件相干扰，并与建筑物布置相协调。应做好记录提交监理人。

## 23.3　预埋管道安装埋设

### 23.3.1　管道加工安装

（1）钢管。

1）钢管切割和坡口应符合施工图纸要求。管口应平整、光滑、无裂纹、毛刺等缺陷。

2）施工图纸未作规定，并在埋设条件许可时，其弯头加工可采用弯管机，并尽可能采用平滑过渡的大弯曲半径。

3）热弯钢管加工要求可参照 GB 8564—2003 第 12 章表 36 的规定。

4）采用有缝钢管加工弯管时，焊缝位置应避开受拉（压）应力较大区，纵缝置于水平与垂直面间 45°处。

5）电缆管道弯曲半径不应小于穿入电缆的最小允许弯曲半径，电缆的最小弯曲半径应遵守 GB 50168—2006 表 5.1.7 的规定。

6）电缆管之间采用套管焊接，连接时两管口对准、点焊连接牢固、密封良好，连接套管长度不小于电缆管外径的 2.2 倍。

7）输送介质的管道弯制后的截面最大、最小外径差，当输送压力小于 10MPa 时，不应超过管道外径的 8%、电缆管道弯制后的截面最大与最小外径差不应超过管道外径的 10%。

8）采用钢管加工的风管不应采用焊制和褶皱弯头。

9）管道任何位置不应有十字形焊缝及在焊缝处开孔。

10）预埋管道采用焊接连接，管道组接时应对焊面及坡口两侧 30mm 范围内清除油污、铁锈、毛刺等，清除合格后应及时焊接，焊接后清除管道内外壁焊疤，焊缝表面应无裂纹、夹渣、气孔、凹陷及过烧等缺陷。

11）碳素钢管采用电弧焊焊接、不锈钢管采用氩弧焊焊接；机组的油、气系统及有特殊要求的水系统管道及薄壁小口径测压管道，在采用钢管对口焊接时，应遵守 GB 8564—2003 第 12.2 节及 GB 50268—2008 的有关规定。

（2）铸铁管。

1）安装铸铁管前，应清除其表面的粘砂、飞刺、沥青块及承插部位的沥青涂层。

2）铸铁管材不允许有裂缝、断裂等缺陷。

3）安装铸铁管接口用的橡胶圈不应有气孔、裂缝、重皮或老化等缺陷。

4）承插铸铁管的给水与排水管道捻口安装，应遵守 GB 50242—2002 第 9.2.12、9.2.13 和 10.2.4 条的规定。

（3）塑料管、复合管。

1）管道切割、加工应采用专用工具。

2）加工后管道端面应平整垂直于轴线，或按相应管道工程技术规程要求的切割面。切割面不应有裂纹、毛刺等缺陷。接口内外应清理干净。

3）冬季安装应采取保温防冻措施，不得使用冻硬的橡胶圈，给水橡胶圈应符合卫生要求。

4）塑料管、复合管与金属管件的连接应采用专用连结管件。

5）用硬塑料管作电缆管，在套接或插接时，插入深度为管道内径 1.1～1.8 倍，在插接面上涂以胶黏剂粘牢密封；采用套接时，套管两端应采取密封措施。

6）钢塑复合管、塑料管连接采用的方式、操作要求等应符合相应管道工程技术规程中的要求。

### 23.3.2 管道埋设

（1）预埋管道通过沉降缝或伸缩缝时，必须按施工图纸要求做过缝处理。

（2）预埋管道安装就位后，可采用支撑固定，防止混凝土浇筑或回填过程中发生变形或位移，钢支撑可留在混凝土内，预埋钢管用支撑焊接固定时，不应烧伤管道内壁。

（3）埋设在沟槽内的管道，沟槽底面应按施工图纸要求进行填平夯实后才能铺设。

（4）预埋管道的安装偏差在施工图纸未规定时，预埋管口露出地面不小于 300mm，管口坐标偏差不大于 10mm，管道距墙面、楼板不小于安装要求尺寸，并列布置的管口应排列整齐，管口作可靠封堵，并有明显标记；管道穿过楼板的钢性套管，顶部应高出地面 20mm，底部与楼板底面齐平；安装在墙内的套管两端应与墙面齐平；地漏篦顶比地面低 10mm、比沟底低 20mm。

（5）电气管道的埋设尚应遵守 GB 50168—2006 第四章的有关规定，当电气管道终端设置在明装的管道盒或设备上，应采用模板固定管道，以保持正确位置。

（6）预埋管道坡度应符合施工图纸规定，当施工图纸未规定时，生活污水铸铁管、塑料管的坡度应遵守 GB 50242—2002 表 5.2.2 及表 5.2.3 的规定；地下埋设雨水管道的最小坡度应遵守 GB 50242—2002 表 5.3.3 的规定；电缆管道坡度应不小于 0.1%。

（7）测压管道应考虑排空，测压孔应符合施工图纸要求。图纸中未详细标明的预埋管道应尽可能减少拐弯，管线最短。

（8）各类穿越墙和梁柱及穿入钢筋混凝土水箱（池）和地下室外壁的管道，应加设相应的防护套管，穿过屋面的管道应有污水肩和防雨帽，并根据需要采用防水材料嵌填密实；有防爆、防火要求的管道，应采用不燃且对人体无危害的柔性材料封堵；风管与混凝土、砖风道的连接接口，应顺气流方向插入，并采用密封措施。

（9）管道在施工埋设间断时，应及时暂封管口。

### 23.3.3 金属管道焊缝检验和缺陷处理

（1）全部焊缝均应进行外观检查，外观质量应符合施工图纸要求。不得有熔化金属流到焊缝处未熔化的母材上，焊缝和热影响区表面不得有裂纹、气孔、弧坑和灰渣等缺陷；管缝表面光顺、均匀，焊道与母材应平缓过渡，并应焊满。

（2）对有特殊要求需要进行无损检测的管道，其检验方法应按施工图纸或监理人的指示执行。焊缝磁粉、渗透检测方法和缺陷痕迹的分级还应遵守 JB/T 6061—2007 及 JB/T 6062—2007 的有关规定；射线照相和超声波探伤及质量分级方法应遵守 GB/T 3323—2005 及 GB 11345—1989 的有关规定。焊缝的质量检验记录应提交监理人。

（3）不合格焊缝应及时返修，同一部位的返修次数超过二次后，应重新制订返修措施，提交监理人批准。

（4）焊工及焊缝无损检测人员，必须持有有关专业部门颁发具有相应等级并在有效期内的合格证书。

### 23.3.4 管道试验

（1）管道埋设完毕在混凝土工程浇筑、埋设回填、砌体砌筑前，承包人应按施工图纸要求进行管道试验，试验记录应提交监理人。

（2）管道试验前，应经外观检查合格，管道内壁清洁。埋地管道应排除沟内积水，管基检查合格。

（3）耐压试验前，必要时应在不大于工作压力条件下充分浸泡后再进行试验，浸泡时间为：

1）给水钢管、铸铁管：无水泥砂浆衬里，不少于 24h；有水泥砂浆衬里，不少于 48h。

2）胶黏剂连接的管道，水压试验应在黏结完成 24h 后进行。

（4）强度耐压试验和严密性耐压试验应符合施工图纸要求，当施工图纸未作规定时：

1）给水管道（包括钢管、铸铁管、复合管及塑料管等）其试验压力应遵守 GB 50242—2002 有关规定。

2）机组及辅助设备系统管路试验压力和试验持续时间应遵守 GB/T 8546—2003 第 12.5 节的有关规定。

（5）排水、雨水管道等无压管道应作灌水试验。排水管灌水高度应不低于埋设层地面高度，满水 15min 的水面下降后，再灌满观察 5min，检查管道水面不下降为合格；雨水管灌水高度应不低于埋设管顶部，灌水时间持续 1h，以无渗漏为合格；敞口水箱满水试验应以满水试验静止 24h，不渗漏为合格。

（6）试验过程中发现有泄漏时，应消除缺陷后，重新进行试验。

（7）冬季进行试验时，应采取保温防冻措施，试验结束后应放空管道内积水。

### 23.3.5 管道的冲洗、防腐

（1）冲洗。

1）管道试验前，其内壁按施工图纸要求和规范规定进行冲洗、检验。

2）用水冲洗的给水管道，以系统内可能达到的压力和流量进行，直至出口处的水色和透明度与入口处目测一致为合格。输送生活饮用水的管道，还应经消毒、清洗，管道通水水质应遵守 GB 5749—2006 的规定。

3）输气管道可参照 GB/T 8546—2003 附录 D.2.2 采用压缩空气或清水冲洗。

4）油系统和调速系统管道采用运行相同油料进行循环冲洗，并应符合供货商技术文件及 GB/T 8546—2003 附录 D.2.3、D.2.4 的规定。

（2）防腐。

1）埋地敷设的管道，防腐处理应符合施工图纸规定。

2）防腐涂料施涂前，应清除表面铁锈、焊渣、毛刺、油水等污物。

3）防腐层材质和结构应按施工图纸规定，并按供货商技术文件的要求进行防腐作业。

4）当施工图纸未规定时，钢管的防腐可按 GB 50242—2002 表 9.2.6 及 GB 50268—2008 的规定处理；采用水泥接口的铸铁管，在安装地点有侵蚀性地下水时，应在接口处涂沥青防腐层；采用橡胶接口的埋设管道，在土壤或地下水对橡胶圈有腐蚀的地段，应用沥青胶泥、沥青麻丝或沥青锯末等材料封闭橡胶接口。

### 23.3.6　预埋管道交付验收

（1）预埋管道埋设完成后，应由监理人会同承包人按隐蔽工程验收程序进行检查验收，检查验收记录应提交监理人。交付验收后才能进行混凝土浇筑、砌筑或回填。

（2）预埋管道交付验收时，承包人应向监理人提交以下验收资料：

1）预埋管道埋设竣工图（含管路实际走线图）。

2）预埋管道材料及配件等的合格证、安装使用说明书和试验报告等。

3）预埋管道安装埋设、试验、冲洗、防腐等施工记录。

4）预埋管道的隐蔽工程验收记录。

5）质量检验和质量事故记录。

6）监理人要求提交的其他验收资料。

## 23.4　固定件埋设

### 23.4.1　固定件的加工、安装埋设

（1）固定件应采用机械加工，加工后的固定件表面应平整、无明显扭曲；切口应无卷边、毛刺。固定件与混凝土结合面，应无油污和严重锈蚀。防腐处理应按施工图纸要求执行。

（2）固定件安装就位，并经测量检查无误后，应立即进行固定，支垫稳妥，不应松动。采用焊接固定时，不得烧伤固定件的工作面，焊接应牢固，无显著变形和位移；采用支架固定时，支架应具有足够的强度和刚度。在浇筑混凝土、砖砌或回填土时，固定件应保持位置正确、牢固可靠。固定件的安装偏差应符合以下要求：

1）设备基础垫板埋设时，应符合施工图纸要求，若施工图纸未作规定时，高程偏差不超过－5～0mm，中心和分布位置偏差不大于 10mm，水平偏差不大于 1mm/m。地脚螺栓的安装应遵守 GB/T 8564—2003 第 4.4 节规定。

2）在同一直线段上同一类型的支、桥架及吊架等埋板固定件应横平竖直。各支架的同层横档的埋板应在同一水平面上，高低偏差不大于 5mm。托架、支吊架的埋板固定件沿桥架走向左右的偏差不大于 10mm。

3）插座箱、接线盒、开关盒、灯头盒等的专用盒四周应无缝隙，面板紧贴饰面或装于瓷砖贴面中心。

4）施工期间，承包人应注意保护好全部预埋固定件，防止损坏和变形。由于承包人施工措施不当造成损坏和变形时，应由承包人负责修复。

5）预埋固定件采用二期混凝土预留孔（槽）时，预留孔孔模的埋置应符合施工图纸的规定。

6）固定件不得跨沉降缝、伸缩缝。

### 23.4.2 预埋固定件交付验收

（1）预埋固定件埋设后，应由监理人会同承包人对预埋固定件进行分项验收，检查验收记录应提交监理人。交付验收后，才能进行混凝土浇筑。

（2）承包人应向监理人提交以下验收资料。

1）预埋固定件埋设竣工图。

2）固定件材料及外购件产品合格证、安装使用说明书、质量保证书等。

3）预埋固定件加工和安装埋设的质量检查验收记录。

## 23.5 接地装置埋设

### 23.5.1 接地装置的安装与埋设

（1）接地体（线）采用搭接焊接，焊缝长度和质量要求，应符合施工图纸要求和 GB 50169—2006 第 3.4.1～3.4.4 条的规定，焊接后应将焊缝处清理干净，并作防腐处理。

（2）承包人应按施工图纸规定的地点，将埋设的接地装置从建筑物构件及规定的其他地方引出，其延伸位置应作明显标记，并采取防腐与保护措施。

（3）引至外部接地连接线的敷设位置，应不妨碍设备的检修和巡视；埋设的接地插座面板应紧贴饰面。

（4）接地线通过建筑物伸缩缝、沉降缝时，应按施工图纸要求采取过缝处理。

（5）所有金属设备和构件，均应按施工图纸的要求可靠接地。利用各种金属管道、金属构件等作接地线时，连接时保证有可靠的电气连接。

（6）承包人根据实际地形条件，需要修改部分接地装置的布置时，应将书面报告提交监理人批准。

（7）接地装置敷设完成后，回填材料应符合施工图纸要求。回填土内不应夹有石块和建筑垃圾等，外取土壤不得有较强的腐蚀性，回填土应分层夯实。

（8）承包人在施工期间应妥善保护好已敷设的接地装置。在交付验收前造成接地装置的损坏或丢失，应由承包人负责修复或重置。

### 23.5.2 接地装置交付验收

（1）接地装置埋设完成后，应由监理人会同承包人按隐蔽工程验收程序进行检查验收，检查验收记录应提交监理人。

（2）承包人应向监理人提交以下接地装置验收资料：

1）接地装置安装竣工图。

2）接地装置材料及外购件产品合格证、使用说明书与质量保证书。

3）安装质量检查记录。

4）接地装置隐蔽工程验收记录。

## 23.6 预埋件埋设验收

本工程预埋管道、预埋固定件和接地装置应分别在机电设备安装前和机组启动试验和试运行前，由监理人会同承包人进行分项验收。预埋件埋设的完工验收应列入机电安装工程各单项工程项目的完工验收中。

## 23.7　计量和支付

（1）各种预埋管道应按施工图纸所示的长度和工程量清单所列的项目单价，以米（m）或吨（t）为单位进行计量和支付。

（2）各种预埋固定件，应按施工图纸所示的计算重量和工程量清单所列项目单价，以千克（kg）或吨（t）为单位进行计量和支付。

（3）接地系统的计量和支付，应按施工图纸所示的接地装置材料计算重量和工程量清单所列项目单价，以吨（t）为单位进行计量和支付。

（4）上述工程量清单所列各项目单价内，应已计入全部预埋件及其辅助材料的采购、运输、保管，预埋件的加工、安装、检验、清洗、试验、埋设、防腐、维护以及质量检查和验收的全部费用。

# 第24章 机电设备安装

## 24.1 一般规定

### 24.1.1 应用范围

本章规定适用于本合同永久机电设备的安装和机组启动试运行等工作。全部安装项目包括水轮发电机组及其附属设备、水力机械辅助设备系统、发电机电压配电设备、电力变压器及其附属设备、开关站及其进（出）线设备、厂用电系统、照明系统、接地系统、控制保护系统、通信系统、电缆线路、厂内起重机设备、通风及空气调节系统、建筑给排水系统、消防系统。

### 24.1.2 承包人责任

（1）承包人应负责接收发包人交付安装的全部永久机电设备、备品备件、安装专用工器具及提供安装所需的各项材料等，在合同约定的交货地点进行机电设备的交货验收。根据设备供货商（以下简称供货商）提供的设备清单进行清点检查无误后，由发包人、承包人与供货商代表正式办理设备交接手续。

（2）承包人应负责在上述各项机电设备和材料接货后的到货卸车、清点交接、损伤签证、入库堆放、仓储管理、开箱检验，以及从交货地点至安装现场的运输工作。

（3）按合同约定，机电设备安装工作还应包括安装用的零部件加工制作，管道、埋件与接地线的现场制作安装、二期混凝土浇筑；机电设备与各系统安装后的调试、试验和启动试运行、质量检查和验收等全部工作。

（4）承包人应提供上述安装工作所需的人工、材料、设备、检测器具，以及为安装使用的辅助设备和辅助设施等。

（5）承包人应负责机电设备在施工安装期和缺陷责任期内的运转维护、保养和缺陷修复工作。

（6）承包人应向业主移交所有相关的完工资料，参加完工验收。

### 24.1.3 主要提交件

（1）机电设备安装进度计划。承包人按合同约定和监理人指示，在机电设备安装开始前 56 天内，应按监理人批准的本工程施工总进度计划，编制本工程机电设备安装进度计划提交监理人批准。安装工程进度计划应满足合同约定的主要控制节点完工日期的要求。网络图的编制应提供下列各项数据和内容，并说明机电设备安装进度与机电设备运输到货时间，以及与相关土建工程施工计划的节点关系。网络图应标明：

1）作业和相应节点编号。

2）作业持续时间。

3）各节点的最早开始及最早完成安装的日期。

4）各节点的最迟开始及最迟完成安装的日期。

5）各项安装工作开始前要求完成的土建工程面貌。

6）附需要的资源配置及其说明（以按月所需人工、材料、设备、资金等资源数据）。

（2）主要机电设备安装方案和工艺措施报告。承包人应在机电设备安装开始前 56 天，编制一份主要机电设备安装方案和工艺措施报告，提交监理人批准，其内容包括：

1）安装场地和临时设施的布置及说明。

2）本合同范围内主要及大型设备的运输、吊装方案。

3）机组的主要设备部件（包括主要埋入部件）及关键安装工序等。

4）机电设备的安装、检查、试验及试运行工作计划和安装技术要求。

5）机电设备安装过程的质量控制措施。

6）检查验收项目和质量标准。

7）安全、文明施工及环境保护的保证措施。

8）监理人要求提交的其他技术文件和资料。

（3）承包人要求发包人提交的机电设备和材料的交货计划。承包人应根据机电设备安装进度的需要，编制一份要求发包人向承包人交付机电设备和材料的交货计划，提交监理人批准。经监理人审核确认后，作为发包人交货的依据。

（4）安装工作进度实施报告。承包人应按本合同约定和监理人的指示，定期（周、月、年）向监理人提交安装工作进度实施报告。报告内容应说明安装工程计划的完成情况、形象进度、质量控制情况、安全与文明施工的实际情况、下阶段安装计划安排，以及要求发包人（或监理人）协调解决的问题。

### 24.1.4　引用标准

（1）GB 1094.11—2007《电力变压器（干式变压器）》。

（2）GB 1208—2006《电流互感器》。

（3）GB 2536—1990《变压器油》。

（4）GB 11023—1989《高压开关设备六氟化硫气体密封试验导则》。

（5）GB 50150—2006《电气装置安装工程电气设备交接试验标准》。

（6）GB 50166—2007《火灾自动报警系统施工及验收规范》。

（7）GB 50168—2006《电气装置安装工程电缆线路施工及验收规范》。

（8）GB 50169—2006《电气装置安装工程接地装置施工及验收规范》。

（9）GB 50170—2006《电气装置安装工程旋转电机施工及验收规范》。

（10）GB 50171—1992《电气装置安装工程盘柜及二次回路接线施工及验收规范》。

（11）GB 50172—1992《电气装置安装工程蓄电池施工及验收规范》。

（12）GB 50198—1994《民用闭路电视监视系统工程技术规范》。

（13）GB 50254—1996《电气装置安装工程低压电器施工及验收规范》。

（14）GB 50256—1996《电气装置安装工程起重机电气装置施工及验收规范》。

（15）GB 50257—1996《电气装置安装工程爆炸和火灾危险环境电气装置施工及验收规范》。

（16）GB 50259—1996《电气装置安装工程电气照明装置施工及验收》。

（17）GB 50303—2002《建筑电气工程施工质量验收规范》。

（18）GB 50374—2006《通信管道工程施工及验收规范》。

（19）GB/T 7409.3—2007《同步电机励磁系统大、中型同步发电机励磁系统技术要求》。

（20）GB/T 7894—2001《水轮发电机基本技术条件》。

（21）GB/T 8349—2000《金属封闭母线》。

（22）GB/T 8905—1996《六氟化硫电气设备中气体管理和检测导则》。

（23）GB/T 17949.1—2000《接地系统的土壤电阻率接地阻抗和地面电位测量》。

（24）GB/T 20834—2007《发电/电动机基本技术条件》。

（25）GBJ 147—1990《电气装置安装工程高压电器施工及验收规范》。

（26）GBJ 148—1990《电气装置安装工程电力变压器、油浸电抗器、互感器施工及验收规范》。

（27）GBJ 149—1990《电气装置安装工程母线装置施工及验收规范》。

（28）GBJ 115—1987《工业电视系统工程设计规范》。

（29）DL 489—2006《大中型水轮发电机静止整流励磁系统及装置试验规程》。

（30）DL 5027—1993《电力设备典型消防规范》。

（31）DL/T 475—2006《接地装置特性参数测量导则》。

（32）DL/T 478—2001《静态继电保护及安全自动装置通用技术条件》。

（33）DL/T 555—2004《气体绝缘金属封闭开关设备现场耐压及绝缘试验导则》。

（34）DL/T 578—2008《水电厂计算机监控系统基本技术条件》。

（35）DL/T 583—2006《大中型水轮发电机静止整流励磁系统及装置技术条件》。

（36）DL/T 618—1997《气体绝缘金属封闭开关设备现场交接试验规程》。

（37）DL/T 623—1997《电力系统继电保护及安全自动装置运行评价规程》。

（38）DL/T 624—1997《微机保护微机型试验装置技术条件》。

（39）DL/T 720—2000《电力系统继电保护柜、屏通用技术条件》。

（40）DL/T 724—2000《电力系统用蓄电池直流电源装置运行与维护技术规程》。

（41）DL/T 822—2002《水电厂计算机监控系统试验验收规程》。

（42）DL/T 978—2005《气体绝缘金属封闭输电线路技术条件》。

（43）DL/T 1013—2006《大中型水轮发电机励磁调节器试验与调整导则》。

（44）DL/T 5065—1996《水力发电厂计算机监控系统设计规定》。

（45）DL/T 5344—2006《电力光纤通信工程验收规范》。

（46）YD/T 5017—2005《卫星通信地球站设备安装工程施工及验收技术规范》。

（47）YD 5040—2006《通信电源设备安装设计规范》。

（48）YD 5044—1997《同步数字系列（SDH）光缆传输设备安装工程验收暂行规定》。

（49）YD 5077—1998《程控电话交换设备安装工程验收规范》。

（50）YD 5079—2005《通信电源设备安装工程验收规范》。

（51）SD 287—1988《水轮发电机定子现场装配工艺导则》。

（52）GB 11120—1989《L-TSA 汽轮机油》。

（53）GB 11345—1989《钢焊缝手工超声波探伤方法和探伤结果分级》。

（54）GB 50131—2007《自动化仪表工程施工质量及验收规范》。

（55）GB 50141—2008《给水排水构筑物施工及验收规范》。

（56）GB 50231—1998《机械设备安装工程施工及验收通用规范》。

（57）GB 50235—1997《工业金属管道工程施工及验收规范》。

（58）GB 50236—1998《现场设备、工业管道焊接工程施工及验收规范》。

（59）GB 50242—2002《建筑给水排水及采暖工程施工质量验收规范》。

（60）GB 50243—2002《通风与空调工程施工及验收规范》。

（61）GB 50261—2005《自动喷水灭火系统施工及验收规范》。

（62）GB 50263—2007《气体灭火系统施工及验收规范》。

（63）GB 50268—2008《给水排水管道工程施工及验收规范》。

（64）GB 50274—1998《制冷设备空气分离设备安装工程施工及验收规范》。

（65）GB 50275—1998《压缩机、风机、泵安装工程施工及验收规范》。

（66）GB 50278—1998《起重设备安装工程施工及验收规范》。

（67）GB/T 1231—2006《钢结构用高强度大六角头螺栓、大六角螺母、垫圈技术条件》。

（68）GB/T 3323—2005《金属熔化焊焊接接头射线照相》。

（69）GB/T 8564—2003《水轮发电机组安装技术规范》。

（70）GB/T 9652.2—1997《水轮机调速器与油压装置试验验收规程》。

（71）GB/T 10183—2005《桥式和门式起重机制造及轨道公差》。

（72）GB/T 10969—1996《水轮机通流部件技术条件》。

（73）GB/T 11805—2008《水轮发电机组自动化元件（装置）及其系统基本技术条件》。

（74）GB/T 15468—2006《水轮机基本技术条件》。

（75）GB/T 18482—2001《可逆式抽水蓄能机组启动试验规程》。

（76）DL/T 496—2001《水轮机电液调节系统及装置调整试验导则》。

（77）DL/T 507—2002《水轮发电机组启动试验规程》。

（78）DL/T 5036—1994《转桨式转轮组装与试验工艺导则》。

（79）DL/T 5037—1994《轴流式水轮机埋件安装工艺导则》。

（80）DL/T 5070—1997《水轮机金属蜗壳安装焊接工艺导则》。

（81）DL/T 5071—1997《混流式水轮机分瓣转轮组装焊接工艺导则》。

（82）DL/T 5123—2000《水电站基本建设工程验收规程》。

（83）DL/T 5372—2007《水电水利工程金属结构与机电设备安装安全技术规程》。

（84）JGJ 141—2004《通风管道技术规程》。

（85）CA 161—1997《防火封堵材料的性能要求和试验方法》。

### 24.1.5　安装技术文件

（1）安装技术文件内容。

1）进入合同的发包人技术文件包括机电设备布置总图、机电设备安装布置图、机电设计系统图、设备加工图及相关的水工建筑物施工图纸、设计说明书等（以下简称施工安装图纸）。

2）本合同相关的技术条款。

3）国家标准和行业标准。

4）进入合同的供货商技术文件，包括供货合同中指定随设备交货时提交的供货商图纸、安装技术标准、出厂合格证、安装作业指导书、运行维护说明书，以及其他有关的技术文件和资料（以下简称供货商技术文件）。

5）履行合同中监理人发出的指示和监理人批准的承包人提交件。

（2）安装技术文件的提交和批准。

1）按合同约定，由发包人向承包人提供的施工安装图纸，均应在该项设备安装前 84 天提供给承包人。

2）除供货商随同设备交货时应提交的机电设备安装图纸和各项设备的安装、调试与运行维护等技术文件外，监理人和承包人有权根据安装工作需要，通过发包人（监理人）要求设备供货商代表（以下简称供货商代表）提交补充的供货商技术文件。

### 24.1.6　供货商代表

在发包人协调下，供货商代表应履行以下职责：

（1）供货商代表参加设备到货的清点检查，并在交货验收文件和开箱检验单上签字见证。若原配置的零部件、备品备件等供货数量不足或产品存在质量问题，应由供货商代表负责处理或补充供货。

（2）供货商代表应按照供货商技术文件的要求，指导承包人完成其相关机电设备的安装作业；在发包人统一协调下，参加监理人组织的机电设备安装质量的检查、试验和试运行工作，安装质量检查和验收记录应由供货商代表签字见证。承包人应允许供货商代表进入设备安装现场检查安装质量，并查阅承包人的安装记录和检测资料。

（3）承包人在设备安装中须调用备品备件时，应经监理人批准和供货商安装代表签认，划定责任后，方可调用备品备件。

（4）定期向监理人提交现场工作报告。承包人可根据安装工作的需要，通过发包人（或监理人）要求供货商补充提交相关的技术文件。

### 24.1.7 机电设备的交付和接收

（1）供货商产地机电设备的交付和接收。按合同约定，在供货商产地就地交付的全部机电设备及其相关材料、备品备件、安装工器具和技术文件等，应由发包人、监理人会同承包人根据供货商供货清单，与供货商代表共同检查清点无误后，就地办理交付和接收手续。承包人应对接收上述设备和材料等的装卸、运输、保管直至运抵工地储存的全过程负责。

（2）工地现场机电设备的交付和接收。按合同约定，在发包人现场交付的机电设备及其相关的材料、备品备件、安装工器具和技术文件等，应由发包人、监理人会同承包人根据发包人提供的供货商供货清单，与供货商代表共同检查清点无误后，在现场办理交付和接收手续。

（3）承包人接收机电设备后，应严格按供货商技术文件中提出的有关包装和装卸的特殊保护要求进行装卸、运输和保管，防止设备遭受损坏。如承包人发现设备或部件有损坏或缺陷时，应及时报告监理人，并由监理人会同承包人、供货商代表共同研究处理措施。

（4）对开箱检验后可在露天或安装场地临时存放的设备和部件，应由承包人做好设备覆盖保护和存放场地有效的排水措施。有关设备和部件的检查、保护和仓储管理，由承包人按供货商技术文件要求和承包人设备管理规定执行。

### 24.1.8 机电设备的现场运输和仓储管理

（1）承包人接收机电设备后，应对所接收的全部机电设备、材料、备品备件、安装工器具和技术文件等的全程管理（包括到货卸车、清点交接、损伤签证、沿程保护，吊运入库、直至安装工地的现场运输）和仓储保管负全部责任。承包人应根据设备的重要性实行分区、分类储存和保管，并设置明细的出入台账管理。

（2）对有保温（或恒温）、防潮和防锈蚀等要求的设备、部件和特殊材料，承包人应按供货商代表和供货商技术文件要求，采取特殊保护措施。如因现场运输、保管不善而损坏或丢失，承包人应负责修复或重置。

### 24.1.9 机电设备安装场地和辅助设施

（1）承包人应按监理人批准的机电设备安装方案和工艺措施报告的要求，统一设置机电设备安装专用场地与设备临时储存场所。

（2）承包人应按监理人批准的机电设备安装进度计划，提出机电设备安装使用场内桥机、桅杆、门机、缆机、电梯等起重运输设备，以及对混凝土浇筑、供电、供水、供风、试验、修配加工、照明、通信等辅助设施的使用计划提交监理人，由监理人组织协调解决土建施工与机电设备安装使用场地和辅助设施的矛盾。

（3）承包人应采取有效措施，使主要安装场地的环境条件能保证机电设备安装质量不受影响。安装场地的温度不宜低于 5℃，湿度不宜高于 85%。主厂房安装场地内的发电机定子、转子组装工位范围内，承包人应采取有效的防潮、防尘、保温及防火等措施，以形成适应于定子和转子组装技术要求的良好环境。

（4）机组设备部件的组装和总装配场地在安装全过程都必须保持清洁，安装完毕后，必须对机组各部位进行清扫和检查，不允许残留灰尘、油污、杂物等不洁物。

### 24.1.10　机电设备安装前的开箱清点检查

（1）机电设备安装前，由监理人组织承包人和供货商代表对拟安装的机电设备进行开箱清点和检查，由承包人清点和记录检查结果并由各方签字确认。到货设备（包括零部件、材料、安装工器具及随机技术文件等）应符合供货清单所列的型号、规格及数量；并应具有产品合格证、安装作业指导书，运行维护说明书和其他相关技术文件。

（2）安装前需要进行检测、试验的重要或关键设备及部件，应由承包人报请监理人会同供货商代表，按照供货商技术文件和相关规范的要求进行检测、试验，并证明该设备、部件的装配特性及其尺寸，以及压力容器等承压设备能满足安装和使用要求后，才可进行安装。其检测、试验结果和安装质量检验记录应提交监理人。

（3）在开箱清点和检查中发现设备丢失或损坏，若是由于承包人接收后保管不善所造成，则应由承包人负责修复或重置，并承担其费用。供货商代表对承包人的修复或重置工作应给予积极协助。修复或重置后的设备质量检验记录应提交监理人，并经监理人和供货商代表共同签字确认合格后，才能进行安装。

### 24.1.11　设备安装和检验记录

承包人完成各单元工程及主要工序安装，经自检合格后，报请监理人会同供货商代表等有关单位，按施工安装图纸、供货商技术文件和相关规范进行检查、试验和验收。承包人应按批准的格式及内容做好记录，并提交监理人，经各参检方共同签字后作为机组启动试运行前的验收资料。

### 24.1.12　安装工器具

按合同约定，随同机电设备到货的安装工器具，承包人在完成全部机电设备安装和试运行，并经发包人（监理人）验收合格后，在机电设备投运移交时，应将全部安装工器具移交发包人。如有丢失或损坏，承包人应负责修复或赔偿。

### 24.1.13　机电设备的缺陷处理

（1）承包人在安装过程中发现设备存在缺陷，应及时以书面形式通知监理人和供货商代表，并由发包人（监理人）组织承包人和供货商代表共同进行复查，经共同复查确认设备缺陷属于制造原因，应由供货商负责修复。

（2）在安装过程中发现的机电设备制造缺陷，凡能在现场修复的，在保证安装进度计划的前提下，承包人应配合供货商代表共同制订修复措施。修复工作由供货商自行负责，或委托承包人承担，并由供货商承担全部修复费用。监理人与承包人需为供货商人员的修复工作提供必要的协助。

（3）缺陷修复后，承包人应协助供货商代表编写"设备缺陷检查和修复报告"，经承包人、监理人和供货商代表共同签字后作为机电设备质量验收的附件。

## 24.2 一般技术要求

### 24.2.1 安装作业安全

（1）承包人应按本技术条款第 3 章"安全文明施工"的规定，编制一份"机电设备安装工程安全措施文件"，提交监理人批准。其内容包括：

1）机电设备安装作业安全规定。

2）机电设备运输和装卸作业安全措施。

3）重大设备部件吊装作业安全措施。

4）现场用电作业安全措施。

5）机修作业安全措施。

6）现场焊接作业安全措施。

7）高空作业安全措施。

8）涂装作业安全措施。

9）压缩空气作业安全措施。

10）油处理作业安全措施。

11）机动车驾驶安全规定。

12）安全标志和报警指示。

13）安全防护用品使用规定。

14）防火、防爆、防汛安全措施。

15）其他作业安全措施等。

（2）承包人应根据上述作业安全措施文件的内容，编制"机电设备安装人员作业安全手册"提交监理人批准。作业安全手册应发给承包人全体安装作业人员人手一册。全部安装作业人员应经过安全培训和考核合格后才准上岗。

### 24.2.2 计量器具、监测仪表和自动化元件

（1）安装计量器具和检测仪表。

1）承包人在安装过程中所使用的各种计量器具均应具有产品合格证，并应经具备校验资质证书的专业检测单位进行率定和标定。

2）承包人应保证全部计量器具在其有效期内的检测精度等级不应低于被检测对象要求的精度等级。

3）安装过程中，监理人认为有必要时，有权要求承包人对使用的计量器具和检测仪表进行校测复验，发现不合格的器具和仪表应及时更换。

（2）设备监测仪表和自动化元件。设备采用的监测仪表和自动化元件，均应按供货商技术文件及 GB 50131—2007、GB/T 11805—2008 规定，进行检验合格后才能安装使用。承包人应将检验记录及控制、保护整定值提交监理人。

### 24.2.3 预埋件埋设

（1）预埋件埋设的要求按本技术条款第 23 章执行。

（2）由发包人委托其他承包人埋设的机电设备预埋件，在埋设完成后，应由监理人会同承包人和（或）其他承包人共同按隐蔽工程验收程序和施工安装图纸要求进行检查验收，并经有关各方共

同在检查验收合格单上签字，检查验收记录应提交监理人。

### 24.2.4  设备和零部件的现场制作

（1）按合同约定，由承包人在现场制作的容器、保护网、电缆架和支撑杆件等设备和零部件，应由承包人按施工安装图纸和（或）监理人批准的加工图进行制作加工。

（2）承包人现场制作的设备和零部件，应在进行安装或投入使用前，由监理人负责进行检查和验收。承包人应为监理人的检验提交现场制作记录、焊接探伤检验和强度（严密性）耐压试验等有关资料，经监理人检验合格，并在验收单上签字后，才能投入使用。

### 24.2.5  焊接

（1）承包人参加焊接主要机电设备的焊工必须通过焊接工艺考试合格，并持有国家或行业颁发相应的合格证书。当供货合同中规定有特殊焊接要求时，承包人应对焊工进行专项培训与试焊考核，考核合格后才准上岗。

（2）承包人从事焊缝无损检测的人员必须通过焊缝检测考试合格，并持有国家或行业颁发的专业合格证书，才能从事相应的焊缝检测工作。焊缝质量评定应由Ⅱ级或Ⅱ级以上的检测人员担任。

（3）对重要设备和部件的焊接，承包人应按焊接工艺评定后制订的焊接工艺规程进行；对有特殊焊接要求的设备和部件，应按供货商技术文件指定的焊接工艺进行。所有焊缝尺寸及焊接材料应符合供货商技术文件和施工安装图纸的要求。

（4）重要设备和部件的焊接焊缝，承包人应按供货商技术文件的规定进行外观检查和无损检测。焊缝质量经评定合格，并按规定的格式做好焊缝外观检查记录和无损检测报告提交监理人。经监理人、承包人和供货商代表共同签字确认后作为设备安装验收资料。

### 24.2.6  安装偏差

（1）设备基础预埋件或预留孔及埋管的接入和引出管口中心、方位和高程的偏差均应控制在供货商技术文件、施工安装图纸规定的允许范围内。

（2）机电设备的安装偏差，除应遵守供货商技术文件中指定的专用技术标准外，还应符合施工安装图纸的要求。

（3）管道的安装位置、高程、水平度、垂直度、管间距离、弯曲半径等的安装偏差，均应控制在施工安装图纸和供货商技术文件规定的范围内。阀门、法兰、管件，以及各种管架等的安装偏差应控制在施工安装图纸和 GB/T 8564—2003 第 12 章、GB 50242—2002 规定的范围内。

（4）所有电气盘柜、电缆桥架和支吊架等安装固定的允许偏差，均应满足施工安装图纸和设备安装图纸以及相关的安装验收规范的要求。

### 24.2.7  机电设备的安装、试验

所有机电设备均应按施工安装图纸、供货商技术文件和相关规范的规定进行安装。其中主要机电设备的安装、试验应在供货商代表的指导下进行。承包人在完成每项机电设备的安装、试验后，应按批准的格式和内容编写项目安装试验报告提交监理人。

### 24.2.8  容器、管道及其附件的耐压试验与渗漏试验

（1）由承包人在现场制作的承压设备及连接件，应按 GB/T 8564—2003 第 4.11 节的规定进行强度耐压试验；由承包人在现场制作的无压容器，应按 GB/T 8564—2003 第 4.12 节的规定进行煤油渗

漏试验。

（2）由供货商提供的承压设备及连接件；工作压力在 <u>1MPa</u> 及以上的阀门和 <u>1MPa</u> 以下的重要部位的阀门；埋设的压力管道及管件，在混凝土浇筑前，承包人应按 GB/T 8564—2003 第 4.11 节的规定进行严密性耐压试验。

（3）建筑给排水系统和消防系统的耐压试验与渗漏试验应遵守 GB 50242—2002、GB 50268—2008 的有关规定。

（4）试验结束后，承包人应将试验记录提交监理人，经监理人检查验收合格，并在验收单上签字后，才能进行安装。

### 24.2.9　涂装

（1）承包人接收机电设备时，应会同供货商代表对按合同约定在设备表面涂装的保护层质量进行全面检查，若发现有损伤部位应要求供货商负责补涂，或由供货商提供相同的涂装材料由承包人进行补涂。

（2）按合同约定，由承包人负责涂装的机电设备和装置、盘柜与水、气、油等各种管路、管件、支吊架等，均应按施工安装图纸和相应的规范要求进行涂装。其设备与装置性材料表层的除锈等级、防腐要求、涂料材质及涂层厚度等应符合施工安装图纸和供货商技术文件的要求。涂装完成后，应由承包人提交监理人进行检查和验收。

（3）除安全操作规程和国家标准对涂装颜色有特殊规定外，其他各项设备和装置的涂装颜色应与其电站厂房和设备房间的建筑装饰相协调，并符合设备及附件的标识要求。对电站厂房和设备房间有建筑装饰要求的，承包人应按监理人批准的涂装颜色进行设备的涂装。

（4）机电设备和装置的现场涂装作业应由经现场考核合格的涂装工进行。

（5）现场涂装的涂层外观应均匀、无气泡、无皱纹，无流挂，色泽应一致。

### 24.2.10　运行标识

全部机电设备安装完毕后，承包人应协助发包人完成全厂机电设备的运行标识的安装工作。运行标识的主要内容包括：

（1）设备安全标识。

（2）设备操作指示。

（3）管道识别标示。

（4）管道介质流向标示。

（5）消防安全标识。

（6）人身安全警示。

（7）通行安全指示。

（8）发包人要求提供的其他标识。

## 24.3　水轮发电机组及其附属设备的安装

本节适用于混流式、轴流式水轮发电机组和可逆混流式抽水蓄能机组，其他型式的机组可参照执行。

### 24.3.1　水轮机

（1）埋入部件。

1）埋入部件安装应定位准确；基础板、楔子板、基础螺栓、锚钩、锚杆、千斤顶、拉紧器等应加固牢靠。

2）埋入部件与混凝土结合的外表面应无污染和严重锈蚀、埋入部件的过流面焊缝应磨光，过流表面的粗糙度应遵守 GB/T 10969—1996 的规定，埋入部件与混凝土连接的过流表面应平滑过渡。

3）尾水管里衬、尾水管中墩鼻端、转轮室、基础环、座环、底环（泄流环）及机坑里衬等埋入部件的安装程序、工艺要求和允许偏差应遵守供货商技术文件及 GB/T 8564—2003 第 5.1 节和 DL/T 5037—1994 的规定。

4）分瓣结构的转轮室、基础环、座环、底环（泄流环）应按供货商技术文件及 GB/T 8564—2003 的规定进行组合及安装。

5）座环和金属蜗壳的现场组装、焊接、焊缝检测及消应处理，应遵守供货商技术文件及 GB/T 8564—2003 第 5.1.3～5.1.9 条、DL/T 5070—1997 的规定。

6）混凝土蜗壳的钢衬需经煤油渗漏试验检查，焊缝应无贯穿性裂纹。

7）按合同约定，由承包人负责完成的蜗壳水压试验，承包人应按供货商技术文件、施工安装图纸及 GB/T 8564—2003 第 5.1.10～5.1.12 条的要求，制定"蜗壳水压实施方案及工艺措施" 提交监理人批准。蜗壳水压试验内容包括：① 蜗壳水压试验应具备的工程面貌；② 试验现场总布置；③ 试验设备和监测仪表的安装；④ 试验程序、测试项目及记录图表格式；⑤ 蜗壳充水和压力试验的程序和方法；⑥ 蜗壳保压条件下，浇筑混凝土的方法；⑦ 试验计划和人员组织安排；⑧ 安全保证措施等。

8）按合同约定，由承包人负责完成蜗壳上游延伸段（无进水阀）或进水阀上游延伸段与压力钢管凑合节焊接时应考虑焊缝的收缩量，严格控制焊接变形，以保证其连接面的垂直度及同轴度。焊接后的焊缝应供货商技术文件及 GB/T 8564—2003 第 5.1.9 条的要求进行，检查记录和探伤报告应提交监理人。

9）上述埋入部件被混凝土覆盖前，承包人应报请监理人会同供货商代表进行联合检查验收，并按规定的格式做好检验记录。经各方签字确认合格后，承包人应按本技术条款第 15 章的有关规定浇筑二期混凝土，并作混凝土取样试验和记录，试验成果记录应提交监理人。

（2）转轮。

1）按合同约定，由承包人应按供货商技术文件及 GB/T 8564—2003 第 5.2 节、DL/T 5071—1997 进行分瓣转轮的焊接、焊缝检测、消应处理、磨光及止漏环的组装。组装完成后进行转轮静平衡试验。

2）转桨式转轮组装与试验工艺均应遵守供货商技术文件及 GB/T 8564—2003 第 5.2 节、DL/T 5036—1994 的规定。

（3）导水机构的预装。

1）混流式水轮机导水机构的预装，应以下固定止漏环的中心作为机组基准中心，下固定止漏环应根据座环镗口圆度给出的中心测点进行安装。轴流式水轮机应以转轮室中心作为机组基准中心。

2）混流式水轮机（水泵水轮机）的安装，应在水轮机底环（泄流环）、顶盖及导叶预装和调整后检测各固定止漏环的同轴度和圆度；轴流式水轮机应检测密封座和轴承座法兰止口的同轴度、底环上平面的水平度和导叶轴套孔的同轴度。导叶上、下端面间隙应均匀一致，其总间隙最大不超过供货商提供的设计值，并应考虑承载后顶盖的变形值。

3）预装后再安装或不预装而直接安装的导水机构，其安装程序、工艺要求和允许偏差均应遵守供货商技术文件及 GB/T 8564—2003 第 5.3.1～5.3.3 条的规定。

4）导叶接力器（含单导叶接力器）的严密性耐压试验、接力器安装水平偏差、接力器的活塞移动平稳灵活性、活塞行程偏差和压紧行程值，以及导叶止推环轴向间隙值、导叶转动灵活性、导叶最大开度、导叶立面和端面间隙值，均应遵守供货商技术文件及 GB/T 8564—2003 第 5.5.1～5.5.4

条的规定。装有导叶分段关闭装置的导叶接力器，其关闭规律、分段关闭时间及拐点位置等应遵守供货商技术文件和施工安装图纸的规定；装有导叶不同步预开启装置的单导叶接力器，其预开启导叶的数目、位置和预开启角度及不同步预开启装置自动投入和退出的条件等，均应遵守供货商技术文件和机组启动程序的规定。

5）设有圆筒阀的水轮机，应将圆筒阀与导水机构一起进行预装。圆筒阀筒体的组装、焊接及其焊缝无损检测等安装工艺应遵守供货商技术文件及 GB/T 8564—2003 第 5.3.5 条的规定。

（4）转动部件。水轮机转动部件吊入机坑前，承包人应会同监理人和供货商代表共同对主轴和转轮吊入机坑的临时放置高程、主轴与转轮连接螺栓的伸长量、转轮中心和主轴的垂直度、转轮安装的最终高程、各止漏环间隙或叶片与转轮室等转动部分的间隙、受油器和操作油管的安装（包括桥机、吊具的起重条件）等安装技术数据进行全面检查验收，确认水轮机转动部件具备吊装条件后才能将其吊入机坑就位安装。转动部件的就位安装应遵守供货商技术文件及 GB/T 8564—2003 第 5.4 节的规定。

（5）水导轴承、主轴密封及其他附件。

1）水轮机的水导轴承及其外循环油冷却系统设备、主轴工作密封和检修密封、顶盖排水设备和机坑内管路、管件及自动化元件的安装程序和工艺要求应遵守供货商技术文件及 GB/T 8564—2003 第 5.6 节的规定。

2）水轮机机坑内的环行电动葫芦、通道盖板、支架及扶梯、蜗壳及尾水管的排水阀及管道和补气、排气装置及管道等附件的安装工艺应遵守供货商安装技术文件及 GB/T 8564—2003 第 5.7 节的规定。

（6）检查、试验和验收。（水泵）水轮机安装完毕后，应按施工安装图纸、供货商技术文件及 GB/T 8564—2003 附录 A.2、GB/T 11805—2008、DL/T 5071—1997、DL/T 5070—1997、DL/T 5037—1994、DL/T 5036—1994 等规定，并按本章第 24.1.11 条要求，进行检查、试验和验收。

### 24.3.2　发电机

（1）机架组装。

1）焊接式机架或分瓣式承重机架组装时，应检查其中心体与支臂组装焊缝的外观质量检查和无损探伤，还应检查其上组合面的水平度或推力轴承安装面的平面度等组装尺寸。检查结果应遵守供货商技术文件及 GB/T 8564—2003 第 9.1.2、9.1.3 条的规定。

2）在确定承重机架推力轴瓦的安装面高程时，应考虑供货商提供的承重机架荷载运行时的挠度设计值和弹性推力轴承的压缩量。

3）上下机架基础预埋件安装高程与方位应符合施工安装图纸和供货商技术文件的要求。

（2）推力轴瓦检查与研刮。

1）在推力轴承安装前，应对推力轴瓦和镜板工作面进行检查。推力轴瓦瓦面应无裂纹、夹渣及密集气孔等缺陷。轴瓦的瓦面材料与金属底坯的局部脱壳面积累计不应超过瓦面总面积的 5%。监理人认为有必要时，可采用超声波探伤进行检查。

2）镜板工作面应无伤痕和锈蚀，其粗糙度和硬度应符合供货商安装技术文件的要求。监理人认为有必要时，还应按供货商技术文件检查两平面的平行度和工作面的平面度。

3）供货商技术文件明确由承包人在现场研刮的推力轴瓦，应遵守供货商技术文件及 GB/T 8564—2003 第 9.2.3 条的规定。

（3）定子装配。

1）对供货商在工厂内完成叠片的分瓣定子组装部分，承包人应检查机座组合缝、铁芯合缝处及定子机座与其基础板组合面的间隙。铁芯合缝处线槽宽度及其槽底部的径向错牙及定子圆度，均应遵守供货商技术文件及 GB/T 8564—2003 第 9.3.1 和 9.3.2 条的规定。

2）现场叠片的定子机座组装、调整和焊接、定位筋安装、焊接和下齿压板安装、铁芯叠片、压紧和磁化试验，以及上齿压板安装等安装程序和工艺应遵守供货商技术文件及 GB/T 8564—2003 第 9.3.3～9.3.9 条的规定。

3）定子铁芯组装后，承包人应检查铁芯圆度和高度、铁芯上端槽口波浪度以及线槽的宽度和深度，检查结果均应遵守供货商技术文件及 GB/T 8564—2003 第 9.3.10 条的规定。

4）定子线圈或线棒嵌装前与嵌装后，承包人应按供货商技术文件及 GB/T 8564—2003 第 14.1～14.3 节的规定进行相关项目的电气试验。

5）定子线圈或线棒接头焊接的加热方法与焊接工艺和接头绝缘的包扎工艺，以及汇流母线安装应遵守供货商技术文件及 GB/T 8564—2003 第 9.3.15～9.3.17 条的规定。

6）定子基础预埋件的安装高程和方位应符合施工安装图纸和供货商技术文件的要求。

7）定子装配完成后吊入机坑前，承包人应会同监理人和供货商代表共同对定子的中心、安装方位、铁芯水平中心高程、机座混凝土基础承载条件、基础安装面高程和基础螺栓连接（包括桥式起重机、吊具的起重条件）以及电气试验结果等进行全面检查验收，确认具备定子吊装条件后，才能将其吊入机坑就位安装。

（4）转子装配。

1）在现场进行转子轮毂与主轴热套作业时，承包人应检查轮毂与主轴热套的配合尺寸、轮毂的膨胀量和水平度以及主轴的垂直度，采用的加热方法和套装工艺均应遵守供货商技术文件及 GB/T 8564—2003 第 9.4.1 条的规定。

2）转子中心体与其圆盘式扇形支架或轮臂的组装支撑、安装与焊接工艺、焊缝的外观质量和无损探伤、轮臂或立筋板外缘圆度或外平面的垂直度和挂装高程以及制动环板连接面的平面度等安装程序和允许偏差均应遵守供货商技术文件及 GB/T 8564—2003 第 9.4.2～9.4.5 条的规定。

3）磁轭冲片叠装前，承包人应对其和通风槽片进行检查，两者表面均应平整；无毛刺、油污、锈蚀。如制造厂内未对磁轭冲片按质量分组时，按合同约定，承包人应进行过秤、分组、测量厚度，计算及列出磁轭堆积配重表，其中通风槽片也应参加配重，并应遵守供货商技术文件及 GB/T 8564—2003 第 9.4.6 条的规定。

4）磁轭冲片的叠装、压紧、磁轭的叠压系数、通风沟槽的位置尺寸、磁轭压板配置、径向磁轭键和多种组合键安装、磁轭与磁极接触面检查、磁轭圆度和圆周方向的平均高度检测，以及磁轭下部的制动闸板径向水平和波浪度调整等安装程序、工艺要求与允许偏差应遵守供货商技术文件及 GB/T 8564—2003 第 9.4.7～9.4.10 条的规定。其中径向磁轭键热打键的紧量和冷打键产生的相对位移值必须遵守供货商技术文件的要求，以保证转子的整体紧固性。

5）磁极挂装前检查磁极的编号、极性和装配质量、挂装顺序、磁极挂装不平衡质量偏差、磁极中心挂装高程偏差、磁极键打紧及其挡块焊接；磁极挂装前、后的电气检查和试验；磁极挂装后转子圆度和转子的整体偏心值检查；磁极接头连接与接头绝缘包扎、励磁引线排列固定；阻尼环接头连接及其对接地导体之间的安全距离；风扇安装紧固以及转子整体清扫和喷漆等工艺要求、允许偏差以及转子吊入机坑前的检查试验项目等应遵守供货商技术文件及 GB/T 8564—2003 第 9.4.11～9.4.17 条及第 14.4、14.5 节的规定。

6）在转子装配完成后吊入定子前，承包人应会同监理人和供货商代表共同对下机架承载条件、制动器顶面高程、定子中心和高程定位、保护定子铁芯绕组的准备工作（包括桥式起重机、吊具的起重条件）以及电气试验结果等进行全面检查验收。确认具备转子吊装条件后，才能吊入定子内就位安装。并还应在转子吊起时和吊入定子前，在磁轭下部检查和测量转子的挠度值。承包人应做好检查验收记录提交监理人。

（5）总体安装。

1）机架安装定位的中心、高程、方位及水平度应符合供货商技术文件和 GB/T 8564—2003 第 9.5.1 条的规定。

2）定子安装方位应与发电（电动）机主引出线和中性点引出线方位相符合。定子中心按（水泵）水轮机实测合格的中心线对中找正或定子安装高程按（水泵）水轮机主轴法兰连接面高程及与相连接各部件的实测尺寸核定，并应使定子铁芯平均中心高程与转子磁极平均中心高程相一致。定子中心和安装高程的偏差值应控制在供货商技术文件和 GB/T 8564—2003 第 9.5.3 条规定的允许范围内。

3）转子安装高程应与定子相一致。转子中心调整：如定子中心已按（水泵）水轮机实测合格的中心线对中找正时，则转子吊入后宜按空气间隙调整中心；如定子按转子中心对中找正，则转子中心应按检测合格的（水泵）水轮机主轴对中找正，检查两法兰面的中心偏差及其平行度，并校核发电（电动）机大轴的垂直度或转子中心体上法兰面的水平。转子其中心和安装高程的偏差值应控制在供货商技术文件及 GB/T 8564—2003 第 9.5.4 条的允许范围内。

4）推力头安装前应调整镜板的高程和水平。其高程应考虑承重机架荷载运行时的挠度设计值和弹性推力轴承的压缩量；在推力瓦面不涂润滑油的条件下检测其水平偏差。

5）在现场进行推力头热套作业时，其采用的加热温度和套装工艺以及推力头与大轴连接螺栓的预紧力等安装工艺和允许偏差均应遵守供货商技术文件及 GB/T 8564—2003 第 9.5.5 条的规定。

6）推力轴承安装，应在推力轴承油槽清理干净后进行。推力轴瓦调整应在大轴处于垂直、镜板的高程和水平调整合格，以及转子和转轮均处于中心位置时进行。

7）对于各种结构型式的推力轴承轴瓦的调整方法及其控制值，以及最终调整定位后的推力轴瓦的压板和挡板与瓦的轴向、切向间隙、推力轴瓦与镜板的径向相对位置、液压轴承的钢套与油箱底盘的轴向间隙值等，均应遵守供货商技术文件及 GB/T 8564—2003 第 9.5.6 条的规定。

8）当推力轴承采用刚性支撑结构，盘车检查调整机组轴线时，应在轴线调整完毕后，检查机组各部位的允许双振幅摆度值；当推力轴承采用弹性油箱支撑结构，盘车检查调整机组轴线时，应在轴线调整合格后，检查推力轴承镜板边缘处的允许轴向摆度（端面跳动）值等。机组轴线各部位的允许偏差均应控制在供货商技术文件及 GB/T 8564—2003 第 9.5.7 条规定的允许范围内。

9）发电（电动）机导轴承及其油槽、推力轴承的高压油顶起装置和外循环油冷却系统装置、悬吊式机组推力轴承各部位或部件的绝缘电阻测试、制动器及其管路系统、空气冷却器及其管路系统、测温装置和集电环、上部罩等部件及附件的安装程序和工艺要求，均应遵守供货商技术文件及 GB/T 8564—2003 第 9.5.2、9.5.8～9.5.15 条的规定。

10）发电机主引出线和中性点引出线与相关设备的连接应符合施工安装图纸、供货商技术文件的要求及 GBJ 149—1990 的规定。

（6）检查、试验和验收。发电（电动）机安装完毕后，应按施工安装图纸、供货商技术文件及 GB/T 8564—2003 附录 A.2 及第 14 章、GB 50150—2006、GB 11805—2008 等规定，并按本章第 24.1.11 条要求，进行检查、试验和验收。

### 24.3.3　调速器及其操作系统

（1）调速器及其操作系统设备的安装应遵守 GB/T 8564—2003 第 8.1～8.2 节的规定。

（2）调速系统压力管路的制作、冲洗、安装和试验，除按施工安装图纸和供货商技术文件规定执行外，还应遵守 GB/T 8564—2003 第 12 章的规定。

（3）调速系统用透平油牌号和各项指标应符合供货商技术文件和 GB 11120—1989 规定。

（4）检查、试验和验收。在调速系统设备安装完毕后，应按施工安装图纸、供货商技术文件及 GB/T 8564—2003 第 8.1、8.3、8.4 节、DL/T 496—2001、GB/T 11805—2008、GB 50150—2006、GB/T 9652.2—1997 等规定，并按本章第 24.1.11 条要求，进行各项检查、试验和验收。

### 24.3.4　进水阀及其操作系统

（1）进水阀安装位置的偏差，应遵守 GB/T 8564—2003 第 13.1.4 和 13.2.3 条的规定。

（2）按合同约定，由承包人负责进水阀（或蜗壳）上游延伸段与压力钢管凑合节的焊接工作，其焊接要求详见第 24.3.1 条的规定。

（3）进水阀压力管道的制作、冲洗、安装和试验，除应按供货商安装技术文件的规定执行外，还应遵守 GB/T 8564—2003 第 12 章的规定。

（4）预埋管道通过沉降缝或伸缩缝时，必须按施工安装图纸要求作过缝处理。

（5）进水阀操作系统用透平油牌号和各项指标应符合供货商技术文件和 GB 11120—1989 规定。

（6）进水阀、旁通管路及其阀门、管件、承压元件等应按电站进水阀设计压力作严密性耐压试验、空气阀止水面应作密封试验。上述试验记录应提交监理人。

（7）检查、试验和验收。进水阀及其操作系统安装完毕后，应按施工安装图纸、GB/T 8564—2003 第 13 章及 GB 50150—2006 等规定，并按本章第 24.1.11 条要求，进行检查、试验和验收。

### 24.3.5　励磁系统

（1）励磁系统的安装，除应按供货商技术文件的规定执行外，还应符合 GB/T 8564—2003、DL 490—1992 和施工安装图纸的要求。

（2）励磁系统电缆敷设及盘内配线，应符合施工安装图纸及 GB 50168—2006、GB 50171—1992 的要求。

（3）检查、试验和验收。励磁系统安装完毕后，应按施工安装图纸、供货商技术文件及 GB/T 7409.3—2007、GB/T 8564—2003 附录 A.2、DL/T 583—2006、DL/T 489—2006、DL/T 1013—2006、GB 50171—1992 等规定，并按本章第 24.1.11 条要求，进行检查、试验和验收。

### 24.3.6　静止变频启动装置（SFC）及启动回路设备

（1）变频启动装置。

1）变频启动装置柜应按供货商技术文件进行安装，安装时注意组柜吊装、安装就位的平整度和调试、检修空间。

2）输入变压器、输出变压器安装参照主变压器的安装技术要求；输入断路器、输出断路器安装参照厂用电开关柜的安装技术要求；敞开式输入电抗器、输出电抗器安装应满足对周围建筑物和设备的电磁感应限制的要求。

（2）启动回路设备。启动回路封闭母线安装参照主回路封闭母线的安装技术要求；启动回路隔离开关、接地开关安装参照主回路隔离开关和接地开关的安装技术要求。

（3）检查、试验和验收。变频启动装置及启动回路设备安装完毕后，按供货商技术文件及相关规范规定，并按本章第 24.1.11 条要求，进行检查、试验和验收。

## 24.4　水力机械辅助设备系统安装

（1）水力机械辅助设备系统包括技术供水系统、排水系统、全厂压缩空气系统、透平油系统、绝缘油系统、电站水力监视测量系统、抽水蓄能电站上库水泵充水系统等。

（2）承包人应协助监理人按第24.2.3条的规定，对即将被隐蔽的各项埋设管路、埋件及基础进行检查、试验和验收，经检查确认试验合格，并经有关各方共同在检查验收单上签字后，才能进行覆盖。

（3）由承包人在现场配置的各种容器、管道和管件，设备基础等必须严格按施工安装图纸的要求进行配料及制作加工。其制作、焊接、内壁处理、安装、试验和防腐等要求应符合施工安装图纸和 GB 50235—1997、GB 50236—1998、GB/T 8564—2003 第 4、12 章的要求；仪表管道的安装还应遵守 GB 50131—2007 的规定。

（4）辅助设备各系统所有设备的安装应遵守施工安装图纸、供货商技术文件及相关规范的规定。

（5）油、气系统及有特殊要求水系统的钢管对口焊接时，应采用氩弧焊封底，电弧焊盖面的焊接工艺；管道外径 $D \leqslant 50mm$ 的对口焊接宜采用全氩弧焊。

（6）预埋管道通过沉降缝或伸缩缝时，必须按施工图纸要求做过缝处理。

（7）设备与电动机联轴器的径向位移、端面间隙、轴线倾斜等均应符合供货商技术文件及 GB 50275—1998、GB 50231—1998 的规定。

（8）各项辅助设备电气装置的安装应遵守 GB 50254—1996 的规定。

（9）机组轴承与调速系统、进水阀使用的透平油，以及主变压器等电气设备使用的绝缘油应按供货商技术文件核对牌号。透平油的各项质量指标应遵守 GB 11120—1989 的规定；绝缘油的各项质量指标及对混合油的要求应遵守 GB 50150—2006 第 19.0.1～19.0.3 条的规定。

（10）油系统安装完毕后，应做好设备测试前的滤油、验油和充油工作，保证透平油与绝缘油的充油质量满足 GB 11120—1989、GB 2536—1990 和 GB 50150—2006 的要求。

（11）检查、试验和验收。

1）辅助设备各系统的所有设备及其监测装置应按施工安装图纸、供货商技术文件及 GB 50275—1998、GB 50231—1998、GB 50131—2007、GB 50150—2006 的要求检查、试验合格。

2）各系统安装完毕后应进行试运转，检查系统运行正常，满足施工安装图纸要求，各设备无不良噪声与振动。

3）按本章第 24.1.11 条要求，进行检查、试验和验收。

## 24.5 发电机电压配电设备安装

### 24.5.1 发电机断路器及其附属设备

（1）发电机断路器及其附属设备应按施工安装图纸、供货商技术文件及 GBJ 147—1990、GB 50171—1992 的规定进行安装。

（2）发电机断路器安装前应进行检查所有部位、附件应齐全，无损伤变形及锈蚀。绝缘部件应无裂缝、无剥落或破损，绝缘应良好。

（3）基础及所有组件就位正确、安装牢固、接地可靠。组件按规定编号顺序进行组装，并按供货商技术文件要求选用吊装器具、吊点以及吊装程序。

（4）与封闭母线连接时不应使母线及外壳受到机械应力。

（5）导电接触面无氧化层，清洗干净。电气连接应可靠且接触良好，断路器及其操作机构的联动应正常。

（6）调整后操作机构联合动作的各项参数，应遵守供货商技术文件的规定。

（7）油漆应完整，相色标志正确，接地良好。

（8）检查、试验和验收。发电机断路器安装完成后，按施工安装图纸、供货商技术文件及 GB

50150—2006、GBJ 147—1990、GB 50171—1992 等规定，并按本章第 24.1.11 条要求，进行检查、试验和验收。

**24.5.2　换相开关**

（1）换相开关及其操作设备应按施工安装图纸、供货商技术文件及 GBJ 147—1990 的规定进行安装。

（2）换相开关安装前应进行检查所有部位、附件应齐全，无损伤变形及锈蚀。绝缘部件应无裂缝、无剥落或破损，绝缘应良好。

（3）换相开关组件组装按规定编号顺序进行，并按供货商技术文件要求选用吊装器具、吊点及吊装程序。与封闭母线连接时不应使母线及外壳受到机械应力。

（4）导电接触面无氧化层，电气连接应可靠且接触良好，与操作机构的联动应正常，调整后操作机构的联合动作的各项参数，应遵守供货商技术文件的规定。

（5）检查、试验和验收。

换相开关安装完成后，按施工安装图纸、供货商技术文件及 GB 50150—2006、GBJ 147—1990 等规定，并按本章第 24.1.11 条要求，进行检查、试验和验收。

**24.5.3　发电机主引出线及相关设备**

（1）母线。

1）承包人应按施工安装图纸、供货商技术文件及 GBJ 149—1990、GB/T 8349—2000、GB 50169—2006 的有关规定进行安装。

2）封闭母线应进行外观检查。各段标志（母线编号等标志）应清晰、正确。附件齐全，外壳无变形，内部无损伤，母线无裂纹、夹杂物及变形等缺陷。

3）封闭母线在搬运、安装过程中不得用裸钢丝绳起吊和绑扎，严防任何机械损伤。外壳内和绝缘子必须擦拭干净，外壳内不得有任何遗留物。

4）支座必须安装牢固，母线应严格按照安装分段图、相序、编号、方向和标志正确放置，纵向间隙应分配均匀，母线与外壳的同心度，误差不超过±5mm。

5）封闭母线螺栓连接面应镀银，并不得任意挫磨。所有螺栓应采用力矩扳手紧固，以保证接触面的压力或结合面密封良好。

6）封闭母线外壳和导体的焊接应遵守 GB/T 8349—2000 第 7.10 节的规定。

7）封闭母线的外壳及支持结构的金属部分应可靠接地。

8）整套母线安装完毕后应进行彻底清扫、涂装。

（2）励磁变压器、厂用电变压器及各类组合柜。

1）承包人应按施工安装图纸、供货商技术文件及 GBJ 147—1990、GBJ 148—1990、GB 50171—1992 的有关规定进行。

2）变压器本体及所有附件应齐全，无锈蚀、无损坏，绝缘良好。

3）基础埋件应正确。

4）与封闭母线连接后，不应使母线及外壳受到机械应力。软连接部分不得有折损、表面凹陷及锈蚀。

5）互感器的变比分接头位置和极性应正确。

6）二次接线端子应连接牢固，绝缘良好，标志清晰。

7）接地可靠、良好。

（3）检查、试验和验收。发电机主引出线及相关设备安装完毕后，按供货商技术文件、施工安装图纸及 GBJ 147—1990、GBJ 148—1990、GBJ 149—1990、GB 50171—1992、GB 50169—2006、GB/T 8349—2000、GB 1208—2006、GB 50150—2006 等规定，并按本章第 24.1.11 条要求，进行检查、试验和验收。

## 24.6　电力变压器及其附属设备安装

本节不含现场组装电力变压器。

（1）变压器及其附属设备的安装应按供货商技术文件及以下有关规范规定。

（2）承包人应按 GBJ 148—1990 规定进行变压器安装前的检查。

（3）承包人应按 GBJ 148—1990 第 2.4.1～2.4.5 条要求，对变压器器身进行检查。检查完毕后，必须用合格的变压器油进行冲洗，并清洗油箱底部，不得有遗留杂物。承包人应将检查记录提交监理人。

（4）变压器干燥条件应遵守 GBJ 148—1990 第 2.5 节的规定。

（5）变压器的高压侧与 GIS 高压开关（或架空线）的连接，以及低压侧与母线的连接，应按供货商技术文件对消除相互连接中心线偏差的要求，进行调整至合格为止。本体及附件的就位安装，应满足施工安装图纸及 GBJ 148—1990 第 2.6 节的要求，控制箱的安装应遵守 GB 50171—1992 的规定。

（6）进行变压器绝缘油注油时，应按 GB 50150—2006 规定采用检验合格的绝缘油。对 220kV 及以上的变压器应进行真空处理后才能进行真空注油。真空注油工作不应在雨天或雾天进行。

（7）承包人应按 GBJ 148—1990 第 2.8.1～2.8.3 条的规定，进行热油循环、补油。注油完毕后，在施加电压前，应符合对不同电压等级的变压器进行静置的规定。

（8）变压器安装完毕后，对变压器需进行整体密封试验，其试验值和承压时间应按供货商技术文件规定。变压器及附件应无渗漏。

（9）变压器中性点设备安装应遵守供货商技术文件、施工安装图纸及 GBJ 147—1990 的规定。

（10）变压器轨道及埋件安装应遵守施工安装图纸及 GB 50278—1998 及本章第 24.14.1 条的规定。

（11）检查、检验和验收。变压器及其附属设备安装完毕后，应按施工安装图纸、供货商技术文件及 GBJ 148—1990、GB 50150—2006、GB 50169—2006、GB 50171—1992 规定，并按本章第 24.1.11 条要求，进行检查、试验和验收。

## 24.7　开关站及其进（出）线设备安装

### 24.7.1　气体绝缘金属封闭开关设备（GIS）

（1）设备基础或预埋垫板的定位尺寸、高程及水平误差应满足供货商技术文件和施工安装图纸的要求并安装牢固。安装场地应有防潮、防尘措施。

（2）断路器导电接触面需清洗干净，应无氧化层。电气连接应可靠且接触良好，断路器及其操作机构的联动应正常。

（3）调整后断路器操作机构联合动作的各项参数，应遵守供货商技术文件的规定。

（4）GIS 各元件的装配必须按供货商技术文件规定的图样、编号和程序进行。编号不得混淆，接线与图样相符。

1）所有管接头的密封应良好。

2）机械闭锁及电气闭锁和联锁应按供货商技术文件的要求进行多次试验，以保证其使用功能的准确性，每次试验均应做好记录。

3）承包人应按供货商技术文件的要求，检查加热器、照明、$SF_6$ 气体检查装置及调节设备等辅助设备使用功能应准确，并做好记录。

4）$SF_6$ 气体的管理和充注应严格遵循供货商技术文件和 GBJ 147—1990 第 5.3 节的要求进行。气体应作含水量检验，有条件时应进行抽样作全分析，并向监理人提交检验和分析报告。

5）各间隔的接地连线应清晰可见，连接牢固，GIS 的接地装置与接地网的连接应牢固、可靠。

（5）检查、试验和验收。GIS 安装完毕后，按施工安装图纸、供货商技术文件及 GB 11023—1989、GBJ 147—1990、GB 50150—2006、DL/T 555—2004、DL/T 618—1997 等规定，并按本章第 24.1.11 条要求，进行检查、试验和验收。

### 24.7.2　气体绝缘输电管道母线（GIL）

（1）法兰连接结构 GIL 安装。

1）设备安装应符合施工安装图纸、供货商技术文件及 GBJ 147—1990、GBJ 149—1990、GB 50150—2006、GB 50169—2006、GB/T 8905—1996、DL/T 978—2005 的规定。

2）GIL 基础/支架的安装，应就位正确、固定牢固。

3）严格按照供货商技术文件、施工安装图纸进行就位和组装，检查并清洁整个管道内壁完成后，在导体触头上和 O 型密封圈涂润滑脂。

4）在法兰对角孔上，将导向杆，插入对接，紧固螺栓到预定力矩。随后，安装基础座上的导向限制块或固定支座的固定螺栓。

5）完成一个完整气隔段安装后，抽真空并充 $SF_6$ 气体，并检测泄漏。

6）GIL 外壳接地方式采用全连式多点接地。短路排与明敷地面接地铜排采用铜铝过渡方式相连，接地铜排与全厂接地网相接。短路排处及所有钢支撑座均可靠接地。

7）未在工厂进行试验的压力释放阀，到现场后应进行试验与调整。

8）GIL 与其他相关设备的接口部位应按规定作好防护措施。

（2）焊接连接结构 GIL 安装。现场对口焊接由供货商代表负责，承包人应参与配合，并进行以下辅助工作：

1）埋设在混凝土内的 GIL 设备基础埋件。

2）安装 GIL 专用接地铜母线、该铜母线与电站接地系统的连接。

3）现地信号汇接箱与电站计算机监控系统连接。

（3）检查、试验和验收。GIL 安装完毕后，按供货商技术文件及 GB 11023—1989、GB 50150—2006、DL/T 555—2004、DL/T 618—1997、DL/T 978—2005 等规定，并按本章第 24.1.11 条要求，进行检查、试验和验收。

### 24.7.3　高压电缆

（1）电缆托、支架的安装，电缆敷设及电缆终端安装应满足施工安装图纸和供货商技术文件要求，并遵守 GB 50168—2006 规定。

（2）电缆支架的安装应固定牢固、无显著变形，全长应有良好的接地。

（3）电缆敷设和配线应满足施工安装图纸及 GB 50168—2006 第 5 章的规定。当采用机械敷设电缆时，应控制电缆承受的拉力、敷设速度不超过供货商技术文件及 GB 50168—2006 第 5.1 节的规定。

（4）在复杂的条件下用机构敷设大截面电缆时，应进行施工组织设计，确定敷设方法、线盘架设位置、电缆牵引方向，校核牵引力和侧压力，配备敷设人员和机具。

（5）电缆终端安装应符合供货商技术文件及 GB 50168—2006 第 6.2 节的要求，电缆终端、接头均不应有渗漏。

（6）检查、试验和验收。高压电缆全部安装完成后，承包人应按施工安装图纸、供货商技术文件及 GB 50168—2006、GB 50150—2006 的规定及本章第 24.1.11 条要求进行检查、试验和验收。

### 24.7.4　敞开式电气设备

（1）断路器。

1）断路器及其操作机构应按施工安装图纸、供货商技术文件和 GBJ 147—1990 规定进行安装。

2）断路器导电接触面需清洗干净，应无氧化层。电气连接应可靠且接触良好，断路器及其操作机构的联动应正常。

3）调整后断路器操作机构联合动作的各项参数，应符合供货商技术文件及相关规范的规定。

（2）隔离开关。

1）隔离开关及其操作设备应按施工安装图纸、供货商技术文件及和 GBJ 147—1990 规定进行安装。

2）隔离开关的组装，隔离开关的相间距离的误差、支柱绝缘子垂直度、传动装置的安装与调整应符合供货商技术文件及 GBJ 147—1990 的规定，相间连杆应在同一水平线上。

3）安装完成后，隔离开关触头应接触紧密良好，合闸时三相不同期值应符合产品的技术规定，相间距离及分闸时触头打开角度和距离应符合产品的技术规定。

4）操动机构、传动装置、辅助开关及闭锁装置应安装牢固，动作灵活可靠，位置指示正确，无渗漏。隔离开关触头及操动机构的金属传动部件应有防锈措施。

（3）电容式电压互感器。

1）互感器应按施工安装图纸、供货商技术文件及 GBJ 148—1990 规定进行安装。

2）互感器必须根据产品成套供应的组件编号进行安装。各组件连接接触面应无氧化层，并涂以电力复合脂。

3）起吊分压电容器及电磁单元时，必须利用电磁单元油箱上的吊耳起吊。互感器与基础紧固，应注意防止电容分压器各单元之间，因螺栓局部过紧造成底盖变形，引起绝缘油渗漏。互感器整体倾斜度不得大于高度的 2‰。

（4）避雷器。

1）避雷器应按施工安装图纸、供货商技术文件及 GBJ 147—1990 规定进行安装。

2）避雷器各元件分件，组装编号；避雷器垂直度应与供货商技术文件相符。

3）每台避雷器的支撑绝缘子应受力均匀，并注意放好绝缘套及绝缘垫。

4）避雷器各连接处接触面去除氧化膜，涂敷电力复合脂，接触良好。

5）均压环安装应水平。

6）放电记录器密封良好，运作可靠，安装位置一致。

（5）软导线安装。

1）软导线安装长度采用麻绳实际量取，其弧垂度允许偏差小于 10%，并符合室外配电装置的电气安全距离要求。

2）导线与线夹采用液压压接，压接前先清洗线夹内表面。软导线穿管部分用钢丝刷清理干净氧化层，用清洗剂清洗后涂敷电力复合脂。

3）插入线夹铝管内的铝导线，注意线夹方向及加工面和导线的弯曲方向。选择合适的模具进行压接，施压时相邻两模应重叠 5mm。首次模压后，检查对边尺寸应符合标准，飞边应修平、磨光。

4）导线与设备连接后用 0.05mm 塞尺检查，塞入深度应小于 6mm。

5）导线与设备连接后导线弧垂、弛度要符合施工安装图纸要求。

（6）硬母线安装。

1）母线安装应按施工安装图纸、供货商技术文件及 GBJ 149—1990 规定进行安装。

2）母线的加工制作的对接焊口距母线支持器夹板边缘距离弯曲度应符合供货商技术文件和 GBJ 149—1990 规定。管子切断的管口应平整，且与轴线垂直。坡口应用机械加工，坡口应光滑、均匀、无毛刺。

3）母线在支柱绝缘子上固定时固定金具与支柱绝缘子间的固定应平整牢固，不应使其所支持的母线受到额外应力。固定金具或其他支持金具不应成闭合磁路。

4）管形母线安装在滑动式支持器上时，支持器的轴座与管母线之间应有 1～2mm 的间隙。母线终端应有防晕装置。

5）同相管段轴线应处于一个垂直面上，三相母线管段轴线应互相平行。

（7）检查、试验和验收。敞开式电气设备全部安装完毕后，按施工安装图纸、供货商技术文件及 GB 50150—2006、GBJ 147—1990、GBJ 148—1990、GB 50169—2006、GB 50171—1992 等规定，并按本章第 24.1.11 条要求，进行检查、试验和验收（其中高压、超高压设备耐压及局部试验的试验记录由承包人负责汇总）。

### 24.7.5　高压并联电抗器及其附属设备

（1）电抗器安装应遵守 GBJ 148—1990 规定，并参照本章第 24.6 节的要求.。

（2）检查、试验和验收。电抗器及其附属设备安装完毕后，按供货商安装技术文件、施工安装图纸及 GB 50150—2006、GBJ 148—1990、GB 50169—2006、GB 50171—1992 等规定，并按本章第 24.1.11 条要求，进行检查、试验和验收。

## 24.8　厂用电系统安装

### 24.8.1　厂用电变压器

（1）厂用电变压器的安装应符合供货商技术文件及 GBJ 148—1990 的规定。

（2）检查、试验和验收。厂用电变压器安装完毕后，按供货商技术文件、施工安装图纸及 GBJ 148—1990、GB 50150—2006、GB 50169—2006、GB 50171—1992、GB 1094.11—2007 等规定，并按本章第 24.1.11 条要求，进行检查、试验和验收。

### 24.8.2　柴油发电机组

（1）柴油发电机组的安装应符合供货商技术文件及相关规范的规定。

（2）检查、试验和验收。柴油发电机组安装完毕后，应按供货商技术文件及 GBJ 147—1990、GBJ 148—1990、GBJ 149—1990、GB 50168—2006、GB 50169—2006、GB 50170—2006、GB 50171—1992、GB 50150—2006 等规定，并按本章第 24.1.11 条要求，进行检查、试验和验收。

### 24.8.3　高、低压开关柜

（1）高、低压开关柜的安装应符合供货商技术文件及 GBJ 147—1990、GBJ 149—1990、GB 50169—2006、GB 50171—1992 等规定。

（2）屏、柜及端子箱基础应符合施工安装图纸要求，并与接地网可靠连接。

（3）检查、试验和验收。高、低压开关柜安装完毕后，按施工安装图纸、供货商技术文件及 GBJ 147—1990、GBJ 149—1990、GB 50150—2006、GB 50169—2006、GB 50171—1992 规定，并按本章第 24.1.11 条要求，进行检查、试验和验收。

## 24.9　照明系统安装

（1）照明系统的安装应符合施工安装图纸及 GB 50303—2002 的规定，并应按本章第 24.10 节的要求，确保接地可靠。

（2）照明管路的埋设应符合施工安装图纸要求，埋设位置正确，电缆导管的弯曲半径符合规范要求。金属导管严禁对口熔焊连接、镀锌和壁厚小于等于 2mm 的钢导管不得套管熔焊连接。金属导管按规范规定作防腐处理，所有管口应作保护。

（3）配线前，应进行各回路的绝缘检查，绝缘电阻值应符合现行国家标准的有关规定，并做好记录。电线、电缆的回路标记、编号应清晰、准确。

（4）检查、试验和验收。照明系统安装完毕后，应按供货商技术文件、施工安装图纸及 GB 50303—2002、GB 50259—1996 规定，并按本章第 24.1.11 条要求，进行检查、试验和验收。

## 24.10　接地系统安装

（1）承包人应按施工安装图纸的要求，负责设备接地及其接地装置的敷设、连接，以及接地体、接地连接件制作。

（2）承包人应按施工安装图纸及 GB 50169—2006 对接地的要求，在接地装置埋设部分隐蔽前，会同监理人共同检查所有接地装置的埋设质量，做好中间检查及验收记录。发现质量不合格的，承包人应进行修复，并经监理人确认合格签证后，才能进行后序工作。

（3）承包人应按施工安装图纸要求，完成合同范围内电气设备、设备支架、构架、基础和辅助装置的工作接地、保护接地和防雷接地以及金属结构、金属管路等接地的所有明敷接地线及接地引线的敷设和连接。

（4）承包人完成全部机电设备的接地连接后，应会同监理人按照施工安装图纸的接地要求，对全部设备的接地进行复查验收，并做好复查验收记录。

（5）承包人应负责对已完工的接地系统接地电阻等进行初步测试，如测试值不能满足施工安装图纸要求时，则应报告监理人，并由监理人会同有关方面采取其他措施，直至满足施工安装图纸要求为止。承包人应按监理人的指示，提交"接地系统初步测试报告"。

（6）检查、试验和验收。承包人在完成全厂接地系统施工后，应按照 GB/T 17949.1—2000、DL/T 475—2006、GB 50169—2006 的有关要求对全厂接地系统的接地电阻、接触电位差、跨步电位差以及接地网的连通等进行全面测试，并负责整个接地系统的完善工作，以保证接地系统的安全性和可靠性。承包人应提交"全厂接地系统测试报告"，并按本章第 24.1.11 条要求，进行检查、试验和验收。

## 24.11　控制保护系统安装

### 24.11.1　计算机监控系统

（1）计算机监控系统的安装工作由供货商代表负责指导，由承包人按施工安装图纸和供货商技术文件，进行计算机监控系统设备的安装。安装工作内容包括主计算机及服务器、操作员工作站、模拟屏、网络和通信设备、音响报警和语音自动告警系统设备、工程师/培训站、GPS（卫星同步时钟系统）设备、现地控制单元屏柜、电源柜等，以及与计算机监控系统设备有关的电缆和光缆敷设、电缆接线和光纤熔接等工作。计算机监控系统的安装技术标准，除应遵守国家和计算机行业规定的强制性标准外，还应满足 GB 50171—1992、GB 50168—2006、DL/T 5065—1996、DL/T 578—2008 和施工安装图纸和电站运行的要求。

（2）检查、试验。承包人应在供货商代表的指导下，进行计算机监控系统的外部输入/输出回路正确性验证试验，配合供货商代表共同进行系统的调试、校正和测试等工作。计算机监控系统设备的现场试验应满足 GB 50150—2006、DL/T 822—2002 以及供货商技术文件中规定的试验项目的要求。

### 24.11.2　机组状态监测系统

（1）机组状态监测系统的安装工作由供货商代表负责指导，由承包人按施工安装图纸和供货商技术文件，进行机组状态监测系统设备的安装。其安装工作内容包括各类传感器、数据采集设备和上位机设备等，以及与机组状态监测系统设备有关的电缆和光缆敷设、电缆接线和光纤熔接工作。机组状态监测系统的安装还应遵守 GB 50171—1992、GB 50168—2006 等规定。

（2）检查、试验。机组状态监测系统现场试验由供货商代表负责，承包人应配合供货商代表共同进行系统的调试、调整和测试等工作。现场试验包括数据采集功能测试、应用功能测试、通讯功能测试和系统性能测试等。

### 24.11.3　继电保护和安全自动装置

（1）承包人应按施工安装图纸及供货商技术文件的要求，负责全厂继电保护和安全自动装置屏（柜）的安装、电缆和光缆的敷设、光纤熔接、屏侧电缆接线和相关设备的二次回路接线等工作。继电保护设备和安全自动装置的安装还应遵守 GB 50171—1992、GB 50168—2006、DL/T 478—2001、DL/T 623—1997、DL/T 624—1997 及 DL/T 720—2000 等规定。

（2）检查、试验。

1）承包人在供货商代表的指导下，进行继电保护和安全自动装置输入/输出回路正确性验证试验、绝缘电阻试验、二次回路耐压试验、电流电压互感器伏安特性试验和极性检查等工作。

2）继电保护和安全自动装置本体的现场试验由供货商代表负责，承包人应配合供货商代表共同进行装置测试和调整、定值设定、模拟试验、电流电压试验、单机调试和联调、性能试验等工作。

3）与电力系统有关的线路、母线等继电保护和安全自动装置的调试和整定，以及保护通道试验工作应接受电力系统试验部门监督指导，现场试验由供货商代表负责，承包人应配合供货商代表共同进行现场试验。

4）继电保护及安全自动装置的现场试验尚应满足有关规程规范、供货商技术文件规定的试验项目的要求。

### 24.11.4　直流电源系统

（1）承包人应按供货商技术文件和施工安装图纸及 GB 50171—1992、GB 50168—2006、GB 50172—1992、DL/T 724—2000 的规定，进行直流系统设备的安装工作。安装工作内容包括蓄电池组、充电柜、直流配电屏（柜）等的安装和直流配电系统的电缆敷设和接线工作。

（2）检查、试验。

1）承包人在供货商代表的指导下，进行直流电源设备的外部输入/输出接线正确性验证试验、耐压及绝缘试验。

2）配合供货商代表共同进行系统的调试和现场试验。现场试验项目包括绝缘监察及信号报警试验、蓄电池组容量试验、充电装置稳流精度测量、充电装置稳压精度测量、充电装置纹波系数测量、直流母线连续供电试验、微机控制自动转换程序试验等。

3）直流电源设备的现场试验应满足 DL/T 724—2000、GB 50150—2006 及供货商技术文件规定的试验项目的要求。

### 24.11.5　工业电视系统

（1）承包人应按供货商技术文件、施工安装图纸及 GB 50198—1994 和 GBJ 115—1987 等规定，进行工业电视系统设备安装、电缆和光缆的敷设、电缆接线、光纤熔接等工作。

（2）检查、试验。工业电视系统的现场试验由供货商代表负责，承包人应配合供货商代表共同进行摄像机的单体调试、系统调试、联动控制功能试验、网络功能试验等工作。

### 24.11.6　管理信息系统

（1）管理信息系统的安装在供货商代表指导下，由承包人按施工安装图纸和供货商技术文件，进行管理信息系统设备的安装。其安装工作内容包括数据服务器、Web 服务器、电子邮件服务器、网管工作站、网络交换机、路由器和防火墙等，以及与管理信息系统设备有关的电缆和光缆敷设、电缆接线和光纤熔接工作。管理信息系统的安装还应遵守 GB 50171—1992、GB 50168—2006 等规定。

（2）检查、试验。

1）管理信息系统由承包人配合供货商安装代表共同进行现场试验。

2）操作试验。包括画面显示及修改、数据库数据修改、自诊断核实、与实时系统的数据通信试验。

3）系统的可用性、安全性、完备性、可维护性、系统资源利用率的检测。

4）供货商技术文件中规定的试验项目。

5）其他试验。

### 24.11.7　通风空调监控系统

（1）通风空调监控系统在供货商代表负责指导下，由承包人按施工安装图纸和供货商技术文件，进行通风空调监控系统设备的安装。安装工作内容包括上位机、通风空调现地控制箱（柜）、网络和通信设备、温湿度各类传感器等，以及与通风空调监控系统设备有关的电缆和光缆敷设、电缆接线和光纤熔接工作。通风空调监控系统的安装还应遵守 GB 50171—1992、GB 50168—2006 等规定。

（2）检查和试验。通风空调监控系统的现场试验系由承包人配合供货商代表共同进行系统的调试、调整、校正和测试等。现场试验的工作内容包括数据采集功能测试、应用功能测试、通信功能测试、系统性能测试等。

### 24.11.8　其他二次回路设备

（1）承包人应按供货商技术文件、施工安装图纸及 GB 50171—1992、GB 50168—2006 的规定，进行机组附属设备、机械辅助设备和其他机电设备的配套控制柜、控制箱、测量柜、计量柜、端子箱的安装、电缆敷设和接线工作。

（2）检查、试验。其他二次回路设备的现场试验应满足 GB 50150—2006 等相关标准和规范及供货商技术文件中规定的试验项目。现场试验项目应包括输入/输出正确性验证试验、电源试验、绝缘电阻试验、二次回路耐压试验、电流电压互感器伏安特性试验和极性检查、模拟量零漂和精度检查、连续通电试验等。

### 24.11.9　控制保护系统的联调和验收

在现场试验、系统联调完成后，应按施工安装图纸、供货商技术文件及 GB 50171—1992、GB 50172—1992、GB 50168—2006、DL/T 822—2002、DL/T 724—2000 等规定，并按本章第 24.1.11 条要求进行验收。

## 24.12　通信系统安装

（1）通信设备应由承包人按施工安装图纸、供货商技术文件进行安装。通信设备安装技术标准，除必须遵守国家和通信行业规定的强制性标准外，还应满足电力系统或电信系统的有关部门提出的接入系统要求。承包人应在供货商代表指导下，进行通信设备的安装工作。安装工作包括通信设备机柜、电源柜、配线柜（箱）、电话分线盒、插座和电话机、维护管理工作站等的安装、通信电缆和光缆的敷设、电缆接线、光纤熔接等。

（2）检查、试验和验收。

1）承包人应会同供货商代表共同进行通信设备的现场检查工作，包括设备内部接线检查、现场安装及外部接线检查。

2）通信系统现场试验由承包人配合供货商代表进行系统的调试和测试工作。调试和测试的现场试验项目应符合各设备订货合同及有关标准要求。

3）承包人应会同供货商代表承担与电力系统、电信公网的联合调试工作。联合调试的工作内容包括设备通电试验、系统性能测试、系统功能检查等。

4）现场试验、系统联调完成后，应按施工安装图纸、供货商技术文件及 YD 5077—1998、DL/T 5344—2006、YD 5044—1997、YD/T 5017—2005、YD 5040—2006、YD 5079—2005、GB 50172—1992、GB 50171—1992、GB 50374—2006、GB 50168—2006、GB 50169—2006 等相关标准要求，并按本章第 24.1.11 条要求进行验收。

## 24.13　电缆线路安装

（1）在电缆和光缆敷设工程开始前，承包人应按施工安装图纸和供货商技术文件编制电缆统计清册和敷设路径图，提交监理人。

（2）电缆管及桥架、支架的加工、安装；电缆敷设及电缆终端与接头制作除应满足施工安装图纸和 GB 50168—2006 规定外，还应严格按照供货商技术文件的要求进行。电缆桥架、支架的安装应固定牢固、美观整齐，全长应有良好的接地。

（3）电缆敷设和配线应满足施工安装图纸及 GB 50168—2006 第 5 章的规定。当采用机械敷设电缆时，应控制电缆承受的拉力、敷设速度不超过供货商技术文件和 GB 50168—2006 第 5.1 节的规定。

（4）直埋电缆在直线段每隔 50～100m 处、电缆接头处、转弯处、进入建筑物等处，应设置明显的方位标志或标桩；直埋电缆及电缆埋管在回填前，应经隐蔽工程验收合格，并分层夯实。

（5）电缆终端与接头制作应符合供货商技术文件及 GB 50168—2006 第 6.2 节的要求，电缆终端、接头及充油电缆供油管路均不应有渗漏。

（6）盘、柜安装及电气接线技术要求应遵守 GB 50171—1992 有关规定；导线及电气元件间连接应牢固可靠。

（7）屏蔽电缆的屏蔽层和铠装电缆的屏蔽层，应按施工安装图纸要求的接地点、接地方式进行可靠接地。

（8）布放光缆及光钎熔接应经严密组织并有专人指挥，光钎按供货商规定的工艺方法、采用专用设备进行熔接。光缆布放完毕并检查光钎良好。

（9）检查、试验和验收。电缆全部安装完成后，承包人应按施工安装图纸、供货商技术文件及 GB 50168—2006、GB 50169—2006 的规定，并按本章第 24.1.11 条要求进行检查、试验和验收。

## 24.14 厂内起重机设备安装

### 24.14.1 桥式起重机

（1）桥式起重机安装应遵照供货商技术文件及 GB/T 10183—2005 的有关规定执行。

（2）桥式起重机轨道安装前，应作钢轨外形检查，发现有超值弯曲、扭曲等变形时应进行校正，并经监理人检验合格后才可安装。吊装轨道前，应测量和标定轨道安装基准中心线和安装高程，并核对轨道基础、吊车梁和安装埋件。

（3）轨道安装应符合施工图纸和 GB 50278—1998 第 3 章的要求，轨道必须可靠接地。

（4）轨道两端的车挡应在安装设备起吊前装妥；同跨同端的两车挡与缓冲器应接触良好，有偏差时应进行调整。

（5）按本合同约定，承包人应按施工安装图纸和供货商技术文件进行桥式起重机滑接线支架的加工、防腐处理。滑接线支架的水平标高应定位准确，并与埋件焊接牢固。

（6）桥式起重机的电源、滑接线和滑接器、配线，电气设备及保护装置的安装应按供货商技术文件和 GB 50256—1996 的规定执行。全部电气设备应可靠接地。

（7）桥式起重机安装完毕后，承包人应全面清理各部件的锈蚀脏斑等杂物，并补涂涂装。转动部件重新注入润滑油、脂，并按 GB/T 1231—2006 的规定复核高强度螺栓连接副。

（8）按合同约定，桥式起重机负荷试验用的试块及其吊篮由承包人负责筹措和制作。试块吊篮应能安全承受桥式起重机最大试验负荷所需的最大重量。

（9）检查、试验和验收。桥式起重机安装完毕后，承包人应按供货商技术文件及 GB 50278—1998、GB 50256—1996 的要求编制负荷试验大纲，提交监理人批准。试验内容包括试运转前设备的全面检查；空载试验；静、动负荷试验和并车联动试验。试验结束后，全面检查各构件机械连接、焊接质量及各部位螺栓紧固情况。由监理人组织承包人和供货商代表进行各项检查、试验和验收，现场负荷试验报告及其检测成果，按本章第 24.1.11 条要求进行。

### 24.14.2 单梁电动葫芦

单梁电动葫芦的电气控制设备、轨道、车挡等的安装及其检查、试验和验收参照本章第 24.14.1 条的有关部分。

## 24.15 通风及空气调节系统安装

### 24.15.1 一般技术要求

（1）本工程通风及空气调节系统的施工安装项目和工作内容包括各类金属风管、非金属风管、风管部件与消声器、各类风机和空调设备、空调制冷设备、空调水系统设备及其管路管件等的采购、制作、安装调试，以及上述各项设备和设施防腐与绝热措施的施工。

（2）承包人应在供货商代表的指导下，按施工安装图纸、供货商技术文件，以及有关规范规定，进行通风及空气调节设备和部件的安装和调试工作。

（3）本合同采购的各项通风及空调设备均应有产品合格证；消防设备还须持有相应的消防产品合格证，并应符合有关消防产品标准的规定。

### 24.15.2 安装技术要求

承包人应遵照施工安装图纸及 GB 50242—2002、GB 50243—2002、GB 50274—1998、GB 50275—1998、GB 50235—1997、GB 50231—1998、JGJ 141—2004 的规定，并按合同约定，负责以下通风及空气调节设备和部件的制作和安装：

（1）各类金属与非金属风管、钢板预埋风管的制作和安装。

（2）风管部件与消声器的制作和安装。

（3）各类风机和空调设备的安装。

（4）空调制冷系统及其水系统的安装。

（5）通风及空调设备系统的防腐与绝热保护措施等。

### 24.15.3 检查、试验和验收

（1）现场检查。

1）所有消防产品的试验合格证必须在有效使用期内，且该类产品应由消防监督管理部门定期抽查的检测证明。

2）消防产品安装前，除进行外观检测外，还应进行电气试验。特别对有消防电气控制要求的所有防火阀、排烟阀等，进行逐台通电试验，试验合格后才能安装。

（2）通风与空调系统调试。

1）通风与空调工程系统调试前，承包人应编制调试方案，提交监理人批准。调试方案的内容包括：① 设备单机试运转；② 系统无生产负荷下的联合试运转；③ 风管的渗漏检查；水管的试压、检漏；④ 空调系统综合能效的调试。

2）防、排烟系统联合试运行结果（风量及正压），必须符合施工安装图纸与消防的规定。

（3）制冷设备应进行各项严密性试验和试运行。对组装式的制冷机组和现场充注制冷剂的机组，必须进行吹污、气密性试验、真空试验和充注制冷剂检漏试验。

（4）局部埋地或隐蔽铺设的空调工程水系统管道，在隐蔽前，必须进行水压试验。

（5）防火、防排烟系统调试。对已安装形成的通风空调防火、防排烟系统，应按施工安装图纸要求，对每个系统进行分步试验，以及供货商技术文件规定的其他试验项目。

（6）管道系统安装完毕后应进行水压试验。

（7）验收。现场检查及调试完毕后，应按本章第 24.1.11 条要求进行验收。与消防有关的防火、排烟系统还须经过当地消防部门的检测与验收。

## 24.16 建筑给排水系统安装

### 24.16.1 一般技术要求

（1）建筑给排水系统的施工安装工作内容包括生活给排水系统的设备及附件、管道、管件、卫生器具和污水处理系统的设备及附件、管道、管件等的采购、制作、安装调试，以及上述各项设备和设施防腐与防潮措施的施工。

（2）承包人应按施工安装图纸、供货商技术文件以及有关规范规定，进行设备、部件的安装和

调试。

（3）施工安装图纸采用国家标准图集时，承包人应按施工安装图纸指定的标准图集号，自行置备标准图集。

### 24.16.2　安装技术要求

（1）给水管道和和给排水设备的安装应遵守施工安装图纸、供货商技术文件、GB 50242—2002、GB 50141—2008 等的规定。

（2）生活污水和含油污水处理设备的技术参数和设备材质须满足施工安装图纸的要求。污水设备在初期调试阶段出水未达标前不得随意排放，调节池须考虑循环处理水量，待 10～20 天后经检验处理水质达到排放标准后，才能对外排放。

### 24.16.3　检查、试验和验收

（1）给水管道安装完毕后应按 GB 50242—2002 的有关规定进行试压和检漏。

（2）所有给、排水管道在系统安装完毕后，均应按施工安装图纸和有关规范的规定进行冲洗。给水管道在清洗前，承包人应提交给水管道布置示意图供监理人检查。管道冲洗和清洗后应做成果记录。

（3）对于安装在主干管上起切断作用的闭路阀门，应逐个作强度或严密性耐压试验。

（4）排水主立管及水平干管管道均应做通球试验，通球球径不小于排水管道管径的 2/3，通球率必须达到 100%。

（5）室内雨水管道安装后，应做灌水试验。

（6）隐蔽或埋地的排水管在隐蔽前必须做灌水试验，其灌水高度应不低于底层卫生器具的上边缘或底层地面高度。

（7）检查、试验完毕后，应按本章第 24.1.11 条要求进行验收。

## 24.17　消防系统安装

### 24.17.1　消防给水系统

（1）一般要求。

1）消防给水系统的安装项目包括管道及配件、消防水池、室内外消火栓、消防水泵及其接合器、喷头及其他管网附件等。

2）消防给水系统应由承包人按施工安装图纸、供货商技术文件进行安装。消防给水系统的安装应遵守国家和行业的标准，还应符合当地消防部门的要求。

3）承包人应在供货商代表的指导下，进行消防设备的安装。

4）所有与消防相关的设备应选用具有产品检验合格证，并经国家消防装备质量监督检验中心认证和经当地消防主管部门认可的产品。

（2）安装技术要求。

1）消防给水系统各项设备及其附件的安装，除应符合施工安装图纸和供货商技术文件的要求外，还应满足 GB 50242—2002、GB 50141—2008、GB 50231—1998、GB 50275—1998、GB 50261—2005，DL 5027—1993，以及有关标准图集的规定。承包人的安装调试人员应具有消防施工安装的资质证书。

2）消防电气设备安装及电缆敷设按本章相关规定执行。消防产品安装前，应进行外观检测及电气试验。特别对有消防电气控制要求设备应逐台通电试验，试验合格后才能安装。

（3）检查、试验和验收。

1）消防给水管道的水压试验必须符合有关规范的规定。

2）室内消火栓系统安装完成后，应按相关规范和施工安装图纸规定进行试射试验，并经监理人验收合格。

3）消防给水系统（包括联动）调试应在系统施工完成后进行。固定式自动灭火系统按相应施工及验收规范进行调试。

4）消防系统安装完毕后，按本章 24.1.11 的要求，承包人应在监理人和消防部门的主持下，共同对本工程消防系统进行以下试验和验收：① 消防系统管道充水及耐压试验；② 雨淋阀组的动作试验；③ 防火规范规定的其他试验验收项目。

### 24.17.2　气体灭火系统

（1）一般要求。

1）气体灭火系统的安装项目包括灭火剂储存器、选择阀及信号反馈装置、阀驱动装置、灭火剂输送管、喷嘴和其他附件及电气控制设备等。

2）气体灭火系统的安装和调试，应符合施工安装图纸、供货商技术文件和 GB 50263—2007 及当地消防部门的有关规定。

3）承担气体灭火系统的安装单位必须具有相应等级的资质。

4）系统组件、管路及其附件等，必须具有产品合格证及市场准入制度要求的有效证件；系统中采用不能复验的产品，应具有同批产品检验报告和合格证。

（2）安装技术要求。灭火剂储存器、选择阀及信号反馈装置、阀驱动装置、灭火剂输送管、喷嘴、预制灭火系统及控制组件等系统安装应遵守 GB 50263—2007 第 5 章的规定。

（3）检查、试验和验收。

1）输气管道应进行强度试验和严密性试验。

2）系统调试宜在系统安装完毕后单独进行。在有关的火灾自动报警系统和其他联动设备调试完成后再进行联动调试。调试负责人应由经过技术培训的人员担任。

3）检查及调试完毕后，应按本章第 24.1.11 条要求进行验收。调试和验收还应遵守 GB 50263—2007 第 6、7 章的规定。承包人应配合监理人会同消防部门共同进行验收工作。

### 24.17.3　火灾自动报警系统（消防监控及联动控制系统）

（1）一般要求。

1）火灾自动报警系统设备应由承包人按施工安装图纸、供货商安装技术文件进行安装。火灾自动报警设备的安装，除应遵守国家和行业的标准外，还应满足当地消防部门提出的要求。

2）承包人应在供货商代表的指导下，进行火灾自动报警系统设备的安装和调试工作。安装项目包括设备机柜、模块箱、端子箱、各种探测器、手动报警按钮、消火栓按钮、控制模块、监视模块、火灾应急广播扬声器或火灾警报装置、操作管理工作站等的安装和接线、电缆和光缆的敷设等。

（2）安装技术要求。

火灾自动报警系统设备除应按照施工安装图纸和供货商技术文件的要求进行安装外，还应遵守 GB 50166—2007、GB 50171—1992、GB 50168—2006、GB 50169—2006、GB 50263—2007 等有关规范的规定。

（3）检查、试验和验收。

1）按合同约定，由承包人配合供货商代表进行的火灾自动报警系统现场试验，除应进行火灾自动报警系统的检查和测试外，还应做好火灾自动报警系统与气体灭火系统；水喷雾、细水雾灭火系统；防火、防烟排烟系统的防火阀、排烟阀、防火门和防火卷帘、电梯等联动调试或模拟联动调试工作。

2）现场联合调试包括设备通电试验、联动试验、系统功能测试等。

3）调试完毕后，应按本章第 24.1.11 条要求进行验收。承包人应配合监理人会同消防部门共同进行验收工作。

### 24.17.4　电缆防火封堵

（1）一般要求。防火封堵材料应符合现行行业标准 GA 161—1997 的要求，并具有防火消防产品准销证的产品。

（2）电缆防火封堵施工。电缆防火封堵的涂料涂刷、有机堵料施工，以及电缆孔洞、电缆竖井、电缆沟、电缆桥架、电缆穿管和母线（槽）贯穿孔洞等的封堵应遵守施工安装图纸的要求及 GB 50168—2006 第 7 章的有关规定。

（3）检查和验收。防火封堵完成后，应按 GB 50168—2006 的规定，按本章第 24.1.11 条要求进行检查和验收，并必须有当地消防主管部门参加。

### 24.17.5　检查、试验和验收

消防系统安装工程的消防给水系统、气体灭火系统、火灾自动报警系统和电缆防火封堵全部安装调试完成后，承包人应报请监理人组织承包人、主要供货商代表以及其他有关部门，并按照施工安装图纸、供货商技术文件、消防相关规范和当地消防部门的有关规定，以及本章第 24.1.11 条的要求进行联合检查、试验和验收。主要试验项目包括雨淋阀动作试验和变压器、储油罐水喷雾试验，气体灭火系统模拟动作试验，火灾自动报警系统与消防给水系统、气体灭火系统和防火、防烟排烟系统的模拟联动试验及消防规范标准规定其他项目的试验。

## 24.18　机组启动试运行

### 24.18.1　承包人职责

（1）按合同约定，承包人应参加机组启动验收委员会及试运行指挥部的工作，并在机组启动验收委员会和试运行指挥部领导下，负责编制机组启动试验和试运行大纲等技术文件，并负责组织实施机组启动试验、试运行和设备维护检修工作。

（2）承包人参加由试运行指挥部组织的机组启动试验前的检查验收工作，并负责做好检查验收记录。

（3）承包人负责或配合供货商代表现场调试指导，按供货商提供的机组启动调试程序、DL/T 507—2002、GB/T 8564—2003、GB/T 18482—2001 以及经机组启委会批准的机组启动试验和试运行大纲和计划安排，进行机组启动试验和试运行工作。

（4）承包人应负责及时编写机组启动试验和试运行简报。

（5）承包人在机组启动试验及试运行完成后，应负责编写机组启动试验和试运行工作报告，提交试运行指挥部审查和机组启动验收委员会批准。

### 24.18.2　机组启动试运行前的检查

（1）机组启动试运行前，试运行指挥部应按 DL 507—2002、GB/18482—2001 有关规定，对以下项目进行试运行前的检查，并按批准的格式做好记录。

（2）引水、尾水系统建筑物的各项闸门（包括启闭机）、阀门及其操作机构均已试验检验合格；

并具有验收证书和完整的试验记录。

（3）引水、尾水系统建筑物各处的进人孔、闷头等的门孔均已封闭严密。

（4）待验机组机电设备、全厂公用系统和自动化系统，均已经过检验验收，证明已能满足机组试运行需要。

（5）DL/T 507—2002 规定的其他检查项目。

（6）试运行的各项安全措施均已按试运行试验文件的要求落实到位。

### 24.18.3　机组充水试验

（1）在确认进水和尾水建筑物的各项闸门和水轮机及其进水管道的阀门均处于关闭状态后，应按 DL 507—2002 第 5 章的有关规定，对机组尾水管、蜗壳和压力钢管进行充水检查。检查各处漏水情况，并按批准格式做好记录。

（2）应监视压力钢管在充水过程中的水压表读数并检查钢管伸缩节、蜗壳进人门各处漏水情况。同时监测蜗壳的压力上升情况、各测压表计及管接头漏水情况和水力量测系统各压力表计的读数。当蜗壳平压后，记录压力钢管和蜗壳充水时间。

（3）充水平压后，应检查工作闸门、机组进水阀等启闭动作的可靠性，并记录其开闭时间。检查厂房渗漏排水泵的排水能力和运行的可靠性，以及将机组技术供水系统水压调至工作压力，并做好纪录。

### 24.18.4　机组空载试运行

（1）机组空载试运行准备启动前，应按 DL/T 507—2002 第 6.1 条的规定做好启动前的各项准备工作，检查证实各项设备和装置设施均已处于空载试运行前的待命工作状态，即由试运行工作小组指挥部报请机组启动验收委员会批准后，开始机组的空载试运行。

（2）按 DL/T 507—2002 第 6.2～6.9 节的规定，进行以下各项调整试验和检查，并按规定的格式做好试验和检查记录，作为机组空载试运行报告的附件。

1）机组首次手动启动试验。

2）机组空载试运行下的调速系统试验。

3）机组手动停机过程和停机后的检查。

4）动平衡试验（必要时）。

5）机组过速试验和检查。

6）不加励磁自动开机和自动停机试验。

7）发电机升流试验。

8）发电机升压试验。

9）发电机空载下励磁调节器的调整和试验。

（3）完成上述各项调整试验后，应将机组空载试运行报告提交机组启动验收委员会。

### 24.18.5　机组带主变压器与高压配电装置试验

（1）机组空载试运行报告经机组启动验收委员会批准后，应按 DLT 507—2002 第 7.1～7.6 节的规定，进行主变压器与高压配电装置的以下各项试验和检验：

1）机组对主变压器与高压配电装置短路升流试验。

2）主变压器与高压配电装置单相接地试验。

3）机组对主变压器与高压配电装置升压试验。

4）线路零起升压试验。

5）高压配电装置母线受电试验。

6）电力系统对主变压器冲击合闸试验。

（2）完成上述各项试验后，应将机组带主变压器与高压配电装置试验报告，提交机组启动验收委员会。

### 24.18.6  机组并列及负荷试验

（1）机组带主变压器与高压配电装置试验报告经机组启动验收委员会批准后，试运行指挥部应按 DLT 507—2002 第 8.1～8.6 节的规定，进行以下各项试验和检验：

1）机组并列试验。

2）机组带负荷试验。

3）机组甩负荷试验。

4）机组调相运行试验（如机组设计要求）。

5）机组进相运行试验（如机组设计要求）。

6）机组最大出力试验。

（2）完成上述各项试验后，应将机组并列及负荷试验报告，提交机组启动验收委员会。

### 24.18.7  机组 72h 带负荷连续试运行及 30 天考核试运行

（1）机组并列、带负荷及甩负荷试验报告经机组启动验收委员会批准后，试运行指挥部应按 DL/T 507—2002 第 9 章的规定，进行机组 72h 带负荷连续试运行及按合同约定有 30 天可靠性运行要求的机组，其试运行应按以下要求进行：

1）当机组由于电站运行水头不足等原因时，可根据具体条件确定机组应带的最大负荷，保证在此负荷下进行连续 72h 试运行。

2）按机组启动验收委员会规定的格式和运行参数项目，全面做好完整记录。

3）72h 带负荷连续试运行因故中断，应经检查处理合格后重新开始 72h 带负荷连续试运行，运行时间不得累加计算。

4）72h 带负荷连续试运行后，除应对机组、辅助设备、电气设备进行停机检查外，必要时还需对蜗壳、压力管道、引水管路系统进行排空检查。对机电设备及水工建筑物存在的缺陷，均应及时进行修复。

5）按合同约定，要求进行 30 天考核试运行的机组，其考核办法应按 DL/T 507—2002 第 9.0.7～9.0.8 款的规定进行。

（2）机组 72h 带负荷连续试运行（或包括 30 天考核试运行）结束，并经检验合格后，应由试运行指挥部工作小组编制机组启动试运行验收报告，提交机组启动验收委员会进行验收，经启动验收委员会验收合格，并出具机组启动验收合格鉴定书后，可由承包人向发包人办理正式移交手续。

### 24.18.8  可逆混流式抽水蓄能机组的启动试验

可逆混流式抽水蓄能机组的启动试验内容，除机组发电工况启动试运行的各项检查及试运行试验程序和要求应遵守 DL/T 507—2002 的规定外，水泵电动机工况启动试运行试验还应符合 GB/T 18482—2001 第 5～11 章的规定，并进行以下各项检查试验：

（1）水泵工况压水试验。

（2）水泵工况空载试验。

（3）水泵工况抽水试验。

（4）水泵工况停机试验。

（5）现地控制单元自动开、停机及运行工况转换试验。

（6）电站监控系统自动开、停机；运行工况转换及成组调节试验。

（7）机组30天试运行应在完成上述（1）～（6），其中（6）项中电站监控系统自动开、停机及运行工况转换等试验项目，经检验合格后进行。

## 24.19　完工验收

（1）机组启动试运行验收结束并经机组交接验收后，承包人应向发包人（或监理人）提交安装工程的完工验收申请报告。发包人（或监理人）在收到申请报告并审核后，将审核意见通知承包人。若发包人（或监理人）审核后，要求承包人继续修复在试运行期间尚未修复的缺陷，或需要承包人提交补充验收资料时，承包人应及时进行修复或提交，经发包人（或监理人）批准后，进行完工验收。

（2）承包人应为机电设备安装的完工验收提交以下完工资料：

1）完工项目清单。

2）随设备到货的技术文件。

3）安装竣工图（包括部件装配图、易损件、非标件图纸）。

4）设计单位修改文件。

5）安装用材料和外购件的产品质量证明书、使用说明书或试验报告。

6）安装焊缝的工艺评定及检验报告。

7）机电设备的安装、试验记录。

8）机组启动试验和试运行报告。

9）单项安装工程质量检查验收记录。

10）机电设备缺陷和质量事故处理报告。

11）已完工程移交清单（包括备品、备件及专用工器具等）。

12）列入保修期继续施工的尾工项目清单。

13）未完成的缺陷修复项目清单。

14）枢纽工程竣工安全鉴定机电安装自检报告、枢纽工程专项完工验收机电安装自检报告。

15）监理人要求提交的其他完工资料。

（3）机电设备安装工程的完工验收工作全部完成后，发包人应按合同约定,颁发工程移交证书给承包人。

## 24.20　计量和支付

### 24.20.1　总价项目

（1）（水泵）水轮发电（电动）机组及其附属设备部分。

1）按"机组台套"为计量支付单位的（水泵）水轮机及配套设备。

2）按"机组台套"为计量支付单位的发电（电动）机及配套设备。

3）按"设备台套"为计量支付单位的机组调速器及其操作系统。

4）按"设备台套"为计量支付单位的进水阀及其操作系统。

5）按"设备台套"为计量支付单位的励磁系统。

6）按"设备台套"为计量支付单位的机组静止变频启动装置（SFC）及启动回路设备。

（2）水力机械辅助设备系统。以本章第24.4节水力机械辅助设备系统的各分项系统为计量支付单元。

（3）电气设备部分。以本章第 24.5～24.13 节电气设备部分的各分项设备、装置系统或电缆线路为计量支付单元。

（4）起重设备部分。以本章第 24.14 节起重设备为计量支付单位。

（5）通风及空气调节系统、建筑给排水系统、消防系统。以本章第 24.15～24.17 节通风及空气调节系统、建筑给排水系统、消防系统各为计量支付单元。

（6）总价项目的计量和支付规则。

1）总价项目的支付应按工程量清单所列项目的总价，由承包人按合同约定，向监理人提交详细的总价项目支付分解表，经发包人批准后按分解表支付。

2）除合同约定的变更引起原合同的安装设备、材料与安装工作量的增减，需要变更项目总价外，其他原因引起的设备、材料与安装工作量的增减均不予变更项目总价。

3）发包人应按表 24.21-1"机电设备安装项目表"列出该分项全部拟交付安装机电设备（不包括发包人提供的装置性材料和永久性材料）。

4）以"台套"（或分项系统）为计量单位（或单元），应由承包人按施工安装图纸和供货商技术文件，列出该项目需要安装的设备和材料清单。材料总量中应包括发包人提供的永久性工程材料及承包人安装机电设备所需的各种材料。

5）除发包人提供的永久性和装置性材料外，由承包人按本合同要求配置的永久性和装置性材料，以及承包人安装机电设备所需的各种消耗性材料，均应计入各台套分项的报价中，发包人不再另行支付。

6）承包人填报的项目总价应包括完成该项目全部安装作业所需的人工费、材料费、施工机械使用费、场内运输费，以及与项目相关的其他直接费、间接费、利润、税金等的全部费用。

7）承包人按本技术条款要求，为机电设备安装工程各项设备和系统的测试率定、检测检验、试验和检查验收等的全部费用，均应包括在合同总价中，发包人不再另行支付。

8）除合同另有约定外，承包人为机电设备安装所需增加设置的临时工程和辅助设施，均应包括在合同总价中，发包人不再另行支付。

9）承包人提交的总价项目分解表，应按批准的机电设备安装网络进度计划规定的控制性节点进行分解，并经监理人批准后按分阶段支付。

## 24.20.2 单价项目

（1）按（水泵）水轮发电（电动）机组分列的各单项设备的台数或台套为计量单位，或以设备重量为计量单位的单价支付项目。

（2）按各单项电气设备的台数或台套为计量单位的单价支付项目。

（3）按起重设备部分分列的各单项设备的台数或台套为计量单位的单价支付项目。

（4）按水力机械辅助设备系统、通风及空气调节系统、建筑给排水系统、消防系统分列的各单项设备的台数或台套为计量单位的单价支付项目。

（5）按不同型式和不同规格得永久性及装置性材料，以吨（t）、立方米（$m^3$）、米（m）或个数为计量单位的单价支付项目。

## 24.21 本工程机电设备安装项目表

本工程机电设备安装项目见表 24.21-1，填表说明如下：

（1）本工程机电设备安装项目表由发包人（招标人）负责填写。

（2）机电设备安装项目表的填写范围，应包括本机电设备安装工程合同要求承包人安装的全部机电设备及附件。

（3）机电设备安装项目表的编目顺序，应按发包人纳入本机电设备安装合同的设备内容，按照本章第 24.3～24.17 节的顺序，按节为单元编列。

（4）主要技术特性。

1）机组及其附属设备应包含型号、规格、主要技术参数和必要的电站参数等。

2）其他机电设备应包含型号、规格和主要技术参数等。

（5）主要设备（部件）特征。

1）机组设备、主要部件的结构特征应包含结构型式、组装方式、外形尺寸和吊装重量等。

2）其他机电设备，需要特殊说明的新型设备的特征。

表 24.21-1 　　　　　　　　　　本工程机电设备安装项目表

| 序号 | 机电设备项目名称 | 计量单位 | 数量 | 主要技术特性 | 主要设备（部件）特征 | 供货商 |
|------|------------------|----------|------|--------------|----------------------|--------|
|      |                  |          |      |              |                      |        |
|      |                  |          |      |              |                      |        |

# 第 25 章 工程安全监测

## 25.1 一般规定

### 25.1.1 应用范围

本章规定适用于本合同施工图纸所示的主体工程、临时工程的安全监测系统的采购、安装、调试、埋设、验收和施工期监测。

### 25.1.2 承包人责任

（1）按合同约定，承包人应负责本工程监测仪器设备的采购、检验、运输和保管；监测仪器设备的安装、调试、埋设和维护（包括负责提供为安装和埋设监测仪器设备所需的各种辅助材料和施工工具型仪器设备等）；施工期监测及监测资料收集、整理、整编、分析及建筑物安全初步评价等。

（2）承包人应派遣有安全监测资质的专业人员负责本合同规定的各项工作。监测专业人员应在类似工程中承担过监测仪器设备的安装和埋设工作，并按本条第（1）项规定，完成全部安全监测工作。

（3）承包人应全面负责施工期的安全监测工作，并对已安装埋设的监测仪器设备进行可靠保护避免施工操作不当使仪器设备遭受破坏。若在工程施工过程中和在合同约定的保修期内，发生已安装埋设的监测仪器设备遭受损坏，承包人应按监理人指示及时予以修理或置换。

（4）本合同所列项目全部完成并经验收合格后，所有监测仪器设备、全部监测原始数据及初步整编监测资料（包括电子文档），应完好地移交给发包人。

（5）在合同约定的保修期内，承包人应保证全部仪器设备的性能完好，若一旦失效，应及时报告监理人，按监理人指示，采取补救措施。

### 25.1.3 主要提交件

（1）监测仪器设备采购计划。按合同约定，由承包人负责采购监测仪器设备，承包人应在监测仪器设备安装前 56 天，按本合同工程量清单所列项目和施工图纸的要求，编制监测仪器设备采购计划，提交监理人批准，其内容包括：

1）监测仪器设备采购清单。

2）监测仪器设备采购招标程序。

3）各项仪器设备的计划到货时间。

4）主要仪器设备的暂估价及其产品样本和询价资料。

5）监理人要求提交的其他资料。

（2）监测仪器设备安装埋设技术措施。承包人应在监测仪器设备安装埋设前 28 天，编制一份监测仪器设备安装埋设和维护技术措施，提交监理人批准。其内容包括：

1）监测仪器设备编码及其电缆标识规则。

2）监测仪器设备安装埋设计划、方法、程序。

3）监测仪器设备安装埋设详图。

4）施工期监测仪器设备的维护措施。

5）质量、安全、文明保证措施。

6）监测仪器设备安装埋设与工程建筑物施工的协调安排和要求。

7）保证仪器设备成活率的措施。

（3）安装埋设记录和质量检查、签证报表。承包人应在施工过程中，及时向监理人提交仪器设备安装埋设的施工记录和质量检查报表，其内容应包括：

1）监测仪器设备安装埋设前、后测试和调试记录。

2）仪器设备安装、埋设和调试记录；安装埋设质量检查表和监理人签证表。

3）施工期监测记录。

4）质量检查报表和事故处理记录。

（4）施工期监测规程。承包人应在监测工作开始前 <u>56 天</u>，编制一份监测规程，提交监理人批准，其内容包括：

1）监测点、观测站的位置和埋设时间；监测仪器的监测频次、读数仪表、测读精度控制及测值换算公式。

2）监测仪器设备的监测检查程序；监测仪器设备的维护、保护技术措施。

3）现场巡视检查机构、线路、项目和方法。

4）各监测点监测资料的整理、整编和分析方法监测。

5）监测仪器基本资料以及监测记录、监测资料整编格式化。

（5）施工期监测资料整编分析报告。承包人应在全部监测设施移交前，按监理人指示的时限内，提交监测月报、年报，包括原始监测记录在内的监测资料整编报告及成果分析报告（包括软件）提交监理人。

### 25.1.4　引用标准

（1）GB 12898—1991《国家三、四等水准测量规范》。

（2）GB/T 12897—2006《国家一、二等水准测量规范》。

（3）GB/T 17942—2000《国家三角测量规范》。

（4）GBJ 138—1990《水位观测标准》。

（5）DL 52—1993《水利水电工程施工测量规范》。

（6）DL/T 5006—2007《水电水利工程岩体观测规程》。

（7）DL/T 5178—2003《混凝土坝安全监测技术规范》。

（8）DL/T 5209—2005《混凝土坝安全监测资料整编规程》。

（9）DL/T 5211—2005《大坝安全监测自动化技术规范》。

（10）DL/T 16818—1997《中短程光电测距规范》。

（11）SL 60—1994《土石坝安全监测技术规范》。

（12）SL 169—1996《土石坝安全监测资料整编规程》。

（13）SL 264—2001《水利水电工程岩石试验规程》。

（14）国务院令第 409 号《地震监测管理条例》。

## 25.2　监测仪器设备的采购、检验和安装埋设

### 25.2.1　监测仪器设备的采购

（1）除合同另有约定外，按本章第 25.1.3 条的规定，承包人应在发包人的监督下，按本合同工程量清单所列项目，对所有监测仪器设备进行招标采购。承包人应按本技术条款和施工图纸的规定，

采购性能稳定、质量可靠、耐用、维护方便，技术参数（量程、精度等）符合本合同要求的仪器设备，并包括电缆及其套管、支架、导管等附属设施。

（2）国产仪器设备生产厂家必须持有《制造计量器具许可证》，《工业产品生产许可证》并已通过 ISO 9002 系列质量体系认证；进口仪器设备必须经省级以上人民政府计量行政部门检定合格,并持有制造厂家提供生产厂家的相关标准校准度、检验证书。承包人采购的所有仪器设备及其附属辅助设施均必须持有生产厂家提供的标准校准度、检验证书和报告，以及售后服务保证。

（3）监测仪器使用的电缆应是能负重、防水、防酸、防碱、耐腐蚀、质地柔软的水工观测专用电缆，其芯线应为镀锡铜丝，适应温度范围在－20～60℃之间。电缆芯线应在 100m 内无接头。

（4）承包人应在监测仪器设备安装前，将采购的仪器设备详细资料提交监理人审核。经监理人审核认为仪器设备不能满足合同要求时，承包人应按监理人指示立即更换。承包人应提交的仪器设备资料包括：

1）仪器型号、规格、技术参数及工作原理，包括数据采集装置。

2）仪器设备制造厂名称和生产许可证。

3）仪器设备使用说明书。

4）测量方法、精度和范围。

5）检验、校正、率定、测试方法和程序。

6）仪器设备安装和埋设方法及技术规程。

7）制造厂提供的其他资料。

（5）监测仪器设备应小心装卸、存放和安装，以免造成损坏。如在装卸、存放和安装过程期间发生损坏，承包人应按在本合同规定的时限内，按施工图纸要求或监理人指示进行更换。

（6）承包人应按合同约定配备必要的备品备件，其费用应包括在监测仪器设备的采购合同内。承包人采购的全部仪器设备的（包括辅助设施）主要技术指标详见表 25.2.1。

表 25.2.1　　　　　　　　　监测仪器设备类型及主要技术指标表

| 序号 | 名　　称 | 类　　型 | 主 要 技 术 指 标 | 备　　注 |
|---|---|---|---|---|
| 1 | | | | |
| 2 | | | | |
| 3 | | | | |
| 4 | | | | |
| 5 | | | | |
| 6 | | | | |
| 7 | | | | |
| 8 | | | | |
| 9 | | | | |
| 10 | | | | |

### 25.2.2　监测仪器设备的检验

（1）承包人应要求生产厂家在监测仪器设备出厂前，完成全部监测仪器设备的装配、调试、检验和率定等工作，并提供检验合格证书。

（2）监测仪器设备运至现场后，承包人应按本技术条款和施工图纸的要求，对制造厂提供的全部监测仪器设备进行检验和验收。

（3）所有光学、电子测量仪器必须经批准的国家计量和检验部门进行检验和率定，检验合格后才能进行安装使用。超过检验有效期的应重新进行检验和率定，检验和率定成果提交监理人。

（4）承包人应会同监理人对监测仪器设备进行全面测试，对电缆还应进行通电测试及防水检验，其测试记录应提交监理人。

（5）承包人应根据检验的结果编写监测仪器设备检验报告，报告应在仪器设备开始安装前提交监理人批准。所有仪器设备应在调试、检验合格后并经监理人批准后才进行安装埋设。

### 25.2.3　监测仪器设备的安装埋设

（1）承包人应将监测仪器设备的埋设计划列入建筑物的施工进度计划中，以便及时为监测仪器设备的安装埋设提供工作面，解决好建筑物施工与监测仪器设备埋设的相互干扰。

（2）仪器设备安装和埋设中应使用经过批准的编码系统，对各种仪器设备、电缆、监测断面、控制坐标等进行统一编号，每支仪器均须建立档案卡、基本资料表，并将仪器资料按发包人指定的格式录入计算机仪器档案库中。

（3）承包人应严格按批准的监测仪器设备布置与制造厂提供的仪器设备使用说明书，进行仪器设备的安装和埋设。在安装埋设过程中，承包人应及时向监理人提供有关质量检查记录。若监理人检查发现仪器设备失效，监理人有权指示承包人立即更换不合格的仪器设备。承包人应在施工期内负责保护监测仪器设备和辅助设施。由于承包人施工不慎造成任何监测仪器设备的损坏，由承包人负责修理或置换。

（4）仪器电缆的敷设应尽可能减少接头，拼接和连接接头应按设计和制造厂要求进行。未经监理人批准，电缆不允许截短和拼接加长。承包人应在所有仪器的电缆上加设至少 3 个耐久、防水、间距为 20m 的标签，以保证识别不同仪器所使用的电缆。

（5）从仪器设备埋设地点至观测站之间的电缆埋设走向，以及电缆沟、电缆保护管的布置应按施工图纸和监理人的指示进行，若承包人需要变更其布置，应及时将变更申请提交监理人批准。

（6）仪器设备及电缆安装埋设后，承包人应会同监理人立即在规定的时间内进行检查，并提交检查报告。经监理人验收合格后，承包人应测读初始值提交监理人。

（7）每支仪器安装和埋设后 <u>28 天</u>内，承包人应将仪器的安装埋设考证表提交监理人。

（8）在建筑物施工过程中，所有仪器设备（包括电缆）和设施应予保护。监理人要求保护的部位应提供保护罩、保护标志和路障。所有未完成的管道和套管的开口端应及时加盖，以避免异物进入管道和套管内。

（9）承包人应根据施工图纸要求和监理人指示，在观测站安装避雷针等设施。

## 25.3　施工期安全监测及其监测资料整编

### 25.3.1　施工期安全监测

（1）除合同另有约定外，承包人应负责施工期（包括工程保修期）的安全监测。监测仪器设备安装埋设完毕，并经验收合格后，承包人应及时记录初始读数，并按监理人批准的监测规程负责施工期的全部安全监测工作，直至向发包人移交全部监测设施为止。按合同约定，由发包人负责施工期安全监测，则承包人应在监测仪器设备安装埋设完毕、建立初始读数和正常运行 <u>21 天</u>后，并经监理人检验合格，即可将监测仪器设备，连同监测仪器设备的档案卡、安装埋设考证表和验收资料等全部移交给发包人。

（2）施工期监测数据的采集工作必须按照监测规程规定的监测项目、测次和时间进行。必要时，还应根据实际情况和监理人指示，适当调整监测次数和时间。

（3）承包人应对合同约定埋有监测仪器设备的工程建筑物进行巡视检查，并在施工期监测工作开始前，提交包括有检查项目和检查程序的巡视检查计划，提交监理人批准。巡视检查计划应分为日常巡检、年度巡检和特别巡检，其巡检工作内容包括：

1）日常巡检应做好记录，定期按指定的格式编制报表提交监理人。

2）年度巡检应在每年汛期进行，发现安全隐患应立即报告监理人。巡检结束后应按监理人指定的格式提交简要报告。

3）如发生暴雨、大洪水、有感地震、库水位骤升骤降、持续高水位以及建筑物出现其他异常等情况时，承包人应进行特别巡检，并应按监理人指示增加测次。特别巡检结束后，应及时向监理人提交特别巡检报告。

（4）承包人在现场监测或采集的数据应在现场核对无误，防止发生差错，并及时进行数据处理和分析。如发现异常情况，应分析原因，并及时通知监理人。

### 25.3.2　施工期安全监测资料的整编

（1）承包人应将监测仪器埋设的竣工图、各种原始数据和有关文字、图表（包括影像、图片）等资料，综合整理成安全监测成果，汇编刊印成册。

（2）每次监测数据采集后，应随即检查、检验原始记录的可靠性、正确性和完整性。如有漏测、误读（记）或异常，应及时补（复）测、确认或更正。

（3）承包人应在每次监测后立即进行原始数据记录的检验和分析、监测物理量的换算，以及异常值的判别等工作。如遇天气、施工等原因，造成监测数据突变时，应加以说明。

（4）经检查、检验后，若判定监测数据不在限差以内或含有粗差，应立即重测；若判定监测数据含有较大的系统误差时，应分析原因，并设法减少或消除其影响。

（5）承包人应按监理人指示进行监测资料的整编工作，整编资料内容包括：

1）工程建筑物安全监测工作总报告。

2）工程建筑物安全监测要求和安全监测措施计划等的有关文件。

3）仪器资料。包括仪器型号、规格、技术参数、工作原理和使用说明，测点布置，仪器埋设的原始记录，仪器损坏、维护记录等。

4）监测资料。日常监测和巡检的原始记录、报表和报告，包括特征值汇总表、每个测点监测数据过程线、监测成果分析资料、物理量计算成果及各种图表等。

5）其他相关资料。包括咨询会议记录、工程安全检查报告、事故处理报告、仪器设备管理挡案，以及工程竣工安全鉴定的结论、意见和建议等。

6）所有监测资料要求按发包人指定的格式或按 SL 169—1996、DL/T 5209—2005 指定的格式建立数据库，输入计算机。用磁盘或光盘备份保存并刊印成册。

## 25.4　质量检查和验收

### 25.4.1　监测仪器设备的检查和交货验收

承包人采购的全部监测仪器设备应按本合同的采购项目清单，进行检查和交货验收，并应将包括监测仪器设备出厂的检验测试报告和验收产品合格证书在内的交货验收资料提交监理人。

### 25.4.2　监测仪器设备安装埋设质量的检查和验收

每项工程建筑物的安全监测仪器设备安装埋设完毕后，承包人应会同监理人立即对仪器设备的安装埋设质量进行检查、检验和验收，经监理人检查确认其质量合格后，才能允许工程建筑物继续施工并立即进行监测工作。

（1）工程建筑物的全部监测仪器设备安装埋设完毕后，承包人应在进行工程建筑物完工验收的同时，申请对本工程安全监测项目进行完工验收，并向监理人提交以下完工资料：

1）监测仪器编号和说明书。

2）监测仪器设备的检验和率定记录。

3）监测仪器设备安装埋设施工记录。

4）监测仪器设备安装埋设竣工图。

5）监测仪器清单（包括部位、仪器名称、编号、高程、桩号、起测日期、目前状态等）。

6）施工期监测资料整编分析报告，包括监测仪器特征值汇总表、各测点的数据过程线。

（2）本合同工程建筑物全部完成，并经验收合格，全部监测仪器设备应完好地移交发包人；全部监测原始数据及监测资料（包括电子文档）应同时移交发包人。

（3）全部监测仪器设备的保修期与工程保修期相同。应自本工程经发包人完工验收日（工程移交）开始计算。保修期内承包人应按工程建筑物安全监测设计要求，负责维护全部仪器设备的应用性能，一旦由于仪器自身或埋设原因发生仪器设备失效，应由承包人负责更换。对无法更换的埋置设备，应及时报告监理人，按监理人指示，采取补救措施，设法满足安全监测数据的采集要求。

## 25.5 计量和支付

（1）各项监测仪器设备费，应按施工图纸所示及工程量清单中所列各项目规定的单位计量，并按相应单价支付。单价中应包括整套监测仪器设备（附备品备件）的采购、运输和保管、检验率定等费用。

（2）各项监测仪器安装费，应按施工图纸所示及工程量清单中所列各项目规定的单位计量，并按相应单价支付。单价中应包括安装埋设、质量检查和验收等费用。

（3）监测仪器的电缆，应按施工图纸和监理人签认的敷设工程量，以米（m）为单位计量，并按工程量清单中所列项目单价支付。该单价包括供应、敷设、质量检验和验收等费用。

（4）观测墩、水准点及其他测量标志，应按施工图纸所示及工程量清单中所列各项目规定的单位计量，并按相应单价支付。

（5）水位观测孔、扬压力测孔、坝基温度测孔等的钻孔，应按施工图纸所示或监理人签认的钻孔数量，以米（m）为单位计量（自钻孔钻具或套管进入覆盖层、混凝土或岩石面的位置开始），并按工程量清单中所列项目单价支付。单价包含钻孔、质量检查和验收等费用。因承包人施工失误而报废的钻孔，不予计量和支付。

（6）多点位移计钻孔、滑动测微计钻孔、固定测斜仪钻孔、倒垂孔、双金属标孔等按施工图纸所示或监理人签认的取芯样钻孔数量，以米（m）为单位计量，并按工程量清单中所列项目的相应单价支付。单价中包含取芯钻孔、质量检查与验收等费用。由于承包人失误未按本技术条款相关规定取得有效芯样的钻孔不予支付。

（7）垂线井、渗压孔、测斜孔等的保护管，应按施工图纸所示和监理人签认的数量，以米（m）为单位计量，并按工程量清单所列项目的相应单价支付。

（8）施工期安全监测费按工程量清单所列项目总价支付，包括现场监测、巡视检查、监测资料整编及施工期监测设备设施的维护等费用。

# 《水电工程施工招标和合同文件示范文本》

# 编 制 人 员 名 单

| 审　　定 | 王民浩 | | | | | |
|---|---|---|---|---|---|---|
| 审　　核 | 周建平 | 周尚洁 | 曹春江 | 张春生 | 杨多根 | 张宗亮 |
| | 杜雷功 | | | | | |
| 审　　查 | 郭建欣 | 陈惠明 | 关宗印 | 戴康俊 | 沈一鸣 | 周垂一 |
| | 冯真秋 | | | | | |
| 总 执 笔 人 | 陈纪伦 | | | | | |
| 主要编写人员 | 赵美娟 | 钱瑶娟 | 方新安 | 陈中华 | 吴荣民 | 周立新 |
| | 王善春 | 郭占池 | 程向东 | 林志重 | 陈维栋 | 孙彬蔚 |
| | 徐　永 | 喻建清 | 汪云祥 | | | |

参加编写人员　（按姓氏笔画为序）

| 王玉洁 | 王汉武 | 王挽君 | 王远亮 | 王国进 | 王润玲 |
|---|---|---|---|---|---|
| 牛世予 | 包银鸿 | 江金章 | 邓加林 | 任金明 | 危贤光 |
| 孙鸿儒 | 时雷明 | 陈大卫 | 陈永红 | 陈江 | 吕联亚 |
| 李立年 | 李世奇 | 李青 | 李学前 | 李延芳 | 李骅 |
| 严永璞 | 吴海峰 | 吴毅瑾 | 欧阳晶 | 罗文强 | 陆炅 |
| 杨君 | 杨世源 | 杨建军 | 杨建波 | 邱绍平 | 邹青 |
| 邹文胜 | 张云生 | 张玉良 | 赵士正 | 赵化城 | 赵政 |
| 施仁忠 | 郑波 | 诸葛睿鉴 | 徐涵 | 徐蒯东 | 骆育真 |
| 姜忠见 | 夏可风 | 夏择勇 | 黄锐 | 黄慧民 | 董标 |
| 蔡智勇 | 廖福流 | 潘秀云 | 魏寿松 | | |

# 水电工程

## 施工招标和合同文件示范文本

### （上册）商务文件

## 2010年版

国家能源局　颁布

水电水利规划设计总院　编制

可 再 生 能 源 定 额 站

中国电力出版社

CHINA ELECTRIC POWER PRESS

**图书在版编目（CIP）数据**

水电工程施工招标和合同文件示范文本. 上册 / 国家能源局
颁布. —北京：中国电力出版社，2010.9（2024.11 重印）
ISBN 978-7-5123-0868-8

Ⅰ．①水…　Ⅱ．①国…　Ⅲ．①水力发电工程－工程施
工－招标－文件－中国　Ⅳ．①TV512

中国版本图书馆 CIP 数据核字（2010）第 180120 号

中国电力出版社出版、发行
（北京市东城区北京站西街 19 号　100005　http://www.cepp.sgcc.com.cn）
中国电力出版社有限公司印刷
各地新华书店经售

＊

2010 年 9 月第一版　2024 年 11 月北京第二次印刷
880 毫米×1230 毫米　16 开本　7 印张　187 千字
印数 6001—6100 册　定价 **190.00** 元（上、下册）

# 国家能源局关于颁布水电工程工程量清单计价规范、施工合同示范文本和工程量计算规定的通知

## 国能新能〔2010〕214 号

各有关单位：

为统一和规范水电工程设计工程量计量、工程量清单计价方法以及招投标和合同管理行为，加强水电建设项目工程定额和造价管理，提高水电工程设计和建设管理水平，维护工程建设各方的合法权益，为国家有关部门对项目监督管理提供依据，根据《可再生能源发电工程定额和造价工作管理办法》（发改办能源〔2008〕649 号），水电水利规划设计总院、可再生能源定额站组织编制了《水电工程工程量清单计价规范》《水电工程施工招标和合同文件示范文本》和《水电工程设计工程量计算规定》。现予颁布，请遵照执行。

国家能源局

二〇一〇年七月十四日

# 关于施行水电工程工程量清单计价规范、施工合同示范文本和工程量计算规定的通知

可再生定额〔2010〕26号

各有关单位：

2010 年版《水电工程工程量清单计价规范》《水电工程施工招标和合同文件示范文本》和《水电工程设计工程量计算规定》（以下简称"本标准"）已经由国家能源局以《国家能源局关于颁布水电工程工程量清单计价规范、施工合同示范文本和工程量计算规定的通知》（国能新能〔2010〕214号）颁布施行。为做好本标准的施行工作，现将有关要求通知如下：

1. 本标准是统一和规范水电工程设计工程量计量、工程量清单计价方法以及招投标和合同管理行为、维护工程建设各方合法权益的基础性标准，是国家有关部门对工程项目进行监督管理的重要依据。

2. 本标准适用于大中型水电工程设计工程量计量、工程量清单计价以及招投标和合同管理工作，其他水电工程可参照执行。

3. 工程量是水电工程设计成果的重要组成内容，也是各阶段工程造价编制与管理的基础，各单位在执行本标准中应充分重视工程量的计算与审查工作。

4. 自本标准颁布施行之日起，水电工程不再执行原《水利水电工程施工合同和招标文件示范文本（GF-2000-0208）》《水电水利工程工程量计算规定》（DL/T 5088—1999）和《水电建设工程工程量清单计价规范（试行本）》（水电规造价〔2005〕0004 号）。

5. 本标准由中国电力出版社出版、发行，配套软件由北京木联能软件技术有限公司开发，宣贯培训工作由可再生能源定额站负责组织。

6. 各单位在执行本标准过程中遇有问题，请函告可再生能源定额站，联系方式如下：

联系电话：010-62041369

传　　真：010-62352734

电子邮箱：dez@hydrochina.com.cn

网　　址：http://www.hydrocost.org.cn

附件：

1. 水电工程工程量清单计价规范（2010 年版）（另发）
2. 水电工程施工招标和合同文件示范文本（2010 年版）（另发）
3. 水电工程设计工程量计算规定（2010 年版）（另发）

水电水利规划设计总院

可 再 生 能 源 定 额 站

二〇一〇年七月二十六日

# 水电工程施工招标和合同文件

# 示范文本使用指南

一、水电工程施工招标和合同文件示范文本（以下简称本示范文本）是水电行业参照《中华人民共和国 2007 年版标准施工招标文件》的内容和格式，并根据水电行业的管理要求和大中型水电工程的施工特点进行编制的。

二、本示范文本适用于大中型水电工程的施工招标和合同文件编制。其他水电建设工程可参照使用。

三、编制本示范文本遵守的法律、法规为：

（1）中华人民共和国合同法；

（2）中华人民共和国招标投标法；

（3）中华人民共和国劳动合同法；

（4）中华人民共和国审计法；

（5）中华人民共和国安全生产法；

（6）中华人民共和国环境保护法；

（7）中华人民共和国环境影响评价法；

（8）中华人民共和国水土保持法；

（9）中华人民共和国可再生能源法；

（10）中华人民共和国节约能源法；

（11）中华人民共和国劳动争议调解仲裁法；

（12）建设工程质量管理条例；

（13）中华人民共和国防汛条例；

（14）电力监管条例；

（15）其他与水电工程建设相关的法律、法规、条例，以及建设工程所在地适用于水电工程建设的省级地方法规。

四、本示范文本共分为四卷、八章。分别为：

第一卷

  第一章　招标公告（未进行资格预审）

  第一章　投标邀请书（适用于邀请招标）

  第二章　投标人须知

  第三章　评标办法（综合评估法）

  第三章　评标办法（经评审的最低投标价法）

  第四章　合同条款及格式

  第一节　通用合同条款

  第二节　专用合同条款

  第三节　合同附件格式

  第五章　工程量清单

第二卷

  第六章　图纸

第三卷

  第七章　技术条款（国家标准文件称为"技术标准和要求"）

第四卷

  第八章　投标文件格式

  五、本示范文本分为上、下两册出版。上册为上述第一、三、四卷的第一～六章和第八章，下册为第七章。

  六、本示范文本未另行制定资格预审办法，项目招标前需要进行资格预审的，应按《中华人民共和国 2007 年版标准施工招标资格预审文件》的规定执行，由招标人按本示范文本的有关规定，并根据工程建筑物施工质量和安全的具体要求，提出具体的资格预审条件。

  七、本示范文本第一卷第一章的重复章号，是供招标人根据工程项目的具体情况选择使用的。招标人按照上述第一章的格式发布招标公告或发出投标邀请书后，应将实际发布的招标公告或发出的投标邀请书编入招标文件中，作为投标邀请。

  八、本示范文本第一卷第二章包括"投标人须知"正文及"投标人须知前附表"。投标人投标时，应认真阅读"投标人须知"正文。"投标人须知前附表"是供投标人方便阅读的索引，两者表述出现不一致时，应以"投标人须知"正文为准。

  九、本示范文本第三章"评标办法"分别规定了综合评估法和经评审的最低评标价法两种评标方法，供投标人根据招标项目的具体特点和实际需要选择使用。大中型水电工程项目的评标，建议招标人在组织评标中，使用国家标准施工招标文件和本示范文本推荐的综合评估法，结合招标项目的具体特点和实际需要，对各项目投标文件进行评标价的计算和分析，以加强对各投标人投标响应性的评估。投标人可在遵守中华人民共和国招标投标法的公开、公正、公平原则的基础上，自主确定各评审因素及其评审标准。

  十、标准施工招标文件第四章"合同条款及格式"分为第一节"通用合同条款"、第二节"专用合同条款"及第三节"合同附件格式"。本示范文本的"通用合同条款"将不加修改地全文采用国家标准施工招标文件的"通用合同条款"，仅根据水电行业及其招标项目的具体特点和实际需要，编制供行业和招标项目使用的"专用合同条款"。

  十一、水电工程项目的招标人在编制其项目的施工招标和合同文件时，不得删除"通用合同条款"中的任何条款。项目招标人可根据招标项目的具体特点和实际需要，在"专用合同条款"中进行补充、细化和修改，但其补充、细化和修改的内容不得违背上述第三条所列的各项法律、法规和条例的有关规定。

  十二、本示范文本第五章"工程量清单"是招标人提供投标人进行报价的项目清单。水电工程项目工程量清单的分组及编号方法沿用原《水利水电工程施工合同和招标文件示范文本》（GF-2000-0208）推荐的"按单位工程分组"和"按专业工程分组"两种模式。本章工程量清单报价表中还附有总价承包项目分解表、分部分项工程报价费用构成表、暂估价表、暂列金额明细表、计日工表、总承包服务费计价表，以及人工、材料、施工机械台时等各类预算单价表等格式。

  十三、本示范文本第六章"图纸"应包括招标人列入施工招标和合同文件的"招标图纸"，以及在履行合同过程中，由项目发包人发给承包人直接用于施工的"施工图纸"。

  在当前我国推行的水电工程建设管理体制中，施工招标和合同文件的"招标图纸"和"施工图纸"均由发包人以咨询服务合同的形式，委托具有相应设计资质的设计人承担。发包人应将本合同招标图纸和施工图纸的管理纳入施工招标和合同管理的轨道，以保证发包人顺利进行水电建设工程的进度和质量控制。

十四、本示范文本的第七章"技术条款",即标准施工招标文件的第三卷第七章"技术标准和要求",它是投标人进行报价,以及发包人在履行合同中进行工程管理和执行计量支付的实物依据。

十五、本示范文本技术条款不是技术标准,不能直接作为技术标准使用,其主要功能是提供施工招标文件编制者编写项目技术条款的参考范例,目的是指导施工招标文件编制者根据国家的法律法规,以及国家和行业颁布的技术标准和规程规范,编写出符合工程项目施工安装要求的项目技术条款。

十六、编入施工合同的技术条款是构成施工合同的重要组成部分。施工合同条款划清发包人和承包人双方在合同中各自的责任、权利和义务,而技术条款则是双方责任、权利和义务在工程施工中的具体延伸,也是甄别施工合同的责任、权利和义务在工程安全和施工质量管理等实物操作领域的有力武器;技术条款也是发包人和监理人在工程施工过程中实施进度、质量和费用控制的操作程序和方法。

十七、投标人按本使用指南第十～十二条规定编制的工程量清单、图纸和技术条款应做到相互衔接对应。包括:

(1)招标图纸和施工图纸所标示的全部工程建筑物布置及其结构细部,均应在工程量清单中列出具体的计量支付项目,并在技术条款中规定各计量支付项目的材料和工艺标准及其施工技术要求;

(2)工程量清单中每个支付项目的工程量,均应在相对应的施工图纸和技术条款中说明具体支付范围和方法。

十八、本示范文本第四卷第八章"投标文件格式"是招标人提供给投标人编制项目投标文件的格式和内容。投标人编制投标文件时,应认真参阅"投标人须知",充分响应招标文件的各项要求,根据本章规定的格式,真实地填报项目投标文件的各项内容。

投标人编制投标文件时,可根据其投标项目的具体特点和实际需要,对本章的格式和内容进行补充和局部修改,但不得删除其中任何一项实质性内容。

十九、本示范文本的解释单位为水电水利规划设计总院(可再生能源定额站)。

二十、本示范文本自国家能源局颁布之日起正式施行。

# 目　　录

第 一 卷

# 第一章  招标公告（未进行资格预审）

## _____（项目名称）_____标段施工招标公告

## 1  招标条件

本招标项目_____（项目名称）已由_____（项目审批、核准或备案机关名称）以_____（批文名称及编号）批准建设，项目业主为_____，建设资金来自_____（资金来源），项目出资比例为_____，招标人为_____。项目已具备招标条件，现对该项目_____标段施工进行公开招标。

## 2  项目概况与招标范围

_____（说明本次招标项目的建设地点、规模、对外交通、节点工期、计划工期、招标范围、标段划分、主要工程量等）。

使用说明：

（1）对水电工程而言，地处边远，对外交通情况介绍非常重要；

（2）工程复杂，关键线路可能随工程的进展发生变化，对进度计划中的关键节点工期，必须予以控制，才能保证施工总进度计划如期实施。

## 3  投标人资格要求

**3.1**  本次招标要求投标人须具备_____资质，_____业绩，并在人员、设备、资金等方面具有相应的施工能力。

**3.2**  本次招标_____（接受或不接受）联合体投标。联合体投标的，应满足下列要求：_____。

**3.3**  各投标人均可就上述标段中的_____（具体数量）个标段投标。

使用说明：

水电工程招标应着重说明要求投标人提供类似本工程（或标段）建筑物的业绩要求；招标人应根据本招标工程（或标段）的具体特点设置相应的业绩要求，可采用比招标项目相似或略低的指标要求。

如招标标段为挡水建筑物，要求的业绩为大坝工程业绩；根据招标的大坝材料分为混凝土坝（拱坝）、碾压混凝土坝、面板堆石坝、土坝等，要求的业绩建议以坝型及坝高控制。

如招标标段为引水建筑物，要求的业绩为引水工程业绩；根据招标的引水建筑物结构分为压力引水隧洞、长引水明渠（包括越沟渡槽和涵管）、交通运输隧洞等，要求的业绩如压力引水隧洞以断面尺寸和承压水头控制；交通运输隧洞和长引水明渠以断面尺寸控制。

如招标标段为厂区建筑物，要求的业绩为厂房工程业绩；根据招标的厂房型式分为地下厂房、地面式厂房、河床式厂房等。

如招标标段为机电安装工程，要求的业绩应为同类型水轮发电机组业绩，建议以机组的容量和承压水头控制。

如招标标段为人工砂石料系统，要求的业绩应以单位时间内的生产能力控制。

## 4 招标文件的获取

**4.1** 凡有意参加投标者，请于____年__月__日至____年__月__日（法定公休日、法定节假日除外），每日上午___时至___时，下午___时至___时（北京时间，下同），在_____（详细地址）持单位介绍信购买招标文件。

**4.2** 招标文件每套售价_____元，售后不退。

使用说明：

（1）招标文件的售价以收取工本费为原则。水电工程采用招标设计图纸招标，一般提供图纸不要求图纸押金，也不要求退还招标图纸。

（2）水电工程施工现场情况复杂，在招标时要求踏勘现场，一般不采用邮购方式出售招标文件。

## 5 现场踏勘及投标预备会

**5.1** 招标人统一组织各投标人于__月__日__时___分在_____（地点）集中前往工地现场踏勘，现场踏勘时间为_____天。投标人踏勘现场所需的交通车辆由_____（投标人自备/招标人免费提供）。

**5.2** 招标人定于__月__日__时___分在_____（地点）举行投标预备会，投标预备会上招标人将介绍项目情况并回答投标人就招标文件的澄清问题。

使用说明：

根据水电工程特点和实际需要，增加本节内容。

## 6 投标文件的递交

**6.1** 投标文件递交的截止时间（投标截止时间，下同）为___月__日____时____分，地点为_____。

**6.2** 逾期送达的或者未送达指定地点的投标文件，招标人不予受理。

## 7 发布公告的媒介

本次招标公告同时在_____（发布公告的媒介名称）上发布。

## 8 联系方式

招　标　人（或招标代理机构）：_____

地　　　址：_____

邮　　　编：_____

联　系　人：_____

电　　　话：_____

传　　　真：_____

电子邮件：_____

网　　　址：_____

开户银行：_____

账　　　号：_____

年　　　月　　　日

# 第一章　投标邀请书（适用于邀请招标）

## _____（项目名称）_____标段施工投标邀请书

_____（被邀请单位名称）

## 1　招标条件

本招标项目_____（项目名称）已由_____（项目审批、核准或备案机关名称）以_____（批文名称及编号）批准建设，项目业主为_____，建设资金来自_____（资金来源），项目出资比例为_____，招标人为_____。项目已具备招标条件，现邀请你单位参加_____（项目名称）_____标段施工投标。

## 2　项目概况与招标范围

_____（说明本次招标项目的建设地点、规模、对外交通、节点工期、计划工期、招标范围、标段划分、主要工程量等）。

使用说明：

（1）对水电工程而言，常地处边远，查清对外交通情况非常重要；

（2）关键线路可能随工程进展发生变化，对进度计划中的关键节点工期，必须予以控制，才能保证施工总进度计划如期实施。

## 3　投标人资格要求

**3.1**　本次招标要求投标人须具备_____资质，_____业绩，并在人员、设备、资金等方面具有相应的施工能力。

**3.2**　你单位_____（可以或不可以）组成联合体投标。联合体投标的，应满足下列要求：_____。

使用说明：

招标人对投标人的业绩要求，应根据具体标段的工程特点设置，如：

（1）招标标段为挡水建筑物，要求的业绩为大坝工程业绩；根据招标的大坝材料分为混凝土坝（拱坝）、碾压混凝土坝、面板堆石坝、土坝等，要求的业绩建议以坝型及坝高控制。

（2）如招标标段为引水建筑物，要求的业绩为引水工程业绩；根据招标的引水建筑物结构分为压力引水隧洞、长引水明渠（包括越沟渡槽和涵管）、交通运输隧洞等，要求的业绩如压力引水隧洞以断面尺寸和承压水头控制；交通运输隧洞和长引水明渠以断面尺寸控制。

（3）如招标标段为厂区建筑物，要求的业绩为厂房工程业绩；根据招标的厂房型式分为地下厂房、地面式厂房、河床式厂房等，要求的业绩如地下厂房建议以平面尺寸和高度控制，地面厂房建议以跨度和高度控制。

（4）如招标标段为机电安装工程，要求的业绩应为同类型水轮发电机组业绩，建议以机组的容量和承压水头控制。

（5）如招标标段为人工砂石料系统，要求的业绩应以单位时间内的生产能力控制。

（6）招标人还可对投标人的项目经理、技术负责人，专职安全员人数，施工设备，资金等方面提出专门要求。

## 4 招标文件的获取

**4.1** 请于____年__月__日至____年__月_日（法定公休日、法定节假日除外），每日上午____时至____时，下午____时至____时（北京时间，下同），在_____（详细地址）持本投标邀请书购买招标文件。

**4.2** 招标文件每套售价_____元，售后不退。

使用说明：

（1）招标文件的售价以收取工本费为原则。水电工程采用招标设计图纸招标，一般提供图纸不要求图纸押金，也不要求退还招标图纸。

（2）水电工程施工现场情况复杂，在招标时应要求投标人踏勘现场，一般情况下，可由投标人在现场直接购买，不需邮购。

## 5 现场踏勘及投标预备会

**5.1** 招标人统一组织各投标人于___月__日____时___分在_____（地点）集中前往工地现场踏勘，现场踏勘时间为_____天。投标人踏勘现场所需的交通车辆由_____（投标人自备/招标人免费提供）。

**5.2** 招标人定于___月__日____时___分在_____（地点）举行投标预备会，投标预备会上招标人将介绍项目情况并回答投标人就招标文件的澄清问题。

使用说明：

根据水电工程特点和实际需要，增加本节内容。

## 6 投标文件的递交

**6.1** 投标文件递交的截止时间（投标截止时间，下同）为___月___日___时___分，地点为_____。

**6.2** 逾期送达的或者未送达指定地点的投标文件，招标人不予受理。

## 7 投标邀请书的确认

你单位收到本投标邀请书后，请于_____（具体时间）时前以传真或快递方式予以确认，并明确是否参加本次投标。

使用说明：

本节根据水电工程特点要求投标人在收到投标邀请书后，明确是否参加本次投标。

## 8 联系方式

招 标 人（或招标代理机构）：_____
地　　　址：_____
邮　　　编：_____
联 系 人：_____
电　　　话：_____
传　　　真：_____

电子邮件：_____

网　　址：_____

开户银行：_____

账　　号：_____

　　　　　　　　　　　　　　　　　　　　　　　年　　月　　日

# 第一章　投标邀请书（代资格预审通过通知书）

## _____（项目名称）_____标段施工投标邀请书

_____（被邀请单位名称）

你单位已通过资格审查，现邀请你单位按招标文件规定的内容，参加_____（项目名称）_____标段施工投标。

请你单位于___年___月__日至___年___月___日（法定公休日、法定节假日除外），每日上午___时至___时，下午___时至___时（北京时间，下同），在_____（详细地址）持本投标邀请书购买招标文件。

招标文件每套售价_____元，售后不退。

邮购招标文件的，需另加手续费（含邮费）_____元。招标人在收到单位介绍信和邮购（含手续费）后_____日内寄送。

使用说明：

水电工程采用招标设计图纸招标，一般提供图纸不要求图纸押金，也不要求退还招标图纸；水电工程施工现场情况复杂，在招标时要求踏勘现场，不采用邮购方式出售招标文件。

递交投标文件的截止时间（投标截止时间，下同）为___年___月___日___时___分，地点为_____。

逾期送达的或者未送达指定地点的投标文件，招标人不予受理。

你单位收到本投标邀请书后，请于_____（具体时间）时前以传真或快递方式予以确认。

招 标 人（或招标代理机构）：_____

地　　　址：_____

邮　　　编：_____

联 系 人：_____

电　　　话：_____

传　　　真：_____

电子邮件：_____

网　　　址：_____

开户银行：_____

账　　　号：_____

年　　月　　日

# 第二章 投标人须知

## 投标人须知前附表

| 条款号 | 条款名称 | 编列内容 |
|---|---|---|
| 1.1.4 | 项目名称 | |
| 1.9 | 踏勘现场 | 集合时间：<br>集合地点： |
| 1.10 | 投标预备会 | 召开时间：<br><br>召开地点： |
| 2.2.1 | 投标人要求澄清招标文件的截止时间 | ____月____日____时前 |
| 2.2.2<br>2.3.1 | 招标人对澄清问题的答复和对招标文件修改的时间 | ____月____日____时前 |
| 3.3.1 | 投标有效期 | _____天 |
| 3.4.1 | 投标保证金 | 投标保证金的形式：<br>投标保证金的金额： |
| 3.7.4 | 投标文件副本份数 | _____份 |
| 4.2.2 | 递交投标文件时间及地点 | 递交时间：___月___日____时____分—____时____分<br>递交地点： |
| 4.4 | 递交投标文件截止时间 | 时间：___月___日____时____分 |
| 5.1 | 开标时间和地点 | 开标时间：___月___日____时____分<br><br>开标地点： |
| 7.3.1 | 履约担保 | 履约担保的形式：<br>履约担保的金额： |

使用说明：

    根据水电工程的招标工作特点，为严密招标文件编制结构，并要求投标人仔细阅读投标人须知，本范本将需要投标人获知的招投标规则及招标工作内容均编入投标人须知正文中。投标人须知前附表仅作为投标人须知正文的索引，以方便阅读。

# 1 总则

## 1.1 项目概况

**1.1.1** 根据《中华人民共和国招标投标法》等有关法律、法规和规章的规定，本招标项目已具备招标条件，现对本标段施工进行招标。

**1.1.2** 本招标项目业主：_____

**1.1.3** 本招标项目招标人：_____

**1.1.4** 本招标项目名称：_____

**1.1.5** 项目概况：_____

使用说明：

　　项目概况与招标范围在招标公告（或投标邀请书）、投标须知以及技术条款中均有介绍，招标公告中仅为简单说明，技术条款中介绍最为详尽。注意三次介绍不要出现相互矛盾，投标须知中对项目概况与招标的具体工程范围可以指向技术条款。

## 1.2 资金来源和落实情况

**1.2.1** 本招标项目的资金来源：_____

**1.2.2** 本招标项目的出资情况：_____

**1.2.3** 本招标项目的资金落实情况：_____

## 1.3 招标范围、计划工期和质量要求

**1.3.1** 本次招标范围：_____

**1.3.2** 本标段的计划工期：_____

**1.3.3** 本标段的质量要求：_____

## 1.4 投标人资格要求（适用于已进行资格预审的）

　　投标人应是收到招标人发出投标邀请书的单位。

## 1.4 投标人资格要求（适用于未进行资格预审的）

**1.4.1** 投标人应具备承担本标段施工的资质条件、能力和信誉。

　　（1）资质条件：与招标公告或投标邀请书中的资格要求一致。

　　（2）财务要求：_____

　　（3）业绩要求：与招标公告或投标邀请书中的资格要求一致。

　　（4）信誉要求：_____

　　（5）项目经理资格：_____

　　（6）其他要求：与招标公告或投标邀请书中的资格要求一致。

使用说明：

　　本处表述的内容与招标公告或投标邀请书应保持一致。

**1.4.2** 接受联合体投标的，除应符合本章第 1.4.1 项的要求外，还应遵守以下规定：

　　（1）联合体各方应按招标文件提供的格式签订联合体协议书，明确联合体牵头人和各方权利义务；

　　（2）由同一专业的单位组成的联合体，按照资质等级较低的单位确定资质等级；

（3）联合体各方不得再以自己名义单独或参加其他联合体在同一标段中投标。

**1.4.3** 投标人不得存在下列情形之一：

（1）为招标人不具有独立法人资格的附属机构（单位）；

（2）为本标段前期准备提供设计或咨询服务的，但设计施工总承包的除外；

（3）为本标段的监理人；

（4）为本标段的代建人；

（5）为本标段提供招标代理服务的；

（6）与本标段的监理人或代建人或招标代理机构同为一个法定代表人的；

（7）与本标段的监理人或代建人或招标代理机构相互控股或参股的；

（8）与本标段的监理人或代建人或招标代理机构相互任职或工作的；

（9）被责令停业的；

（10）被暂停或取消投标资格的；

（11）财产被接管或冻结的；

（12）在最近三年内有骗取中标或严重违约或重大工程质量问题的。

## 1.5 费用承担

投标人准备和参加投标活动发生的费用_____（自理/发包人给予补偿，补偿标准为_____万元）。

使用说明：

投标人准备和参加投标活动发生的费用可由投标人自理，或考虑到水电工程地处偏远、现场情况复杂、投标准备发生的费用较大，发包人也可对未中标的投标人准备和参加投标活动发生的费用进行补偿。

## 1.6 保密

参与招标投标活动的各方应对招标文件和投标文件中的商业和技术等秘密保密，违者应对由此造成的后果承担法律责任。

## 1.7 语言文字

除专业术语外，与招标投标有关的语言均使用中文。必要时专业术语应附有中文注释。

## 1.8 计量单位

所有计量均采用中华人民共和国法定计量单位。

## 1.9 踏勘现场

**1.9.1** 招标人按招标公告或投标邀请书中规定的时间、地点组织投标人踏勘项目现场。

**1.9.2** 投标人踏勘现场发生的费用自理。

**1.9.3** 除招标人的原因外，投标人自行负责在踏勘现场中所发生的人员伤亡和财产损失。

**1.9.4** 招标人在踏勘现场中介绍的工程场地和相关的周边环境情况，供投标人在编制投标文件时参考，招标人不对投标人据此作出的判断和决策负责。

## 1.10 投标预备会

**1.10.1** 招标人按招标公告或投标邀请书规定的时间和地点召开投标预备会，澄清投标人提出的问题。

**1.10.2** 投标人应在投标预备会前，以书面形式将提出的问题送达招标人，以便招标人在会议期间澄清。

**1.10.3** 投标预备会后，招标人在投标截止时间 15 天前，将对投标人所提问题的澄清，以书面方式通知所有购买招标文件的投标人。该澄清内容为招标文件的组成部分。

## 1.11 分包

招标人允许投标人拟在中标后将中标项目的部分非主体、非关键性工作进行分包的工作_____，并对分包企业提出的资格要求：_____。

使用说明：

招标人明确允许分包的具体工作，并对分包企业的资格提出要求，如××专业承包××级资格。

## 1.12 偏离

招标人不允许投标文件偏离招标文件的要求。

如允许偏离，允许偏离的范围和幅度：_____。

使用说明：

招标人如允许偏离，应明确允许偏离的范围和幅度。

# 2 招标文件

## 2.1 招标文件的组成

本招标文件包括：

（1）招标公告（或投标邀请书）；

（2）投标人须知；

（3）评标办法；

（4）合同条款及格式；

（5）工程量清单；

（6）图纸；

（7）技术条款；

（8）投标文件格式；

（9）投标人须知前附表规定的其他材料。

根据本章第 1.10 款、第 2.2 款和第 2.3 款对招标文件所作的澄清、修改，构成招标文件的组成部分。

## 2.2 招标文件的澄清

**2.2.1** 投标人应仔细阅读和检查招标文件的全部内容。如发现缺页或附件不全，应及时向招标人提出，以便补齐。如有疑问，应在____年____月____日前，以书面形式（包括信函、电报、传真等可以有形地表现所载内容的形式，下同）要求招标人对招标文件予以澄清。

**2.2.2** 招标文件的澄清将在投标截止时间 15 天前以书面形式发给所有购买招标文件的投标人，但不指明澄清问题的来源。如果澄清发出的时间距投标截止时间不足 15 天，相应延长投标截止时间。

**2.2.3** 投标人在收到澄清后，应在澄清答复中规定的时间内，以书面形式通知招标人，确认已收到该澄清问题。

## 2.3 招标文件的修改

**2.3.1** 在投标截止时间 15 天前，招标人可以书面形式修改招标文件，并通知所有已购买招标文件的投标人。如果修改招标文件的时间距投标截止时间不足 15 天，相应延长投标截止时间。

**2.3.2** 投标人收到修改内容后，应在澄清答复中规定的时间内，以书面形式通知招标人，确认已收到该修改。

# 3 投标文件

## 3.1 投标文件的组成

**3.1.1** 投标文件应包括下列内容：
 （1）投标函及投标函附录；
 （2）法定代表人身份证明或附有法定代表人身份证明的授权委托书；
 （3）联合体协议书（如有）；
 （4）投标保证金；
 （5）已标价工程量清单及附表；
 （6）施工组织设计；
 （7）项目管理机构；
 （8）拟分包项目情况表；
 （9）资格审查资料；
 （10）投标人须知规定的其他材料。

**3.1.2** 投标人须知规定不接受联合体投标的，或投标人没有组成联合体的，投标文件不包括本章 3.1.1（3）目所提的联合体协议书。

使用说明：
 3.1.1（5）已标价工程量清单及附表中要求附表的内容详见第五章 4.7 款工程量清单报价计算分析及附表。

## 3.2 投标报价

**3.2.1** 投标人应按第五章"工程量清单"的要求填写相应表格。

**3.2.2** 投标人在投标截止时间前修改投标函中的投标总报价，应同时修改第五章"工程量清单"中的相应报价。此修改须符合本章第 4.3 款的有关要求。

## 3.3 投标有效期

**3.3.1** 本次招标的投标有效期为_____天，在投标有效期内，投标人不得要求撤销或修改其投标文件。

**3.3.2** 出现特殊情况需要延长投标有效期的，招标人以书面形式通知所有投标人延长投标有效期，延长的投标有效期最多为_____天。投标人同意延长的，应相应延长其投标保证金的有效期，但不得要求或被允许修改或撤销其投标文件；投标人拒绝延长的，其投标失效，但投标人有权收回其投标保证金。

## 3.4 投标保证金

**3.4.1** 投标人在递交投标文件的同时，应按招标人规定的金额、担保形式递交投标保证金，并作为其投标文件的组成部分。联合体投标的，其投标保证金由牵头人递交，并应符合本条的规定。招标人规定投标保证金金额为_____万元，规定投标保证金采用_____（银行保函、保兑支票、银行汇票、现金支票或现金）_____形式。采用银行保函形式的，形式按第八章"投标文件格式"规定的投标保证金格式。采用保兑支票、银行汇票形式的，接受投标保证金的单位名称、开户银行及银行账号见本章 3.4.6 项。

**3.4.2** 投标人不按本章第 3.4.1 项要求提交投标保证金的，其投标文件作废标处理。

**3.4.3** 招标人与中标人签订合同后 5 个工作日内，向未中标的投标人和中标人退还投标保证金。

**3.4.4** 有下列情形之一的，投标保证金将不予退还：

（1）投标人在规定的投标有效期内撤销或修改其投标文件；

（2）中标人在收到中标通知书后，无正当理由拒签合同协议书或未按招标文件规定提交履约担保。

**3.4.5** 保证金采用担保形式的，有效期为投标文件有效期再加__天延长期。

**3.4.6** 本次招标接受投标保证金的单位名称、开户银行及银行账号如下：

单位名称：

开户银行：

银行账号：

使用说明：

（1）3.4.1 中规定投标保证金金额及形式。

（2）采用担保形式的，招标人为免招损失，保证金有效期要延长，应考虑邮寄、快递等路途中的时间及各种可能出现的情况，一般延长 28 天。

（3）3.4.5、3.4.6 根据规定的形式有选择地使用。

## 3.5 资格审查资料（适用于已进行资格预审的）

投标人在编制投标文件时，应按新情况更新或补充其在申请资格预审时提供的资料，以证实其各项资格条件仍能继续满足资格预审文件的要求，具备承担本标段施工的资质条件、能力和信誉。

## 3.5 资格审查资料（适用于未进行资格预审的）

**3.5.1** "投标人基本情况表"应附投标人营业执照副本及其年检合格的证明材料、资质证书副本和安全生产许可证等材料的复印件。

**3.5.2** "近三年财务状况表"应附经会计师事务所或审计机构审计的财务会计报表，包括资产负债表、现金流量表、利润表和财务情况说明书的复印件。

**3.5.3** "近年完成的类似项目情况表"应附中标通知书和（或）合同协议书、工程接收证书（工程竣工验收证书）的复印件。每张表格只填写一个项目，并标明序号。

**3.5.4** "正在施工和新承接的项目情况表"应附中标通知书和（或）合同协议书复印件。每张表格只填写一个项目，并标明序号。

**3.5.5** "近三年发生的诉讼及仲裁情况"应说明相关情况，并附法院或仲裁机构作出的判决、裁决等有关法律文书复印件。

**3.5.6** 接受联合体投标的，本章第 3.5.1 项至第 3.5.5 项规定的表格和资料应包括联合体各方相关情况。

使用说明：

水电工程施工工期长，近年完成的类似项目应根据招标工程的具体情况，可明确为"近八年或近五年"，不宜采用"近三年"。

## 3.6 备选投标方案

除另有规定外，不允许投标人递交备选投标方案。招标人允许投标人递交备选投标方案的，只有中标人所递交的备选投标方案方可予以考虑。评标委员会认为中标人的备选投标方案优于其按照招标文件要求编制的投标方案的，招标人可以接受该备选投标方案。

### 3.7 投标文件的编制

**3.7.1** 投标文件应按第八章"投标文件及其格式"进行编写，如有必要，可以增加附页，作为投标文件的组成部分。其中，投标函附录在满足招标文件实质性要求的基础上，可以提出比招标文件要求更有利于招标人的承诺。

**3.7.2** 投标文件应当对招标文件有关工期、投标有效期、质量要求、技术标准和要求、招标范围等实质性内容作出响应。

**3.7.3** 投标文件应用不褪色的材料书写或打印，并在招标文件要求签字盖章处由投标人的法定代表人或其委托代理人签字或盖单位章。委托代理人签字的，投标文件应附法定代表人签署的授权委托书。投标文件应尽量避免涂改、行间插字或删除。如果出现上述情况，改动之处应加盖单位章或由投标人的法定代表人或其授权的代理人签字确认。

**3.7.4** 投标文件正本一份，副本＿＿＿份。正本和副本的封面上应清楚地标记"正本"或"副本"的字样并盖单位章。当副本和正本不一致时，以正本为准。中标后补充投标文件副本＿＿＿份。

**3.7.5** 投标文件的正本与副本应分别装订成册，并编制目录。成册的投标文件不得采用活页装订，如采用活页装订由此而引起的投标文件缺页等导致废标的，由投标人自行承担责任。

使用说明：

（1）已标价工程量清单及附表中的附表可单独装订，并可酌情减少提供份数。

（2）招标人可要求投标人提供投标文件电子版。

## 4 投标

### 4.1 投标文件的密封和标识

**4.1.1** 投标文件的正本与副本应分开包装，加贴封条，并在封套的封口处加盖投标人单位章或密封章。

**4.1.2** 投标文件的封套上应清楚地标记"正本"或"副本"字样，封套上应写明招标人名称、投标文件的具体名称、投标人名称及地址，并写明在投标文件截止时间前不得开启。

**4.1.3** 未按本章第 4.1.1 项或第 4.1.2 项要求密封和加写标记的投标文件，招标人不承担放错而错失开标或泄密的责任。

使用说明：

如招标人要求投标人提供投标文件电子版的，应明确电子版包装在投标文件的正本包装中。

### 4.2 投标文件的递交

**4.2.1** 投标人应在本章第 4.4 款规定的投标截止时间前递交投标文件，本次招标接受投标文件的时间为＿＿＿年＿＿＿月＿＿＿日＿＿＿时＿＿＿分前。

**4.2.2** 投标人递交投标文件的地点：＿＿＿＿＿＿＿＿＿＿＿＿＿＿＿＿＿＿＿＿＿＿。

**4.2.3** 除本章 4.2 款另有规定外，投标人所递交的投标文件不予退还。

**4.2.4** 招标人收到投标文件后，向投标人出具签收凭证。

**4.2.5** 逾期送达的或者未送达指定地点的投标文件，招标人不予受理。

### 4.3 投标文件的修改与撤回

**4.3.1** 在本章第 4.4 款规定的投标截止时间前，投标人可以修改或撤回已递交的投标文件，但应以书面形式通知招标人。

**4.3.2** 投标人修改或撤回已递交投标文件的书面通知应按照本章第 3.7.3 项的要求签字或盖章。招标人收到书面通知后，向投标人出具签收凭证。

**4.3.3** 修改的内容为投标文件的组成部分。修改的投标文件按照本章第 3 条、第 4 条的有关规定进行编制、密封、标记和递交，并标明"修改"字样。

**4.4  递交投标文件的截止时间**

递交投标文件的截止时间为＿＿年＿＿月＿＿日＿＿时＿＿分。

## 5  开标

**5.1  开标时间和地点**

招标人在＿＿年＿＿月＿＿日＿＿时＿＿分，在＿＿＿＿＿＿＿＿＿＿＿＿＿（详细地址）公开开标，招标人在此邀请所有投标人的法定代表人或其委托代理人准时参加。

**5.2  开标程序**

主持人按下列程序进行开标：

（1）宣布开标纪律；

（2）公布在投标截止时间前递交投标文件的投标人名称，并点名确认投标人是否派人到场；

（3）宣布开标人、唱标人、记录人、监标人等有关人员姓名；

（4）按照本章 4.1 款的规定检查投标文件的密封情况；

（5）宣布开标顺序，开标按投标文件递交的逆序进行开标，即先交后开；

（6）设有标底的，公布标底；

（7）按照宣布的开标顺序当众开标，公布投标人名称、标段名称、投标保证金的递交情况、投标报价、质量目标、工期及其他内容，并记录在案；

（8）投标人代表、招标人代表、监标人、记录人等有关人员在开标记录上签字确认；

（9）开标结束。

只要开标记录与投标函中的内容一致，无论投标人代表是否在开标记录上签字，开标有效。

使用说明：

目前出现开标后投标人未签字确认的情况，为避免扰乱正常的评标工作，增加"只要开标记录与投标函中的内容一致，无论投标人代表是否在开标记录上签字，开标有效。"

## 6  评标

**6.1  评标委员会**

**6.1.1** 评标由招标人依法组建的评标委员会负责。评标委员会由招标人熟悉相关业务的代表，以及有关技术、经济等方面的专家组成。评标委员会成员人数为 5 人及以上单数，其中招标人代表不得超过评标委员会总数的 1/3。

**6.1.2** 评标委员会成员有下列情形之一的，应当回避：

（1）招标人或投标人的主要负责人的近亲属；

（2）项目主管部门或者行政监督部门的人员；

（3）与投标人有经济利益关系，可能影响对投标公正评审的；

（4）曾因在招标、评标以及其他与招标投标有关活动中从事违法行为而受过行政处罚或刑事处罚的。

## 6.2 评标原则

评标活动遵循公平、公正、科学和择优的原则。

## 6.3 评标

评标委员会按照第三章"评标办法"规定的方法、评审因素、标准和程序对投标文件进行评审。第三章"评标办法"没有规定的方法、评审因素和标准，不作为评标依据。

# 7 合同授予

## 7.1 定标方式

招标人依据评标委员会推荐的中标候选人确定中标人，评标委员会推荐中标候选人的人数为_____（选择1~3）家。招标人也可以委托评标委员会直接确定中标人。

本次招标由_____（招标人/评标委员会）确定中标人。

## 7.2 中标通知

在本章第 3.3 款规定的投标有效期内，招标人以书面形式向中标人发出中标通知书，同时将中标结果通知未中标的投标人。

## 7.3 履约担保

**7.3.1** 在签订合同前，中标人应按招标文件规定的金额、担保形式和招标文件第四章"合同条款及格式"规定的履约担保格式向招标人提交履约保函。联合体中标的，其履约担保由牵头人递交，并应符合招标文件规定的金额、担保形式和招标文件第四章"合同条款及格式"规定的履约担保格式要求。

**7.3.2** 中标人不能按本章第 7.3.1 项要求提交履约担保的，视为放弃中标，其投标保证金不予退还，给招标人造成的损失超过投标保证金数额的，中标人还应当对超过部分予以赔偿。

## 7.4 签订合同

**7.4.1** 发包人和中标人应当自中标通知书发出之日起 30 天内，根据招标文件和中标人的投标文件订立书面合同。中标人无正当理由拒签合同的，发包人取消其中标资格，其投标保证金不予退还；给发包人造成的损失超过投标保证金数额的，中标人还应当对超过部分予以赔偿。

**7.4.2** 发出中标通知书后，招标人无正当理由拒签合同的，招标人向中标人退还投标保证金；给中标人造成损失的，还应当赔偿损失。

# 8 重新招标和不再招标

## 8.1 重新招标

有下列情形之一的，招标人将重新招标：
（1）投标截止时间止，投标人少于 3 个的；
（2）经评标委员会评审后否决所有投标的。

## 8.2 不再招标

重新招标后投标人仍少于 3 个或者所有投标被否决的，属于必须审批或核准的工程建设项目，经原审批或核准部门批准后不再进行招标。

## 9 纪律和监督

### 9.1 对招标人的纪律要求

招标人不得泄露招标投标活动中应当保密的情况和资料，不得与投标人串通损害国家利益、社会公共利益或者他人合法权益。

### 9.2 对投标人的纪律要求

投标人不得相互串通投标或者与招标人串通投标，不得向招标人或者评标委员会成员行贿谋取中标，不得以他人名义投标或者以其他方式弄虚作假骗取中标；投标人不得以任何方式干扰、影响评标工作。

### 9.3 对评标委员会成员的纪律要求

评标委员会成员不得收受他人的财物或者其他好处，不得向他人透露对投标文件的评审和比较、中标候选人的推荐情况以及评标有关的其他情况。在评标活动中，评标委员会成员不得擅离职守，影响评标程序正常进行，不得使用第三章"评标办法"没有规定的评审因素和标准进行评标。

### 9.4 对与评标活动有关的工作人员的纪律要求

与评标活动有关的工作人员不得收受他人的财物或者其他好处，不得向他人透露对投标文件的评审和比较、中标候选人的推荐情况以及评标有关的其他情况。在评标活动中，与评标活动有关的工作人员不得擅离职守，影响评标程序正常进行。

### 9.5 投诉

投标人和其他利害关系人认为本次招标活动违反法律、法规和规章规定的，有权向有关行政监督部门投诉。

## 10 需要补充的其他内容

（招标人可在本条中说明其他需要补充的内容，但不得与上述第 1 ~ 9 条的内容相抵触，否则抵触的内容无效。）

# 投标人须知附件

使用说明：

"以下附件一～附件六"格式仅供招标人参考，招标人可根据工程项目的具体情况进行修改和补充。

## 附件一：开标记录表

**_____（项目名称）_____标段施工开标记录表**

| 序号 | 投标人 | 密封情况 | 投标保证金（元） | 投标报价（元） | 质量目标 | 工期 | 备注 | 签名 |
|------|--------|----------|------------------|----------------|----------|------|------|------|
|      |        |          |                  |                |          |      |      |      |
|      |        |          |                  |                |          |      |      |      |
|      |        |          |                  |                |          |      |      |      |
|      |        |          |                  |                |          |      |      |      |
|      |        |          |                  |                |          |      |      |      |
|      |        |          |                  |                |          |      |      |      |
|      |        |          |                  |                |          |      |      |      |
|      |        |          |                  |                |          |      |      |      |
|      |        |          |                  |                |          |      |      |      |
|      |        |          |                  |                |          |      |      |      |
|      |        |          |                  |                |          |      |      |      |
|      |        |          |                  |                |          |      |      |      |
|      |        |          |                  |                |          |      |      |      |
|      |        |          |                  |                |          |      |      |      |
|      |        |          |                  |                |          |      |      |      |
|      |        |          |                  |                |          |      |      |      |
|      |        |          |                  |                |          |      |      |      |
|      |        |          |                  |                |          |      |      |      |
|      |        |          |                  |                |          |      |      |      |
|      |        |          |                  |                |          |      |      |      |
| 招标人编制的标底 |  |  |  |  |  |  |  |  |

招标人代表：_____    记录人：_____        监标人：_____

___年 ___月___日

## 附件二：问题澄清通知

# 问 题 澄 清 通 知

编号：

_____（投标人名称）：

_____（项目名称）_____标段施工招标的评标委员会，对你方的投标文件进行了仔细的审查，现需你方对下列问题以书面形式予以澄清：

1.

2.

……

请将上述问题的澄清于____年____月____日____时前递交至_____（详细地址）或传真至_____（传真号码）。采用传真方式的，应在____年____月____日____时前将原件递交至_____（详细地址）。

评标工作组负责人：_____（签字）

___年___月___日

## 附件三：问题的澄清

# 问 题 的 澄 清

编号：

_____（项目名称）_____标段施工招标评标委员会：

问题澄清通知（编号：_____）已收悉，现澄清如下：

1.

2.

……

投标人：_____（盖单位章）

法定代表人或其委托代理人：_____（签字）

___年___月___日

**附件四：中标通知书**

# 中 标 通 知 书

_____（中标人名称）：

你方于_____（投标日期）所递交的_____（项目名称）_____标段施工投标文件已被我方接受，被确定为中标人。

中标价：_____元。

工　　期：_____日历天。

工程质量：符合_____标准。

项目经理：_____（姓名）。

请你方在接到本通知书后的_____日内到_____（指定地点）与我方签订施工承包合同，在此之前按招标文件第二章"投标人须知"第7.3款规定向我方提交履约担保。

特此通知。

招标人：_____（盖单位章）

法定代表人：_____（签字）

____年___月___日

## 附件五：中标结果通知书

## 中标结果通知书

_____（未中标人名称）：

我方已接受_____（中标人名称）于_____（投标日期）所递交的_____（项目名称）_____标段施工投标文件，确定_____（中标人名称）为中标人。

感谢你单位对我们工作的大力支持！

招标人：_____（盖单位章）

法定代表人：_____（签字）

____年___月___日

## 确　认　通　知

_____（招标人名称）：

　　我方已接到你方____年____月____日发出的_____（项目名称）_____标段施工招标关于_____的通知，我方已于___年___月___日收到。

　　特此确认。

.

投标人：_____（盖单位章）

___年___月___日

# 第三章 评标办法（综合评估法）

使用说明：

　　无论采用资格预审和资格后审方法，建议在评标阶段增加招标人对投标人（项目经理）申报的业绩进行考察或核实，并根据考察或核实情况对投标人的履约情况进行评审。对投标人（项目经理）业绩和履约情况核实可采用考察、录音电话、书面传真、电子邮件等形式进行。

## 1　评标方法

　　本次评标采用综合评估法。评标委员会对满足招标文件实质性要求的投标文件，按照本章第2.2款规定的评分标准进行打分，并按得分由高到低顺序推荐中标候选人，或根据招标人授权直接确定中标人，但投标报价低于其成本的除外。综合评分相等时，以投标报价低的优先；投标报价也相等的，由招标人自行确定。

## 2　评审标准

### 2.1　初步评审标准

**2.1.1**　形式评审标准：投标人名称与营业执照、资质证书、安全生产许可证一致，投标函应有法定代表人或其委托代理人签字，并加盖单位公章，投标文件格式符合第八章"投标文件格式"的要求，投标报价是唯一的。

**2.1.2**　资格评审标准（适用于未进行资格预审的）：具有有效的营业执照和安全生产许可证，资质等级、财务状况、类似项目业绩、信誉、项目经理和其他要求符合第二章"投标人须知"第1.4.1项规定，联合体投标人符合第二章"投标人须知"第1.4.2项规定（如有）。

**2.1.2**　资格评审标准（适用于已进行资格预审的）：见资格预审文件第三章"资格审查办法"详细审查标准。

**2.1.3**　响应性评审标准：投标内容、工期、工程质量符合第二章"投标人须知"第1.3款规定，投标有效期符合第二章"投标人须知"第3.3.1项规定，投标保证金符合第二章"投标人须知"第3.4.1项规定，权利义务符合第四章"合同条款及格式"规定，技术要求和标准符合第七章"技术条款"的规定。

### 2.2　分值构成与评分标准

**2.2.1**　分值构成

　　本次评标总分为100分，分以下内容：

　　（1）施工组织设计：＿＿＿＿＿＿＿分

　　（2）项目管理机构：＿＿＿＿＿＿＿分

　　（3）投标报价：＿＿＿＿＿＿＿＿＿分

　　（4）其他：＿＿＿＿＿＿＿＿＿＿＿分

　　（1）～（4）分值由招标人根据招标标段的具体情况设定。

**2.2.2**　评标基准价计算

　　由招标人根据招标标段的具体情况设定。

**2.2.3** 投标报价的偏差率计算

投标报价的偏差率采用评标价计算，评标价以投标人最终报价为基础，考虑投标报价中属招标文件原因造成发包范围或报价口径差异因素，以及按算术错误修正原则进行的算术错误修正进行计算。

投标报价的偏差率计算公式：偏差率＝100%×（投标人的评标价－评标基准价）/评标基准价

**2.2.4** 评分标准

（1）施工组织设计评分标准：

由招标人根据工程的具体情况设定。

使用说明：

对水电工程而言，施工组织设计最为重要，建议在四部分中占最大的分值比重。评分点由招标人根据工程的具体情况，建议从以下几方面考虑设置。

1）现场施工总布置的合理性；

2）安全度汛措施；

3）单项工程主要施工方案、施工方法和技术措施是否科学、合理、先进、可靠；

4）配备的施工设备数量、型号及进场时间能否满足本工程施工及进度的要求；

5）根据招标文件要求的节点进度，编制的施工进度计划是否合理、可行；

6）施工质量保证体系及措施（包括原材料、半成品、外购件的检验、试验，检测中心的设置等）；

7）施工安全保证体系及措施；

8）环境保护及水土保持措施；

9）工程信息管理；

10）其他技术方面。

（2）项目管理机构评分标准：

由招标人根据工程的具体情况和侧重设定。

使用说明：

要重视对项目经理业绩的考察和核实，招标人根据工程的具体情况和侧重设定，建议从以下几方面考虑设置。

1）项目经理任职与业绩；

2）技术负责人任职资格与业绩；

3）其他主要人员。

（3）投标报价评分标准：

由招标人根据招标标段的具体情况设定。

使用说明：

根据水电工程的特点，评标价计算偏差率的分值建议正偏差1%扣 $n$ 分，负偏差1%扣 $n/2$ 分，具体的 $n$ 值由招标人根据具体工程情况设定。

（4）其他：

由招标人根据招标标段的具体情况设定。

使用说明：

建议从以下方面考虑设置：

1）投标人具有 GB/T 19001—2000 质量体系认证、GB/T 24001—2004 环境管理体系、GB/T 28001—2001 职业健康安全管理体系，且在有效期内的；

2）根据投标报价计算的依据、方法、过程详尽程度，以及是否存在算术错误和工程量范围、数量误差，对报价质量进行评审；

3）对总价承包项目合价、主要单价等方面进行评审。

# 3  评标程序

## 3.1  初步评审

**3.1.1**  评标委员会可以要求投标人提交第二章"投标人须知"第 3.5.1 项至第 3.5.5 项规定的有关证明和证件的原件，以便核验。评标委员会依据本章第 2.1 款规定的标准对投标文件进行初步评审。有一项不符合评审标准的，作废标处理。（适用于未进行资格预审的）

**3.1.1**  评标委员会依据本章第 2.1.1 项、第 2.1.3 项规定的评审标准对投标文件进行初步评审。有一项不符合评审标准的，作废标处理。当投标人资格预审申请文件的内容发生重大变化时，评标委员会依据本章第 2.1.2 项规定的标准对其更新资料进行评审。（适用于已进行资格预审的）

**3.1.2**  投标人有以下情形之一的，其投标作废标处理：

（1）第二章"投标人须知"第 1.4.3 项规定的任何一种情形的；

（2）串通投标或弄虚作假或有其他违法行为的；

（3）不按评标委员会要求澄清、说明或补正的。

**3.1.3**  投标报价的算术错误修正

评标委员会按以下原则对投标报价进行修正，修正的价格经投标人书面确认后具有约束力。投标人不接受修正价格的，其投标作废标处理。

（1）投标文件中的大写金额与小写金额不一致的，以大写金额为准。

（2）《工程量清单》中总价承包项目的单价乘其工程量的乘积与该项目的合价不吻合时，应以合价为准，改正单价。

（3）《工程量清单》中单价承包项目的单价乘其工程量的乘积与该项目的合价不吻合时，应以单价为准，改正合价。但经招标人与投标人共同核对后认为单价有明显的错位时，则应以合价为准，改正单价。

（4）若投标报价汇总表中的金额与相应的各分组工程量清单中的合计金额不吻合时，应以修正算术错误后的各分组工程量清单中的合计金额为准，改正投标报价汇总表中相应部分的金额和投标总报价。

（5）若已标价的工程量清单中的工程量与招标文件工程量清单中的工程量不一致的，应以招标文件中提供的工程量为准，更正投标报价中的工程量，并调整该项目的合价、相应分组工程报价及投标总报价。

使用说明：

按水电工程的具体特点设定算术错误的修正方法。

## 3.2  详细评审

**3.2.1**  评标委员会按本章第 2.2 款规定的量化因素和分值进行打分，并计算出综合评估得分。

（1）按本章第 2.2.4（1）目规定的评审因素和分值对施工组织设计计算出得分 A；

（2）按本章第 2.2.4（2）目规定的评审因素和分值对项目管理机构计算出得分 B；

（3）按本章第 2.2.4（3）目规定的评审因素和分值对投标报价计算出得分 C；

（4）按本章第 2.2.4（4）目规定的评审因素和分值对其他部分计算出得分 D。

**3.2.2**  评分分值计算保留小数点后两位，小数点后第三位"四舍五入"。评分分值由专家直接评分的，保留小数点后一位。

**3.2.3**  投标人得分＝A＋B＋C＋D。

**3.2.4**  评标委员会发现投标人的报价明显低于其他投标报价，或者在设有标底时明显低于标底，使得其投标报价可能低于其个别成本的，应当要求该投标人作出书面说明并提供相应的证明材料。投标人不能合理说明或者不能提供相应证明材料的,由评标委员会认定该投标人以低于成本报价竞标,其投标作废标处理。

使用说明:

  招标人根据招标标段的具体情况设定评标委员会打分的统计规则，计算得分 A、B、C、D。

### 3.3  投标文件的澄清和补正

**3.3.1**  在评标过程中,评标委员会可以书面形式要求投标人对所提交投标文件中不明确的内容进行书面澄清或说明，或者对细微偏差进行补正。评标委员会不接受投标人主动提出的澄清、说明或补正。

**3.3.2**  澄清、说明和补正不得改变投标文件的实质性内容（算术性错误修正的除外）。投标人的书面澄清、说明和补正属于投标文件的组成部分。

**3.3.3**  评标委员会对投标人提交的澄清、说明或补正有疑问的,可以要求投标人进一步澄清、说明或补正，直至满足评标委员会的要求。

### 3.4  评标结果

**3.4.1**  评标委员会按照得分由高到低的顺序推荐中标候选人。

**3.4.2**  评标委员会完成评标后，应当向招标人提交书面评标报告。

# 第三章 评标办法（经评审的最低投标价法）

使用说明：

水电工程投资大、施工工期长、技术难度高、现场情况复杂、影响因素多等特点，一般不采用经评审的最低投标价法。如采用经评审的最低投标价法参照国家标准文本执行。

## 1 评标方法

本次评标采用经评审的最低投标价法。评标委员会对满足招标文件实质性要求的投标文件，按照本章第 2.2 款规定的量化因素及量化标准进行价格折算，按照经评审的投标价由低到高的顺序推荐中标候选人，或根据招标人授权直接确定中标人，但投标报价低于其成本的除外。经评审的投标价相等时，报标报价低的优先；投标报价也相等的，由招标人自行确定。

## 2 评审标准

### 2.1 初步评审标准

**2.1.1** 形式评审标准：投标人名称与营业执照、资质证书、安全生产许可证一致，投标函应有法定代表人或其委托代理人签字，并加盖单位公章，投标文件格式符合第八章"投标文件格式"的要求，投标报价是唯一的。

**2.1.2** 资格评审标准（适用于未进行资格预审的）：具有有效的营业执照和安全生产许可证，资质等级、财务状况、类似项目业绩、信誉、项目经理和其他要求符合第二章"投标人须知"第1.4.1项规定，联合体投标人符合第二章"投标人须知"第1.4.2项规定（如有）。

**2.1.2** 资格评审标准（适用于已进行资格预审的）：见标准文本资格预审文件第三章"资格审查办法"详细审查标准。

**2.1.3** 响应性评审标准：投标内容、工期、工程质量符合第二章"投标人须知"第1.3款规定，投标有效期符合第二章"投标人须知"第3.3.1项规定，投标保证金符合第二章"投标人须知"第3.4.1项规定，权利义务符合第四章"合同条款及格式"规定，已标价工程量清单符合第五章"工程量清单"给出的范围及数量，技术标准和要求符合第七章"技术条款"的规定。

**2.1.4** 施工组织设计和项目管理机构评审标准：

由招标人根据工程的具体情况设定。

### 2.2 详细评审标准

详细评审标准的量化因素：

（1）单价遗漏；

（2）付款条件；

（3）……

本项对应的量化因素和量化标准是列举性的，并没有包括所有量化因素和标准，招标人应根据项目具体特点和实际需要，进一步删减、补充或细化。

## 3 评标程序

### 3.1 初步评审

**3.1.1** 评标委员会可以要求投标人提交第二章"投标人须知"第 3.5.1 项至第 3.5.5 项规定的有关证明和证件的原件，以便核验。评标委员会依据本章第 2.1 款规定的标准对投标文件进行初步评审。有一项不符合评审标准的，作废标处理。（适用于未进行资格预审的）

**3.1.1** 评标委员会依据本章第 2.1.1 项、第 2.1.3 项、第 2.1.4 项规定的标准对投标文件进行初步评审。有一项不符合评审标准的，作废标处理。当投标人资格预审申请文件的内容发生重大变化时，评标委员会依据本章第 2.1.2 项规定的标准对其更新资料进行评审。（适用于已进行资格预审的）

**3.1.2** 投标人有以下情形之一的，其投标作废标处理：

（1）第二章"投标人须知"第 1.4.3 项规定的任何一种情形的；

（2）串通投标或弄虚作假或有其他违法行为的；

（3）不按评标委员会要求澄清、说明或补正的。

**3.1.3** 投标报价的算术错误修正

评标委员会按以下原则对投标报价进行修正，修正的价格经投标人书面确认后具有约束力。投标人不接受修正价格的，其投标作废标处理。

（1）投标文件中的大写金额与小写金额不一致的，以大写金额为准。

（2）《工程量清单》中总价承包项目的单价乘其工程量的乘积与该项目的合价不吻合时，应以合价为准，改正单价。

（3）《工程量清单》中单价承包项目的单价乘其工程量的乘积与该项目的合价不吻合时，应以单价为准，改正合价。但经招标人与投标人共同核对后认为单价有明显的错位时，则应以合价为准，改正单价。

（4）若投标报价汇总表中的金额与相应的各分组工程量清单中的合计金额不吻合时，应以修正算术错误后的各分组工程量清单中的合计金额为准，改正投标报价汇总表中相应部分的金额和投标总报价。

（5）若已标价的工程量清单中的工程量与招标文件工程量清单中的工程量不一致的，应以招标文件中提供的工程量为准，更正投标报价中的工程量，并调整该项目的合价、相应分组工程报价及投标总报价。

使用说明：

按水电工程的具体特点设定算术错误的修正方法。

### 3.2 详细评审

**3.2.1** 评标委员会按本章第 2.2 款规定的量化因素和标准进行价格折算，计算出经评标价，并编制价格比较一览表。

**3.2.2** 评标委员会发现投标人的报价明显低于其他投标报价，或者在设有标底时明显低于标底，使得其投标报价可能低于其个别成本的，应当要求该投标人作出书面说明并提供相应的证明材料。投标人不能合理说明或者不能提供相应证明材料的，由评标委员会认定该投标人以低于成本报价竞标，其投标作废标处理。

### 3.3 投标文件的澄清和补正

**3.3.1** 在评标过程中，评标委员会可以书面形式要求投标人对所提交投标文件中不明确的内容进行书面澄清或说明，或者对细微偏差进行补正。评标委员会不接受投标人主动提出的澄清、说明或补正。

**3.3.2** 澄清、说明和补正不得改变投标文件的实质性内容（算术性错误修正的除外）投标人的书面澄清、说明和补正属于投标文件的组成部分。

**3.3.3** 评标委员会对投标人提交的澄清、说明或补正有疑问的，可以要求投标人进一步澄清、说明或补正，直至满足评标委员会的要求。

## 3.4 评标结果

**3.4.1** 评标委员会按照得分由高到低的顺序推荐中标候选人。

**3.4.2** 评标委员会完成评标后，应当向招标人提交书面评标报告。

# 第四章　合同条款及格式

## 第一节　通用合同条款

全文引用中华人民共和国 2007 版标准施工招标文件的通用合同条款。

## 第二节　专用合同条款

### 前　言

1．水电工程施工的通用合同条款全文引用中华人民共和国 2007 版标准施工招标文件的通用合同条款。

2．水电工程施工的专用合同条款根据水电行业建设管理的要求，以及水电工程建设项目的特点和实际需要，对通用合同条款进行补充、细化和修改，但不得违反法律、行政法规的强制性规定和平等、自愿、公平和诚实信用原则。

3．本专用合同条款是补充和修改通用合同条款中条款号相同的条款或当需要时增加新的条款，两者应对照阅读，一旦出现矛盾或不一致，则以专用合同条款为准。

### 正　文

## 1　一般约定

### 1.1　词语定义

**1.1.1**　合同

**1.1.1.6**　目修改为：

**1.1.1.6**　技术标准和要求：水电工程施工的"技术标准和要求"，称技术条款。技术条款是指构成合同文件组成部分的名为技术条款的文件，包括合同双方当事人约定对其所作的修改或补充。

技术条款是合同的重要组成部分，其内容是说明合同标的物应达到的质量标准及其施工技术要求，也是合同支付的实物依据和计量方法。在投标阶段，也是投标人进行投标报价的实物依据。

**1.1.1.7**　目修改为：

**1.1.1.7**　图纸：指列入合同的招标图纸和投标图纸，以及发包人按合同约定向承包人提供的施工图纸和其他图纸（包括配套说明和有关资料）。

图纸为列入合同的招标图纸和发包人按合同约定向承包人提供的施工图纸和其他图纸，以及列入合同的投标图纸的总称。施工图纸仅为图纸中的一部分。上述各类图纸的内容还应包括其配套说明和有关资料。

列入合同的招标图纸已成为合同文件的一部分，具有合同效力，主要用于在履行合同过程中作为衡量变更的依据，但不能直接用于施工。经发包人确认进入合同的投标图纸亦成为合同文件的一部分，用于在履行合同中检验承包人是否按其投标时承诺的条件进行施工的依据，亦不能直接用于施工。

**1.1.2** 合同当事人和人员

**1.1.2.2** 发包人：＿＿＿＿＿＿（填入发包人名称）＿＿＿＿＿＿。

**1.1.2.3** 承包人：＿＿＿＿（签约后填入承包人名称）＿＿＿＿。

**1.1.2.5** 分包人：＿＿＿＿（签约后填入分包人名称）＿＿＿＿。

**1.1.2.6** 监理人：＿＿＿＿＿（填入监理人名称）＿＿＿＿＿。

**1.1.3** 工程和设备

**1.1.3.4** 单位工程：

本合同项目的单位工程为

（1）（填入单位工程名称）；

（2）

⋮

⋮

单位工程项目的划分可根据本工程具体情况确定，但应与工程量清单中永久工程分组编号相对应。

**1.1.3.10** 永久占地：指发包人为建设本合同工程永久征用的场地。

**1.1.3.11** 临时占地：指发包人为建设本合同工程临时征用，并应在完工后须按合同要求退还的场地。

承包人应按发包人划拨的施工用地范围进行其施工所需的临时设施布置，完工后应按合同要求进行清理后退还发包人。

**1.1.4** 日期

**1.1.4.5** 缺陷责任期：＿＿＿＿（填写本合同工程的缺陷责任期限）＿＿＿＿。

土建工程的缺陷责任期一般为一年，机电设备安装工程的缺陷责任期一般为两年，在编制招标文件是需视具体工程性质和使用条件确定。

## 1.4　合同文件的优先顺序

本通用合同条款约定的合同文件及其优先顺序是以往工程实践的范例，各工程项目可结合本工程的具体情况，参考本范例，另行约定进入合同的各项文件及其优先顺序。

## 1.6　图纸和承包人文件

1.6款补充：

**1.6.1** 图纸的提供

发包人应按本合同技术条款第1.4.1～1.4.4条约定的期限和数量将施工图纸，以及其他的图纸和文件提供给承包人。

**1.6.2** 承包人提供的文件

承包人的文件应按本合同技术条款第1.5.1～1.5.7条约定的期限和数量提供给监理人。监理人应按技术条款约定的期限批复承包人。

**1.6.3** 图纸的修改

监理人需要对已发给承包人的施工图纸进行修改，应按本合同技术条款第1.4.5条约定的期限内签发施工图纸的修改图给承包人。

施工图纸应由发包人与承包人根据批准的施工进度计划要求和本合同技术条款约定的期限，共同商定供图计划。发包人应严格按商定的供图计划提交施工图纸，以避免承包人因供图延误影响施工工期而提出索赔。

承包人应按本合同技术条款的约定提交一份承包人文件提交计划报送监理人批准后执行。承包人延误提交文件，影响了发包人的工期安排，应承担相应责任。

## 1.7 联络

1.7.2 项补充：

**1.7.2** 来往函件均应按本合同技术条款约定的期限送达 <u>（填写文件送达地点）</u> 。

应约定文件的送达地点，必要时可指定文件接受人。

增加条款：

**1.7.3** 来往函件均应按合同约定的期限及时发出和答复，不得无故扣压和拖延，亦不得无故拒收，否则由此造成的后果由责任方负责。

## 1.11 专利技术

增加条款：

**1.11.4** 合同实施过程中，发包人要求承包人采用专利技术的，应办理相应的申办和使用手续，承包人应按发包人约定的条件使用，并承担使用专利技术的一切试验工作。使用专利技术所需的费用由发包人承担。

合同实施中需要采用专利技术时，应遵守中华人民共和国专利法的规定。

# 2 发包人义务

## 2.3 提供施工场地

增加条款：

**2.3.1** 发包人负责向承包人提供施工场地，提供的施工场地范围和时限见 <u>（填入施工用地范围图表名称）</u> 。

**2.3.2** 发包人应向承包人提供已有的与本合同工程有关的水文和地质勘探资料以及施工场地地下障碍物等有关资料。

施工用地范围内的征地移民工作由发包人负责办理，并应按合同约定的施工进度要求提供给承包人。发包人应在招标文件中标明施工用地的范围及其可提供给承包人使用的期限。发包人应按合同约定及时提供，避免由于发包人原因而造成工程延误。

## 2.8 其他义务

根据发包人的合同管理要求，补充以下发包人义务：

    ⋮

    ⋮

# 3 监理人

## 3.1 监理人的职责和权力

3.1.1 项补充：

监理人在行使权力前，须经发包人事先批准的权力：

（填写监理人须经发包人批准才能行使的权力，以下示例供参考）

（1）按第 4.3 款约定，批准工程的分包；

（2）按第 11.3 款约定，确定延长完工期限；

（3）按第 15.6 款约定，批准暂列金额的使用；

（4）……

（5）……

但当监理人认为出现了危及生命、工程或毗邻财产等安全的紧急事件时，在不免除合同约定的承包人责任的情况下，监理人可以指示承包人实施为消除或减少这种危险所必须进行的工作，即使没有发包人的事先批准，承包人也应立即遵照执行。监理人应按第15条的约定增加相应的费用。

监理人是受发包人委托在施工现场实施合同管理的执行者，发包人应在合同条款中写明对监理人的授权范围和内容。监理人按发包人与承包人签订的施工合同进行监理，监理人不是合同的第三方，他无权修改合同，无权免除或变更合同约定的发包人与承包人的责任、权利和义务。监理人的指示被认为已取得发包人授权。

一般说来，发包人应将工程的进度、质量和安全管理，以及日常的合同支付签证尽量授权给监理人，使其充分行使职权。有关工程分包、工期调整和重大变更（可规定合同价格限额）等重大问题，监理人应在作出指示前得到发包人的批准。

# 4 承包人

## 4.1 承包人的一般义务

4.1.3 项修改为：

**4.1.3 完成各项承包工作**

承包人应按合同约定以及监理人根据第3.4条作出的指示，实施、完成合同工程，并修补合同工程中的任何缺陷。除合同另有约定外，承包人应提供为完成合同工作所需的劳务、材料、施工设备、工程设备和其他物品，并按合同约定负责临时设施的设计、建造、运行、维护、管理和拆除。

增加条款：根据发包人的合同管理要求，补充以下发包人义务：

**4.1.10 其他义务**

:

:

承包人的基本义务是保证工程质量，按时完成各项承包工作，并保证工程施工和人员的安全。为此，承包人应及时进点施工，认真编制施工组织设计、施工措施计划和由他提供的各项文件；进行文明施工，做好保护环境和自身责任范围内的治安保卫工作，避免施工对公众与他人的利益造成损害，并按合同约定进行完工清场和撤退施工队伍，工程移交前，应负责工程的维护和照管，移交后应承担缺陷责任期内的缺陷修复工作。

## 4.2 履约担保

4.2 款补充：

发包人认为需要时，本款可修改为：

承包人应保证其履约担保在发包人颁发缺陷责任期终止证书前一直有效。发包人应在缺陷责任期终止证书颁发后28天内把履约担保退还给承包人。

在通用合同条款中约定履约担保在颁发工程接受证书前一直有效。若发包人认为仍有可能在缺陷责任期内需要发包人承担较大的风险时，则可采取这种方式以保护发包人的利益不受损害；但若工程已颁发工程接受证书，并投入试运行，而缺陷责任期内缺陷修复工作量不大，且发包人在历次付款中尚扣留一定比例的质量保证金，其额度已足以补偿缺陷修复费用时，宜尽早解除承包人为履约担保被冻结的资金。但若剩余的质量保证金额度尚不足以补偿缺陷修复费用时，亦可采用小额度的质量担保金替代履约担保。

## 4.3 分包

4.3.2 项补充:

**4.3.2** 投标人可在投标时提出拟分包的项目和建议的分包人,在签订合同时,经发包人同意后,列入本专用合同条款。不允许承包人分包的工程范围、工作内容,以及分包金额的限额为:

(1)不允许分包的工程范围: _____。

(2)不允许分包的工作内容: _____。

(3)分包金额限额: _____。

本款根据工程具体情况,在合同中对允许承包人分包的工程范围和工作内容以及分包金额等限制性条款作补充约定。在合同实施过程中,承包人可提出新的分包要求,但须经发包人同意。此时,双方应商签分包补充协议。

## 4.11 不利物质条件

增加条款:

**4.11.3** 除现场异常恶劣的气候条件外,水电工程的不利物质条件指在施工中遭遇不可预见的外界障碍或自然条件造成施工受阻,承包人应有权根据第23.1款的约定,要求延长工期及增加费用。监理人收到此类要求后,应在分析上述外界障碍或自然条件是否不可预见及不可预见程度的基础上,按第3.5款的约定,与合同双方商定或确定增加的费用和延长的工期。

水电工程的不利物质条件,指在施工过程中遭遇诸如地下工程开挖中遇到了发包人进行的地质勘探工作未能查明的地下溶洞或溶蚀裂隙和坝基河床深层的淤泥层或软弱带等,使施工受阻,需要改变原批准的施工方案而引起工期延误和增加的费用,应按第3.5款的约定处理。

# 5 材料和工程设备

## 5.1 承包人提供的材料和工程设备

5.1.1 项修改为:

**5.1.1** 除由发包人提供的材料外,其余为完成本合同各项工作所需的全部材料,均由承包人负责采购、验收、运输和保管。

5.1.2 项修改为:

**5.1.2** 发包人要求承包人提供的工程设备名称、规格、数量在本合同技术条款第1.7.2条中约定。承包人提供工程设备的交货计划、交货方式,以及监理人的验收等,应在承包人办理工程设备订货时另行安排。

## 5.2 发包人提供的材料和工程设备

5.2.1 项补充:

发包人提供的工程设备名称、规格、数量及交货地点和计划交货日期以及发包人提供的材料品种、规格、价格及交货地点在本合同技术条款中约定。

5.2.3 项补充:

承包人接收材料和工程设备后的装卸、运输、仓储和保管的费用由承包人承担。

对发包人提供的材料,在招标文件编制时,可根据工程具体情况及发包人的管理模式对当事人的责任、义务、材料的管理、材料的运输、检验、验收、保管和材料核销方式、材料结算方式等作进一步补充约定。

# 6 施工设备和临时设施

## 6.1 承包人提供的施工设备和临时设施

6.1.2 项补充：

**6.1.2** 除合同约定由发包人提供的施工设备和临时设施外，承包人应提供为完成合同工作所需的施工设备，以及按合同约定负责临时设施的设计、建造、运行、维护和管理，并承担相应费用。

承包人投标时提交了《拟投入本合同工作的主要施工设备表》，在签订协议书时经发包人确认后可列入合同文件。在开工初期施工总进度计划未批准前，承包人应按承诺的施工设备进点计划及时安排进场；施工总进度计划批准后，应按修改后的施工设备进点计划安排进场。此后，若承包人要求改变原来的设备进点计划，或更换合同约定的承包人设备时，须重新报监理人批准。

除发包人提供的部分临时设施外，承包人应负责建设为满足其合同工程施工所需的其他临时设施。发包人对承包人建设临时设施的具体要求在本合同技术条款中规定。

## 6.2 发包人提供的施工设备和临时设施

6.2 款补充：

发包人提供的施工设备见下表，由发包人提供的临时设施在本合同技术条款中规定。

**发包人提供的施工设备表**（参考格式）

| 设备名称 | 型号及规格 | 设备状况 | 数　　量 | 移交地点 | 备　　注 |
| --- | --- | --- | --- | --- | --- |
|  |  |  |  |  |  |
|  |  |  |  |  |  |
|  |  |  |  |  |  |

注：设备状况栏内填写设备的新旧程度、购进时间、已使用小时数和最近一次的大修时间。

水电工程通常分为若干合同由多家承包人负责实施，有时发包人将属于各家公用的临时设施和施工准备工程，由发包人自己提前在筹建期修建，建成后提供给有关承包人共用，并由发包人委托专业承包人（或本合同承包人）负责运行、维护和管理。发包人提供的临时设施和施工准备工程的使用和管理方式及其使用费的结算方法在本合同技术条款中另作详细规定。

工程实践中发包人常利用自有的旧（专业、特种）设备或购置新（专业、特种）设备提供给承包人使用。本款约定发包人可以在招标时提出提供给承包人使用的施工设备表，并根据工程具体情况对提供的施工设备使用管理及计价方式等作补充约定。

# 7 交通运输

## 7.1 道路通行权和场外设施

7.1 款修改为：

承包人应根据合同工程的施工需要，负责办理取得出入施工场地的专用和临时道路的通行权，以及取得为工程建设所需修建场外设施的权利，并承担有关费用。发包人应协助承包人办理上述手续。

承包人应自行获得到达施工场地，以及施工场地外的道路通行权，并自行承担全部费用和开支。承包人还应取得为实施工程可能需要的现场以外的任何附加设施，并自担风险及其费用。

## 7.2 场内施工道路

7.2.1 项修改为：

**7.2.1** 除本合同技术条款规定由发包人提供的部分场内道路和交通设施外，承包人应负责修建、维修、养护和管理其施工所需的全部场内临时道路和交通设施（包括合同约定由发包人提供的部分道路和交通设施的维修、养护和管理），并承担相应费用。

7.2.2 项修改为：

**7.2.2** 承包人修建的临时道路和交通设施，应免费提供发包人、监理人，以及与本合同有关的其他承包人使用。

　　水电工程建设中，属于公用的场内干线道路和交通设施，通常由发包人负责修建，建成后提供给有关承包人共用，并由发包人委托各承包人分段负责维护和进行交通管理，或专门指定一家专业承包人负责维护和管理。发包人提供的场内干线道路和交通设施的维护管理方式在本合同技术条款中约定。

# 8　测量放线

## 8.1　施工控制网

8.1.1 项补充：

**8.1.1** 发包人应在本合同技术条款约定的期限内，向承包人提供测量基准点、基准线和水准点及其书面资料。承包人应在收到上述施工控制网资料后的 （14）天内，将实测的施工控制网资料提交监理人批准。监理人应在收到报批件后的 （14）天内批复承包人。

　　水电工程建设的施工测量控制网可由发包人委托专业单位进行施测后，提供给承包人使用。承包人应以监理人提供的基本平面和高程施工控制网点为基准，根据自身施工需要增设或施测直接用于施工的平面和高程控制点。

增加条款：

## 8.5　补充地质勘探

　　在合同实施期间，监理人可以指示承包人进行必要的补充地质勘探和提供有关资料；承包人为本合同永久工程施工的需要进行补充地质勘探时，须经监理人批准，并应向监理人提交有关资料，上述补充勘探的费用由发包人承担。承包人为其临时工程所需进行的补充地质勘探，其费用由承包人承担。

　　本款约定监理人可以指示承包人进行必要的补充地质勘探，发包人可在《工程量清单》中专门列项并估列工程量，由承包人在投标时报价，亦可按通用合同条款第15条约定的变更处理。

　　由承包人负责设计的临时设施和临时工程，其所需的地质勘探费用应包括在该临时设施和临时工程项目的投标报价内。承包人为临时设施和临时工程施工所需的地质勘探工作属承包人的责任，其费用由承包人承担。

# 9　施工安全、治安保卫和环境保护

标题修改为：

# 9　安全文明施工

## 9.1　发包人的施工安全责任

9.1.1 项补充：

　　发包人应承担本合同建设工程安全的监督管理责任。发包人应委托监理人根据国家有关安全的法律、法规和条例，对承包人的施工安全工作进行全面和全过程的监督和检查。监理人的监督检查不减轻承包人应负的安全责任。

发包人除承担本合同建设工程安全的监督管理责任外，还应承担发包人营地内的人员和财产安全。

## 9.2　承包人的施工安全责任

9.2.1 项补充：

承包人应按本合同技术条款约定的内容和期限以及监理人的指示，编制施工安全措施计划提交监理人批准。监理人应在本合同技术条款约定的期限内批复承包人。

本施工合同中，承包人应负工程施工安全的全部责任。发包人通过监理人对承包人的施工安全工作进行全过程监管，承包人应在工程开工后，向监理人提交工程的施工安全措施计划，保证工程和全部施工人员的安全。

## 9.4　环境保护

9.4 款标题修改为：

## 9.4　环境保护和水土保持

9.4.1 项补充：

承包人在施工过程中，应遵守有关环境保护和水土保持的法律，履行合同约定的环境保护和水土保持义务，并对违反法律和合同约定义务所造成的环境破坏、水土流失、人身伤害和财产损失负责。

9.4.2 项补充：

承包人应按合同约定的环境保护和水土保持工作内容，编制施工环境保护和水土保持措施计划，提交监理人批准。

# 10　进度计划

## 10.1　合同进度计划

10.1 款补充：

承包人应按本合同技术条款约定的内容和期限，以及监理人的指示，编制详细的施工总进度计划及其说明提交监理人批准。监理人应在本合同技术条款约定的期限内批复承包人。

总进度计划应满足本合同约定的全部工程、单位工程和部分工程完工与竣工日期的要求。总进度计划的详细内容和要求在本合同技术条款中规定。

## 10.2　合同进度计划的修订

10.2 款补充：

承包人提交修订合同进度计划的期限：＿＿＿＿＿＿＿＿＿＿＿＿＿＿＿＿＿＿＿。

监理人批复修订合同进度计划的期限：＿＿＿＿＿＿＿＿＿＿＿＿＿＿＿＿＿＿。

不论何种原因造成施工进度计划拖后，承包人均应按监理人的指示，采取有效措施赶上进度。承包人应在向监理人报送修订合同进度计划的同时，编制一份赶工措施报告提交监理人批准，赶工措施应以保证工程按期完工为前提调整和修改进度计划。由于发包人原因造成施工进度拖后，应按第 11.3 款的约定办理；由于承包人原因造成施工进度拖后，应按第 11.5 款的约定办理。

根据合同进度计划，承包人还应按监理人指示编制年、季和月进度计划提交监理人批准，并在每月月末向监理人提交完成工程量月报表。在履行合同过程中，监理人若发现实际完成情况落后于计划进度时，可要求承包人提交修订的合同进度计划。

水电工程施工受洪水和气候影响较大，延误关键路线上的进度往往会推迟截流、度汛、蓄水等重大事件的安排，增加工程风险或造成工程总进度更大的延误，因此，一般情况下发包人总是希望承包人及时调整和修改进度计划，尽可能地抢回进度损失，保证工程按期完工。当采取赶工措施后仍不能按期完工时，应由承包人编报修订后的合同进度计划，经监理人批准后实施。

增加条款：

### 10.3 单位工程进度计划

监理人认为有必要时，承包人应按监理人指示的内容和期限，并根据合同进度计划的进度控制要求，编制单位工程进度计划，提交监理人批准。

监理人为了有利于对某项单位工程进度的监控，可以要求承包人在批准的合同进度计划基础上编制和提交某项单位工程（或部分工程）的进度计划，特别是在关键线路上的单位工程（或部分工程）通常均需向监理人编报进度计划。

### 10.4 提交资金流估算表

承包人应在按第 10.1 款约定向监理人提交施工总进度计划的同时，参考下表约定的格式，向监理人提交按月的资金流估算表。估算表应包括承包人计划可从发包人处得到的全部款额，以供发包人参考。此后，若监理人提出要求，承包人还应在监理人指定的期限内提交修订的资金流估算表。

**资金流估算表**（参考格式）　　　　　　　　金额单位____

| 年 | 月 | 工程预付款 | 完成工作量付款 | 保留金扣留 | 材料款扣除 | 预付款扣还 | 其他 | 应收款 | 累计应收款 |
|---|---|---|---|---|---|---|---|---|---|
|  |  |  |  |  |  |  |  |  |  |
|  |  |  |  |  |  |  |  |  |  |
|  |  |  |  |  |  |  |  |  |  |

承包人提交的资金流估算表是发包人进行工程进度和投资控制管理，也是科学安排工程进度付款的重要依据，资金流的估算应与施工总进度计划相匹配。

## 11 开工和竣工

### 11.1 开工

增加条款：

**11.1.3** 若发包人未能按合同约定向承包人提供开工的必要条件，承包人有权要求延长工期。监理人应在收到承包人的书面要求后，按第 3.5 款的约定，与合同双方商定或确定增加的费用和延长的工期。

**11.1.4** 承包人在接到开工通知后 14 天内未按进度计划要求及时进场组织施工，监理人可通知承包人在接到通知后 7 天内提交一份说明其进场延误的书面报告，提交监理人。书面报告应说明不能及时进场的原因和补救措施，由此增加的费用和工期延误责任由承包人承担。

按合同约定由发包人提供给承包人的施工用地、部分施工准备工程、临时设施和测量基准等是承包人按约定的进度计划进行开工准备的必要条件，发包人应认真做到按时提供合同约定的施工条件，以免引起索赔。

签约后，若发包人已向承包人提供了进点施工的必要条件，但承包人却不及时进点抓紧施工准备工作，出现这种情况应引起发包人警觉。发包人应及时查清原因，督促承包人积极采取措施予以弥补。

### 11.3　发包人的工期延误

11.3 款补充:

　　发生本款所述的发包人延误工期情况,造成项目施工进度计划关键线路上的工期拖延时,承包人可有权要求延长合同约定的工期,并按第 10.2 款的约定,修订合同进度计划。

　　由于发包人原因造成工期延误,承包人可按本款约定,要求发包人支付赶工费用和合理利润,并在不改变竣工日期的前提下,调整进度计划。只有在关键线路项目的进度计划拖后,造成合同工期延误,才可要求推迟竣工日期。

### 11.4　异常恶劣的气候条件

11.4 款补充:

　　异常恶劣气候条件的界定是以确保工程施工和人员的安全为前提,当工程所在地发生危及施工安全的异常恶劣气候时,发包人和承包人应按合同条款第 12 条的约定,及时采取暂停施工或部分暂停施工措施。异常恶劣气候条件解除后,承包人应及时安排复工。

　　异常恶劣气候条件造成的工期延误和工程损坏,应由监理人参照合同条款第 3.5 款的约定共同协商处理。

　　本合同工程界定异常恶劣气候条件的范围为:_____。

　　"异常恶劣气候条件"的界定,应按当地政府气象部门的气象报告为准。发包人应根据本合同工程当地的气象气候特点,填写界定为"异常恶劣气候条件"的具体范围。如(1)日降雨量大于____mm 的雨日超过__天;(2)风速大于____m/s 的____级以上台风灾害;(3)日气温超过____℃的高温大于____天;(4)日气温低于____℃的严寒大于____天;(5)造成工程损坏的冰雹和大雪灾害等。合同约定中的气候数据是因其气候异常恶劣,影响工程施工安全而必须指令承包人暂停施工,或部分暂停施工为界限。

### 11.5　承包人工期延误

11.5 款补充:

　　(1)逾期竣工违约金表(参考格式)。

| 序号 | 项目及其说明 | 要求竣工日期 | 违约金(元/天) |
|---|---|---|---|
|  |  |  |  |
|  |  |  |  |
|  |  |  |  |
|  |  |  |  |

　　(2)全部逾期竣工违约金的总限额为 ___(不超过合同总价的 %)。

　　逾期竣工违约金的具体数额可视其延误后对发包人造成的损失估定,一般按天计算。确定逾期竣工违约金的额度应适度,实践中一般不可能要求承包人补偿发包人全部损失,补偿超过了承包人的承受能力,亦将使继续履行合同发生困难,对工程不利。为此,应约定逾期完工违约金的总限额。

### 11.6　工期提前

11.6 款补充:

　　发包人和承包人签订的提前竣工协议的内容包括:

（1）提前的时间和修订后的进度计划。

（2）承包人的赶工措施。

（3）发包人为赶工提供的条件。

（4）赶工费用（包括利润和奖励费用）。

提前竣工可使发包人提前获得经济效益，发包人应采取激励措施鼓励承包人提前竣工。本款约定发包人应在提前竣工效益中，除支付承包人赶工费用和应得的利润外，还应给予奖励。

## 12　暂停施工

### 12.1　承包人暂停施工的责任

12.1款补充：

（5）承包人承担的其他暂停施工责任：＿＿＿＿＿＿＿＿＿＿＿＿＿＿＿＿＿＿＿＿。

本款第（5）目所指的承包人其他暂停施工责任是指该项暂停施工，虽非由于承包人直接责任引起暂停施工，但其属于在承包人责任区内发生的其他原因的暂停施工，也应由承包人承担暂停施工责任。

### 12.2　发包人暂停施工的责任

12.2款补充：

属于下列任何一种情况引起的暂停施工，均为发包人的责任：

（1）由于发包人违约引起的暂停施工。

（2）由于不可抗力的自然或社会因素引起的暂停施工。

（3）其他由于发包人原因引起的暂停施工。

本款第（3）目所指的其他发包人原因引起的暂停施工是指该项暂停施工属于发包人的管理责任（如安全管理和环境保护等）不到位，而在施工场地内发生的暂停施工，也应由发包人承担暂停施工责任。

## 13　工程质量

### 13.2　承包人的质量管理

13.2款补充：

**13.2.1**　承包人应在技术条款约定的期限提交工程质量保证措施文件，提交监理人审批。监理人应在技术条款约定的期限批复承包人。工程质量保证措施文件的编报内容见本合同技术条款第1章。

## 15　变更

### 15.1　变更的范围和内容

增加条款：

（6）增加或减少合同中关键项目的工程量超过其项目工程总量的__%。

上述第（1）～（6）目的变更内容未引起工程施工组织和进度计划发生实质性变动和不影响其原定的价格时，不予调整该项目的单价。

上述（6）目所指的关键项目系指控制工程主要施工设备容量的土石方开挖和填筑量，以及混凝土浇筑量等。

水电土建工程受自然条件等外界的影响较大，工程情况比较复杂，且在招标阶段尚未完成施工图纸，因此在施工过程中不可避免地会发生变更。在合同实施过程中出现的变更项目，当其引起了工程施工组织和进度计划发生实质性变动，影响其原定的合同价格时，应予调整该项目的单价。

## 15.5 承包人的合理化建议

标题修改为：

## 15.5 承包人提出的变更

本款内容作以下修改和补充：

**15.5.1 承包人原因引起的变更**

本项条款内容作以下调整，增加（2）、（3）两目：

（2）若承包人根据工程施工的需要，要求监理人对合同的任一项目和任一项工作作出变更，则应由承包人提交一份详细的变更申请报告报送监理人审批。未经监理人批准，承包人不得擅自变更。

（3）承包人违约或其他由于承包人原因引起的变更，其增加的费用和工期延误责任由承包人承担。

承包人受其自身施工设备和施工能力等的限制，要求对原设计进行变更或要求延长工期，这类变更纯由承包人原因引起，即使得到了监理人批准，仍应由承包人承担变更增加的费用和工期延误责任。另由于承包人违约而必须作出的变更，不论是由承包人提出变更或由监理人指示变更，亦均应由承包人承担变更增加的费用和工期延误责任。

**15.5.2 承包人的合理化建议**

15.5.2 项做作如下修改：

将原稿第 15.5 款第 15.5.2 项的编码修改为（1）目，其条款内容不变；增加（2）目，其补充内容如下：

（2）承包人实现合理化建议的奖励金额为：__（填写奖励额度）__。

（奖励额度取合理化建议降低合同价格数额的____%）。

## 15.8 暂估价

15.8.1 项补充：

暂估价项目应由发包人根据项目的施工组织和进度控制要求，负责组织招标工作的实施。其招标工作应在充分保障公开、公正、公平原则的基础上，根据项目的具体情况，采取以下两种方式：

（1）由发包人单独进行招标；

（2）由发包人会同本合同承包人共同组织招标选定分包人。

为了使暂估价项目招标采购工作顺利进行，在编制本招标文件时，应根据本工程暂估价项目的具体情况选定招标方式，明确发包人、承包人以及分包人的权利和义务。

本款增加第 15.8.4 项条款：

**15.8.4** 列入本合同的暂估价项目限额为签约合同价的____%。

暂估价项目应控制使用，发包人组织设计和招标工作中应尽量避免出现暂估价项目，暂估价项目金额一般为签约合同价 2%～4%，不宜超过 5%。

# 16 价格调整

## 16.1 物价波动引起的价格调整

物价波动引起的价格调整按本款提供的两种调价方法进行，除第 16.2 款法律变化引起的价格调整外，水电施工工程的调价不再推荐其他调价方法。

增加条款：

**16.1.1.5** 若合同约定采用价格指数调整价格差额的，发包人和承包人应根据价格调整公式，按以下格式约定价格调整的因子及其权重，以共担价格风险的原则，得出公平、合理的实际价差近似值，作为价格调整后的合同支付价格。价格指数与权重按下表填写：

**价格指数和权重表**（格式）

| 名　称 | 基本价格指数 | | 权　重 | | 价格指数来源 |
|---|---|---|---|---|---|
| | 代号 | 指数值 | 代号 | 权重值 | |
| 定值部分 | | | A | | |
| 变值部分 | $F_{01}$ | | $B_1$ | | |
| | $F_{02}$ | | $B_2$ | | |
| | $F_{03}$ | | $B_3$ | | |
| | ⋮ | ⋮ | ⋮ | | |
| | ⋮ | ⋮ | ⋮ | | |
| 合　计 | | | | | |

注：1）定值权重、各可调因子及其变值权重的允许范围由发包人根据工程具体情况确定；

　　2）可调因子是指合同约定拟予调整价格的人工费、施工设备使用费、各项工程材料费等占合同价格主要部分的可调价格因子；

　　3）定值权重指合同价格中可不予调价的权重，变值权重指各可调价格因子的调价权重；

　　4）调价采用的基本价格指数选用招标文件约定的基准日颁布的价格指数作为调整价格的基准指数；

　　5）计算价格调整差额时，若得不到付款日当天的价格指数时，可暂用上一次付款日的价格指数，待相关目的价格指数公布后再予修正；

　　6）价格指数可以价格代替。

**16.1.2** 采用造价信息调整价格差额

16.1.2 项补充：

　　工程造价信息及其来源：_____。

　　价格调整的项目和系数：_____。

# 17　计量与支付

## 17.1　计量

### 17.1.2　计量方法

17.1.2 项修改为：

　　（1）合同工程量清单中的工程量计算规则应遵守本行业的工程量计算规范，工程量清单项目的计价规则应与本合同技术条款载明的项目实物标准相对应。

　　工程项目的工程量计量单位应与《水电工程工程量清单计价规范》的计量单位相一致。

　　（2）合同工程量清单中，各专业工程项目的计量单位、计价规则和项目实物标准在本合同技术条款各章中规定。

### 17.1.3　计量周期

　　本工程的计量周期不另作约定。

### 17.1.5　总价子目的计量

17.1.5 项第（2）目修改为：

　　（2）承包人应将工程量清单中的各总价子目进行分解，并在签订协议书后的 _28_ 天内将各子目的总价支付分解表提交监理人审批。分解表应标明其所属子目和分阶段需支付的金额。承包人应按批准的各总价子目支付周期内，对已完成的总价子目进行计量，确定分项的应付金额列入进度付款申请单中。

承包人应在签订协议书后的 **28** 天内将总价项目的分解表提交监理人审批，批准后的分解表作为合同支付依据。该分解表列出了总价承包项目的所属子项和分阶段需支付的金额。发包人将根据实际完成情况列入月进度付款中。

## 17.2  预付款

### 17.2.1  预付款

17.2.1 项补充：

预付款的额度和预付办法：

工程预付款的总金额为签约合同价的____%，分____次支付给承包人。

各次预付款的支付额度和付款时间为：

1）第一次预付款金额为工程预付款总金额的____%，付款时间应在合同协议书签订后，由承包人向发包人提交了发包人认可的银行出具的工程预付款保函，并经监理人出具付款证书报送发包人批准后 14 天内予以支付。

2）第二次预付款金额为工程预付款总金额的____%，付款时间需待承包人主要设备进入工地后，其估算价值已达到本次预付款金额时，由承包人提出书面申请，经监理人核实后出具付款证书报送发包人批准后 14 天内予以支付。

3）第三次预付款 …………………………………………。

⋮

⋮

工程预付款是在工程建设早期的施工准备阶段，为了满足承包人采购与调迁施工材料和设备，以及建设施工临时设施的需要，由发包人在签约后预付的一项无息贷款。预付款的总金额、分期拨付次数、每次付款金额、付款时间等可根据工程的具体情况，参考承包人按施工总进度要求编制的资金流，由发包人估算确定。

### 17.2.2  预付款保函

17.2.2 项补充：

工程预付款保函在预付款被发包人扣回前一直有效。

### 17.2.3  预付款的扣回与还清

工程预付款在合同累计完成金额达到合同价格的__%时开始扣款，直至合同累计完成金额达到合同价格的__%时全部扣清。

$$R=\frac{A}{(F_2-F_1)S}(C-F_1S)$$

式中：

$R$ ——每次进度付款中累计扣回的金额；

$A$ ——工程预付款总金额；

$S$ ——合同价格；

$C$ ——合同累计完成金额；

$F_1$ ——开始扣款时合同累计完成金额达到合同价格的比例；

$F_2$ ——全部扣清时合同累计完成金额达到合同价格的比例。

上述合同累计完成金额均指价格调整前未扣质量保证金的金额。

预付款保函应是全额保函，保函的金额应随逐次扣款的金额递减。开始扣款及全部扣清的时间可视工程的具体情况酌定。对于工期较短的项目及签约合同价不大的项目，预付款可按固定百分比扣回。

工程预付款由发包人从月进度付款中扣回。开始扣款的时间通常为合同累计完成金额达到合同价格的20%时，全部扣清的时间通常为合同累计完成金额达到合同价格的80%～90%时，可视工程的具体情况酌定。

若工程主要材料由承包人自供时，发包人应根据工程具体情况给予承包人工程材料预付款。

增加条款：

**17.2.4    工程材料预付款**

（1）工程主要材料到达工地并满足以下条件后，承包人可向监理人提交材料预付款支付申请单，要求给予材料预付款。

1）材料的质量和储存条件符合本合同技术条款的要求；

2）材料已到达工地，并经承包人和监理人共同验点入库；

3）承包人应按监理人的要求提交了材料订货单、收据或价格证明文件。

（2）预付款金额为实际材料价的____%，在月进度付款中支付。

（3）预付款从付款月后的6个月内在月进度付款中每月按该预付款金额的平均扣还。

## 17.3    工程进度付款

**17.3.2    进度付款申请单**

17.3.2项修改为：

承包人应在每月____日按本合同约定的格式向监理人提交进度付款申请单（一式____份），并附相应的支持性证明文件。进度付款申请单应包括以下内容：

（示例，供参考）

（1）已完成的《工程量清单》中的工程项目及其他项目的应付金额。

（2）经监理人签认的当月计日工支付凭证标明的应付金额。

（3）按第16.1、16.2款约定的价格调整金额。

（4）按第5.2款约定应由发包人扣还的工程材料款金额。

（5）按第17.2款约定应由发包人扣还的工程预付款金额。

（6）按第17.4款约定应由发包人扣留的质量保证金金额。

（7）按合同约定承包人应有权得到的其他金额。

（8）按合同约定应由承包人付给发包人的其他金额。

根据国家有关文件的规定，建设工程应按月进度支付工程价款。监理人应结合月进度付款程序，对工程进度和质量按月进行定期检查和控制。

总价承包项目的分解表经监理人审批后作为合同支付依据。该分解表列出的总价子目分阶段需支付的金额。发包人应根据实际完成情况，按时纳入月进度付款中支付。

**17.3.3    进度付款证书和支付时间**

17.3.3项（2）目补充：

（2）发包人逾期支付进度款时违约金的计算及支付方法：应从逾期第一天起按中国人民银行规定的同期贷款利率计算的逾期付款金额支付给承包人。

17.3.3项（4）目补充：

（4）进度付款涉及政府投资资金的，应在遵守国库集中支付等有关规定的前提下，编制本工程项目资金流，筹置备用金，以及时满足本合同进度支付的要求。

## 17.4　质量保证金

17.4.1 项补充：

　　"扣留的质量保证金"为"签约合同价的＿＿%"，"约定的金额或比例"为"工程进度付款的＿＿%"。

　　质量保证金总额一般可为签约合同价的 2.5%～5%，从第一个付款周期在给承包人的工程进度付款中（不包括预付款和价格调整金额）扣留 5%～8%，直至达到合同约定的质量保证金总额。

增加条款：

**17.4.4**　在签发本合同工程接受证书后 <u>14</u> 天内，由监理人出具质量保证金的返还金付款证书，发包人将质量保证金总额的一半返还给承包人。

　　若缺陷责任期内缺陷修复工作量不大，扣留的质量保证金额度已足以补偿缺陷修复费用时，发包人可在签发本合同工程接受证书后将质量保证金总额的一半返还给承包人。

## 17.5　竣工结算

**17.5.1**　竣工付款申请单

17.5.1 项（1）目补充：

　　竣工付款申请单的份数和提交期限：工程接收证书颁发后 28 天内，承包人应按监理人批准的格式提交竣工付款申请单（一式＿＿份）。

## 17.6　竣工结清

**17.6.1**　最终结清申请单

17.6.1 项（1）目补充：

　　缺陷责任期终止证书签发后，承包人应按监理人批准的格式提交最终结清申请单（一式＿＿份）。

# 18　竣工验收

## 18.1　竣工验收的含义

增加条款：

**18.1.4**　承包人完成本合同全部工程后，应由发包人按本合同第 18.3 款和 DL/T 5123—2000《水电站基本建设工程验收规程》的规定进行竣工验收。其验收的程序和验收工作内容在本合同技术条款第 1 章中规定。

　　在工程建设过程中，发包人（法人）应及时对承包人已按合同要求完工的单位工程、分部工程进行验收。

**18.1.5**　水电工程的竣工验收是国家按 18.1.3 项规定，对发包人在水电工程交付投运前的竣工验收。承包人应协助发包人做好国家验收的各项工作。

　　竣工验收是指国家对发包人在工程交付投运前的验收。

## 18.2　竣工验收申请报告

18.2 款（2）目补充：

　　承包人为工程竣工验收，需要向监理人提交的竣工验收资料（一式＿＿份）内容在技术条款第 1 章中规定。本款（5）项监理人要求提交的竣工验收资料清单应包括在本款（2）项中。

　　竣工验收的各项验收资料应满足 DL/T 5123—2000《水电站基本建设工程验收规程》规定的竣工验收要求。

## 18.3  验收

18.3.5 项补充:

**18.3.5**  本合同工程项目的实际竣工日期不另作约定。

工程接收证书中应按本条规定写明,验收合格的工程以提交竣工验收申请报告的日期作为实际竣工日期。

18.3.6 项修改为:

"发包人在收到承包人竣工验收申请报告56天未进行验收的,承包人有权要求发包人立即作出验收安排,并确定验收日期。若验收合格,其实际竣工日期应是提交竣工验收申请报告的日期。若发包人在收到承包人的竣工申请报告后不及时进行验收,或在验收后不颁发工程接收证书,则发包人应从承包人发出竣工申请报告56天后的次日起承担工程保管费用。

工程竣工后应清理支付账目,包括已完工程尚未支付的工程价款、履约保函的清退以及其他按合同规定需结算的账目。若发包人未在56天内进行竣工验收,发包人应承担承包人的工程保管费用。但发包人由于不可抗力不能进行竣工验收的除外。

上文中的56天为国家标准文本规定的法定时间,不得更改。

## 18.5  施工期运行

18.5.1 项补充:

需要进行施工期运行的单位工程或工程设备为:

_____;_____;_____。

填写需要施工期运行的某项或某几项单位工程或工程设备明细。

## 18.6  试运行

18.6.1 项补充:

试运行的组织:_____。

填写发包人与承包人对试运行分工的具体工作范围及其责任。

若发包人需要与承包人共同组织工程和工程设备的试运行,则应在上述两项空格中填写发包人与承包人进行试运行的责任和组织分工。

# 19  缺陷责任与保修责任

## 19.1  缺陷责任期的起算时间

19.1 款修改为:

缺陷责任期自工程接收证书中写明的全部工程竣工日开始算起。在全部工程竣工验收前,已经发包人提前验收的单位工程或部分工程,若未投入正常使用,其缺陷责任期亦按全部工程的竣工日开始算起。

水电工程的全部工程竣工前,其中已完工的单位工程或部分工程应可提前验收,但由于某些工程建筑物或工程设备尚未经过蓄水和运行考验,必须在修复全部经蓄水运行显露的缺陷和全部工程竣工后,开始起算缺陷责任期。

## 19.7  保修责任

19.7 款补充:

各项水电工程建筑物的质量保修范围、期限和责任：_____

_____。

水电工程建筑物的质量保修范围、期限和责任可在技术条款中详细规定。

# 20　保险

## 20.1　工程保险

20.1 款补充：

投保人：_____。

投保内容：_____。

保险费率和保险金额：_____（估列）_____。

保险期限：_____。

若根据工程的具体情况，需要由发包人负责投保建筑工程一切险与安装工程一切险时，其保险费用可不列入报价。但由于合同双方均有可保权益，投保人必须以发包人和承包人的共同名义投保。

## 20.4　第三者责任险

20.4 款补充：

保险费率和保险金额：_____（估列）_____。

合同双方均有可保权益，投保人必须以承包人和发包人的共同名义投保第三者责任险。

## 20.5　其他保险

20.5 款补充：

需要投保的其他内容：_____。

保险费率和保险金额：_____（估列）_____。

本合同所指的其他保险，主要是要求承包人投保其规避自身风险的施工设备险。发包人可以要求承包人将保险金额单独列入报价，也可以要求承包人将其包含在各工程项目的施工设备运行费内。

除施工设备险外，承包人认为需要投保的其他险种，则可由承包人自由选投。承包人可根据其投保的其他险种分列在上述补充约定中，发包人将不为其他投保内容支付费用。

## 20.6　对各项保险的一般要求

20.6 款补充：

### 20.6.1　保险凭证

保险条件：_____。

承包人提交保险凭证的期限：_____。

保险凭证中约定的保险条件必须针对合同双方各自的风险责任设定，为此，应在专用合同条款中写明双方进行各项保险的条件。

### 20.6.4　保险金不足的补偿

保险金不足以补偿损失时，应由承包人和发包人各自负责补偿损失的保险项目：

发包人负责补偿的保险项目_____。

承包人负责补偿的保险项目_____。

按合同双方各自对不同保险项目的合同责任，填写承包人和发包人负责补偿的具体项目。

增加条款：

## 20.7  风险责任的转移

工程通过竣工验收并移交给发包人后，原由承包人按本条款约定应承担的风险责任，以及保险的责任、权利和义务同时转移给发包人（在缺陷责任期发生的、在缺陷责任期前的承包人原因造成的损失和损坏除外）。

工程移交证书颁发后，原由承包人承担的工程风险责任（包括权利和义务）将同时转移给发包人，按合同约定由承包人承担的保险费用，将由发包人直接向保险公司支付，保险公司的赔付也将由发包人接受。

# 23  索赔

增加条款：

**23.4.3**  承包人对监理人按第 23.4.1 项发出的索赔书面通知内容持异议时，应在收到书面通知后的 14 天内，将持有异议的书面报告及其证明材料提交监理人。监理人应在收到承包人书面报告后的 14 天内，将索赔处理意见通知承包人，并按第 23.4.2 项的约定执行赔付。若承包人不接受监理人的索赔处理意见，可按本合同第 24 条的约定办理。

本项约定是为完善发包人的索赔操作程序，保障承包人在接到发包人索赔通知后的申辩权，以及当不愿接受发包人索赔处理意见时，可要求按本合同第 24 条约定解决争议。

# 24  争议的解决

## 24.1  争议解决方式

24.1 款修改：

**24.4.1**  合同双方未能通过友好协商解决争议，拟采用 (填写争议解决方式) 及时解决合同争议。

按第 24.1 款约定，可选择以下两种争议解决方式：

（1）聘请争议评审组评审；

（2）直接向约定的仲裁委员会申请仲裁或提请有管辖权的人民法院起诉。

**24.4.2**  若发包人和承包人共同商定采用争议评审组评审，应在开工日后的 28 天内，按第 24.3 款的约定，协商聘请争议评审组，并与争议评审组签订协议。

争议评审组一般应由 3 名有合同管理和工程实践经验的专家组成，其中 2 名组员可由合同双方各提 1 名，并征得另一方同意，评审组组长可由该 2 名组员协商推荐，并征得合同双方同意，或由发包人和承包人共同协商后直接聘请。争议调解组的各项费用由发包人和承包人平均分担。

**24.4.3**  若合同双方商定直接向仲裁机构申请仲裁，应在发包人和承包人签订本合同协议书后的 28 天内签订仲裁协议，并约定仲裁机构。

**24.4.4**  若合同双方未能达成仲裁协议，则本合同的仲裁条款无效，任一方均有权向人民法院提起诉讼。

仲裁是最终裁决，不遵守仲裁裁决的，将由法院强制执行。没有仲裁条款的，即使合同中未约定法院诉讼，任一方均有权直接向人民法院提起诉讼。

# 第三节 合同附件格式

## 附件一：合同协议书

# 合同协议书

_____（发包人名称，以下简称"发包人"）为实施_____（项目名称），已接受_____（承包人名称，以下简称"承包人"）对该项目_____标段施工的投标。发包人和承包人共同达成如下协议。

1. 本协议书与下列文件一起构成合同文件：

（1）中标通知书；

（2）投标函及投标函附录；

（3）专用合同条款；

（4）通用合同条款；

（5）技术条款；

（6）图纸；

（7）已标价工程量清单；

（8）其他合同文件。

2. 上述文件互相补充和解释，如有不明确或不一致之处，以合同约定次序在先者为准。

3. 签约合同价：人民币（大写）_____元（¥_____）。

4. 承包人项目经理：_____。

5. 工程质量符合_____标准。

6. 承包人承诺按合同约定承担工程的实施、完成及缺陷修复。

7. 发包人承诺按合同约定的条件、时间和方式向承包人支付合同价款。

8. 承包人应按照监理人指示开工，工期为_____日历天。

9. 本协议书一式_____份，合同双方各执_____份。

10. 合同未尽事宜，双方另行签订补充协议。补充协议是合同的组成部分。

发包人：_____（盖单位章）　　　承包人：_____（盖单位章）

法定代表人或其委托代理人：_____（签字）　　法定代表人或其委托代理人：_____（签字）

_____年___月___日　　　　　　　　　　_____年___月___日

## 附件二：履约担保格式

# 履　约　担　保

_____（发包人名称）：

　　鉴于_____（发包人名称，以下简称"发包人"）接受_____（承包人名称）（以下称"承包人"）于_____年___月___日参加（项目名称）_____标段施工的投标。我方愿意无条件地、不可撤销地就承包人履行与你方订立的合同，向你方提供担保。

　　1．担保金额人民币（大写）_____元（¥_____）。

　　2．担保有效期自发包人与承包人签订的合同生效之日起至发包人签发工程接收证书之日止。

　　3．在本担保有效期内，因承包人违反合同约定的义务给你方造成经济损失时，我方在收到你方以书面形式提出的在担保金额内的赔偿要求后，在7天内无条件支付。

　　4．发包人和承包人按《通用合同条款》第15条变更合同时，我方承担本担保规定的义务不变。

担　保　人：_____（盖单位章）

法定代表人或其委托代理人：_____（签字）

地　　　址：_____

邮政编码：_____

电　　　话：_____

传　　　真：_____

_____年___月___日

## 附件三：预付款担保格式

# 预 付 款 担 保

_____（发包人名称）：

根据_____（承包人名称）（以下称"承包人"）与_____（发包人名称）（以下简称"发包人"）于____年___月___日签订的_____（项目名称）_____标段施工承包合同，承包人按约定的金额向发包人提交一份预付款担保，即有权得到发包人支付相等金额的预付款。我方愿意就你方提供给承包人的预付款提供担保。

1．担保金额人民币（大写）_____元（¥_____）。

2．担保有效期自预付款支付给承包人起生效，至发包人签发的进度付款证书说明已完全扣清止。

3．在本保函有效期内，因承包人违反合同约定的义务而要求收回预付款时，我方在收到你方的书面通知后，在7天内无条件支付。但本保函的担保金额，在任何时候不应超过预付款金额减去发包人按合同约定在向承包人签发的进度付款证书中扣除的金额。

4．发包人和承包人按《通用合同条款》第15条变更合同时，我方承担本保函规定的义务不变。

担 保 人：_____（盖单位章）

法定代表人或其委托代理人：_____（签字）

地　　址：_____

邮政编码：_____

电　　话：_____

传　　真：_____

____年__月__日

# 第五章 工 程 量 清 单

　　工程量清单是表现拟建工程实体性项目和非实体性项目名称和相应数量的明细清单，其功能是满足工程项目具体量化和计量支付的需要。本章分为四节内容，分别是第 1 节 "工程量清单说明"、第 2 节 "投标报价说明"、第 3 节 "其他说明" 和第 4 节 "工程量清单"。其中，前三节均是说明性内容，为解读和使用第 4 节的内容服务。第 4 节提供的是系列表格格式。这些表格包括投标报价汇总表、工程量清单表(土建、设备及安装工程等)、总价承包项目分解表、分部分项工程报价费用构成表、计日工表、暂估价表、主要材料预算价格汇总表、施工机械台时费汇总表、单价分析表等工程量清单报价计算分析及附表。这些内容是参考性的。工程量清单由招标人根据《水电工程工程量清单计价规范》，以及《水电工程施工招标和合同文件示范文本》、招标项目具体特点和实际需要编制。

　　"工程量清单" 中所使用的术语与 "投标人须知""评标办法""通用合同条款" 是相互衔接的，"工程量清单" 的内容也反映了 "合同条款" 的要求。

　　工程量清单计价是以工程量清单作为投标人投标价格和合同协议书签订时合同价格的唯一载体，在合同协议书签订时，进入合同的 "已标价的工程量清单" 全部内容将作为合同文件的组成部分，具有合同约束力。实践中常见的单价合同和总价合同是两种主要合同形式，均应纳入工程量清单计价体系，区别在于单价合同的工程量应是合同计量依据，而总价合同的工程量，在招投标阶段是投标人进行估价的共同依据；在履行合同阶段仅作为合同双方进行进度控制，以及按承包人完成的工程面貌进行总价分解支付的依据。但两种合同计价形式，当其工程量超过或减少合同约定的变更限额时，两种合同形式均应执行本合同的变更程序，但应按各自约定的不同支付方式执行支付。

　　工程量清单项目的支付应以合同图纸，以及发包人在履行合同中发送的施工图纸标示的内容为准。工程量的结清和工程款结算时应按施工竣工图确认的、实际发生的工程量为准。

## 1　工程量清单说明

**1.1**　本工程量清单根据招标文件中包括的有合同约束力的图纸以及有关工程量清单的国家标准、行业标准、合同中约定的工程量计算规则编制。约定计量规则中没有的项目，其工程量按照有合同约束力的图纸所标示尺寸的理论净量计算。计量单位采用中华人民共和国法定计量单位。

**1.2**　本工程量清单应与招标文件中的投标人须知、通用合同条款、专用合同条款、技术条款及图纸等一起阅读和理解。

**1.3**　本工程量清单仅是投标报价的共同基础，实际工程计量和工程价款的支付应遵循合同条款的约定和技术条款的有关规定。

## 2　投标报价说明

**2.1**　工程量清单中的每一个项目须填入单价或价格，且只允许有一个报价。工程量清单中投标人没有填入单价或价格的项目，其费用视为已分摊在工程量清单中其他相关项目的单价或合价中。投标人不应在工程量清单中自行增加新的项目或修改项目名称。

**2.2**　除合同另有约定外，工程量清单中的单价和合价包括应由承包人承担的直接费（人工费、材料费、机械使用费和其他直接费）、间接费、其他费用（合同明示或暗示的风险、责任和义务等），以及利润和税金等全部费用。

水电工程建筑安装工程单价一般包括直接费(人工费、材料费、机械使用费，冬雨季施工增加费、特殊地区施工增加费、夜间施工增加费、小型临时设施摊销费、安全文明施工措施费和其他)、间接费(现场管理费、企业管理费、承包人进退场费、社会保障及企业计提费、财务费)、利润和税金等，为综合单价的表现形式。根据水电工程特点，安全文明施工措施费和承包人进退场费也可在工程量清单措施项目中单独列项。

措施项目与其他项目费用，是否分摊到工程量清单的分部分项工程单价中，涉及工程量清单的项目列项和表现形式，可以在招标人编制的招标文件中明确。

**2.3** 除合同另有约定外，在基准日期当时所依据的法律规定的应由承包人缴纳的税金和费用均应计入单价、合价和总报价中。

**2.4** 工程量清单中的"单价"和"合价"栏均应由投标人填报。投标人还应填报投标报价汇总表，并在其结尾处填写投标总报价。报价货币单位为人民币元。

**2.5** 投标报价中的暂估价按招标文件暂估价表列出的项目内容和金额填写。

**2.6** 投标报价汇总表中的暂列金额是用于签订合同时尚未确定或不可预见项目的备用金额，应由招标人在招标文件中明确具体金额或计算方法，并按合同条款第 15.6 款的规定使用。投标人只需要按招标文件中明确的具体金额或计算方法将暂列金额纳入投标总报价。

暂列金额中包括了计日工金额。计日工应由招标人在招标文件中列出项目和暂定数量，并由投标人自主确定综合单价并计算计日工费用。

暂列金额，尽管包含在投标总报价中(所以也将包含在中标人的合同总价中)，但并不属于承包人所有和支配，承包人还应遵守合同约定的结算和支付程序。

**2.7** 投标报价中的总承包服务费按招标文件列出的总承包服务项目内容填报。

总承包服务费指总承包人为配合协调发包人实施的工程分包、设备和材料采购等进行管理、服务以及施工现场管理、竣工资料汇总整理等服务所需的费用。

**2.8** 投标文件中投标报价的编制说明。

投标人应在投标文件中给出投标报价的编制说明。编制说明应包括但不限于：投标报价的编制原则和依据；人工预算单价、材料预算价格以及电、风、水、砂石料、混凝土材料单价、施工机械台时费等基础单价的计算方法和成果；建筑安装工程单价编制方法及有关取费标准；有关风险、责任和义务等其他费用摊入处理方法等。

# 3 其他说明

"其他说明"一节可以纳入招标人认为有助于投标人正确解读工程量清单和准备有竞争力报价的有关内容。如对招标范围的详细界定和招标文件其他部分指明应在"工程量清单"中说明的其他事项等。

# 4 工程量清单

## 4.1 工程量清单的项目分组和编号

### 4.1.1 项目分组

（模式一：按单位工程分组）

工程量清单的项目分组按招标项目单位工程进行分组，并对其中的分部分项工程进行编号。工程量清单中的编号分为四段数字，其分段形式及含义为：

×××—×××—×××—×××

↓      ↓      ↓      ↓

第一段   第二段   第三段   第四段

上述分段形式可采用四段阿拉伯数字与点号或短横线间隔符表达方式。其中，第一段数字为分组号，代表单位工程序号；第二段数字为专业工程序号，与技术条款的章号相一致；第三段数字为专业工程下属的子项序号；第四段数字为第三段数字所指工程子项下属孙项序号。

（模式二：按技术条款各章的专业工程分组）

工程量清单的项目分组按技术条款各章的专业工程进行分组，工程量清单中的编号分为四段数字，其分段形式及含义为：

$$×××—×××—×××—×××$$

$$\downarrow \quad\quad \downarrow \quad\quad \downarrow \quad\quad \downarrow$$

第一段　第二段　第三段　第四段

上述分段形式可采用四段阿拉伯数字与点号或短横线间隔符表达方式。其中，第一段数字为分组号，与技术条款中各章的章号相一致；第二段数字为单位工程序号，同一单位工程在各分组工程量清单中项目编号的第二段数字相同；第三段数字为单位工程下属的子项序号；第四段数字为第三段数字所指工程子项的下属孙项序号。

**4.1.2　工程量清单编码**

工程量清单编码按照《水电工程工程量清单计价规范》的规定执行。

## 4.2　投标报价汇总表

**投标报价汇总表（格式）**

工程名称：　　　　　　　　　　标　段：　　　　　　　　第　页共　页

| 序　号 | 项　目　名　称 | 报价金额（元） | 备　注 |
|---|---|---|---|
| 一 | 分部分项工程项目 | | |
| 1 | （填入工程分组名称） | | 需标明本项目中暂估价金额 |
| 2 | …… | | |
| 3 | | | |
| | | | |
| 二 | 措施项目 | | |
| 1 | | | |
| 2 | | | |
| | | | |
| 三 | 其他项目 | | |
| 1 | 暂列金额 | | |
| （1） | 计日工 | | |
| （2） | 备用金 | | |
| 2 | 总承包服务费 | | |
| | | | |
| | | | |
| | 投标总报价（一＋二＋三） | | 填入投标函 |

投标人：（盖单位章）

法定代表人（或委托代理人）：（签名）

＿＿＿年＿＿＿月＿＿＿日

注：投标报价汇总表与投标函中投标报价金额应当一致。需要注意的是，暂估价已包括在分部分项工程和措施项目工程量清单费用中，计日工已包括在暂列金额中，不应重复计入投标报价。

## 4.3 分部分项工程量清单格式

分部分项工程量清单按项目分组填报，分组合计金额分别汇入投标报价汇总表中。分部分项工程量清单格式如下：

### 分部分项工程量清单与计价表（土建工程格式）

工程名称：_____　　标　段：_____

组　号：_____　　分组名称：_____　第　页共　页

| 编号 | 编码 | 项目名称 | 项目特征 | 单位 | 工程量 | 单价（元） | 合价（元） | 备注 |
|---|---|---|---|---|---|---|---|---|
| | | | | | | | | |
| | | | | | | | | |
| | | | | | | | | |
| | | | | | | | | |
| | | | | | | | | |
| | | 合　计<br>（汇入投标报价汇总表） | | | | | | |

投标人：（盖单位章）

法定代表人（或委托代理人）：（签名）

____年____月____日

注：本表适用于土建分部分项工程量清单编制。其中"项目特征"是区分和影响项目成本的主要性质或参数，要求招标文件中的"项目特征"具有明确的可操作性的量化指标，投标人应在详细阅读技术条款中的技术要求和图纸后，结合项目特征进行报价。

### 分部分项工程量清单与计价表（设备及安装工程格式）

工程名称：_____　　标　段：_____

组　号：_____　　分组名称：_____　第　页共　页

| 编号 | 编码 | 项目名称 | 项目特征 | 单位 | 工程量 | 单价（元） | | | 合价（元） | | | 购买方 | 备注 |
|---|---|---|---|---|---|---|---|---|---|---|---|---|---|
| | | | | | | 设备价 | 安装价 | 小计 | 设备价 | 安装价 | 小计 | | |
| | | | | | | | | | | | | | |
| | | | | | | | | | | | | | |
| | | | | | | | | | | | | | |
| | | | | | | | | | | | | | |
| | | | | | | | | | | | | | |
| | | 合计（汇入投标报价汇总表） | | | | | | | | | | | |

投标人：（盖单位章）

法定代表人（或委托代理人）：（签名）

____年____月____日

注：本表适用于安装分部分项工程量清单编制。其中"项目特征"是区分和影响项目成本的主要性质或参数，要求招标文件对"项目特征"有明确的可操作性的量化指标，投标人应在详细阅读技术条款中的技术要求和图纸后，结合项目特征进行报价。

## 4.4 措施项目清单

措施项目清单按如下格式填报。必要时，可以按项目分组填报。金额汇入投标报价汇总表中。

### 措施项目清单与计价表（格式一）

工程名称：_____ 标　段：_____

组　　号：_____ 分组名称：_____ 第　页共　页

| 序号 | 项目名称 | 计算基础 | 单价（元） | 合价（元） | 备　注 |
|---|---|---|---|---|---|
|  |  |  |  |  |  |
|  |  |  |  |  |  |
|  |  |  |  |  |  |
|  |  |  |  |  |  |
|  |  |  |  |  |  |
|  |  |  |  |  |  |
|  | 合　计<br>（汇入投标报价汇总表） |  |  |  |  |

投标人：（盖单位章）

法定代表人（或委托代理人）：（签名）

____年____月____日

注：本表适用于以费率形式计价的措施项目进行报价。

### 措施项目清单与计价表（格式二）

工程名称：_____ 标　段：_____

组　　号：_____ 分组名称：_____ 第　页共　页

| 编号 | 编码 | 项目名称 | 项目特征 | 单　位 | 工程量 | 单价（元） | 合价（元） | 备　注 |
|---|---|---|---|---|---|---|---|---|
|  |  |  |  |  |  |  |  |  |
|  |  |  |  |  |  |  |  |  |
|  |  |  |  |  |  |  |  |  |
|  |  |  |  |  |  |  |  |  |
|  |  |  |  |  |  |  |  |  |
|  |  |  |  |  |  |  |  |  |
|  |  | 合　计<br>（汇入投标报价汇总表） |  |  |  |  |  |  |

投标人：（盖单位章）

法定代表人（或委托代理人）：（签名）

____年____月____日

注：本表适用于以综合单价形式计价的措施项目进行报价。

## 4.5 其他项目清单

其他项目清单按如下格式填报，金额汇入投标报价汇总表中。

## 其他项目清单与计价表（格式）

工程名称：_____  标  段：_____  第  页共  页

| 序号 | 项目名称 | 单  位 | 数量 | 金额（元） | 备  注 |
|---|---|---|---|---|---|
| 1 | 暂列金额 | 项 |  |  |  |
| （1） | 计日工 | 项 |  |  |  |
| （2） | 备用金 | 项 |  |  |  |
| 2 | 总承包服务费 | 项 |  |  |  |
|  |  |  |  |  |  |
|  |  |  |  |  |  |
|  |  |  |  |  |  |
|  | 合  计<br>（汇入投标报价汇总表） |  |  |  |  |

投标人：（盖单位章）

法定代表人（或委托代理人）：（签名）

____年____月____日

### 4.6  价格指数、价格和权重表

**4.6.1**  按《合同条款》16.1.1 规定的价格指数调整价格方式时：

（1）招标人明确如下价格指数和权重表中的定值权重、变值调价因子和基本价格指数及其来源、权重的允许范围。

（2）价格指数来源应写明发布单位或提供单位名称，若有规定的文件或刊物时，还应写明文件或刊物名称，并列出具体条目号。若无价格指数，可用价格代替。

（3）投标人应根据《合同条款》的约定填写如下表格式的变值部分权重的投标人建议值。

（4）投标人对变值权重的建议值应在表列的允许范围内，定值权重和变值权重的总和为 1.00。

### 价格指数和权重表（格式）

工程名称：_____  标  段：_____  第  页共  页

| 名  称 |  | 基本价格指数 |  | 权  重 |  |  | 价格指数来源 |
|---|---|---|---|---|---|---|---|
|  |  | 代号 | 指数值 | 代号 | 允许范围 | 投标人建议值 |  |
| 定值部分 |  |  |  | A |  |  |  |
| 变值部分 | 人工费 | $F_{01}$ |  | $B_1$ | ___至___ |  |  |
|  | 水泥 | $F_{02}$ |  | $B_2$ | ___至___ |  |  |
|  | 钢筋 | $F_{03}$ |  | $B_3$ | ___至___ |  |  |
|  | …… | …… |  | …… |  |  |  |
|  | …… | …… |  | …… |  |  |  |
|  | …… | …… |  | …… |  |  |  |
| 合  计 |  |  |  |  |  | 1.00 |  |

投标人：（盖单位章）

法定代表人（或委托代理人）：（签名）

____年____月____日

**4.6.2** 按合同条款第16.1.2项约定的采用造价信息调整价格方式时：

应根据合同条款第16.1.2项约定的价格调整因素及价格信息，以招标文件中规定的相应价格为基础进行调整。调整价格差额包括价格差额本身及相关的税金。

## 4.7 工程量清单报价计算分析表

### 4.7.1 总价承包项目分解表

投标人应根据工程量清单的总价承包项目按下表格式编制分解表。每一个总价承包项目一份，项目编号和名称应与工程量清单一致。

**总价承包项目分解表（格式）**

工程名称：_____　　　标　　段：_____

项目编号：_____　　　项目名称：_____　　第　页共　页

| 编号 | 分项名称 | 单位 | 工程量 | 单价（元） | 合价（元） | 备注 |
|---|---|---|---|---|---|---|
|  |  |  |  |  |  |  |
|  |  |  |  |  |  |  |
|  |  |  |  |  |  |  |
|  |  |  |  |  |  |  |
|  |  |  |  |  |  |  |
|  |  |  |  |  |  |  |
|  |  |  |  |  |  |  |
| 合　计<br>（汇入工程量清单） |  |  |  |  |  |  |

投标人：（盖单位章）

法定代表人（或委托代理人）：（签名）

____年____月____日

### 4.7.2 分部分项工程报价费用构成表

分部分项工程报价费用构成表格式如下：

**分部分项工程报价费用构成表（格式）**

工程名称：_____　　　标　　段：_____　　第　页共　页　　　单位：元

| 组号 | 分组工程名称 | 人工费 | 材料费 | 机械使用费 | | 其他直接费 | 间接费 | 其他费用 | 利润 | 税金 | 合计 |
|---|---|---|---|---|---|---|---|---|---|---|---|
|  |  |  |  | 一类 | 二、三类 |  |  |  |  |  |  |
|  |  |  |  |  |  |  |  |  |  |  |  |
|  |  |  |  |  |  |  |  |  |  |  |  |
|  |  |  |  |  |  |  |  |  |  |  |  |
|  |  |  |  |  |  |  |  |  |  |  |  |
|  |  |  |  |  |  |  |  |  |  |  |  |
| 合　计 |  |  |  |  |  |  |  |  |  |  |  |

投标人：（盖单位章）

法定代表人（或委托代理人）：（签名）

____年____月____日

**4.7.3 暂估价表**

暂估价表格式如下：

### 暂估价表（格式）

工程名称：_____ 标　段：_____ 第　页共　页

| 编号 | 名　称 | 项 目 内 容 | 金额（元） | 备　注 |
|------|--------|-------------|-----------|--------|
|  |  |  |  |  |
|  |  |  |  |  |
|  |  |  |  |  |
|  |  |  |  |  |
|  |  |  |  |  |
|  |  |  |  |  |
|  |  |  |  |  |
|  | 合　计 |  |  |  |

投标人：（盖单位章）

法定代表人（或委托代理人）：（签名）

____年____月____日

注：此表由招标人填写，投标人应按此表将金额计入相应项目清单报价中。

**4.7.4 暂列金额明细**

暂列金额明细表格式如下：

### 暂列金额明细表（格式）

工程名称：_____ 标　段：_____ 第　页共　页

| 序号 | 项目名称 | 单　位 | 数　量 | 金额（元） | 备　注 |
|------|----------|--------|--------|-----------|--------|
| 1 | 计日工 |  |  |  |  |
| 1.1 | 人工 |  |  |  |  |
| 1.2 | 材料 |  |  |  |  |
| 1.3 | 施工机械 |  |  |  |  |
| 2 | 备用金 |  |  |  |  |
|  |  |  |  |  |  |
|  | 合　计<br>（汇入其他项目清单与计价表） |  |  |  |  |

投标人：（盖单位章）

法定代表人（或委托代理人）：（签名）

____年____月____日

注：此表中"备用金"为除计日工外的暂列金额，由投标人按招标文件中明确的具体金额或计算方法填写，金额计入投标总报价中。

**4.7.5 计日工表**

计日工表格式如下：

## 计日工表（格式）

工程名称：_____        标　段：_____        第　页　共　页

| 编号 | 项 目 名 称 | 单 位 | 暂定数量 | 综合单价（元） | 合价（元） |
|------|------------|-------|----------|----------------|------------|
| 一 | 人　工 | | | | |
| 1 | | | | | |
| 2 | | | | | |
| 3 | | | | | |
| 4 | | | | | |
| | 人工小计（汇入暂列金额明细表） | | | | |
| 二 | 材　料 | | | | |
| 1 | | | | | |
| 2 | | | | | |
| 3 | | | | | |
| 4 | | | | | |
| | 材料小计（汇入暂列金额明细表） | | | | |
| 三 | 施 工 机 械 | | | | |
| 1 | | | | | |
| 2 | | | | | |
| 3 | | | | | |
| 4 | | | | | |
| | 施工机械小计（汇入暂列金额明细表） | | | | |
| | 总计（汇入暂列金额明细表） | | | | |

投标人：（盖单位章）

法定代表人（或委托代理人）：（签名）

____年____月____日

注：此表项目名称、数量由招标人填写，投标时，单价由投标人自主报价。计日工单价除了包括生产工人的工资、工资性津贴和属于生产工人开支范围的各项费用，运往工地仓库或堆料场的材料供应地售价、运杂费和采购保管费，以及施工机械一类费用、机上人工费、动力燃料费和三类费用等外，还应包括分摊的其他直接费、间接费、其他费用、利润和税金等一切费用。

### 4.7.6　总承包服务费计价表

总承包服务费计价表格式如下：

## 总承包服务费计价表（格式）

工程名称：_____        标　段：_____        第　页　共　页

| 序号 | 项 目 名 称 | 项目价值（元） | 服务内容 | 费 率（%） | 金 额（元） |
|------|------------|----------------|----------|------------|-------------|
| | | | | | |
| | | | | | |
| | 合　　计（汇入其他项目清单与计价表） | | | | |

投标人：（盖单位章）

法定代表人（或委托代理人）：（签名）

____年____月____日

注：招标人应在招标文件中列出总承包服务的内容和要求，投标人按要求自主填写金额。

## 4.8 工程量清单附表

### 4.8.1 人工预算单价

投标人应根据国家有关规定和投标人成本管理情况，计算分析合同中从事建筑及安装工程施工的人工预算单价，并在投标文件中提交相关成果。人工预算单价中包括但不限于生产工人的基本工资、辅助工资、职工福利费和劳动保护费等费用。

### 4.8.2 主要材料预算价格汇总表

投标人应按下表格式编制合同中用量多、影响合同费用大的主要材料预算价格。

**主要材料预算价格汇总表（格式）**

工程名称：_____　标　段：_____　第　页共　页

| 编号 | 名称及规格 | 单位 | 预算价格（元） | 其中（元） | | |
| --- | --- | --- | --- | --- | --- | --- |
| | | | | 原价 | 运杂费 | 采购及保管费 |
| | | | | | | |
| | | | | | | |
| | | | | | | |
| | | | | | | |
| | | | | | | |

投标人：（盖单位章）

法定代表人（或委托代理人）：（签名）

____年____月____日

注：水电工程中用量多、影响合同费用大的主要材料有：钢筋（材）、木材、水泥、沥青、掺合料、柴油、炸药、电缆及母线等。

### 4.8.3 施工机械台时费汇总表

投标人应按下表格式编制合同工程中使用的施工机械台时费汇总表。

**施工机械台时费汇总表（格式）**

工程名称：_____　标　段：_____　第　页共　页

| 编号 | 名称及规格 | 单位 | 台时费（元） | 其中（元） | | | |
| --- | --- | --- | --- | --- | --- | --- | --- |
| | | | | 一类费用 | 机上人工费 | 动力燃料费 | 三类费用 |
| | | | | | | | |
| | | | | | | | |
| | | | | | | | |
| | | | | | | | |
| | | | | | | | |

投标人：（盖单位章）

法定代表人（或委托代理人）：（签名）

____年____月____日

注：水电工程施工机械台时费中，一类费用包括折旧费、设备修理费、安装拆卸费等费用，三类费用包括车船使用税和年检费等。按合同约定单独列项计算的大型施工机械安装拆卸费，一类费用中不应重复计列。

**4.8.4** 施工用电、水、风、砂石料预算单价

（1）投标人应根据《合同条款》和施工组织设计确定的供电方式、供电电源、不同电源的电量所占比例、相应供电价格和条件进行施工用电预算价格计算，并在投标文件中提交相关成果。

（2）投标人应根据《合同条款》和施工组织设计确定的供水方式、供水水源、不同水源的水量所占比例、相应水源价格和条件进行施工用水预算价格计算，并在投标文件中提交相关成果。

（3）投标人应根据施工组织设计确定的供风方式和配置的供风系统设备进行施工用风预算价格计算，并在投标文件中提交相关成果。

（4）投标人应根据《合同条款》和施工组织设计确定的料源情况、开采运输条件和生产工艺流程等进行砂石料预算价格分析计算，并在投标文件中提交相关成果。

**4.8.5** 混凝土材料单价计算表

投标人应根据工程量清单中混凝土的强度、抗渗、抗冻、级配和龄期等要求，按下表格式分别计算出包括水泥、掺合料、砂石料、外加剂和水等的每立方米混凝土、砂浆材料单价，并在投标文件中提交相关成果。

**混凝土材料单价计算表（格式）**

工程名称：＿＿＿＿＿＿＿＿＿＿＿＿＿＿　　　标　　段：＿＿＿＿＿＿＿＿＿＿＿＿＿＿　　　第　　页共　　页

| 编号 | 名称及规格 | 水泥标号 | 级配 | 单价（元） | 预算量 | | | | | |
|---|---|---|---|---|---|---|---|---|---|---|
| | | | | | 水泥（kg） | 掺合料（kg） | 砂（m³） | 石子（m³） | 外加剂（kg） | 水（kg） |
| | | | | | | | | | | |
| | | | | | | | | | | |
| | | | | | | | | | | |
| | | | | | | | | | | |
| | | | | | | | | | | |
| | | | | | | | | | | |
| | | | | | | | | | | |
| | | | | | | | | | | |
| | | | | | | | | | | |
| | | | | | | | | | | |
| | | | | | | | | | | |
| | | | | | | | | | | |
| | | | | | | | | | | |
| | | | | | | | | | | |
| | | | | | | | | | | |
| | | | | | | | | | | |
| | | | | | | | | | | |

投标人：（盖单位章）

法定代表人（或委托代理人）：（签名）

＿＿＿年＿＿＿月＿＿＿日

**4.8.6** 单价分析表

投标人应按下表格式编制工程量清单中主要项目的单价分析表，每种单价一份，项目编号和名称应与工程量清单一致。总价承包项目的分项也应参照编制单价分析表，项目编号和名称应与总价承包项目分解表一致。

## 单价分析表（格式）

工程名称：_____   标　　段：_____

项目编号：_____   项目名称：_____

工作内容：_____   单　　价：_____　　　第　页　共　页

| 编号 | 名称及规格 | 单位 | 数　量 | 单价（元） | 合价（元） | 备　注 |
|------|-----------|------|--------|-----------|-----------|--------|
| 1 | 直接费 | | | | | |
| 1.1 | 基本直接费 | | | | | |
| 1.1.1 | 人工费 | | | | | |
| 1.1.2 | 材料费 | | | | | |
| （1） | | | | | | |
| （2） | | | | | | |
| ⋮ | | | | | | |
| 1.1.3 | 机械使用费 | | | | | |
| （1） | | | | | | |
| （2） | | | | | | |
| ⋮ | | | | | | |
| 1.2 | 其他直接费 | | | | | |
| 2 | 间接费 | | | | | |
| 3 | 其他费用 | | | | | |
| 4 | 利润 | | | | | |
| 5 | 税金 | | | | | |
| | 合　计 | | | | | |

投标人：（盖单位章）

法定代表人（或委托代理人）：（签名）

_____年____月____日

第 二 卷

# 第六章　图　　纸

## 1　招标图纸

### 1.1　招标图纸编绘规定

（1）附入项目施工招标文件的招标图纸，应由发包人委托设计人根据批准的项目可行性研究报告的设计图纸编绘，设计人应将招标设计报告及其附图，提交发包人批准。

（2）招标图纸的编绘应遵守 DL/T 5212—2005《水电工程招标设计报告编制规程》及 DL/T 5347—2006《水电水利工程基础制图标准》的规定。

（3）附入项目施工招标文件的工程建筑物结构图纸，应进行详细的结构分析和计算，并根据安全、经济的原则选定工程建筑物的结构布置和尺寸。

### 1.2　招标图纸编绘内容

附入施工招标文件中的招标图纸应包括以下各项图纸：

（1）本工程流域水系有关测站的洪峰、洪量，以及工程场址的水位、流量、泥沙等的水文图表。

（2）本工程水库和各项工程建筑物（包括天然建筑材料场地）的平面地质总图、平面地质填图、地质剖面和平切面图，以及各永久工程建筑物基础与天然建筑材料的物理力学试验成果。

（3）工程枢纽建筑物布置总图、各项工程建筑物总布置图、体形图、结构布置详图、开挖和支护图、基础处理及灌浆与排水详图、边坡处理图、各项工程建筑物的典型钢筋配置图、压力输水管道和其他钢结构的制造安装图、工程建筑物细部的典型大样图，以及各项工程建筑物的安全监测详图等。

（4）本工程机电设备布置和安装总图、水轮发电机组及其附属设备系统、电力变压器及其输变电系统、消防、采暖通风、火灾报警和计算机控制等的布置和系统安装图，以及机电设备安装项目表等。

（5）本工程金属结构闸门及其启闭机的布置和安装总图，以及安装项目表等。

（6）工程枢纽建筑物施工组织设计所需的工程位置和对外交通图、施工场地范围图（包括土料场、砂石料场、存渣场和弃渣场）等。

（7）施工总布置图，以及各项施工临时辅助设施布置图等。

（8）施工导流工程方案布置图、导流工程建筑物施工布置图、施工期通航方案布置图。

（9）施工控制性进度表，以及发包人建议的施工总进度网络图。

（10）根据本工程项目施工招标需要列入招标文件的其他图纸。

### 1.3　招标图纸规格

（1）图纸的幅面及图框尺寸，应符合 DL/T 5347—2006 的规定。招标文件附图的幅面，推荐采用 A3。

（2）图纸的幅面及图框尺寸见表1，表1中的图框如图1所示。

**表1**                   **幅面及图框尺寸**

| 幅面代号 | A0 | A1 | A2 | A3 | A4 |
|---|---|---|---|---|---|
| $B \times L$ | 841×1189 | 594×841 | 420×594 | 297×420 | 210×297 |
| $c$ | 10 | | | 5 | |
| $a$ | 25 | | | | |

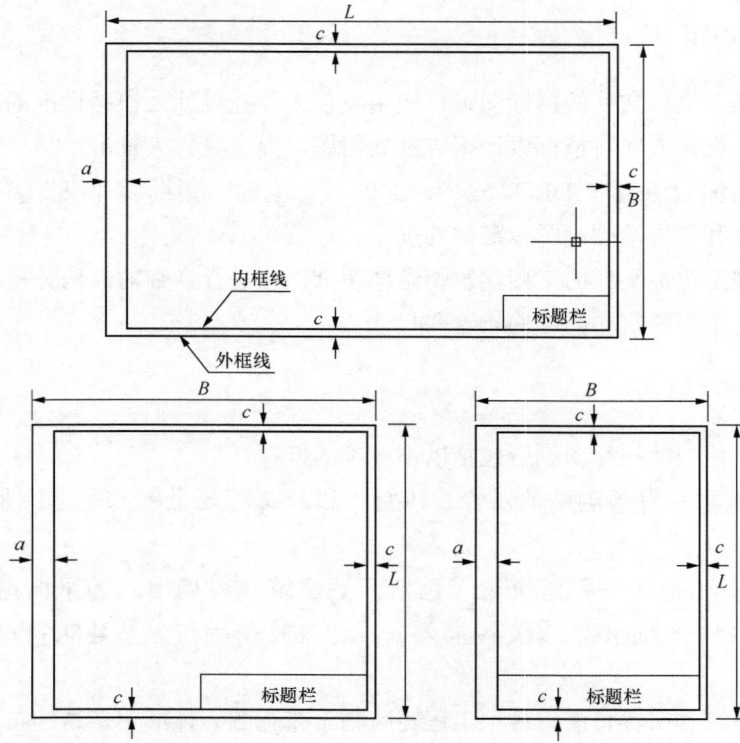

图1   图框

（3）图纸的加长：

图纸的加长应遵守 DL/T 5347—2006 的规定。图纸的短边不加长，长边加长应按短边整数倍加长。加长的幅面见表2。

**表2**                   **图纸长边加长尺寸表**

| 幅面代号 | 长边尺寸 | 长边加长后的尺寸 | | | | | | |
|---|---|---|---|---|---|---|---|---|
| A0 | 1189 | | 1682<br>A0×2 | 2523<br>A0×3 | | | | |
| A1 | 841 | | 1783<br>A1×3 | 2378<br>A1×4 | | | | |
| A2 | 594 | | 1261<br>A2×3 | 1682<br>A2×4 | 2102<br>A2×5 | | | |
| A3 | 420 | | 891<br>A3×3 | 1189<br>A3×4 | 1486<br>A3×5 | 1783<br>A3×6 | | 2080<br>A3×7 |
| A4 | 297 | 630<br>A4×3 | 841<br>A4×4 | 1051<br>A4×5 | 1261<br>A4×6 | 1471<br>A4×7 | 1682<br>A4×8 | 1892<br>A4×9 |

注：A$n$×$m$ 即幅面代号乘短边加长倍数。

（4）标题栏：

标题栏设在图纸右下角，其格式和尺寸应遵守 DL/T 5347—2006 的规定。其格式如图 2 所示。

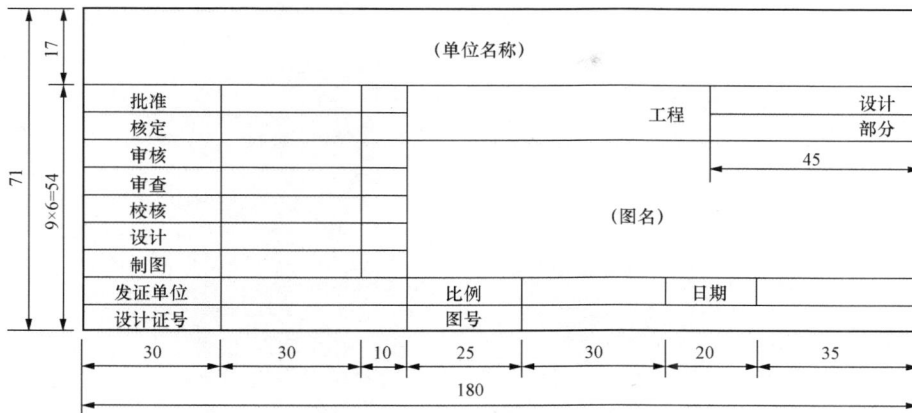

图 2　标题栏

## 2　招标图纸目录

| 序　号 | 图　　名 | 图　　号 | 工程部位 | 出图日期 | 备　　注 |
|---|---|---|---|---|---|
| | | | | | |
| | | | | | |
| | | | | | |
| | | | | | |
| | | | | | |
| | | | | | |
| | | | | | |
| | | | | | |
| | | | | | |
| | | | | | |

## 3　施工图纸

（1）在履行合同中，发包人提供给承包人直接用于施工放样的图纸，称施工图纸。

（2）施工图纸的编绘应遵守 DL/T 5347—2006 的有关规定。其幅面推荐采用 A1～A4。

（3）发包人可委托设计人根据工程需要修改施工图纸，但应及时发出设计修改图，设计修改图的编号应为原图号后加尾缀 $R_1$；$R_2$；$R_3$……$R_n$。

（4）当施工紧急时，发包人可就设计修改事项发出临时性的设计修改通知单，但应在事后补发正式的设计修改图。

（5）发包人在履行合同中发给承包人的设计修改图，以图号尾缀 $R_n$ 的 $n$ 值最大的修改图，即为提供给承包人施工的最终施工图，其图号尾缀 $R_1$ 至 $R_{n-1}$ 的修改图应予作废。

（6）承包人应严格按施工图纸进行施工。若承包人由于施工需要，要求修改施工图纸时，应经监理人批准，但不得自行修改施工图纸。

第 三 卷

# 第七章 技 术 条 款

（详见《水电工程施工招标和合同文件示范文本（下册）》）

第 四 卷

# 第八章 投标文件格式

_____（项目名称）_____标段施工招标

# 投 标 文 件

投标人：_____（盖单位章）

法定代表人或其委托代理人：_____（签字）

_____年__月__日

# 目　　录

# 一、投标函及投标函附录

## （一）投 标 函

_____（招标人名称）：

1．我方已仔细研究了_____（项目名称）_____标段施工招标文件的全部内容，愿意以人民币（大写）_____元（¥_____）的投标总报价，工期_____日历天，按合同约定实施和完成承包工程，修补工程中的任何缺陷，工程质量达到_____。

2．我方承诺在投标有效期内不修改、撤销投标文件。

3．随同本投标函提交投标保证金一份，金额为人民币（大写）_____元（¥_____）。

4．如我方中标：

（1）我方承诺在收到中标通知书后，在中标通知书规定的期限内与你方签订合同。

（2）随同本投标函递交的投标函附录属于合同文件的组成部分。

（3）我方承诺按照招标文件规定向你方递交履约担保。

（4）我方承诺在合同约定的期限内完成并移交全部合同工程。

5．我方在此声明，所递交的投标文件及有关资料内容完整、真实和准确，且不存在第二章"投标人须知"第1.4.3项规定的任何一种情形。

6．_____（其他补充说明）。


投 标 人：_____（盖单位章）

法定代表人或其委托代理人：_____（签字）

地　　址：_____

网　　址：_____

电　　话：_____

传　　真：_____

邮政编码：_____

_____年____月____日

## （二）投 标 函 附 录

| 序号 | 条 款 名 称 | 合同条款号 | 约 定 内 容 | 备 注 |
|------|------------|------------|-------------|-------|
| 1 | 项目经理 | 1.1.2.4 | 姓名：_____ | |
| 2 | 工期 | 1.1.4.3 | 天数：____日历天 | |
| 3 | 缺陷责任期 | 1.1.4.5 | | |
| 4 | 分包 | 4.3.4 | | |
| 5 | 价格调整的差额计算 | 16.1.1 | 见价格指数权重表 | |
| …… | …… | …… | …… | …… |
| …… | …… | …… | …… | …… |

### 价格指数权重表

| 名　　称 | | 基本价格指数 | | 权　　重 | | | 价格指数来源 |
|---------|---|------|------|------|--------|--------|--------|
| | | 代号 | 指数值 | 代号 | 允许范围 | 投标人建议值 | |
| 定值部分 | | | | A | | | |
| 变值部分 | 人工费 | $F_{01}$ | | $B_1$ | __ 至 __ | | |
| | 钢材 | $F_{02}$ | | $B_2$ | __ 至 __ | | |
| | 水泥 | $F_{03}$ | | $B_3$ | __ 至 __ | | |
| | …… | …… | | …… | …… | | |
| | | | | | | | |
| | | | | | | | |
| 合　　计 | | | | | | 1.00 | |

# 二、法定代表人身份证明

投标人名称：_____

单位性质：_____

地址：_____

成立时间：_____年_____月_____日

经营期限：_____

姓名：_____性别：_____年龄：_____职务：_____

系_____（投标人名称）的法定代表人。

特此证明。

投标人：_____（盖单位章）

_____年___月___日

# 二、授 权 委 托 书

本人_____（姓名）系_____ （投标人名称）的法定代表人，现委托_____（姓名）为我方代理人。代理人根据授权，以我方名义签署、澄清、说明、补正、递交、撤回、修改_____（项目名称）_____标段施工投标文件、签订合同和处理有关事宜。

其法律后果由我方承担。

委托期限：_____。

代理人无转委托权。

附：法定代表人身份证明

投标人：_____（盖单位章）

法定代表人：_____（签字）

身份证号码：_____

委托代理人：_____（签字）

身份证号码：_____

____年___月___日

# 三、联 合 体 协 议 书

_____（所有成员单位名称）自愿组成_____（联合体名称）联合体，共同参加_____（项目名称）_____标段施工投标。现就联合体投标事宜订立如下协议。

1._____（某成员单位名称）为_____（联合体名称）牵头人。

2.联合体牵头人合法代表联合体各成员负责本招标项目投标文件编制和合同谈判活动，并代表联合体提交和接收相关的资料、信息及指示，并处理与之有关的一切事务，负责合同实施阶段的主办、组织和协调工作。

3.联合体将严格按照招标文件的各项要求，递交投标文件，履行合同，并对外承担连带责任。

4.联合体各成员单位内部的职责分工如下：_____。

5.本协议书自签署之日起生效，合同履行完毕后自动失效。

6.本协议书一式_____份，联合体成员和招标人各执一份。

注：本协议书由委托代理人签字的，应附法定代表人签字的授权委托书。

牵头人名称：_____（盖单位章）

法定代表人或其委托代理人：_____（签字）

成员一名称：_____（盖单位章）

法定代表人或其委托代理人：_____（签字）

成员二名称：_____（盖单位章）

法定代表人或其委托代理人：_____（签字）

……

_____年___月___日

# 四、投 标 保 证 金

_____（招标人名称）：

　　鉴于_____（投标人名称）（以下称"投标人"）于____年__月__日参加_____（项目名称）_____标段施工的投标，_____（担保人名称，以下简称"我方"）无条件地、不可撤销地保证：投标人在规定的投标文件有效期内撤销或修改其投标文件的，或者投标人在收到中标通知书后无正当理由拒签合同或拒交规定履约担保的，我方承担保证责任。收到你方书面通知后，在7 日内无条件向你方支付人民币（大写）_____元。

　　本保函在投标有效期内保持有效。要求我方承担保证责任的通知应在投标有效期内送达我方。

　　　　　　　　　　担保人名称：_____（盖单位章）

　　　　　　　　　　法定代表人或其委托代理人：_____（签字）

　　　　　　　　　　地　　址：_____

　　　　　　　　　　邮政编码：_____

　　　　　　　　　　电　　话：_____

　　　　　　　　　　传　　真：_____

　　　　　　　　　　　　　　　　　　_____年__月__日

# 五、已标价工程量清单

（参照本书第五章的格式和要求填报）

# 六、施工组织设计

1. 投标人编制施工组织设计的要求：编制时应采用文字并结合图表形式说明施工方法；拟投入本标段的主要施工设备情况、拟配备本标段的试验和检测仪器设备情况、劳动力计划等；结合工程特点提出切实可行的工程质量、安全生产、文明施工、工程进度、技术组织措施，同时应对关键工序、复杂环节重点提出相应技术措施，如冬雨季施工技术、减少噪声、降低环境污染、地下管线及其他地上地下设施的保护加固措施等。

2. 施工组织设计除采用文字表述外可附下列图表，图表及格式要求附后。

附表一：拟投入本标段的主要施工设备表

附表二：拟配备本标段的试验和检测仪器设备表

附表三：劳动力计划表

附表四：计划开、竣工日期和施工进度网络图

附表五：施工总平面图

附表六：临时用地表

**附表一： 拟投入本标段的主要施工设备表**

| 序号 | 设备名称 | 型号规格 | 数量 | 国别产地 | 制造年份 | 额定功率（kW） | 生产能力 | 用于施工部位 | 备注 |
|---|---|---|---|---|---|---|---|---|---|
|  |  |  |  |  |  |  |  |  |  |
|  |  |  |  |  |  |  |  |  |  |
|  |  |  |  |  |  |  |  |  |  |
|  |  |  |  |  |  |  |  |  |  |
|  |  |  |  |  |  |  |  |  |  |
|  |  |  |  |  |  |  |  |  |  |
|  |  |  |  |  |  |  |  |  |  |
|  |  |  |  |  |  |  |  |  |  |
|  |  |  |  |  |  |  |  |  |  |
|  |  |  |  |  |  |  |  |  |  |
|  |  |  |  |  |  |  |  |  |  |
|  |  |  |  |  |  |  |  |  |  |
|  |  |  |  |  |  |  |  |  |  |
|  |  |  |  |  |  |  |  |  |  |
|  |  |  |  |  |  |  |  |  |  |
|  |  |  |  |  |  |  |  |  |  |
|  |  |  |  |  |  |  |  |  |  |
|  |  |  |  |  |  |  |  |  |  |

**附表二： 拟配备本标段的试验和检测仪器设备表**

| 序号 | 仪器设备名称 | 型号规格 | 数量 | 国别产地 | 制造年份 | 已使用台时数 | 用途 | 备注 |
|---|---|---|---|---|---|---|---|---|
|  |  |  |  |  |  |  |  |  |
|  |  |  |  |  |  |  |  |  |  |
|  |  |  |  |  |  |  |  |  |  |
|  |  |  |  |  |  |  |  |  |  |
|  |  |  |  |  |  |  |  |  |  |
|  |  |  |  |  |  |  |  |  |  |
|  |  |  |  |  |  |  |  |  |  |
|  |  |  |  |  |  |  |  |  |  |
|  |  |  |  |  |  |  |  |  |  |
|  |  |  |  |  |  |  |  |  |  |
|  |  |  |  |  |  |  |  |  |  |
|  |  |  |  |  |  |  |  |  |  |
|  |  |  |  |  |  |  |  |  |  |
|  |  |  |  |  |  |  |  |  |  |
|  |  |  |  |  |  |  |  |  |  |

**附表三：劳动力计划表**

| 工种 | 按工程施工阶段投入劳动力情况 | | | | | | |
|---|---|---|---|---|---|---|---|
|  |  |  |  |  |  |  |  |
|  |  |  |  |  |  |  |  |
|  |  |  |  |  |  |  |  |
|  |  |  |  |  |  |  |  |
|  |  |  |  |  |  |  |  |
|  |  |  |  |  |  |  |  |
|  |  |  |  |  |  |  |  |
|  |  |  |  |  |  |  |  |
|  |  |  |  |  |  |  |  |
|  |  |  |  |  |  |  |  |
|  |  |  |  |  |  |  |  |
|  |  |  |  |  |  |  |  |
|  |  |  |  |  |  |  |  |
|  |  |  |  |  |  |  |  |
|  |  |  |  |  |  |  |  |
|  |  |  |  |  |  |  |  |
|  |  |  |  |  |  |  |  |
|  |  |  |  |  |  |  |  |
|  |  |  |  |  |  |  |  |
|  |  |  |  |  |  |  |  |
|  |  |  |  |  |  |  |  |
|  |  |  |  |  |  |  |  |
|  |  |  |  |  |  |  |  |
|  |  |  |  |  |  |  |  |
|  |  |  |  |  |  |  |  |
|  |  |  |  |  |  |  |  |
|  |  |  |  |  |  |  |  |
|  |  |  |  |  |  |  |  |
|  |  |  |  |  |  |  |  |

**附表四：计划开、竣工日期和施工进度网络图**

1. 投标人应递交施工进度网络图或施工进度表，说明按招标文件要求的计划工期进行施工的各个关键日期。

2. 施工进度表可采用网络图（或横道图）表示。

**附表五：施工总平面图**

投标人应递交一份施工总平面图，绘出现场临时设施布置图表并附文字说明，说明临时设施、加工车间、现场办公、设备及仓储、供电、供水、卫生、生活、道路、消防等设施的情况和布置。

附表六：临时用地表

| 用　　途 | 面积（m²） | 位　　置 | 需　用　时　间 |
|---|---|---|---|
| | | | |
| | | | |
| | | | |
| | | | |
| | | | |
| | | | |
| | | | |
| | | | |
| | | | |
| | | | |
| | | | |
| | | | |
| | | | |
| | | | |
| | | | |
| | | | |
| | | | |
| | | | |
| | | | |
| | | | |
| | | | |
| | | | |
| | | | |
| | | | |
| | | | |
| | | | |
| | | | |
| | | | |
| | | | |
| | | | |
| | | | |
| | | | |

附表六：临时用地表

# 七、项 目 管 理 机 构

## （一）项目管理机构组成表

| 职务 | 姓名 | 职称 | 执业或职业资格证明 | | | | | 备 注 |
|---|---|---|---|---|---|---|---|---|
| | | | 证书名称 | 级别 | 证号 | 专业 | 养老保险 | |
| | | | | | | | | |
| | | | | | | | | |
| | | | | | | | | |
| | | | | | | | | |
| | | | | | | | | |
| | | | | | | | | |
| | | | | | | | | |
| | | | | | | | | |
| | | | | | | | | |
| | | | | | | | | |
| | | | | | | | | |
| | | | | | | | | |
| | | | | | | | | |
| | | | | | | | | |
| | | | | | | | | |
| | | | | | | | | |
| | | | | | | | | |
| | | | | | | | | |
| | | | | | | | | |
| | | | | | | | | |
| | | | | | | | | |
| | | | | | | | | |
| | | | | | | | | |
| | | | | | | | | |
| | | | | | | | | |
| | | | | | | | | |

## （二）主要人员简历表

"主要人员简历表"中的项目经理应附项目经理证、身份证、职称证、学历证、养老保险复印件，管理过的项目业绩须附合同协议书复印件；技术负责人应附身份证、职称证、学历证、养老保险复印件，管理过的项目业绩须附证明其所任技术职务的企业文件或用户证明；其他主要人员应附职称证（执业证或上岗证书）、养老保险复印件。

| 姓　名 | | 年　龄 | | 学　历 | |
|---|---|---|---|---|---|
| 职　称 | | 职　务 | | 拟在本合同任职 | |
| 毕业学校 | 年毕业于 | | 学校 | | 专业 |

主要工作经历

<br>
<br>
<br>
<br>
<br>
<br>
<br>
<br>
<br>
<br>

| 时　间 | 参加过的类似项目 | 担任职务 | 发包人及联系电话 |
|---|---|---|---|
| | | | |
| | | | |
| | | | |
| | | | |
| | | | |
| | | | |
| | | | |
| | | | |
| | | | |
| | | | |
| | | | |
| | | | |

# 八、拟分包项目情况表

| 分包人名称 | | 地　址 | |
|---|---|---|---|
| 法定代表人 | | 电　话 | |
| 营业执照号码 | | 资质等级 | |
| 拟分包的工程项目 | 主　要　内　容 | 预计造价（万元） | 已经做过的类似工程 |
| | | | |
| | | | |
| | | | |
| | | | |
| | | | |
| | | | |
| | | | |
| | | | |
| | | | |
| | | | |
| | | | |
| | | | |
| | | | |
| | | | |
| | | | |
| | | | |
| | | | |
| | | | |
| | | | |
| | | | |
| | | | |
| | | | |
| | | | |
| | | | |
| | | | |
| | | | |
| | | | |
| | | | |

# 九、资格审查资料

## （一）投标人基本情况表

| 投标人名称 | | | | | | |
|---|---|---|---|---|---|---|
| 注册地址 | | | | | 邮政编码 | |
| 联系方式 | 联系人 | | | | 电　话 | |
| | 传　真 | | | | 网　址 | |
| 组织结构 | | | | | | |
| 法定代表人 | 姓名 | | 技术职称 | | | 电话 | |
| 技术负责人 | 姓名 | | 技术职称 | | | | |
| 成立时间 | | | 员工总人数： | | | |
| 企业资质等级 | | 其中 | | 项目经理 | | |
| 营业执照号 | | | | 高级职称人员 | | |
| 注册资金 | | | | 中级职称人员 | | |
| 开户银行 | | | | 初级职称人员 | | |
| 账　号 | | | | 技　工 | | |
| 经营范围 | | | | | | |
| 备注 | | | | | | |

（二）近年财务状况表

## （三）近年完成的类似项目情况表

| 项目名称 | |
|---|---|
| 项目所在地 | |
| 发包人名称 | |
| 发包人地址 | |
| 发包人电话 | |
| 合同价格 | |
| 开工日期 | |
| 竣工日期 | |
| 承担的工作 | |
| 工程质量 | |
| 项目经理 | |
| 技术负责人 | |
| 总监理工程师及电话 | |
| 项目描述 | |
| 备　　注 | |

## （四）正在施工的和新承接的项目情况表

| | |
|---|---|
| 项目名称 | |
| 项目所在地 | |
| 发包人名称 | |
| 发包人地址 | |
| 发包人电话 | |
| 签约合同价 | |
| 开工日期 | |
| 计划竣工日期 | |
| 承担的工作 | |
| 工程质量 | |
| 项目经理 | |
| 技术负责人 | |
| 总监理工程师及电话 | |
| 项目描述 | |
| 备　注 | |

（五）近年发生的诉讼及仲裁情况

# 十、其他材料

# 《水电工程施工招标和合同文件示范文本》

# 编 制 人 员 名 单

| | | | | | |
|---|---|---|---|---|---|
| **审　　　定** | 王民浩 | | | | |
| **审　　　核** | 周建平 | 周尚洁 | 曹春江 | 张春生 | 杨多根 | 张宗亮 |
| | 杜雷功 | | | | |
| **审　　　查** | 郭建欣 | 陈惠明 | 关宗印 | 戴康俊 | 沈一鸣 | 周垂一 |
| | 冯真秋 | | | | |
| **总 执 笔 人** | 陈纪伦 | | | | |
| **主要编写人员** | 赵美娟 | 钱瑶娟 | 方新安 | 陈中华 | 吴荣民 | 周立新 |
| | 王善春 | 郭占池 | 程向东 | 林志重 | 陈维栋 | 孙彬蔚 |
| | 徐　永 | 喻建清 | 汪云祥 | | | |

**参加编写人员**　（按姓氏笔画为序）

| | | | | |
|---|---|---|---|---|
| 王玉洁 | 王汉武 | 王挽君 | 王远亮 | 王国进 | 王润玲 |
| 牛世予 | 包银鸿 | 江金章 | 邓加林 | 任金明 | 危贤光 |
| 孙鸿儒 | 时雷明 | 陈大卫 | 陈永红 | 陈　江 | 吕联亚 |
| 李立年 | 李世奇 | 李　青 | 李学前 | 李延芳 | 李　骅 |
| 严永璞 | 吴海峰 | 吴毅瑾 | 欧阳晶 | 罗文强 | 陆　炅 |
| 杨　君 | 杨世源 | 杨建军 | 杨建波 | 邱绍平 | 邹　青 |
| 邹文胜 | 张云生 | 张玉良 | 赵士正 | 赵化城 | 赵　政 |
| 施仁忠 | 郑　波 | 诸葛睿鉴 | 徐　涵 | 徐蒴东 | 骆育真 |
| 姜忠见 | 夏可风 | 夏择勇 | 黄　锐 | 黄慧民 | 董　标 |
| 蔡智勇 | 廖福流 | 潘秀云 | 魏寿松 | | |